Bernd Heesen / Wolfgang Gruber

Bilanzanalyse und Kennzahlen

Bernd Heesen / Wolfgang Gruber

Bilanzanalyse und Kennzahlen

Fallorientierte Bilanzoptimierung

2. Auflage

GABLER

Bibliografische Information der Deutschen Nationalbibliothek
Die Deutsche Nationalbibliothek verzeichnet diese Publikation in der
Deutschen Nationalbibliografie; detaillierte bibliografische Daten sind im Internet über
<http://dnb.d-nb.de> abrufbar.

1. Auflage 2008
2. Auflage 2009

Alle Rechte vorbehalten
© Gabler | GWV Fachverlage GmbH, Wiesbaden 2009

Lektorat: RA Andreas Funk

Gabler ist Teil der Fachverlagsgruppe Springer Science+Business Media.
www.gabler.de

Umschlaggestaltung: KünkelLopka Medienentwicklung, Heidelberg
Druck und buchbinderische Verarbeitung: Krips b.v., Meppel
Gedruckt auf säurefreiem und chlorfrei gebleichtem Papier
Printed in the Netherlands

ISBN 978-3-8349-1585-6

Vorwort

Das vorliegende Buch soll dem Leser die Bilanz und die Gewinn- und Verlustrechnung näher bringen. Beide Zahlenwerke sind von ungeheurer Aussagekraft und eigentlich nicht komplex – es bedarf lediglich Mut und Muße, sich mit den beiden Zahlenreihen anzufreunden.

Es ist aber trotz einfacher Sprache kein Buch nur für Einsteiger. Das Erlernen und Erfahren der Bilanz und der Gewinn- und Verlustrechnung hört eigentlich nie auf, denn je mehr man sich damit beschäftigt, desto mehr öffnen sich die Zahlenwerke für die Betrachter.

Die meisten Bücher zur Bilanz und zur Bilanzanalyse beschreiben in der Regel Kennzahlen und deren Bildung nur theoretisch bzw. erklären diese anhand kurzer aber leider nicht durchgehender Beispiele. Wir haben einen anderen Weg gewählt. Wir werden Sie anhand einer mehrperiodischen Vollbilanz und einer kompletten Gewinn- und Verlustrechnung an die Analytik heranführen, in dem wir alle Kennzahlen durchgehend an diesem Zahlenmaterial darstellen, berechnen und kommentieren. Im Anhang liegen alle Ausgangsdaten und Berechnungen und zusätzlich eine fertige Version mit allen Ergebnissen als Ausdruck bei. Hier können Sie bei der Lektüre vergleichen und/oder parallel mitrechnen.

Allerdings ist diese Vorgehensweise im Zeitalter von Internet und Tabellenkalkulation nicht gerade die beste Vorgehensweise. Daher liegen auf der Internetseite des Gabler Fachverlages www.gabler-steuern.de bzw. auf der Homepage der IFAK (Internationale Führungsakademie Berchtesgadener Land) www.ifak-bgl.com auch beide Versionen (eine Übungsversion und eine mit allen Analyseergebnissen) für Sie zum kostenlosen Download bereit. Es handelt sich dabei um das komplette Analysetool zum Buch in einer MS Excel Version, so dass Sie auch parallel am Rechner die Analytik und Berechnungen nachvollziehen können. Alle Auswertungen sind als leichte Tabellenkalkulation aufgebaut (keine Makros) und liegen ohne Schreibschutz vor.

Mit dem 1. Januar 2009 sollte eigentlich das Bilanzrechtsmodernisierungsgesetz (BilMoG)[1] in Kraft treten. Doch das Gesetzgebungsverfahren verzögerte sich und so liegt das Gesetz erst jetzt in der Fassung vom 25. Mai 2009 vor. Viele Änderungen sind jedoch seit Mitte 2008 bereits publiziert und bekannt geworden, so dass auch in diesem Werk alle wichtigen Änderungen eingearbeitet sind. Dieses Buch stellt daher die alte und neue Regelung parallel dar. Allerdings ist es nicht Ziel des Werkes, das BilMoG selbst und die Änderungen auf Kenngrößen umfassend darzustellen. Auch die Excel Tools sind so gestaltet, dass mit altem und neuem Recht gearbeitet werden kann. Dies ist sogar notwendig, da wir ja auch mehrperiodische Vergleiche anstellen werden und müssen. Unabhängig vom Datum des Inkrafttretens müssen dann auch beide Rechtslagen abgebildet und analysiert werden können. Es wird aber an dieser Stelle deutlich darauf hingewiesen, dass dies der Stand der bekannten Diskussionen zum Jahreswechsel 2008/2009 ist, jedoch das Gesetzt selbst erst später in Kraft treten wird.

---

1 Stand des Gesetzgebungsverfahrens:
Auf der Sitzung des Bundestages am 25.09..2008 wurden beraten:
■ Der Regierungsentwurf zum Bilanzrechtsmodernisierungsgesetz (BilMoG) vom 21.05.2008 sowie
■ Die Stellungnahme des Bundesrats (vom 04.07.2008) und die Gegenäußerung der Bundesregierung (vom 30.07.2008)
Dabei wurde der Gesetzentwurf an den Rechtsausschuss (federführend), Finanzausschuss und Ausschuss für Wirtschaft und Technologie überwiesen. Der Rechtsausschuss hat nun am 15.10.2008 beschlossen, am 17.12.2008 eine Expertenanhörung durchzuführen. Eine Abstimmung des Bundesjustizministeriums mit den Berichterstattern des Rechtsausschusses über das weitere Vorgehen sollte am 13.11.2008 stattfinden. In diesem Zusammenhang ist auch die Kleine Anfrage der FDP Fraktion vom 15.10.2008 (BT-Drs. 16/10633), betreffend die aktuelle Lage auf den Finanzmärkten und deren Auswirkungen auf das Bilanzrechtsmodernisierungsgesetz, hinzuweisen.
Da es sich um ein zustimmungspflichtiges Gesetz nach Art. 76 Abs. 2 des Grundgesetzes handelt, wird mit dem Abschluss des parlamentarischen Verfahrens nicht vor Frühjahr 2009 gerechnet, Das Inkrafttreten des Gesetzes ist daher frühestens zum 01.01.2010 zu erwarten.

Damit richtet sich dieses Buch auch an fortgeschrittene Bilanzanalytiker und/oder Steuerberater/Wirtschaftsprüfer, die eine Bilanz und Gewinn- und Verlustrechnung auch aus unternehmerischer Sicht immer wieder von neuem reizt. Damit ist ein Schlüsselwort gefallen: unternehmerische Sicht. Dies ist der Fokus dieses Buches. Wir wollen Zusammenhänge in der Bilanz und Gewinn- und Verlustrechnung aus unternehmerischer Sicht erklären, anhand eines konkreten Beispiels darauf aufmerksam machen, Wertungen einbringen, Konsequenzen aufzeigen und mögliche Lawineneffekte (eine kleine Erschütterung bringt immer mehr Schnee mit massivem Gefahrenpotenzial ins Rutschen) deutlich machen. Dies ist auch für den bilanzfesten Leser spannend, da viele ‚Bilanzer' meist mit der Erstellung der Zahlenwerke beschäftigt sind, die Analytik und Optimierungen aus Zeit- und/oder Verantwortungsgründen nicht Gegenstand der Tätigkeiten sind. Für den Fachmann ist es daher interessant, Drittperspektiven immer wieder kritisch – positiv als auch negativ – zu würdigen und rechtzeitig im Gespräch mit Kunden, Kollegen und Mitarbeitern weiterzugeben. Dies ist ebenfalls das Ziel dieses Buches.

Fortgeschrittene mögen an manchen Stellen schmunzeln, aber dann sicherlich immer wieder auch Neues erfahren. Der erfahrene Analytiker möge die theoretischen Ausführungen zu Bilanz und Gewinn- und Verlustrechnungen überspringen. Ein Satz wird bei unseren Gesprächen und Seminaren immer wieder angeführt: „Stimmt, das ist logisch und ich habe dies ja immer schon gewusst, aber irgendwie ist es aus meinem Kopf wieder entschwunden." Wir sind sicher, diejenigen von Ihnen mit fortgeschrittenem Wissen werden sich bei der Lektüre der folgenden Kapitel selbst diesen Satz immer wieder sagen hören, auch Bilanzbuchhalter, Steuerberater und Wirtschaftsprüfer.

Stellt man Unternehmern die Frage: „Wie sieht es aus dieses Jahr", bekommt man häufig eine Antwort mit Bezug auf Umsatz oder Auftragseingang. „Das Jahr hat gut begonnen und wir liegen voll im Plan" Unabhängig davon, ob hier Umsatz oder Auftragseingang oder sogar Ergebnis gemeint ist, alle drei Größen haben einen Bezug zum periodischen Erfolg, also zur Gewinn- und Verlustrechnung. Man muss auch nicht sofort die Details zur Hand haben, manchmal sind diese auch in der Analytik gar nicht so wichtig. Dehnt man die Frage aber mit Blick auf das 2. Zahlenwerk aus, sieht man sehr oft erstaunte oder entspannte Gesichter.

„Und wie sieht es in der Bilanz aus?" Diese Frage kann für manche sogar unverständlich sein, sagten sie doch, dass das Jahr gut begonnen hat. Entspannte Gesichter sind meist das Ergebnis einer bestehenden Kooperation: „Die Bilanz macht mein Steuerberater"! Damit ist die Frage vom Tisch.

Ist sie das wirklich? Ist unternehmerisches Handeln nur auf den periodischen Erfolg, der sich (angeblich) in der Gewinn- und Verlustrechnung zeigt, zu reduzieren? Viele glauben anscheinend sogar, dass Bilanz und Gewinn- und Verlustrechnung nur deswegen zu erstellen sind, damit die Finanzverwaltungen eine Grundlage für die Festsetzung einer oder mehrerer Steuern errechnen können.

Bilanzverständnis ist manchmal wichtiger als der Umsatz und Jahresüberschuss, denn trotz guter und sogar besserer Zahlen als im Vorjahr in der Gewinn- und Verlustrechnung kann eine vernachlässigte Bilanz sehr schnell zu einem Gespenst werden, dass einen zu einem unerwarteten Augenblick begegnet und leider hartnäckig – trotz guter Auftrags- und Umsatzzahlen – in einen Niedergang begleitet.

Die Bilanz wird fast überall unterschätzt und der Verweis auf den Steuerberater hilft nicht weiter. Der Steuerberater ist häufig kein Analytiker, sondern bucht die Belege korrekt und erstellt daraufhin ein entsprechendes Zahlenwerk! Sich auf Dritte zu verlassen, die mir sagen, wann mein eingesetztes Kapital in Gefahr gerät, zeugt nicht gerade von (unternehmerischer) Weitsicht.

Um an dieser Stelle deutlich zu sein, es geht uns nicht darum, das Tun der Steuerberater negativ zu würdigen. Ganz im Gegenteil, seien wir froh, dass es diesen Berufsstand gibt, der uns viel Detailarbeit abnimmt und uns – auch privat – sehr hilfreich ist. Häufig soll sich der Steuerberater auch ausschließlich auf die Erstellung von Bilanz und Gewinn – und Verlustrechnung konzentrieren. Weitergehende Analysen sind bewusst nicht gewünscht.

Eines dürfen wir darüber hinaus nie vergessen: Der Steuerberater berät in Sachen Steuern. Selbstverständlich, er stellt auch unsere Bilanz und Gewinn – und Verlustrechnung auf, aber er hat immer auch die steuerlichen Konsequenzen im Blick. Er ist aber kein Unternehmensberater in Sachen Rechnungswesen und erst recht kein Berater in Sachen Unternehmensführung. Das Rechnungswesen fasst unternehmerisches Handeln, Erfolg und Schieflagen und auch drohende Katastrophen immer wieder (nur) zusammen. Schimpfen Sie nicht auf Ihren Steuerberater, wenn es zu spät ist, der Unternehmer und damit Verantwortliche sind Sie!

Wer verhandelt denn bei den Banken – der Steuerberater? Dort müssen Sie Ihr Zahlenwerk präsentieren und Rückfragen beantworten. Seit 01.01.2007 gelten außerdem die neuen Basel II Regeln, nach denen auf der Basis Ihrer quantitativen und qualitativen Angaben ein Rating erstellt werden muss, welches die Basis für Ihre Bonität und die Zinsfestlegung ist.

Und was ist mit den Finanzabteilungen in den Unternehmen? Dort sitzen hervorragend ausgebildete Fachkräfte, die ähnlich dem Steuerberater Bilanzen und Gewinn- und Verlustrechnungen kompetent erstellen. Selbstverständlich stehen die Damen und Herren den Firmeneigentümern zur Seite. Aber Achtung: Die Erstellung einer Bilanz und Gewinn- und Verlustrechnung hat nicht unbedingt etwas mit analytischen Betrachtungen zu tun. Sehr häufig sind die Finanzabteilungen in den Unternehmen froh, wenn die Zahlenwerke endlich stehen und Steuerberater und/oder Wirtschaftsprüfer zufrieden sind. Denn der nächste Monats-, Quartals- oder Halbjahresabschluss steht schon wieder vor der Tür, die nächsten Sonderauswertungen ebenfalls. Hier gilt permanent: Nach dem Abschluss ist vor dem Abschluss!

Aber selbst wenn die genannten Damen und Herren auch gute Analytiker sind – wollen Sie selbst denn nicht mitdenken und mitreden können?

Diese beiden Worte Mitdenken und Mitreden sind hier entscheidend! Wie hat schon der französische Philosoph René Descartes gesagt – cogito ergo sum, ich denke, also bin ich!

Bilanzwissen und -verständnis in gewissem Maße sind ein Muss, erst recht für jeden Unternehmer. Aber, man muss nicht jeden Buchungssatz selbst machen und nicht jede Feinheit in der Bilanz erklären können, dafür haben wir in der Tat unsere Spezialisten.

Und Sie werden sehen – Sie werden mit anderen Augen gesehen, von Ihren Mitarbeitern als jemand, der sich Gedanken macht, von ihren Banken als jemand, der in seinen Zahlen steckt und von Ihrem Steuerberater/Wirtschaftprüfer als konsequenter Unternehmer.

Ist das Verständnis aber einmal geweckt, kann aus Freundschaft zur Bilanz und Gewinn- und Verlustrechnung auch sehr schnell Begeisterung und sogar Liebe werden (viele glauben dies nicht, aber es ist wirklich so) und dann „spricht" das Zahlenwerk sogar zu uns.

Der erste Blick ist für viele auch entscheidend. Nehmen wir uns die Bilanz und die Gewinn- und Verlustrechnung z.B. einer Allianz Aktiengesellschaft AG und schlagen im Zahlenteil herum, so werden wir (leider) recht schnell „erschlagen" von der Vielzahl der Unterpositionen und leider suggerieren wir bei vielen Unterpositionen auch gleich Komplexität. Das muss aber gar nicht sein.

Einerseits ist für die analytische Betrachtung gar nicht die Zahl alleine und erst recht nicht die Ziffer hinter dem Komma von Bedeutung – es geht vielmehr um Zusammenhänge – und andererseits brauchen wir diese Vielzahl an Unterpositionen auch gar nicht.

Das wichtigste Wort zu Beginn heißt daher: Vereinfachung.

Vereinfachung ist auch für die Sprache dieses Buches ein wichtiger Baustein. Wir haben uns Mühe gegeben, nicht mit schwierigen Begrifflichkeiten von Beginn an abzuschrecken, sondern wollen ganz bewusst durch einfache Sprache die Annäherung an die Bilanz und Gewinn- und Verlustrechnung unterstützen. Allerdings *einfach* bezieht sich wirklich auf die Sprache – wir werden aber inhaltlich sehr in die Tiefe gehen und ähnlich der Anatomie das Zahlenwerk in seine Bestandteile zerlegen und analysieren. Dies machen wir aber aufbauend – wir beginnen leicht und steigern uns sukzessiv. Das ist gar nicht schwierig und erst recht kein Widerspruch. Das Verständnis um den Jahresabschluss ist nicht Funktion einer komplexen Sprache. Im Gegenteil, Verständnis baut nur der auf, der sich im Raum der Erklärungen wohl fühlt und Spaß daran entwickelt, immer noch tiefer einzusteigen.

Um Bilanzen und Gewinn- und Verlustrechnung verstehen zu können, bedarf es auch nicht unbedingt des Wissens um die relevanten Paragrafen im Gesetzbuch. Wir werden bewusst sogar auf die Paragrafen verzichten, denn auch wir müssen zugeben, dass wir bei der Lektüre von bilanzrelevanten Texten immer noch davon erschlagen werden.

Da das BilMoG jedoch ein Gesetz ist und die relevanten Details und deren Änderungen im Handelsgesetzbuch stehen (werden), ist es notwendig, auf diese (für den interessierten Leser) hinzuweisen. Wir wollen aber wie in der ersten Auflage vermeiden, ein Buch zu schreiben, das man recht schnell aufgrund der Paragrafen wieder weglegt. Daher werden wir alle relevanten gesetzlichen Hinweise zum Handels- und Steuerrecht jeweils nur in den Fußnoten darstellen. Sind Sie nicht daran interessiert, weil Sie eigentlich nur die Bilanz und GuV besser verstehen wollen, dann lesen Sie einfach diese Fußnoten nicht. Sie werden sehen, Sie brauchen das Wissen um diese Details gar nicht!

Allerdings, Sie sollten schon ein Exemplar des Handelsgesetzbuches Ihr Eigen nennen, denn auch dieses ist gar nicht so schwierig, bringt den interessierten Leser aber kurzfristig sehr weit. Lesen doch nur einmal die Paragrafen 240 bis 300 und zwar ganz langsam. Pro Tag einen Paragrafen, und bitte so, dass Sie innerlich sagen können: „Stimmt, das ist doch logisch, das habe ich verstanden, das ist doch gar nicht so schwierig." Und auch hier werden Sie sehr schnell merken, dass Verständnis zu Spaß und Spaß zu Begeisterung führen kann.

Wir werden unsere analytischen Schritte auch immer am genannten Beispiel erarbeiten.

Dieses MS Excel basierte Beispiel umfasst mehrere Jahre und kann vom Leser dann auch selbst zur Analyse der letzten und zur Planung der nächsten Jahre des eigenen Unternehmens oder einer im Internet recherchierten Firma eingesetzt werden.

Sie werden sehen, auch hier brauchen Sie selbst als MS Excel Ungeübter keine Berührungsängste.

Wir werden uns später nur mit den ersten drei Perioden beschäftigen, d.h. wir werden die letzten drei Jahre und die Entwicklungen analysieren. Anhand der außerdem ausgewiesenen weiteren drei Planperioden können Sie gerne Ihre betrachteten Unternehmen planen oder die durch die Lektüre dieses Buches gewonnnen Erkenntnisse in Form von Optimierungen und Szenariorechnungen in das Zahlenwerk unserer Beispielfirma integrieren.

Dann fangen wir doch gleich mit den Vereinfachungen an – ab sofort sagen wir nicht mehr die ‚Gewinn- und Verlustrechnung', sondern kurz die GuV.

Bilanz und GuV sind eigentlich nur abschließende Dokumente, die auf der Basis einer Zeitreihe am Ende einer Entwicklung stehen. Dieser Entwicklungszeitraum ist in aller Regel ein Kalenderjahr – wir sprechen allerdings von einer Periode, da auch z.B. der 01.07. Jahr X bis zum 30.06. Jahr X + 1 maßgeblicher Zeitraum für eine Bilanz und GuV sein kann. Das Wort Periode relativiert den Betrachtungszeitraum, unabhängig davon, ob das betrachtete Jahr identisch mit einem Kalenderjahr ist.

Das Rumpfgeschäftsjahr – Sie haben diesen Begriff sicherlich schon einmal gehört – bezeichnet einen Betrachtungszeitraum unterhalb von 12 Monaten. Wird eine Firma X von einer Firma Y gekauft, so kann es sein, dass beide unterschiedliche Abrechnungszeiträume haben (Firma X z.B. o.g. 01.07. bis 30.06., Firma Y hingegen 01.01. bis 31.12.) Damit beide Firmen nicht unterschiedliche Zeiträume bilanzieren müssen, wird eine Anpassung vorgenommen. In unserem Fall könnte die Firma X ebenfalls auf den 01.01. bis 31.12. umstellen, allerdings müsste dann einmal ein Jahr „abgebrochen" werden, also nicht 12 komplette Monate als Berichtsbasis dienen. In diesem Fall sprechen wir von einem Rumpfgeschäftsjahr.

Wichtig ist, dass wir zu Beginn unterschiedliche Betrachtungswinkel bei Bilanz und GuV verstehen.

In der GuV werden alle Geschäftsvorfälle einer Periode kumuliert, also additiv dargestellt. Die GuV ist somit ein Dokument, in dem vom 1. Tag der Periode bis zum letzten Tag der Periode alle Geschäftsvorfälle aufsummiert werden und somit der Geschäftserfolg dieser Periode als Überschuss oder Fehlbetrag saldiert ausgewiesen wird. Fängt eine neue Periode an, dann setzen wir die GuV allerdings auch wieder auf Null und fangen auch wieder von neuem an. Wir stellen also jedes Jahr eine „neue" GuV zusammen.

Die Bilanz ist da anders strukturiert. Die Bilanz ist eine Stichtagsbetrachtung. Auf einen Tag hin (wenn man genau argumentiert, müsste man Sekunde sagen) wird Bilanz gezogen.

Die entscheidenden Fragen und damit Perspektiven sind: Wo kommen die eingesetzten Mittel (das Geld) her (rechte, also Passivseite der Bilanz oder auch Passiva genannt), einschließlich des aus der GuV stammenden Jahresüberschusses und wie sind diese Mittel (das Geld) verwendet worden (linke Seite der Bilanz)? Wir sprechen auch von der Mittelverwendung oder im Fachbegriff von den Aktiva.

Der zweite Unterschied hängt mit der Stichtagsbetrachtung zusammen – die Bilanz wird immer fortgeschrieben – wir fangen zu Periodenbeginn nicht neu an, sondern setzen weiter auf das bereits erstellte Zahlenwerk der Vorperiode auf.

Bevor wir jetzt im Detail einsteigen, müssen wir noch etwas zur eigentlichen Bilanzanalyse sagen. Die Bilanzanalyse ist nicht gesetzlich geregelt und damit gibt es auch keine einheitlichen Vorgehensweisen oder Kennzahlen. Gerade bei den Kennzahlen wird es häufig undurchsichtig, da es keine allgemeingültigen Definitionen gibt. Außerdem muss ein Versicherungsunternehmen anders als ein produzierendes Unternehmen betrachtet werden. In unserem Fall werden wir zunächst die Positionen in der Bilanz und in der GuV näher betrachten, dann Kennzahlen vorstellen und berechnen und die Ergebnisse der Berechnungen einordnen (gut, mittel, schlecht).

Damit ist auch wieder ein Schlüsselwort für dieses Buchs gefallen. Wir konzentrieren uns hier auf produzierende Firmen bzw. Handelsunternehmen. Wir werden zwar an vielen Stellen auch Verweise zu Dienstleistungsunternehmen machen, aber der Fokus unserer Betrachtungen liegt beim produzierenden Gewerbe bzw. Handel.

Und wie gehen wir vor?

Wir werden zunächst Grundlagen der Bilanz (Jahresabschluss) und GuV erläutern. Dafür werden wir uns ausgewählte Positionen beider Zahlenwerke nehmen und diese erklären, bzw. deren Bildung (z.B. bei den Rückstellungen) näher erläutern. Dies geschieht ohne Paragrafen und ohne letzte Detailinformationen. Damit sind unsere Erläuterungen und die gewählten Positionen auch nicht vollständig. Bei den Erläuterungen ist dies sowieso aufgrund der Vielfalt von Kommentierungen nicht möglich, bei den Bilanz- und GuV Positionen teilweise nicht notwendig („Kasse" als Bilanzposition versteht man auch ohne tiefgehende Erläuterungen) und daher auch nicht unser Ziel.

Damit genug der Vorworte – jetzt geht es los.

Inhaltsübersicht

§ 1 Der Jahresabschluss

A. Funktionen des Jahresabschlusses

Es steht zwar im Gesetz kein ausdrücklicher Zweck des Jahresabschlusses, jedoch lassen sich die 1
Funktionen aus einzelnen Gesetzespassagen für alle Unternehmen und Kapitalgesellschaften herleiten.

I. Gewinnermittlung, Ausschüttungsbemessung und Kompetenzabgrenzung

Eine Funktion des Jahresabschlusses ist die Ermittlung und Ausweisung jenes Gewinnes, der dem 2
Unternehmen entzogen werden kann. Natürlich nur unter Beachtung der Prinzipien der Vorsicht
und der Kapitalerhaltung.

Ein anderer Gesichtspunkt ist in diesem Zusammenhang auch noch zu nennen. Aufgrund des in unserem Wirtschaftsraum geltenden Maßgeblichkeitsprinzips der Handelsbilanz für die Steuerbilanz
ist der Jahresabschluss gemäß Handelsrecht die Besteuerungsgrundlage. Die Gewinnermittlungs-
funktion ist somit auch für die Besteuerung verantwortlich.

Einerseits haben Gesellschafter und Aktionäre ein Interesse an einer Gewinnausschüttung, diesem 3
stehen aber andererseits der Gläubigerschutz und die damit verbundene Erhaltung des Kapitals gegenüber. Das Gesetz sagt nämlich, dass die Substanz für die Haftung nicht durch eine zu hohe Gewinnausschüttung verringert werden darf. Demnach muss sowohl die Höhe des Gewinns ermittelt
werden, als auch für eine Entscheidung über die Verwendung des Gewinnes die notwendigen Informationen über die tatsächliche Vermögens-, Ertrags- und Finanzlage des Unternehmens bereitgestellt werden.

Hier übernimmt der Jahresabschluss eine Informationsfunktion in Form der Gewinnermittlung und
Ausschüttungsbemessung für die Gesellschafter. Die sogenannte Kompetenzabgrenzungsfunktion
wird erfüllt durch gesetzliche Vorschriften, welche den Rahmen für die Gewinnermittlung setzen
und somit die Kompetenzen der an der Unternehmung beteiligten Gesellschafter, Aktionäre, Geschäftsführer und Vorstände voneinander abgrenzen.

Der Jahresabschluss besteht grundsätzlich aus Bilanz und Gewinn- und Verlustrechnung. Auch wenn 4
wir die Bilanz sagen, müssen wir aber beachten, dass wir immer zwischen 2 Werken differenzieren
müssen - die handelrechtliche Bilanz und die steuerrechtliche Bilanz. Während große Gesellschaften
zwingend 2 Werke erstellen müssen, reicht in kleineren Gesellschaften 1 Abschluss. Zur Vorlage bei
den Finanzverwaltungen dient immer die Steuerbilanz. Dies ist auch das Werk, das wir von unserem
Steuerberater erhalten, wenn er unseren Abschluss macht.

1

5   Die Schwellenwerte (nach geltendem und nach neuem Recht – BilMoG: Bilanzmodernisierungsgesetz) lauten wie folgt[1]:

Geplante Erhöhung der Schwellenwerte für den Einzelabschluss					
Schwellenwerte gemäß § 267 HGB-E	Bilanzsumme (EUR)		Umsatzerlöse (EUR)		Arbeitnehmer
	bisher	BilMoG-E	bisher	BilMoG-E	unverändert
Kleine Kapitalgesellschaften	4.015.000	4.840.000	8.030.000	9.860.000	50
Mittelgroße Kapitalgesellschaften	16.060.000	19.250.000	32.120.000	38.500.000	250

❶ Hinweis:

*Kapitalmarktorientierte Kapitalgesellschaften gelten **stets** als **große** Kapitalgesellschaften (neues Recht: § 267 Abs. 3 Satz 2 HGB-E).*

■ ***Kleine** Kapitalgesellschaften brauchen aber ihren Jahresabschluss nicht von einem Abschlussprüfer prüfen zu lassen und müssen nur die Bilanz, nicht jedoch die Gewinn- und Verlustrechnung, offen legen. Von den in der Tabelle (oben) aufgeführten Kriterien muss eine Kapitalgesellschaft **mindestens zwei erfüllen**, um als klein klassifiziert zu werden.*

■ ***Mittelgroße** Kapitalgesellschaften können auf eine Reihe von Angaben verzichten, die große Kapitalgesellschaften machen müssen, und dürfen Bilanzpositionen zusammenfassen.*

■ ***Große Kapitalmarktunternehmen**, die einen IFRS-Jahresabschluss aufstellen und offen legen, können künftig doch **nicht** auf die Aufstellung eines kompletten Anhangs nach den HGB-Vorschriften verzichten[2];. Im Klartext: Es bleibt bei der derzeitigen Regelung: Möglichkeit der Aufstellung und Offenlegung eines IFRS-Jahresabschlusses zusätzlich zum handelsrechtlichen Jahresabschluss.*

II.   Grundsatz der Maßgeblichkeit der Handelsbilanz für die Steuerbilanz (Exkurs)

6   „Handelsbilanz" – so nennt man die nach den handelsrechtlichen Bewertungsvorschriften aufgestellte Bilanz. Verbindlich für die dem Finanzamt einzureichende Steuerbilanz sind die in der Handelsbilanz ausgewiesenen Werte für die Vermögensteile und Schulden. Aber nur sofern die steuerlichen Vorschriften keine andere Bewertung zwingend vorschreiben. Aus diesem Grund spricht man auch vom „Grundsatz der Maßgeblichkeit der Handelsbilanz für die Steuerbilanz".

---

1   Und hier liegt auch ein Grund für die 2. Auflage dieses Buches. Eigentlich sollte zum 01. Januar 2009 das BilMoG (Bilanzmodernisierungsgesetz) in Kraft treten. Damit wäre die Überarbeitung der Aussagen in diesem Buch sowieso notwendig geworden. Dieses Inkrafttreten verzögert sich jetzt allerdings wahrscheinlich um ein Jahr bis zum 01.Januar 2010. Jetzt wäre eigentlich die 2. Auflage zu früh, wenn die 1. Auflage nicht vergriffen wäre.
Wenn wir uns allerdings zukünftig Abschlüsse über mehrere Perioden vergleichend anschauen, dann werden wir auch jeweils mit altem und neuem Recht parallel zu tun haben. Aus diesem Grund haben wir uns auch entschlossen, schon jetzt die 2. Auflage zu schreiben, diese dann allerdings jeweils aus 2 Perspektiven:
Perspektive 1: altes und wahrscheinlich noch bis zum 31.12.2009 geltendes Recht.
Perspektive 2: neues (BilMoG) Recht, gültig wahrscheinlich ab 01. 01.2010.
2   Regelung war im Referentenentwurf vom 8.11.2007 getroffene Regelung in § 264e HGB-E vorgesehen, wurde dann aber wieder entfernt.

1.   Handelsrechtliche Ansatzvorschriften und ihre Übernahme durch die steuerrechtliche Ermittlung des Gewinnes.

Für die Übernahme des Ansatzes von Vermögensgegenständen und Schulden aus der Handelsbilanz   7
in die Steuerbilanz wurde folgende Regelung entwickelt:[3]

Handelsbilanz	Steuerbilanz
Aktivierungsgebot	Aktivierungsgebot
Aktivierungsverbot	Aktivierungsverbot
Aktivierungswahlrecht	Aktivierungsgebot
Passivierungsgebot	Passivierungsgebot
Passivierungsverbot	Passivierungsverbot
Passivierungswahlrecht	Passivierungsverbot

- Wenn handelsrechtlich nicht aktiviert oder nicht passiviert werden darf dann darf auch steuerlich nicht aktiviert oder passiviert werden.
- Wenn seitens des Handelsrechts ein Aktivierungswahlrecht besteht, dann muss steuerlich aktiviert werden.
- Sollte jedoch handelsrechtlich ein Passivierungswahlrecht bestehen, so darf steuerlich nicht passiviert werden.

Unterscheidungen können getroffen werden in Form   8

- der formellen Maßgeblichkeit
- der Durchbrechung der Maßgeblichkeit
- der Umkehrung der Maßgeblichkeit

2.   Formelle Maßgeblichkeit

Hierunter wird verstanden, dass man als Steuerpflichtiger nicht nur an die abstrakten Vorschriften   9
des Handelrechts gebunden ist, sondern darüber hinaus auch steuerrechtliche Vorschriften umgesetzt werden müssen, sodass für die Gewinnermittlung 2 formelle Kriterien zur Anwendung kommen: Steuerrechtliche und handelsrechtliche Vorschriften. In die Praxis umgesetzt bedeutet dies, dass nicht unterschiedliche Wahlrechte in der Handelsbilanz und in der Steuerbilanz zugelassen sind. Sollte es in der Handelsbilanz Vorschriften geben und in der Steuerbilanz nicht, so sind die Ansätze der Handelsbilanz zwingend in die Steuerbilanz zu übernehmen.

3.   Durchbrechung der Maßgeblichkeit

Bei den Wahlrechten wird die Durchbrechung des Maßgeblichkeitsprinzips deutlich. Wahlrechte,   10
die in der Handelsbilanz gewährt werden, führen in der Steuerbilanz zu Aktivierungsgeboten oder
Passivierungsverboten. An die Stelle der Maßgeblichkeit der Handelsbilanz tritt dann die zwingend
vorgeschriebene steuerrechtliche Vorschrift.

---

3   Unter Aktivierung und Passivierung versteht man, dass die entsprechende Position in die Bilanz geschrieben wird.
    Außerdem wird Auskunft darüber gegeben, auf welcher Seite die betroffene Position in die Bilanz aufgenommen wird.

4. Umkehrung der Maßgeblichkeit

11 Wenn im Steuerrecht zwingend eigene andere Regelungen für die Bilanzierung und Bewertung – also Gebote und Verbote – vorgeschrieben sind, gilt die Maßgeblichkeit der Handelsbilanz nicht.

Als Beispiel kann hier die Abschreibung genannt werden. Ein Wirtschaftsgut kann in der Handelsbilanz nicht linear und in der Steuerbilanz degressiv abgeschrieben werden. Soll in der Steuerbilanz degressiv[4] abgeschrieben werden, muss auch in der Handelsbilanz dasselbe Verfahren angewandt werden. Dann sprechen wir von der sogenannten umgekehrten Maßgeblichkeit.

12 Diese umgekehrte Maßgeblichkeit verliert aber mit Inkrafttreten des BilMoG ihre Gültigkeit[5]. Wir werden dies besonders an den Sonderposten mit Rücklageanteil im Laufe des Buches noch mehrfach eingehend besprechen.

III. Informationsfunktion

13 Durch den Jahresabschluss bekommen wir einen Überblick über die Lage der Gesellschaft und sehen, ob genügend Vermögen da ist, um die Schulden zu decken.

Verhindert werden soll die Möglichkeit, dass ein Unternehmen durch nicht genügend Informationen über Schuldendeckungsvarianten in Schwierigkeiten in Bezug auf Zahlungen gerät.

IV. Dokumentationsfunktion

14 Eine eventuelle nachträgliche Manipulation von Zahlen soll durch eine Archivierung unmöglich gemacht werden. Des Weiteren soll (Daten)Material für eventuelle Auseinandersetzungen, Gerichtsverfahren und mögliche Konkurse gesammelt werden

B. Bestandteile, Instrumente und Gliederung des Jahresabschlusses

15 Für Einzelunternehmen und Personenhandelsgesellschaften sind die Bilanz sowie die Gewinn- und Verlustrechnung als Instrumente der Rechnungslegung anzusehen.

Für Kapitalgesellschaften hingegen kommen als Bestandteil des Jahresabschlusses noch der Anhang und der Lagebericht hinzu.

Der Umfang der aufzustellenden Bilanz bemisst sich mit der Größe der Kapitalgesellschaft.

16 Einzelunternehmen und Personengesellschaften sind an keine Bilanzgliederung gebunden. In der Praxis jedoch müssen auch sie wegen der Anforderungen der Banken ihren Abschluss an die für die Kapitalgesellschaften geltenden Regeln ausrichten.

---

4 Aufgrund des Unternehmensteuerreformgesetzes 2008 dürfen steuerrechtlich nur noch vor dem 01.01.2008 angeschaffte oder hergestellte bewegliche Wirtschaftsgüter des Anlagevermögens degressiv abgeschrieben werden.
5 Mit Inkrafttreten des BilMoG wird es zu einer Aufhebung des Grundsatzes der umgekehrten Maßgeblichkeit (§ 5 Abs. 1 Satz 2 EStG) und damit zur Streichung der damit zusammenhängenden handelsrechtlichen Vorschriften kommen.
   ▪ Steuerrechtlich anerkannte Sonderposten mit Rücklageanteil (§ 247 Abs. 3, § 273, § 285 Satz 1 Nr. 5 HGB-E)
   ▪ Übernahme steuerrechtlich zulässiger Abschreibungen (§ 254, § 279 Abs. 2, § 280 Abs. 1, § 281, 285 Satz 1 Nr. 5 HGB-E)
   Übergangsregelung: Bei in der Vergangenheit (voraussichtlich erst vor dem 1.1.2010) gebildeten Sonderabschreibungen besteht die Möglichkeit, diese beizubehalten. Dies gilt gleichermaßen für Sonderposten mit Rücklageanteil (Art. 66 Abs. 1 und 2 EGHGB-E).

I.   Aufstellung des Jahresabschlusses

Das Inventar bildet die Grundlage für die Aufstellung der Bilanz. Innerhalb des Inventars sind alle   17
Vermögensgegenstände und Schulden einzeln ausgewiesen. In der Bilanz werden Vermögen und
Kapital postenweise zusammengefasst. Auf der Aktivseite der Bilanz wird das Vermögen des Unternehmens aufgeteilt in Anlage- und Umlaufvermögen. Auf der Passivseite wird das Eigenkapital und
gegebenenfalls das Fremdkapital ausgewiesen. Bei der Erstellung der Bilanz sind folgende gesetzliche
Bestimmungen zu beachten:

- Die Bilanz ist nach den Grundsätzen ordnungsmäßiger Buchführung aufzustellen.
- Die Bilanz ist innerhalb einer angemessenen Frist nach dem Stichtag aufzustellen.
- Die Bilanz ist in deutscher Sprache und in Euro aufzustellen.
- Die Bilanz muss klar und übersichtlich sein. Ab einer gewissen Größenordnung aber müssen zwingend gesetzliche Gliederungsvorschriften eingehalten werden.
- In der Bilanz sind das Vermögen, das Eigenkapital und die Verbindlichkeiten gesondert auszuweisen und hinreichend aufzugliedern.
- Die Bilanz ist vom Kaufmann unter Angabe des Datums zu unterzeichnen.

II.   Gliederung der Bilanz

Abhängig von der Rechtsform eines Unternehmens ist die Gliederung einer Bilanz. Es wird hier in   18
zwei Gruppen unterschieden. Zum einen in Kapitalgesellschaften und zum anderen in Nicht-Kapitalgesellschaften, worunter z.B. Einzelkaufleute oder Personengesellschaften fallen.

Zuerst betrachten wir die Kapitalgesellschaften. Diese sind verpflichtet, eine Bilanz aufzustellen, deren Gliederung dem Gesetz nach genau definiert ist.

Kleine Kapitalgesellschaften können die Bilanz in verkürzter Form aufstellen, in die nur die mit   19
Buchstaben und römischen Zahlen bezeichneten Posten des Gliederungsschemas gesondert und in
der vorgeschriebenen Reihenfolge aufgenommen werden.

Große und mittelgroße Kapitalgesellschaften haben die im Gliederungsschema des Gesetzes genannten Posten der Aktivseite und der Passivseite gesondert und in der vorgeschriebenen Reihenfolge auszuweisen.

Die Größeneinteilung der Kapitalgesellschaften ergibt sich ebenfalls aus dem Handelsgesetz. Für   20
Nicht-Kapitalgesellschaften schreibt das Gesetz wie bereits oben erwähnt keine bestimmte Bilanzgliederung vor. Jedoch haben sie die Bilanz nach den Grundsätzen der ordnungsmäßigen Buchführung (GoB) auszuweisen und ausreichend zu gliedern. Der Grundsatz der Klarheit und Übersichtlichkeit ist ebenfalls zu beachten.

III.   Grundsätze ordnungsmäßiger Buchführung

Der Jahresabschluss muss dem Gesetz nach den Grundsätzen ordnungsmäßiger Buchführung entsprechen. Die Krux dabei ist, dass diese im Konflikt mit internationalen Richtlinien, wie IFRS oder   21
US GAAP stehen. Die Grundsätze ordnungsgemäßer Buchführung oder kurz gesagt GoB bilden
eine Summe aller Regelungen, die den gesetzlichen Vorschriften zum Jahresabschluss Gültigkeit verschaffen sollen.

Einzelne Grundsätze sollen nachfolgend erläutert werden.

1.   Bilanzklarheit

22   Die Bilanz muss klar und übersichtlich dargestellt sein. Es besteht ein ausdrückliches Saldierungsverbot – dies bedeutet keine gegenseitige Verrechnung der einzelnen Bilanzpositionen. Die einzelnen Bilanzpositionen sollen genau dargestellt werden. Es sollte eine Mindestgliederung der Bilanz in Vermögen und Schulden, sowie eine ausreichende Gliederung des Anlagevermögens und des Umlaufvermögens gegeben sein.

Eine Kapitalgesellschaft hat sich an das Gliederungsschema des Gesetzes zu halten.

Nicht nur die Übersichtlichkeit soll durch die Bilanzklarheit gegeben sein, sondern auch eine Vergleichbarkeit von aufeinanderfolgenden Jahresabschlüssen.

2.   Bilanzwahrheit

23   Es sollen in der Bilanz die tatsächlichen Verhältnisse der Vermögens-, Finanz- und Ertragslage abgebildet werden. Des Weiteren ist hier das Niederstwertprinzip[6] zu beachten und die Wertobergrenze sollen die Anschaffungs- bzw. Herstellungskosten nicht übersteigen.

3.   Bilanzkontinuität

24   Die Bilanzkontinuität gilt für alle Kaufleite. Formal versteht man darunter eine Übereinstimmung der Eröffnungsbilanz einer Abrechnungsperiode mit der Schlussbilanz des unmittelbar vorhergehenden Bilanzierungszeitraumes. Außerdem soll die Form bzw. die Gliederung der Bilanz identisch bleiben.

---

6   Sie werden im Laufe des Buches, dass wir häufiger im Internet bei www.Wikipedia.de nachschlagen, wenn wir Begriffe näher erläutert haben möchten. Für den Nicht-Bilanzprofi ist dies auch immer ausreichend, denn das absolute Detailwissen ist ja für diese Lesergruppe gar nicht notwendig. Also schlagen wir dort (am 09.Januar 2009) einmal nach:
Das Niederstwertprinzip ist ein Grundsatz ordnungsmäßiger Buchführung, der bei der Aufstellung einer Unternehmensbilanz zu beachten ist. Er folgt aus dem § 252 HGB, wonach die Bewertung der einzelnen Bilanzposten stets nach dem Grundsatz der Vorsicht durchgeführt werden muss. Aus diesem allgemeinen Vorsichtsprinzip ergeben sich für die beiden Seiten der Bilanz zwei gegensätzliche Bewertungsprinzipien: Während die Passiva (die Schulden) zum höchstmöglichen Wert erfasst werden (Höchstwertprinzip), muss bei den Aktiva (dem Vermögen) nach § 253 HGB von den beiden möglichen Wertansätzen (Marktwert oder fortgeführte Anschaffungskosten) der niedrigere gewählt werden. Vermögensgegenstände, die sich noch im Unternehmen befinden und die seit Anschaffung oder Herstellung eine außerordentliche Wertminderung erfahren haben, werden also mit dem Wert ausgewiesen, zu dem sie zum Bilanzstichtag verkauft werden könnten. Sinn des Niederstwertprinzips ist der Ausweis nicht realisierter Verluste und somit der Gläubigerschutz.
Das Niederstwertprinzip unterscheidet drei Möglichkeiten:
Das strenge Niederstwertprinzip fordert für Vermögensgegenstände des Umlaufvermögens die Abwertung auf den niedrigeren Wert, der sich aus einem Börsen- oder Marktpreis ergibt, oder auf den niedrigeren beizulegenden Wert (§ 253 Abs. 3 HGB). Es gilt für alle Kaufleute.
Das gemilderte Niederstwertprinzip betrifft das Anlagevermögen und verlangt den niedrigeren Wertansatz (zwischen den ggf. um Abschreibungen verminderten Anschaffungs- oder Herstellungskosten und dem beizulegenden Wert) nur bei einer voraussichtlich dauernden Wertminderung. Diese Vorschrift gilt für alle Kaufleute. Bei vorübergehender Wertminderung wird in diesen Fällen keine Abwertungspflicht, sondern ein Abwertungswahlrecht eingeräumt. Das Abwertungswahlrecht wird allerdings gem. § 279 Abs. 1 Satz 2 HGB bei Kapitalgesellschaften auf Finanzanlagen beschränkt. Für immaterielle Vermögensgegenstände herrscht bei Kapitalgesellschaften ein Abwertungsverbot.
Als erweitertes Niederstwertprinzip wird die Vorschrift verstanden, wonach im Umlaufvermögen Abschreibungen wegen zukünftiger Wertschwankungen erfolgen können.
Erfahren nicht abnutzbare Teile des Anlagevermögens in späteren Geschäftsjahren eine Wertsteigerung, kann eine Zuschreibung vorgenommen werden, wobei der neue Ansatz die fortgeführten Anschaffungskosten nicht überschreiten darf. Bei abnutzbaren Teilen des Anlagevermögens müssen Kapitalgesellschaften nach § 280 HGB eine Werterhöhung bis zu den fortgeführten Anschaffungskosten vornehmen (Zuschreibungsgebot). Einzelunternehmungen und Personengesellschaften dürfen gemäß §253 Abs. 5 den niedrigeren Wert beibehalten (Zuschreibungswahlrecht). Beim Umlaufvermögen kann der niedrigere Wert nach Handelsrecht beibehalten werden, auch wenn die Gründe dafür entfallen sind.

Die Bilanzkontinuität im materiellen Sinne bezieht sich auf die Bewertungsmethoden (Bewertungsstetigkeit). Nach diesem Grundsatz sollen die auf den vorhergehenden Jahresabschluss angewandten Bewertungsmethoden beibehalten werden. Das bedeutet: Zwischen verschiedenen Bewertungsmethoden (Bewertung) darf nicht willkürlich gewechselt werden. Nur ein Wechsel aus wirtschaftlichen Gründen ist zulässig. Durch diesen Grundsatz sollen einerseits willkürliche Gewinnverlagerungen verhindert, andererseits soll die Vergleichbarkeit der einzelnen Bilanzen über mehrere Jahre hinweg sichergestellt werden. Dies gilt künftig auch mit Blick auf die gewählte Ansatzmethode (bei Ansatzwahlrechten).

Das Gebot der Ansatzstetigkeit wird mit dem BilMoG übrigens verpflichtender Bilanzierungsgrundsatz. Das bisherige Fehlen dieses Grundsatzes (es taucht bisher nur die Bewertungsstetigkeit auf[7]) wurde als Redaktionsversehen des Gesetzgebers gedeutet.[8]   25

4.   Vorsichtsprinzip

Gemäß dem Gesetz ist „vorsichtig" zu bewerten. Dies bedeutet, dass nach dem *Imparitätsprinzip*[9]   26
auch drohende nicht realisierte Verluste in der Bilanz berücksichtigt werden müssen. Gewinne hingegen werden aufgrund des Realisationsprinzipes[10] erst nach deren Verwirklichung berücksichtigt.

5.   Unternehmensfortführung (going concern)

Es wird bei der Bewertung des Jahresabschluss von der Unternehmensfortführung ausgegangen.   27
Dies hat zur Folge, dass der Marktwert von Anlagegütern unberücksichtigt bleibt, welcher bei einer Liquidation zu berücksichtigen wäre und somit als stille Reserve aufgedeckt werden würde.

---

7   gemäß § 252 Abs. 1 Nr. 6 i.V.m § 246 Abs. 3 HGB-E.
8   vgl. Winnefeld, Kapitel E, Rz. 323.
9   Schlagen wir am 09. Januar 2009 wieder bei www.wikipedi.de nach. Dort finden wir:
    Das Imparitätsprinzip im engeren Sinne ist im deutschen Bilanzrecht neben dem Realisationsprinzip und dem Nominalwertprinzip eine der Konkretisierungen des Vorsichtsprinzips. Im Gegensatz zu Gewinnen, die erst bei Realisation ausgewiesen werden dürfen, müssen Verluste bereits dann ausgewiesen werden, wenn sie zu erwarten sind. Über den Grundsatz der Maßgeblichkeit findet das Imparitätsprinzip Eingang in die steuerrechtliche Bilanzierung. § 252 Abs. 1 Nr. 4 2. Halbsatz HGB: „namentlich sind alle vorhersehbaren Risiken und Verluste, die bis zum Abschlussstichtag entstanden sind, zu berücksichtigen, selbst wenn diese erst zwischen dem Abschlussstichtag und dem Tag der Aufstellung des Jahresabschlusses bekannt geworden sind."
    Konkretisiert wird das Imparitätsprinzip durch verschiedene ergänzende Vorschriften, wie zum Beispiel durch das Niederstwertprinzip (siehe oben) in § 253 Abs. 2 und 3 HGB und durch Teile der Vorschriften zur Bildung von Rückstellungen in § 249 HGB.
    Um dem für die Bilanzierung nach deutschem HGB maßgeblichen Gläubigerschutzgedanken gerecht zu werden, sollen Verluste antizipiert werden, sie sollen also so früh wie möglich als Aufwand den Gewinn des Unternehmens mindern, um zu hohe Gewinnausschüttungen zu vermeiden. Es soll sichergestellt werden, dass genug finanzielle Mittel im Unternehmen verbleiben, dass die absehbaren Verluste verkraftet werden können. Durch das Nebeneinander von Realisationsprinzip und Imparitätsprinzip kommt es zu einer gewollten Ungleichbehandlung von Gewinnen und Verlusten.
10 In der deutschen handelsrechtlichen Rechnungslegung ist das Realisationsprinzip neben dem Imparitätsprinzip (siehe oben) als eine der Konkretisierungen des Vorsichtsprinzips einer der zentralen Grundsätze der Bilanzierung; es ist in § 252 Abs. 1 Nr. 4 HGB, letzter Halbsatz („Gewinne sind nur zu berücksichtigen, wenn sie am Abschlussstichtag realisiert sind") verankert. Aus dem Realisationsprinzip folgt das Anschaffungs-/Herstellungskostenprinzip, das besagt, dass die Anschaffungs- bzw. Herstellungskosten von Vermögensgegenständen die Wertobergrenze bilden. Dies verhindert eben gerade den Ausweis von noch nicht realisierten Gewinnen. Dementsprechend dürfen beispielsweise auch selbst erstellte Waren, die verkauft werden sollen, nicht zum voraussichtlich erzielbaren Verkaufspreis bilanziert werden, sondern höchstens zu den Herstellungskosten.
    Gleichzeitig soll aber im Regelfall durch den Kauf von Vermögensgegenständen auch kein Verlust ausgewiesen werden, Beschaffungsvorgänge sind grundsätzlich erfolgsneutral, eine etwaige Abschreibung findet erst später statt (siehe Niederstwertprinzip oben).

IV.   Bewertung nach Handels- und Steuerrecht

1.   Anschaffungskosten

28   Handelt es sich um Gegenstände des Anlagevermögens, so sind diese zum Zeitpunkt der Beschaffung mit ihren Anschaffungskosten auf dem entsprechenden Anlagekonto zu aktivieren. Darunter verstehen wir, dass diese Position in die Bilanz geschrieben werden kann/muss. Dieses „kann/muss" wird so verstanden, dass es dem Unternehmer bei manchen Sachverhalten sogar freigestellt wird, diese Position in die Bilanz zu nehmen oder nicht.

Zu diesen Anschaffungskosten werden gemäß Gesetz alle Aufwendungen gezählt, welche geleistet wurden, um das Anlagegut zu erwerben und in einen betriebsbereiten Zustand zu versetzen. Dies nur soweit als sie einzeln zuordenbar sind.

29   Der Anschaffungspreis dient als Basiswert und entspricht dem Nettopreis des Anlagegutes. Die Vorsteuer zählt nicht zu den Anschaffungskosten, da diese im Rahmen der Umsatzsteuergegenverrechnung abgegolten wird.

Dem Anschaffungspreis folgen noch die Anschaffungsnebenkosten. Diesen Kosten werden alle Ausgaben und Aufwendungen zugeschrieben, die bei der Anschaffung des Anlagegutes, neben dem Kaufpreis gleichzeitig oder auch nachträglich, anfallen. Man aktiviert sie. Somit werden sie Bestandteil der Anschaffungskosten.

30   Diese Aktivierung der Anschaffungsnebenkosten ist sowohl laut Handelsrecht als auch laut Steuerrecht eine Vorschrift, damit die Kosten der Anschaffung über den Weg der Abschreibung des Anlagegutes auf die gesamte Nutzungsdauer des Anlagegutes verteilt werden.

Hingegen abzuziehen vom Anschaffungspreis und den Anschaffungsnebenkosten sind die Anschaffungskostenminderungen. Diese können z.B. Preisnachlässe sein, welche beim Erwerb des Anlagegutes sofort oder nachträglich gewährt werden. Als Beispiele können hier Rabatte, Skonti, Boni oder erhaltene Zuschüsse genannt werden.

2.   Herstellungskosten

31   Mindestens die Einzelkosten der Herstellung umfassen gemäß Gesetz die Herstellungskosten für im eigenen Betrieb erstellte Vermögensgegenstände. Diese können z.B. eigene Erzeugnisse oder selbsterstellte materielle Anlagen sein. Selbsterstellte immaterielle Wirtschaftsgüter sind nach HGB/UGB nicht aktivierungsfähig.

Die Gemeinkosten dürfen in die Herstellungskosten handelsrechtlich einbezogen werden. Eine Ausnahme stellen die Vertriebskosten dar, welche nicht miteinbezogen werden dürfen.

32   Steuerlich sind bei den Gemeinkosten einige weitere Verpflichtungen bzw. Einschränkungen zu beachten, dies soll aber an dieser Stelle nicht weiter vertieft werden

Die Einzelkosten der Herstellung sind Kostenarten, welche sich direkt aufgrund von Belegen, wie z.B. Materialentnahmescheinen oder Lohnzetteln der Leistung einzeln zurechnen lassen. Diese direkten Kosten oder Einzelkosten bestehen aus Fertigungsmaterialien und Fertigungslöhnen.

Für die Verrechnung der Gemeinkosten werden Zuschlagsätze in Prozenten ermittelt und auf die   33
Einzelkosten aufgerechnet. So werden dem Fertigungsmaterial die Materialgemeinkosten und den
Fertigungslöhnen die Fertigungsgemeinkosten hinzugerechnet. Ebenso dürfen auch Teile der Ver-
waltungsgemeinkosten hinzugerechnet werden. Das Ergebnis daraus sind die aktivierungsfähigen
Herstellungskosten.

§ 2   Gewinn- und Verlustrechnung

A.   Sinn und Zweck der Gewinn- und Verlustrechnung

1   Die GuV hat als Ziel, den periodischen Erfolg mit verschiedenen Zwischensaldi aufzuzeigen. Von Bedeutung in diesem Zusammenhang ist das Wort periodisch, denn die GuV ist ein Zahlenwerk, das alle relevanten Geschäftsvorfälle vom ersten bis zum letzten Tag der Periode aufsummiert. D.h. dass sowohl die Aufwendungen als auch die Erträge komplett über die gesamte Periode kumuliert werden und dann per Saldierung ein Vorsteuerertrag ausgewiesen wird. Dieser muss dann der Besteuerung zugefügt werden, was je nach Land unterschiedlich ist. Für Deutschland und Österreich gibt es ein Wahlrecht zwischen dem Gesamtkosten- und Umsatzkostenverfahren.

2   Gewinn- und Verlustrechnung

Gesamtkostenverfahren	Umsatzkostenverfahren
1. Umsatzerlöse	1. Umsatzerlöse
2. Erhöhung oder Verminderung des Bestands an fertigen und unfertigen Erzeugnissen	2. Herstellungskosten der zur Erzielung der Umsatzerlöse erbrachten Leistungen
3. andere aktivierte Eigenleistungen	3. Bruttoergebnis vom Umsatz
4. sonstige betriebliche Erträge	4. Vertriebskosten
5. Materialaufwand	5. allgemeine Verwaltungskosten
6. Personalaufwand	6. sonstige betriebliche Erträge
7. Abschreibungen	
8. sonstige betriebliche Aufwendungen	7. sonstige betriebliche Aufwendungen
9. Erträge aus Beteiligungen	8. Erträge aus Beteiligungen
10. Erträge aus anderen Wertpapieren und Ausleihungen des Finanzanlagevermögens	9. Erträge aus anderen Wertpapieren und Ausleihungen des Finanzanlagevermögens
11. sonstige Zinsen und ähnliche Erträge	10. sonstige Zinsen und ähnliche Erträge
12. Abschreibungen auf Finanzanlagen und auf Wertpapiere des Umlaufvermögens	11. Abschreibungen auf Finanzanlagen und auf Wertpapiere des Umlaufvermögens
13. Zinsen und ähnliche Aufwendungen	12. Zinsen und ähnliche Aufwendungen
14. Ergebnis der gewöhnlichen Geschäftstätigkeit	**13. Ergebnis der gewöhnlichen Geschäftstätigkeit**
15. außerordentliche Erträge	14. außerordentliche Erträge
16. außerordentliche Aufwendungen	15. außerordentliche Aufwendungen
17. außerordentliches Ergebnis	**16. außerordentliches Ergebnis**
18. Steuern vom Einkommen und vom Ertrag	17. Steuern vom Einkommen und vom Ertrag
19. sonstige Steuern	18. sonstige Steuern
20. Jahresüberschuss/Jahresfehlbetrag	**19. Jahresüberschuss/Jahresfehlbetrag**

B.   Aufbauprinzipien der Gewinn- und Verlustrechnung

Wenn wir uns die ursprüngliche Kontoform ansehen, so findet unter Verwendung der Grundstruktur eines T-Kontos eine Zusammenfassung der Aufwendungen auf der Soll-Seite (im T-Konto links) und der Erträge auf der Haben-Seite (im T-Konto rechts) statt. Als Saldo beider gegenüberstehenden Kontoseiten ergeben sich Gewinn oder Verlust – ein eventueller Gewinn auf der Soll-/Aufwandsseite bzw. ein eventueller Verlust auf der Haben-/Ertragsseite.

Den Kapitalgesellschaften ist eine Darstellung in oben ausgewiesenen Staffelformen vorgeschrieben. Dort erfolgt eine vertikal fortlaufende Kontierung, wobei hier von den Bruttoerlösen ausgegangen wird um mehrere Zwischenstufen bis zum Jahresergebnis zu gelangen. Letztendlich ist diese Staffelform nichts anderes als ein um 90 Grad gedrehtes T-Konto: Den kumulierten Erlösen stehen die Aufwendungen, gegliedert nach verschiedenen Kategorien gegenüber.

Einen zusätzlichen Informationswert sowie aufschlussreiche Zwischenergebnisse erhält man durch die Möglichkeit, vertikale Gruppierungen zusammengehöriger Aufwendungen und Erträge sowie die spaltenförmige Saldierung derer zu tätigen.

Zwischenergebnisse können hier z.B. das Ergebnis der gewöhnlichen Geschäftstätigkeit oder das außerordentliche Ergebnis sein.

Wichtig ist jedoch, dass das Ergebnis in beiden Berechnungsvarianten am Ende das Selbe ist. Der Unterschied in den Verfahren liegt ausschließlich in der differenzierten Behandlung der Bestandsveränderung.

C.   Internationale Bilanzierung

Auf die Bilanzierung wirkt sich auch die Internationalisierung im Wettbewerb aus.

Um Abschlüsse von Unternehmen im internationalen Wettbewerb vergleichbar machen zu können, wurde das Gesetz vom Gesetzgeber dahingehend angepasst, dass die Wahl zwischen Gesamt- und Umsatzkostenverfahren besteht.

Früher war es in Deutschland per Gesetz festgeschrieben, dass das Gesamtkostenverfahren als Berechnungsgrundlage für die Erstellung der Gewinn- und Verlustrechnung dienen soll. Freiwillig und parallel machbar war jedoch die Erstellung des Jahresabschlusses auf Basis des Umsatzkostenverfahrens.

Aber seit Mitte 2002 stellen immer mehr Unternehmen ihre Bilanzierung und Rechnungslegung auf IFRS Standards um. Hierbei besteht auch weiterhin die Wahlmöglichkeit zwischen beiden Verfahren. Der Trend aber zeigt eindeutig in Richtung Umsatzkostenverfahren. Diese Tendenz ist aus unserer Sicht aber eher nachteilig zu würdigen, da eine GuV nach Gesamtkostenverfahren für den Leser mehr Informationen bereithält als nach dem Umsatzkostenverfahren. Sehr häufig wird dieser Trend mit oben genannter Umstellung auf IFRS Standards begründet, wobei die publizierenden Unternehmen gar nicht traurig darüber sind, denn ist leider die Regel geworden, dass die veröffentlichten Daten trotz gesetzlicher Gliederungsvorschriften eigentlich immer weniger Informationen beinhalten. Viele Unternehmer haben gar kein Interesse, Dritten die eigentlichen Detailinformationen offen zu legen.

D.   Gesamt- und Umsatzkostenverfahren

8   Beide Verfahren unterscheiden sich grundsätzlich hinsichtlich 2 Kriterien:

a) die Definition der Aufwendungen

b) die Gruppierung der Aufwendungen

9   Zu a) Das GKV weist generell alle Aufwendungen einer Periode aus, unabhängig davon, ob sie Produkten oder Leistungen zuzuordnen sind, die in den Verkauf gegangen, somit also umsatzwirksam geworden sind. Wurden in der Periode Produkte gefertigt, die noch nicht veräußert wurden und am Periodenschluss als Halbfertigprodukte angesehen werden, so sind die Kosten für die Erstellung dennoch in den Aufwendungen (Personal, Material) zu finden. Beim UKV hingegen werden nur jene Aufwendungen erfasst, die Produkten oder Leistungen zugeordnet werden können, welche tatsächlich in der abgelaufenen Periode veräußert und damit umsatzwirksam wurden. Veränderungen im Bestand (mehr Halbfertigprodukte am Jahresende wie beim Gesamtkostenverfahren) werden nicht erfasst.

10 Zu b) Die Gruppierung der Aufwendungen im GKV ähnelt einer Gruppierung nach Kostenarten (Personal, Material). Beim UKV finden wir eine Gruppierung nach Funktionen (Verwaltung, Vertrieb).

Erst ab Punkt 7 im UKV bzw. Punkt 8 im GKV (siehe obere Tabelle) sind die Strukturierungen beider Verfahren identisch.

Beim Gesamtkostenverfahren werden die Umsatzerlöse inklusive den Bestandswertänderungen an unfertigen und fertigen Erzeugnissen sowie andere aktivierte (bewertete) Eigenleistungen als Perioden-Gesamt-/Betriebsleistung bezeichnet.

11 Dieser Leistung werden die gesamten, nach Typen gegliederten Aufwendungen der Periode gegenübergestellt. Bei diesem durchgeführten Verfahren werden

- in erster Linie perioden- und produktionsbezogene Aufwandsarten dargestellt,
- die einzelnen Aufwandsarten und deren Entwicklung bezogen auf die Gesamtleistung sichtbar gemacht,
- die Aufwendungen unverändert von den nach den konventionellen Kontenrahmen gegliederten Aufwandskonten übertragen,
- keine Aufschlüsselungen bezogen auf die Verrechnung der Aufwendungen auf einzelne Bereiche wie Herstellung, Vertrieb und Verwaltung benötigt
- und somit keine extra Abgrenzungs- und Manipulationsspielräume möglich gemacht.

Anders ist es beim Umsatzkostenverfahren. Hier werden den Umsatzerlösen die Umsatzaufwendungen, oder genauer gesagt, die durch die abgesetzten Produkte bedingten Herstellungskosten sowie die restlichen Aufwendungen des Betriebes gegenübergestellt. Wobei die übrigen Aufwendungen meist nach den betrieblichen Teilbereichen oder Teilfunktionen wie Vertrieb, Verwaltung und „Sonstiges" gegliedert sind.

12 Die Herstellungs- und Anschaffungskosten erfahren in ihrer Definition mit dem BilMoG (Bilanzrechts-modernisierungsgesetz) einige Änderungen. Wie bereits in der Einleitung gesagt, sind die Änderungen und auch die jetzigen Bestimmungen im Handels- und Steuerrecht allerdings nicht wichtig, um eine Bilanz und GuV verstehen und analysieren zu können. Gehören Sie nicht zu den „Bilanzspezialisten", dann lesen Sie die BilMoG relevanten Fußnoten einfach nicht.

Die Thematik Bestandsveränderungen sowie aktivierte und bewertete Eigenleistungen werden hier nicht dargestellt. Lediglich die den Funktionsbereichen nicht zurechenbaren Aufwendungen werden als sonstige Aufwendungen des Betriebs gezeigt.

Aufwendungen für Material und Personal, Abschreibungen und sonstige primäre Aufwendungen   13
des Betriebes in der Darstellung des Gesamtkostenverfahrens müssen nach definierten Schlüsseln
für Kosten und Aufwand den verschiedenen Funktionsbereichen als sekundäre Aufwendungen zugerechnet werden.

Wie gesagt ist dieses Verfahren international verbreitet und hier im Besonderen im angelsächsischen
Raum anzutreffen und deshalb für Unternehmen interessant, die einen Vergleich auf internationaler
Ebene suchen. Ebenso dazu gehören können Töchter ausländischer Konzerne, die dieses Verfahren
praktizieren.

Die Schwierigkeit dabei ist die Schaffung der Zuordnung von Aufwendungen zum Herstellungs-,   14
Vertriebs- oder Verwaltungsbereich sowie zu den Produkten, die abgesetzt wurden.

Da die Aufwendungen nicht gleichwertig aus der nach konventionellen nach Kontenrahmen gegliederten Finanzbuchhaltung übertragbar sind, erfordert dies eine durchdachte Kosten- und Leitungs-
rechnung.

Es müssen nämlich Umrechnungen mittels Kosten- bzw. Aufwandsschlüsseln auf die Funktionsbe-   15
reiche durchgeführt werden.

I.   Gliederung nach dem Gesamtkostenverfahren (GKV)

Der Name Gesamtkostenverfahren müsste eher in Gesamtaufwandsverfahren umbenannt werden,   16
da die Rechnung mit Erträgen und Aufwendungen erfolgt – der Gesetzgeber unterscheidet nämlich
nicht, so wie es in der Betriebswirtschaft üblich ist, zwischen Aufwands- und Kostenbegriffen. Es ergibt sich also folgende Gliederung für das Gesamtkostenverfahren:

     Umsatzerlöse

+/− Mehrung / Minderung des Bestands an fertigen und unfertigen Erzeugnissen

+   andere aktivierte Eigenleistungen

+   sonstige betriebliche Erträge

     [G E S A M T – / B E T R I E B S L E I S T U N G]

−   Materialaufwand

     [R O H E R G E B N I S]

−   Personalaufwand

−   Abschreibungen

−   Sonstige betriebliche Aufwendungen

     [B E T R I E B S E R G E B N I S]

+   Erträge aus Beteiligungen, davon aus verbundenen Unternehmen

+   Erträge aus anderen Wertpapieren und Ausleihungen des Finanzanlagevermögens, davon aus
    verbundenen Unternehmen

+   Sonstige Zinsen und ähnliche Erträge, davon aus verbundenen Unternehmen

−   Abschreibungen auf Finanzanlagen und auf Wertpapiere des Umlaufvermögens – Aufwen-
    dungen aus Verlustübernahme

−   Zinsen und ähnliche Aufwendungen

     [F I N A N Z E R G E B N I S]

=   Ergebnis (Überschuss/Fehlbetrag) der gewöhnlichen Geschäftstätigkeit (Betriebsergebnis +/−
    Finanzergebnis)

+	außerordentliche Erträge
–	außerordentliche Aufwendungen
=	Außerordentliches Ergebnis
	[ERGEBNIS VOR STEUERN]
–	Steuern vom Einkommen und vom Ertrag
–	sonstige Steuern
=	Jahresüberschuss/Jahresfehlbetrag
	[JAHRESERGEBNIS]

II. Gliederung nach dem Umsatzkostenverfahren (UKV)

17   Auch hier sollte man wegen der Erträge und Aufwendungen vom Umsatzaufwandsverfahren sprechen. Dieses auf die Geschäftstätigkeit beschränkte Umsatzkostenverfahren gliedert sich wie folgt:

	Umsatzerlöse
–	Herstellungskosten der zur Erzielung der Umsatzerlöse erbrachten Leistungen
=	Bruttoergebnis vom Umsatz
–	Vertriebskosten
–	Allgemeine Verwaltungskosten
+	Sonstige betriebliche Erträge
–	Sonstige betriebliche Aufwendungen
	[GESAMT-/BETRIEBSLEISTUNG]
+	Erträge aus Beteiligungen, davon aus verbundenen Unternehmen
+	Erträge aus anderen Wertpapieren und Ausleihungen des Finanzanlagevermögens, davon aus verbundenen Unternehmen
+	Sonstige Zinsen und ähnliche Erträge, davon aus verbundenen Unternehmen
–	Abschreibungen auf Finanzanlagen und auf Wertpapiere des Umlaufvermögens – Aufwendungen aus Verlustübernahme
–	Zinsen und ähnliche Aufwendungen
	[FINANZERGEBNIS]
=	Ergebnis (Überschuss/Fehlbetrag) der gewöhnlichen Geschäftstätigkeit (Betriebsergebnis +/– Finanzergebnis)
+	außerordentliche Erträge
–	außerordentliche Aufwendungen
=	Außerordentliches Ergebnis
	[ERGEBNIS VOR STEUERN]
–	Steuern vom Einkommen und vom Ertrag
–	sonstige Steuern
=	Jahresüberschuss/Jahresfehlbetrag
	[JAHRESERGEBNIS]

III.   Positionen der GuV

Nachstehend werden einzelnen Positionen der Gewinn- und Verlustrechnung durchleuchtet.   18

IV.   Positionen des Betriebsergebnisses nach dem Gesamtkostenverfahren

1.   Umsatzerlöse

Unter dem Posten Umsatzerlöse sind all jene Erlöse auszuweisen, die sich typisch für den Geschäfts-   19
zweig des Unternehmens oder der Verfolgung des eigentlichen Unternehmenszweckes, also aus der
„gewöhnlichen Geschäftstätigkeit" ergeben.

Für Unternehmen die eine GuV erstellen gilt, dass ein Umsatz mit dem Zeitpunkt der Rechnungser-
stellung gebucht werden muss – unabhängig von einem späteren Zahlungseingang.

Die Erfassung der Umsatzerlöse abzüglich der Erlösminderungen sowie ohne Umsatzsteuern hat un-   20
abhängig vom Zahlungszeitpunkt in der Höhe der erzielten Erfolgseinnahmen zu erfolgen.

Als Umsatzerlöse sind jene Beträge auszuweisen, welche die Vertragspartner sowie gegebenenfalls
Dritte aufzuwenden haben, um die Lieferungen oder Leistungen zu erhalten. Abzüglich hierzu sind
jedoch Erlösschmälerungen und Umsatzsteuern zu betrachten. Als Beispiele für Erlösschmälerungen sind hier Skonti, Rabatte, Boni sowie andere Nachlässe, aber auch zurückgewährte Entgelte
wie Preisminderungen wegen Mängelrügen, Kulanz, Gutschriften für in Rechnung gestellte Verpa-
ckungs- und Frachtkosten, Rückwaren usw. zu nennen. Ebenfalls zu berücksichtigen sind natürlich
auch Erlösberichtigungen wegen Stornierung des Umsatzes oder sonstige Korrekturen. Letztendlich
heißt dies, dass also die erzielten Erfolgseinnahmen anzusetzen sind.

2.   Erhöhungen oder Verminderungen des Bestands an fertigen und unfertigen Erzeugnissen

Sofern die Gewinn- und Verlustrechnung dem Prinzip der Produktionsrechnung, wie das Gesamt-   21
kostenverfahren auch genannt wird, nachkommt und deshalb in den Aufwendungen alle geschäfts-
jahrzugehörigen Erfolgsausgaben angesetzt werden müssen, sind neben den Umsatzerlösen ebenfalls die Bestandserhöhungen bzw. Bestandsminderungen an unfertigen und fertigen Erzeugnissen
in die Erträge aufzunehmen. Bestandserhöhungen können durch Produktion ins Lager entstehen
und Bestandsminderungen durch Lagerabbau.

Bewertete[1] Bestandsdifferenzen der Erzeugnisse seit dem Ende des letzten Geschäftsjahres, welche auf Mengen- und/oder Wertänderungen zurückzuführen sind, müssen hier ausgewiesen werden.

22 Bewertete Bestandmehrungen haben positive und bewertete Bestandsminderungen haben negative Vorzeichen in der Gewinn- und Verlustrechnung.

3. Andere aktivierte Eigenleistungen

23 Auch andere Lagergüter, welche ebenfalls bewertet werden, müssen neben den Bestandswertänderungen an fertigen und unfertigen Erzeugnissen aktiviert werden.

Bei den aktivierten Eigenleistungen handelt es sich um im Unternehmen erstellte und zur Eigenverwendung bestimmte und bewertete Güter, wie z.B. selbsterstellte Um- oder Ausbauten, Anlagen, Maschinen, Modelle, Vermögensgegenstände des Umlaufvermögens (nicht aber Erzeugnisse), Werkzeuge sowie aktivierte Großreparaturen, Montagen usw.

24 Auch dazu gehören Aufwendungen der Ingangsetzung oder Erweiterung des Geschäftsbetriebs. Es ist aber wichtig herauszuheben, dass nach deutschem und österreichischem Recht nur materielle selbsterstellte Wirtschaftsgüter hier aktiviert werden dürfen. Immaterielle selbsterstellte Wirtschaftsgüter (Patente, Lizenzen, Softwareprogramme) können nur dann nach dt. u. öster. Recht aktiviert werden, wenn sie käuflich erworben wurden. Die ist übrigens nach internationalen Bilanzierungsregeln anders, denn hier können auch immaterielle selbsterstellte Wirtschaftsgüter aktiviert werden.

4. Sonstige betriebliche Erträge

25 Darunter sind alle Erträge aus der gewöhnlichen Geschäftstätigkeit zu buchen, die nicht direkt aus der Veräußerung von Waren oder Dienstleistungen resultieren, sondern vielmehr aus Bewertungen (Wertaufholung oder -minderung), Vorsichtsmaßnahmen (Auflösung von Rückstellungen) oder erfolgreichem Verhandeln (Provisionen, Rabatte und Lizenzeinnahmen) als Ertrag eingehen.

Beispiele sind hier mit Auflösungsbeträgen zu hoher Rückstellungen, Zuschreibungserträgen sowie Gewinnsalden aus dem Verkauf von Vermögensgegenständen des Anlagevermögens zu nennen. Es ist sozusagen der Liquidationserlös größer als der Buchwert.

---

1 Im Punkt der Bewertungsansätze geht das BilMoG noch einen Schritt weiter, denn das Gebot der Ansatzstetigkeit wird neben dem bereits vorhandenen Gebot der Bewertungsstetigkeit ebenfalls verpflichtender Bilanzierungsgrundsatz (Bewertungs- und Ansatzstetigkeit: § 252 Abs. 1 Nr. 6 i.V.m § 246 Abs. 3 HGB-E).
Bislang gilt: Beschränkung auf Bewertungsstetigkeit: Nach diesem Grundsatz sollen die auf den vorhergehenden Jahresabschluss angewandten Bewertungsmethoden beibehalten werden. Das bedeutet: Zwischen verschiedenen Bewertungsmethoden (Bewertung) darf nicht willkürlich gewechselt werden. Nur ein Wechsel aus wirtschaftlichen Gründen ist zulässig. Durch diesen Grundsatz sollen einerseits willkürliche Gewinnverlagerungen verhindert, andererseits soll die Vergleichbarkeit der einzelnen Bilanzen über mehrere Jahre hinweg sichergestellt werden. Dies gilt künftig auch mit Blick auf die gewählte Ansatzmethode (bei Ansatzwahlrechten).
Künftig wird gelten: Das Gebot der Ansatzstetigkeit wird ebenfalls verpflichtender Bilanzierungsgrundsatz. Das bisherige Fehlen dieses Grundsatzes wurde als Redaktionsversehen des Gesetzgebers gedeutet (vgl. Winnefeld, Kapitel E, Rz. 323).
Für die Steuerbilanz gilt: Das Bewertungsstetigkeitsprinzip ist für die Steuerbilanz nicht näher geregelt. Das dort schon frühzeitig geltende Willkürverbot betrifft u.a. die Methodenwahl für Herstellungskosten, die Vereinfachungsverfahren (z.B. Lifo-Methode, Durchschnitts- und Festbewertung), planmäßige Abschreibungen.

5.   Materialaufwand

Bei dieser Position werden zum einen die Aufwendungen für Roh-, Hilfs- und Betriebsstoffe (RHBs) 26
und für bezogene Waren und zum anderen die Aufwendungen für bezogene Leistungen angeführt.
An dieser Stelle müssen wir aber ein wenig tiefer gehen. Beim Kauf von Waren sind zunächst nur die
Bilanz-Konten Vorräte, Kasse oder Bank betroffen. Erst wenn z.B. per Materialentnahmeschein aus
diesem Vorrat eine Menge entnommen wird, muss auch das hier angesprochene GuV-Konto verwendet werden. Bei bezogenen Dienstleistungen, z.B. Subunternehmerleistungen erfolgt der Ausweis in diesem GuV-Konto direkt, weil diese Leistung dem finalen Produkt oder der finalen Dienstleistung sofort und eindeutig zuordenbar ist.

Bei den bezogenen Leistungen gibt es außerdem durchaus Diskussionsbedarf, weil die Abgrenzung
zu den sonstigen Aufwendungen des Betriebes, weil per Gesetz nicht genau definiert wurde. Es ist
nämlich offen, ob bei der der Position Materialaufwand nur der Bereich der Fertigung oder auch der
Verwaltungs- und Vertriebsbereich mit einbezogen werden soll.

Der Ausweis der bezogenen Leistungen für den Verwaltungs- und Vertriebsbereich kann daher auch 27
bei den sonstigen betrieblichen Aufwendungen erfolgen und dies wird in den meisten Fällen auch so
gehandhabt, d.h., die Rechnung des Steuerberaters finden wir sehr häufig unter der Position „Sonstige betriebliche Aufwendungen“.

Der Materialaufwand kann dabei üblicherweise wie folgt ermittelt werden:

	Anfangsbestand an Roh-, Hilfs- und Betriebsstoffe bzw. Waren (per Inventur)
+	Zugänge (via Rechnungen und/oder Belege)
–	Endbestand an Roh-, Hilfs- und Betriebsstoffe bzw. Waren (durch Inventur)

===

=	Materialverbrauch (als Abgänge)

Mit den entsprechenden Anschaffungs- bzw. Herstellungskosten bewertet führt dieser Materialver- 28
brauch dann zum Materialaufwand. Fremdleistungen für Reparaturen, Ausgaben für Leiharbeit und
Lohnarbeit an Erzeugnissen sowie Aufwendungen für Fertigungslizenzen zählen zu den bezogenen
Leistungen.

Strittig ist wie gesagt, ob auch Verwaltungs- und Vertriebsdienstleistungen, wie z.B. Prüfung oder
Beratung zu den bezogenen Leistungen fallen oder weiterhin als sonstige betriebliche Aufwendungen zählen.

6.   Personalaufwand

Unter dieser Position sind alle Entgelte der Arbeits- und Dienstleistungen aller Beschäftigten eines 29
Unternehmens zu erfassen, welche in einem Geschäftsjahr bis zum Bilanzstichtag erbracht wurden.
Dazu zählen hauptsächlich

- Löhne und Gehälter
- Lohn- bzw. Einkommensteuer
- Sozialversicherungsbeiträge
- Pensionsrückstellungen
- Zusatzleistungen.

30   Auszuweisen sind hier Bruttobeträge, womit man die Nettolöhne zuzüglich der einzubehaltenden Lohn- und Kirchensteuern ebenso meint, wie vermögenswirksame Leistungen, sowie freiwillige Neben- und Sozialleistungen, jedoch auch gesetzliche Sozialabgaben und Aufwendungen für die Altersversorgung.

Zeitlich gesehen ist immer die periodische Aufwandsverursachung und nicht der Zahlungszeitpunkt entscheidend.

7.   Abschreibungen (Exkurs)

31   Wird ein abnutzbares Wirtschaftsgut zur Erzielung von Einkünften eingesetzt, sind die Anschaffungskosten bzw. Herstellungskosten des Wirtschaftsguts dem Grunde nach Betriebsausgaben oder Werbungskosten. „Abgesetzt" werden kann jedes Jahr jedoch nur der Teil der Kosten, der sich bei einer Verteilung auf die Nutzungsdauer als Jahresbetrag ergibt. Die Wertminderung verringert als Betriebsausgabe das zu versteuernde Einkommen.

Vermögensgegenstände des Anlagevermögens, welche sozusagen abnutzbar sind, müssen anders als die Vermögensgegenstände des Umlaufvermögens regelmäßig abgeschrieben werden. Generell werden Anlagegegenstände mehrmaliger betrieblicher Nutzung unterworfen und sind im Unternehmen längerfristig einsetzbar.

32   Unterschieden wird zwischen planmäßiger und außerplanmäßiger[2] Abschreibung für abnutzbare Vermögensgegenstände und außerplanmäßiger Abschreibung für nicht abnutzbare Gegenstände.

---

2   Das BilMoG führt auch bei den außerplanmäßigen Abschreibungen Änderungen ein.
Bislang gilt ein Wahlrecht bei vorübergehenden Wertminderungen im Anlagevermögen (§ 253 Abs. 3 Satz 3 HGB) – Ausnahme Kapitalgesellschaften: nur bei Finanzanlagen (§ 279 Abs. 1 Satz 2 HGB); Einzelbewertung bei Vermögensgegenständen des Anlagevermögens auch für Abschreibungen.
Künftig: Aufhebung des Wahlrechts, außerplanmäßige Abschreibungen beim Anlagevermögen wegen künftiger Wertschwankungen vorzunehmen (§ 253 Abs. 3 Satz 3 HGB-E); Wertaufholungsgebot.
Übergangsregelung: Für voraussichtlich erst vor dem 01.01.2010 begonnene Geschäftsjahre besteht ein Wahlrecht, die nach der bisherigen Regelung vorgenommenen Abschreibungen fortzuführen; ansonsten sind die Zuschreibungen in die Gewinnrücklagen einzustellen (Art. 66 Abs. 2 EGHGB-E).
Aufhebung des Wahlrechts, Abschreibungen im Rahmen vernünftiger kaufmännischer Beurteilung vorzunehmen (§ 253 Abs. 4 HGB-„alt").
Übergangsregelung: Für vor voraussichtlich erst nach dem 01.01.2010 begonnene Geschäftsjahre besteht ein Wahlrecht, die nach der bisherigen Regelung vorgenommenen Abschreibungen fortzuführen; ansonsten sind die Zuschreibungen in die Gewinnrücklagen einzustellen (Art. 66 Abs. 2 EGHGB-E).
Bei nur vorübergehender Wertminderung: Beschränkung der außerplanmäßigen Abschreibung beim Anlagevermögen auf Finanzanlagen (Wahlrecht! § 253 Abs. 3 Satz 4 HGB-E); Wertaufholungsgebot.
Außerplanmäßige Abschreibungen auf Vermögensgegenstände des Anlagevermögens sind – wie bisher – jeweils gesondert auszuweisen oder im Anhang anzugeben (§ 277 Abs. 3 Satz 1 HGB-E)
Für die Steuerbilanz gilt: Bei Wirtschaftsgütern des Anlagevermögens: Abschreibungsverbot bei nur vorübergehenden Wertminderung (§ 6 Abs. 1 Nr. 1 Satz 2 EStG); weiterhin geltendes Wahlrecht, eine außergewöhnliche technische oder wirtschaftliche Abnutzung statt der planmäßigen AfA bei beweglichen Wirtschaftsgütern des Anlagevermögens durchzuführen (§ 7 Abs. 1 Satz 6 EStG). Für Abschreibungen gilt bislang die Einzelbewertung (§ 6 Abs. 1 Nr. 1 Satz 1 EStG).
Im Gegenzug kommt es allerdings auch zu einem Wertaufholungsgebot (§ 253 Abs. 5 HGB-E).
Bisher gilt: Wertaufholungswahlrecht (Beibehaltung eines niedrigeren Wertansatzes, auch wenn die Gründe dafür nicht mehr bestehen); Ausnahme Kapitalgesellschaften: Wertaufholungsgebot (§ 280 Abs. 1 HGB).
Künftig soll gelten: Einführung eines umfassenden rechtsformunabhängigen Wertaufholungsgebots bezüglich aller Formen von außerplanmäßigen Abschreibungen. Ausnahme: entgeltlich erworbener Geschäfts- oder Firmenwert.
Für die Steuerbilanz gilt: Rechtsformunabhängiges Wertaufholungsgebot – sowohl bei Wirtschaftsgütern des Anlagevermögens als auch des Umlaufvermögens (§ 6 Abs. 1 Nr. 1 Satz 4 EStG, § 6 Abs. 1 Nr. 2 Satz 3 EStG). Soweit der Grund für Absetzungen für außergewöhnliche technische oder wirtschaftliche Abnutzung in späteren Wirtschaftsjahren entfällt, ist in den Fällen der Gewinnermittlung nach § 4 Abs. 1 oder nach § 5 eine entsprechende Zuschreibung vorzunehmen (Wertaufholungsgebot gemäß § 7 Abs. 1 Satz 7 EStG).

Anlagegegenstände werden als abnutzbar gesehen, wenn deren Nutzung zeitlich begrenzt ist. Zeitliche Begrenzung tritt ein durch den technischen oder wirtschaftlichen Verschleiß der Anlagegegenstände. Die Dauer der Nutzung ergibt sich aus steuerrechtlich vorgegebenen Nutzungstabellen oder Erfahrungswerten.

Nicht als abnutzbare Gegenstände zählen folgende Posten des Anlagevermögens: 33

- Grund und Boden (eine Ausnahme bildet die Kiesgrube)

- geleistete Anzahlungen

- Anlagen im Bau und

- Finanzanlagen (z.B. Wertpapiere oder Investitionen in Beteiligungen).

Das Handelsrecht lässt jedes Verfahren bzw. jede Methode zur Abschreibung zu, soweit sie den „Grundsätzen ordnungsmäßiger Buchführung" (GoB) entsprechen.

Periodengerecht als Aufwand zu erfassen ist der voraussichtliche Wertverzehr des Anlagegegenstands.

Übliche Abschreibungsmethoden aus der Praxis sind: 34

- Lineare Abschreibung (gleichbleibende Abschreibungsbeträge),

- Degressive[3] Abschreibung (fallende Abschreibungsbeträge),

- Progressive Abschreibung (steigende Abschreibungsbeträge, eher selten da steuerrechtlich meist nicht zulässig),

- Leistungsbedingte Abschreibung (Abschreibung gemäß den erstellten oder bearbeiteten Produkten).

Der Verlauf des Werteverzehrs der ersten drei Abschreibungsmethoden soll durch nachstehende   35
Grafik verdeutlicht werden.

---

3   Aufgrund des Unternehmensteuerreformgesetzes 2008 dürfen steuerrechtlich nur noch vor dem 01.01.2008 angeschaffte oder hergestellte bewegliche Wirtschaftsgüter des Anlagevermögens degressiv abgeschrieben werden. Die folgenden Ausführungen gelten daher steuerrechtlich nur, soweit bewegliche Wirtschaftsgüter bis einschließlich 31.12.2007 angeschafft oder hergestellt worden sind oder werden. Soweit noch steuerrechtlich die degressive Abschreibung für bewegliche Wirtschaftsgüter des Anlagevermögens in Anspruch genommen wurden soll, mussten diese noch im Jahr 2007 angeschafft oder hergestellt werden. Das kommt insbesondere in Betracht, wenn noch Ansparrücklagen (so genannte Ansparabschreibungen – siehe Sonderposten mir Rücklageanteil) bilanziert waren, die für die künftige Anschaffung oder Herstellung neuer beweglicher Wirtschaftsgüter des Anlagevermögens nach § 7g Abs. 3 EStG bisheriger Fassung gebildet worden waren. Wurden diese Wirtschaftsgüter, deren Anschaffung oder Herstellung bei der Bilanzierung der Ansparrücklage prognostiziert worden war, noch rechtzeitig im Jahr 2007 investiert, konnte der Gewinnzuschlag nach § 7g Abs. 5 EStG a.F. vermieden werden. Gleichzeitig konnte aber auch zu erwägen sein, ob das in Kauf genommen wurde, weil es steuerlich u.U. vorteilhafter war, bewegliche Wirtschaftsgüter des Anlagevermögens im Jahr 2008 oder später zu investieren und hierfür den Investitionsabzugsbetrag verbunden mit der Sonderabschreibung nach neuem Recht geltend zu machen.
Im Rahmen des Konjunktur-Paketes ist Mitte November 2008 aber die degressive Abschreibung ab 2009 befristet für zwei Jahre wieder temporär eingeführt worden. Für alle Wirtschaftsgüter des Anlagevermögens, die in den Jahren 2009 oder 2010 angeschafft werden, beträgt die degressive Abschreibung das 2,5-fache der linearen Abschreibung, maximal 25 Prozent. Bei Wirtschaftsgütern, deren Nutzungsdauer fünf Jahre oder mehr beträgt, ist die degressive Abschreibung somit günstiger als die lineare, da die lineare Abschreibung bei fünf Jahren pro Jahr 20 Prozent und damit weniger als der maximale degressive Abschreibungssatz von 25 Prozent beträgt.
Eine besondere Situation liegt bei geringwertigen Wirtschaftsgütern (GWG) vor: Wirtschaftsgüter, die zwischen 150 und 1.000 Euro kosten und selbstständig nutzbar sind, gehören zu den geringwertigen Wirtschaftsgütern und werden seit 2008 in einem Sammelposten erfasst. Dieser wird, unabhängig von der tatsächlichen Nutzungsdauer, über fünf Jahre linear abgeschrieben!

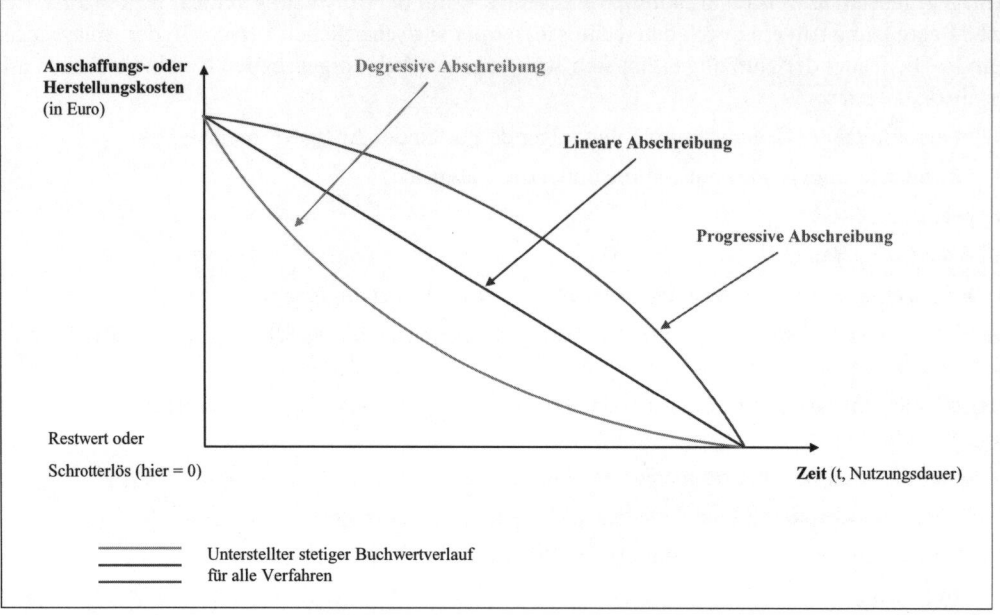

36 Wenn wir die lineare Abschreibung betrachten, so werden hier die Anschaffungs- oder Herstellungskosten durch die Zahl der Jahre der betriebsgewöhnlichen Nutzungsdauer geteilt. Als Ergebnis erhalten wir einen auf das einzelne Wirtschaftsjahr entfallenden, stets konstanten Abschreibungsbetrag.

$$\text{Abschreibungsbetrag} = \frac{\textit{Anschaffungs- oder Herstellungskosten}}{\textit{Zahl der Jahre der betrieblichen Nutzung}}$$

37 Weiterhin im Unternehmen eingesetzte bzw. genutzte, jedoch voll abgeschriebene Vermögensgegenstände sind mit einem Restwert, welcher auch als Erinnerungswert (z.B. 1 €) bezeichnet wird, in der Bilanz zu berücksichtigen.

Bei näherer Betrachtung der degressiven Abschreibung stellen wir fest, dass der Abschreibungsbetrag von Jahr zu Jahr geringer wird. Es heißt auch, dass die Abschreibungsbeträge „fallen". Im Handelsrecht kommen 2 Formen der degressiven Abschreibung vor:

■ Geometrisch-degressive Abschreibung. Der gleichbleibende Prozentsatz ist hier entscheidend, um den die jährlichen Abschreibungsbeträge fallen.

■ Arithmetisch-degressive Abschreibung. Gleichbleibende Beträge verringern die jährlichen Abschreibungsbeträge.

38 Bei der geometrisch-degressiven Abschreibung, welche man auch als Buchwertabschreibung bezeichnet, wird in der Regel vom jeweiligen Buchwert mit einem Prozentsatz, der gleich bleibt, abgeschrieben.

Zulässig sind laut Handelsrecht alle Prozentsätze, die den Grundsätzen ordnungsgemäßer Buchführung entsprechen. Eine steuerliche Beschränkung dieses Wahlrechts ist jedoch gegeben. Als Beispiel sei hier das deutsche Steuerrecht genannt, wonach bis 2005 20 % oder das Zweifache des linearen Abschreibungssatzes angesetzt werden konnte. Ab dem 1.1.2006 wurde dieser Satz auf 30 % erhöht.

39 Nachstehend ein Exempel zur degressiven Abschreibung als Buchwertabschreibung mit einem Prozentsatz von 20%:

Anschaffungskosten 100.000 €, Abschreibungssatz 20% = 0,2
Nutzungsdauer 5 Jahre.

Anschaffungskosten	100.000 €
Abschreibung 1. Jahr 100.000 x 0,2	– 20.000 €
Buchwert Ende des 1. Jahres	80.000 €
Abschreibung 2. Jahr 80.000 x 0,2	– 16.000 €
Buchwert Ende des 2. Jahres	64.000 €
Abschreibung 3. Jahr 64.000 x 0,2	– 12.800 €
Buchwert Ende des 3. Jahres	51.200 €
Abschreibung 4. Jahr 51.200 x 0,2	– 10.240 €
Buchwert Ende des 4. Jahres	40.960 €
Abschreibung 5. Jahr 40.960 x 0,2	– 8.192 €
Buchwert Ende des 5. Jahres	32.768 €

Wenn man dies in der Art fortsetzt, sieht man, dass die Abschreibungsbeträge theoretisch erst im [40] Unendlichen gegen Null laufen. Daher sagt man, dass die Anlagegegenstände dieser degressiven Abschreibungsmethode nur während ihrer Nutzungsdauer unterliegen.

Im vorigen Beispiel sehen wir eine Nutzungsdauer von 5 Jahren. Sollte der Anlagegegenstand nach diesen 5 Jahren voll abgeschrieben werden, so sehen wir dass ein verhältnismäßig hoher Abschreibungsbetrag in der Höhe von 8.192 + 32.768 = 40.960 € entsteht. Als sinnvoll erweist sich daher eine Kombination der geometrisch-degressiven Abschreibung mit der linearen Abschreibung. Ein Wechsel von der geometrisch-degressiven in die lineare Abschreibungsmethode sollte nach dem Geschäftsjahr erfolgen, in dem die lineare Abschreibung höher als die degressive Abschreibung ist.

Steuerlich nicht zulässig in Deutschland ist ein Wechsel von der linearen zur degressiven Abschreibung. In unserem obigen Beispiel ist im 2. Jahr die lineare Abschreibung in der Höhe von 20.000 € [41] größer als die degressive in der Höhe von 16.000 €. Dies bedeutet also einen möglichen Wechsel von der degressiven zur linearen Abschreibung im 2. Jahr mit einem Abschreibungsbetrag von 20.000 € pro Jahr.

Auf die **arithmetisch-degressive** Abschreibung, welche auch als digitale Abschreibung bezeichnet wird, gehen wir aufgrund der geringen praktischen Relevanz nicht weiter ein. Zur Charakteristik ist nur soviel zu sagen, dass die Abschreibungsbeträge um die gleichen Beträge Jahr für Jahr abnehmen.

Kennzeichen der progressiven Abschreibungsmethode sind die jährlich steigenden Abschreibungs- [42] beträge. Da es sich um eine Umkehr der degressiven Abschreibung handelt, kann analog zu dieser deshalb geometrisch oder arithmetisch progressiv abgeschrieben werden. Hier werden die ersten Nutzungsjahre weniger stark und die späteren Jahre mit immer größeren Abschreibungsbeträgen belastet.

Dies entspricht bei Anlagen, welche mit fortschreitender Nutzungsdauer in die volle Nutzung hineinwachsen, dann dem tatsächlichen Nutzungsverlauf. Als Beispiele seien hier Mobilfunknetzwerke sowie Erdöl- oder Ergaspipelines genannt.

Handelsrechtlich nach den Grundsätzen ordnungsgemäßer Buchführung ist die progressive Ab- [43] schreibung immer dann zulässig, wenn der tatsächliche Wertverzehr zutreffend abgebildet wird. Aufgrund der Tatsache, dass sie in Deutschland steuerrechtlich nicht zugelassen ist, ist die praktische Relevanz nicht gegeben.

Die **leistungsbedingte** Abschreibung bietet sich an, wenn der Wertverzehr analog der unterschiedlichen Nutzung der Anlage ist. Die Schwankung der Inanspruchnahme von Leistung ist ein Grund für die Anwendung der leistungsbedingten Abschreibungsmethode. Entsprechend unterschiedlich ist auch die Abschreibung bzw. Absetzung für Abnutzung (AfA) in den einzelnen Jahren des Nutzungszeitraums. Ein Beispiel dazu:

Anschaffungskosten einer Maschine [in Tsd.]	80.000 €
Voraussichtliche Gesamtproduktionsleistung	20.000 m³
Voraussichtliche Nutzungsdauer	5 Jahre
Abschreibungsbetrag pro m³	
80.000 €/20.000 m³ =	4,0 € je m³

Produktionsleistungen und Abschreibungen:

Jahr 1 5.000 m³ x 4,0 € je m³ =	20.000 €
Jahr 2 2.000 m³ x 4,0 € je m³ =	8.000 €
Jahr 3 4.000 m³ x 4,0 € je m³ =	18.000 €
Jahr 4 4.000 m³ x 4,0 € je m³ =	17.200 €
Jahr 5 4.000 m³ x 4,0 € je m³ =	16.800 €
Insgesamt	**80.000 €**

8.   Sonstige betriebliche Aufwendungen

44   Zu dieser Sammelposition zuzuordnen sind alle Aufwendungen, die im Rahmen der gewöhnlichen Geschäftstätigkeit auftreten und nicht einer anderen spezifizierten Aufwandsart zugehörig sind. Dazu zählen insbesondere sonstige, aber im Gliederungsschema nicht speziell aufgeführte Aufwandsarten, wie z.B.

- Aufwendungen für die Inanspruchnahme von Rechten und Diensten externer Unternehmensbeteiligter (Gebühren, Lizenzen, Logistik, Mieten, Pachten, Reparatur, etc.)
- Aufwendungen für Marketing und Kommunikation (Gästebewirtung, Telefon, Post, Spenden, Werbung, ...)
- Aufwandsrückstellungen und Aufwendungen für Schadensersatz
- Verlustsaldo aus dem Verkauf von Vermögensgegenständen des Anlagevermögens (wenn der Liquidationserlös kleiner als der Buchwert ist)
- Aufsichtsratsvergütungen

9.   Positionen des Betriebsergebnisses nach dem UKV

45   Bei Anwendung des Umsatzkostenverfahrens entfallen einige Positionen des Gesamtkostenverfahrens, es kommen aber auch einige neue Posten auf. Andere Positionen bekommen ein anderes Ausmaß und einen anderen Inhalt.

Eine Vielzahl jedoch ist bei beiden Verfahren identisch. Nachfolgend werden nur die Positionen erläutert, welche andere im Gesamtkostenverfahren ersetzen.

Bevor Sie hier weiterlesen, werfen Sie noch mal einen Blick auf die eingangs dargestellte Tabelle.

10.   Herstellungskosten der zur Erzielung der Umsatzerlöse erbrachten Leistungen

Die gesamten Herstellungs- und Anschaffungskosten[4], welche auf die im Geschäftsjahr abgesetzten   46
Produkte, Waren oder erbrachten Dienstleistungen anfielen, sind unter diesem Posten auszuweisen.

Wenn wir uns die Betriebe der Industrie ansehen, so geht es hier in der Regel um Aufwendungen der
Funktionsbereiche

- Material: Einkauf, Materialprüfung sowie Materiallagerung
- Fertigung: Fertigungsvorbereitung, Fertigung, Montage, Zwischenlagerung
- Forschung und Entwicklung
- anteilige Verwaltung
- produktbezogene Zinsen

Wenn die Herstellungskosten ermittelt werden sollen, wird auf die Kostenrechnung zurückgegriffen,
was jedoch nicht zum Ansatz kalkulatorischer Werte führen darf.

11.   Vertriebskosten

Zum Bereich Vertriebskosten zählen jene Aufwendungen, die mit der Vorbereitung, Förderung,   47
Durchführung und Überwachung des Absatzes der Produkte und Dienstleistungen verbunden sind.
Dies sind einerseits die dem Produkt direkt zuzurechnenden Vertriebseinzelkosten, wobei hier als
Beispiele die Ausgaben für Spezialverpackung und Transport sowie Provisionen zu nennen sind.

Andererseits sind die Vertriebsgemeinkosten ebenfalls hinzuzuzählen, worunter Ausgaben für Per-
sonal- und Sachkosten der Marketingabteilungen einschließlich Akquisition, Vertrieb und Außen-
dienst, Kosten der Marktforschung, Werbung und allgemeine Verkaufsförderung, Kosten der Ab-
satzlogistik: administrative Auftragsbearbeitung, Auslieferungslager, Fuhrpark, absatzbezogene
Fremdleistungen, absatzbezogene Lizenzgebühren und Konventionalstrafen, Garantieaufwand etc.
fallen.

---

4   Für den interessierten Leser: Bislang gilt: Aktivierungswahlrechte auch in Bezug auf angemessene Teile der notwendigen
(gleichbedeutend mit angemessenen!) Materialgemeinkosten, der notwendigen Fertigungs-gemeinkosten und des
Werteverzehrs des Anlagevermögens – soweit durch die Fertigung veranlasst. Für Kosten der allgemeinen Verwaltung
sowie Aufwendungen für soziale Einrichtungen des Betriebs, für freiwillige soziale Leistungen und für betriebliche
Altersversorgung gilt auch künftig ein Bewertungswahlrecht (siehe oben).
Künftig: (Herstellungskosten § 255 Abs. 2 HGB-E): Anpassung des handelsrechtlichen Herstellungskostenbegriffs an den
steuerrechtlichen (vgl. R 6.3 EStR, siehe ausführlich Keller/Weber, BC 6/2008, S. 129 ff.). Folge: Einbeziehungspflicht
bei Materialeinzelkosten, Fertigungseinzelkosten, Sondereinzelkosten der Fertigung sowie – neu! – angemessene Teile
der Material- und Fertigungsgemeinkosten sowie des Werteverzehrs des Anlagevermögens (soweit dieser durch die
Fertigung veranlasst ist).
Einbeziehungswahlrecht für angemessene Teile der Kosten der allgemeinen Verwaltung sowie angemessene Aufwendungen
für soziale Einrichtungen des Betriebs, für freiwillige soziale Leistungen und für die betriebliche Altersversorgung, soweit
diese auf den Zeitraum der Herstellung entfallen
Einbeziehungsverbot von Forschungs- und Vertriebskosten.
Übergangsregelung: Die Neuregelungen finden nur auf Herstellungsvorgänge Anwendung, die in dem voraussichtlich
erst nach dem 31.12.2009 beginnenden Geschäftsjahr begonnen wurden (vgl. Artikel 66 Abs. 8 Satz 2 EGHGB-E). Für
Herstellungsvorgänge, die in früheren Geschäftsjahren begonnen wurden, ist somit eine Hinzuaktivierung bislang nicht
aktivierter Herstellungskostenbestandteile ausgeschlossen.

12.   Allgemeine Verwaltungskosten

48   Den Verwaltungskosten zuzurechnen sind alle Aufwendungen für die allgemeine Verwaltung. Beispiele sind hier Erfolgsausgaben für die Geschäftsführung und die Unternehmensorgane, die Personal- und Finanzabteilung, die Stabsabteilungen und die Unternehmensrechnung und -prüfung, Erfolgsausgaben für Rechtsschutz, Beratung, Versicherungen, staatliche Dienste u.a. Fremdleistungen, welche nicht bereits bei anderen Positionen wie z.B. bei den Herstellkosten erfasst wurden.

13.   Betriebsergebnis

49   Sowohl das Gesamtkostenverfahren als auch das Umsatzkostenverfahren erreichen durch den Abzug aller operativen bzw. betrieblichen Aufwendungen von den Umsatzerlösen das gleiche Resultat, genannt das Betriebsergebnis, welches gesondert ausgewiesen wird.

> ❶ **Merke:**
>
> *Unterhalb des Betriebsergebnisses werden jetzt noch das Finanzergebnis, das umgangssprachlich auch als Zinsergebnis bezeichnet wird und das außerordentliche Ergebnis (a.o.) aufgeführt. Ab diesen Positionen ist aber die Gliederung der GuV sowohl im GKV als im UKV identisch. Damit müssen wir im Folgenden auch nicht mehr zwischen den beiden Verfahren differenzieren.*

14.   Positionen des Finanzergebnisses

50   Das Finanzergebnis beinhaltet entweder Erträge, wobei hier als Beispiele Erträge aus Beteiligungen, Dividenden, Wertpapieren, erhaltene Zinsen oder Agio zu nennen sind, oder Aufwendungen (wie z.B. Abschreibungen auf Finanzanlagen, gezahlte Zinsen, Disagio oder ähnliche Aufwendungen), die nicht dem operativen bzw. betrieblichen Teil des Unternehmens zuzurechnen sind. Diese werden gesondert dem Finanzergebnis zugeordnet. Die eindeutig wichtigste Position im Finanzergebnis ist der letzte Saldo (Gliederungsschema UKV Pos. 12, GKV Pos. 13) Zinsen und ähnliche Aufwendungen.

15.   Ergebnis der gewöhnlichen Geschäftstätigkeit

51   Der Saldo aus Betriebs- und Finanzergebnis wird als „Ergebnis der gewöhnlichen Geschäftstätigkeit" bezeichnet, welches diesen vom außerordentlichen Ergebnis und von den Ertragsteuern abgrenzt. Häufig findet man als Abkürzung EGT.

16.   Außerordentliches Ergebnis

52   Als „außerordentliche Erträge bzw. Aufwendungen" werden jene Positionen festgelegt, „die außerhalb der gewöhnlichen Geschäftstätigkeit anfallen". Die Ausweisung hier bezieht sich auf den Saldo aller ungewöhnlichen, selten, aber materiell gewichtigen Erträge und Aufwendungen. Beispiele hierzu sind die Aufgabe und der Verkauf von Geschäftsfeldern, außerordentliche Schadensfälle sowie die Betriebsaufgabe von einzelnen Standorten. Sehr häufig findet man hier auch die Veräußerung von Immobilien, die bereits abgeschrieben waren und nichts mit dem eigentlichen Geschäftszweck zu tun hatten.

17. Steuern vom Einkommen und Ertrag (Ertragsteuern)

Bei Kapitalgesellschaften zählen die Körperschaftsteuern und die Gewerbe(ertrag)steuern zu den 53
Gewinnsteuern, ebenso wie bei den Personengesellschaften die Einkommensteuern und Kirchensteuern. Zudem gibt es in Deutschland auch den Solidaritätszuschlag, welcher einen geringen Prozentsatz der Körperschaft- und Einkommensteuern beträgt.

18. Sonstige Steuern

Hierzu zählen alle nicht unter Ertragsteuern erfassten Gewinnsteuern wie z.B.: 54

- Steuern vom Vermögen, wie z.B. die Grundsteuer,
- Verkehrsteuern (entspricht der selbst zu tragenden Umsatzsteuer als Saldo aus Umsatzsteuer und Vorsteuer, Versicherungssteuer, Erbschaft- und Schenkungsteuer),
- Verbrauchsteuern (Bier-, Branntwein-, Kaffee-, Mineralöl-, Tabaksteuern etc.)
- Steuern mit örtlich bedingtem Wirkungskreis (Getränkesteuer, Hunde-, Jagd-, Vergnügungssteuern etc.) und
- übrige Steuern (z.B. Ausfuhrzölle, Kfz-Steuern, ...)

19. Jahresüberschuss/Jahresfehlbetrag

Das Jahresergebnis, welches wenn positiv als Jahresüberschuss und wenn negativ als Jahresfehlbe- 55
trag bezeichnet wird, ergibt sich aus der Zusammenfassung des „ordentlichen" und des „außerordentlichen" Ergebnisses sowie der Steuern. Es beschreibt den Saldo sämtlicher Erträge und Aufwendungen und damit den Gewinn/Verlust des Geschäftsjahres. Dies erfolgt jedoch vor Einbeziehung eines Gewinn-/Verlustvortrages aus dem Vorjahr. Gewinn- und Verlustvorträge werden erst dann mit aufgeführt, wenn für die Finanzverwaltung aus steuerlicher Sicht ein Überschuss ermittelt wird. Damit sind wir wieder bei der Steuerbilanz.

V. Vor- und Nachteile beider Verfahren

1. Vorteile beim Gesamtkostenverfahren

Als Vorteil wird hier der Umstand genannt, dass ein Unternehmen nicht über eine Kosten- und 56
Leistungsrechnung verfügen muss. Mit Zuhilfenahme der doppelten Buchführung kann eine Gewinn- und Verlustrechnung rechnerisch einfach aufgebaut werden. Ein Überblick über die Kostenartenstruktur wird beim Gesamtkostenverfahren ermöglicht, da die Erfassung der gesamten nach Kostenarten gegliederten Kosten dem Unternehmen zugrunde liegt. Dadurch hat man die Möglichkeit, sich einen groben Überblick über die Kostenstruktur des Unternehmens zu verschaffen.

Die Periodenbeurteilung ist beim Gesamtkostenverfahren aussagefähiger, denn im Gegensatz zum Umsatzkostenverfahren werden hier alle Aufwendungen und Erträge einer Periode ausgewiesen – unabhängig von den abgesetzten Produkten.

57   Durch die Darstellung aller Aufwandspositionen hat man einen Überblick, welche Bereiche hohe Aufwendungen verursacht haben. In vielen Unternehmen machen die Material- und Personalkosten die größten Aufwandsbereiche aus. Diese Aufwendungen werden nach dem Gesamtkostenverfahren deutlich ersichtlich. Dazu kommt noch die Tatsache, dass die Abschreibungen ausgewiesen werden. Dadurch haben die externen Betrachter der Gewinn- und Verlustrechnung die Möglichkeit sich einen Überblick über die Selbstfinanzierungskraft des Unternehmens zu verschaffen. Diese Selbstfinanzierungskraft wird auch als Cash Flow bezeichnet. Es können Kennzahlen direkt aus der Gewinn- und Verlustrechnung gebildet werden, welche dann für analytische Zwecke herangezogen werden können.

2.   Nachteile beim Gesamtkostenverfahren

58   Alle Aufwendungen werden hier den Erlösen gegenübergestellt. Damit allerdings ein aussagekräftiger Vergleich miteinander durchgeführt werden kann, muss die produzierte Menge mit der abgesetzten Menge als identisch angesehen werden.

In der Praxis ist dieser Sachverhalt aber eher selten anzutreffen.

59   Deshalb bedarf es einer Anpassung bei den Aufwendungen. Voraussetzung dazu ist aber die Erfassung der Bestände an Halb- und Fertigfabrikaten, welche durch eine körperliche Bestandsaufnahme erfolgen muss. Diese Vorgänge kosten dem Unternehmen wiederum Zeit und Ressourcen, da die Ermittlung der Bestandsveränderung erst nach einer Inventur erfolgen kann. Bei einer mehrstufigen Mehrproduktfertigung ist dies möglicherweise sehr aufwendig.

Da sich der Ursprung der Zahlen für das Gesamtkostenverfahren in der Finanzbuchhaltung befindet und nicht in der Kosten- und Leistungsrechnung, ist es für das Unternehmen sehr schwer herauszufinden, wie sich der Periodenerfolg auf die einzelnen Produkte verteilt.

3.   Vorteile beim Umsatzkostenverfahren

60   Eine vorhandene Kosten- und Leistungsrechnung bildet die Grundlage für die Verwendung des Umsatzkostenverfahrens. Die Kosten der abgesetzten Produkte können durch den Einsatz einer Kostenträgerzeitrechnung direkt übernommen werden. Es besteht dadurch die Möglichkeit, die Aufbereitung der Daten für die Erstellung der Gewinn- und Verlustrechnung direkt aus der Kosten- und Leistungsrechnung zu beziehen und es werden keine weiteren Ressourcen für eine Anpassung der Daten benötigt.

Eine nicht notwendige Inventur der fertigen und unfertigen Erzeugnisse im Rahmen der kurzfristigen Ergebnisrechnung ist ein weiterer Vorteil, welcher zu weiteren Zeitersparnissen führt.

61   Aufgrund der Tatsache, dass zur Ermittlung des Betriebsergebnisses lediglich die Selbstkosten von dem abgesetzten Umsatz abgezogen werden müssen, können diese Informationen bereits über ein Kostenträgerblatt aufbereitet werden.

Die Folge daraus ist, dass eine schnelle und vor allem rechnerisch einfache Ermittlung des Erfolges möglich ist. Noch ein Vorteil durch den Einsatz einer Kosten- und Leistungsrechnung ist, dass sogar eine Kalkulation auf Basis von Stückkosten erfolgen kann.

62   In diesem Punkt ist das Umsatzkostenverfahren aussagefähiger als das Gesamtkostenverfahren, auch wiederum durch die Notwendigkeit einer Kosten- und Leistungsrechnung, da nicht nur die Erlöse, sondern auch die Kosten der abgesetzten Produkte erkennbar werden und somit die Beiträge zum Erfolg der verschiedenen Kostenträger, wie Aufträge bzw. Produkte offengelegt werden.

4.   Nachteile beim Umsatzkostenverfahren

Was wir vorhin als Vorteil gehört haben, kann sich bei näherem Hinsehen auch als Nachteil ent-   63
puppen. Das Umsatzkostenverfahren orientiert sich wie gesagt stark an der Kosten- und Leistungsrechnung. Voraussetzung dafür ist aber, dass eine Kosten- und Leistungsrechnung in einem Unternehmen vorhanden ist und auch sauber in ihrer Schlüsselung funktioniert. Außerdem ist dabei zu
beachten, dass es nicht leicht ist, die Anwendung des Verfahrens in das System der doppelten Buchführung einzubauen.

Da die Orientierung des Umsatzkostenverfahrens an den abgesetzten Produkten erfolgt, kann es
bei langfristigen Fertigungsprodukten zu Verzerrungen in der Gewinn- und Verlustrechnung kommen. Sollte die Erstellung einer Teilleistung einen Zeitraum über ein Geschäftsjahr hinaus in Anspruch nehmen, dürfen keine Umsatzerlöse ausgewiesen werden. Gibt es dennoch innerhalb eines
Geschäftsjahres Teilleistungen, dürfen diese nur ausgewiesen werden, wenn der Auftrag über eine
gewisse vertraglich festgelegte Teilleistung oder Teillieferung verfügt. Die Folge daraus kann sein,
dass dem Betrachter der Gewinn- und Verlustrechnung ein falscher Eindruck bezogen auf den tatsächlichen Leistungsumfang einer Rechnungsperiode vermittelt wird.

Bei der Verwendung des Umsatzkostenverfahrens müssen im Anhang trotzdem zusätzlich die Per-   64
sonal- und Materialaufwendungen bzw. im Konzernabschluss nur der Personalaufwand angegeben
werden. Diese Vorgänge verursachen einen doppelten Aufwand, welcher beim Gesamtkostenverfahren entfällt.

§ 3 Einstieg in die Bilanzanalyse am konkreten Beispiel GH Mobile

1 Als Ausgangssituation für unseren Weg durch die Bilanz und GuV finden wir ein mehrperiodisches Zahlenwerk, zwei historische Perioden (in unserem Fall -1 und 0), die gerade abgelaufene Periode (Periode 1) und drei weitere Planperioden (Perioden 2 bis 4). Letztere sind erst einmal identisch mit der laufenden Periode 1. Für die folgende Analytik werden wir nur die historischen und die gerade abgelaufene Periode betrachten.

Das Unternehmen ist eine Mischform aus produzierendem Gewerbe und Handel. Daraus ist zu schließen und wir werden dies später auch an den Zahlen sehen, dass das Gros des Produktspektrums zugekauft und dann mit wenig Aufwand zu einem Endprodukt zusammengefügt werden kann. Man kann auch den Schluss ziehen, dass es sich bei diesem Unternehmen um eine Firma mit geringer Fertigungstiefe und größerem Handelsanteil handelt: Ein Automobilbetrieb.

2 Während Reparaturen und Service typische personalkostenintensive Tätigkeiten mit Fertigungscharakter sind, ist dennoch der Handel mit Neu- bzw. Gebrauchtfahrzeugen bilanziell sehr durchschlagend. Dies erkennt man später sehr schön am Materialaufwand – mit 77 bis 79% ist diese Quote doch sehr hoch, wobei diese Aussage nicht als negativ zu verstehen ist.

Geben wir unserem Betrieb den Namen: GH Mobile. Im Folgenden sehen wir uns dann die Bilanz und GuV der GH-Mobile sofort auch einmal an[1]:

---

1 Wie in der Einleitung bereits dargestellt, verzögert sich das Bilanzrechtsmodernisierungsgesetz (BilMoG) wahrscheinlich bis zum 1. Januar 2010. Die Darstellung der Bilanz und GuV und die dazugehörigen kostenfrei verfügbaren Excel Tools (Download ist im Internet unter www.ifak-bgl.com und/oder www.gabler-steuern.de möglich) erfolgt daher sowohl nach alten und wahrscheinlich neuem Recht. Dazu sind einige Zeilen im Excel Tool jeweils ein- bzw. ausblendbar (siehe ‚+' und ‚–' Zeichen am linken Rand in MS Excel). Im weiteren Verlauf des Buches wird jeweils darauf hingewiesen, ob altes oder neues Recht Grundlage der Betrachtung ist. Es gilt aber, dass immer altes Recht dargestellt ist, wenn keine anderen Hinweise erfolgen.
Beim in MS Excel erstellten Analysetool handelt es sich um einfache Tabellenkalkulation, so dass tiefer gehende Kenntnisse (z.B. Makroprogrammierung) nicht nötig sind. Keine der Zellen und/oder Seiten sind geschützt. Gelb markierte Zellen weisen immer auf Eingabefelder hin, d.h. an diesen Stellen sind manuelle Eingaben erforderlich.

A.   Die GH Mobile GuV und Bilanz

Die Gewinn und Verlustrechnung (GuV) der GH Mobile 2006 bis 2008

		Tsd. EUR		Tsd. EUR		Tsd. EUR	
	(Kalender) Jahr	2006		2007		2008	
	Periode	-2		-1		0	
1.	**Gesamterlöse/Umsatzerlöse**	**22.168,10**	100%	**22.718,10**	100%	**19.150,20**	100%
1.1	... davon Umsatzerlöse Sparte I	10.347,50	47%	9.696,00	43%	8.316,00	43%
1.2	... davon Umsatzerlöse Sparte II	6.390,00	29%	8.073,00	36%	6.526,80	34%
1.3	... davon Umsatzerlöse Sparte III	2.760,30	12%	2.653,20	12%	2.277,00	12%
1.4	... davon Umsatzerlöse Sparte IV	2.485,80	11%	2.162,70	10%	1.899,00	10%
1.5	... davon Umsatzerlöse Sparte V	184,50	1%	133,20	1%	131,40	1%
2.	Bestandsveränderungen (Erhöhung +; Verminderung -)	610,00	3%	-963,30	-4%	1.584,90	8%
3.	Andere aktivierte Eigenleistungen	0,00	0%	0,00	0%	0,00	0%
4.	Sonstige betriebliche Erträge	0,00	0%	0,00	0%	0,00	0%
	Betriebsleistung	**22.778,10**	103%	**21.754,80**	96%	**20.735,10**	108%
5.	Materialaufwand	17.545,50	79%	16.773,30	74%	16.357,50	85%
5.1	... für Roh-, Hilfs- und Betriebsstoffe und bezogenen Waren	15.545,50	70%	14.573,30	64%	14.057,50	73%
5.2	... für bezogene Leistungen	2.000,00	9%	2.200,00	10%	2.300,00	12%
	Bruttoertrag/Rohertrag/Wertschöpfung	**5.232,60**	24%	**4.981,50**	22%	**4.377,60**	23%
6.	Personalkosten	2.358,90	11%	2.028,60	9%	1.690,20	9%
6.1	... davon Geschäftsführergehalt	911,70	4%	613,00	3%	311,40	2%
6.2	... davon Löhne & Gehälter	1.147,20	5%	1.115,60	5%	1.078,80	6%
6.3	... davon soziale Abgaben/Aufwendungen für Altersverversorgung	300,00	1%	300,00	1%	300,00	2%
7.	Abschreibungen	441,00	2%	358,20	2%	423,00	2%
7.1	... davon auf Vermögensgegenstände des Anlagevermögens	441,00	2%	358,20	2%	423,00	2%
7.2	... davon auf Vermögensgegenstände des Umlaufvermögens	0,00	0%	0,00	0%	0,00	0%
8.	Sonstige betriebliche Aufwendungen	2.198,70	10%	2.027,70	9%	2.052,90	11%
8.1	... davon Miet- und Leasingaufwendungen	718,20	3%	718,20	3%	717,30	4%
8.2	... davon Vertriebskosten	542,70	2%	389,70	2%	496,80	3%
8.3	... davon Verwaltungskosten	937,80	4%	919,80	4%	838,80	4%
8.4	... davon Sonstige	0,00	0%	0,00	0%	0,00	0%
	Gesamtaufwand (ohne Material und bezogene Waren/Leistungen)	**4.998,60**	23%	**4.414,50**	19%	**4.166,10**	22%
	Betriebsergebnis	**234,00**	1%	**567,00**	2%	**211,50**	1%
9.	Erträge aus Beteiligungen	0,00	0%	0,00	0%	0,00	0%
9.1	...davon aus verbundenen Unternehmen	0,00	0%	0,00	0%	0,00	0%
10.	Erträge aus Wertpapieren und Ausleihungen des Finanz-AV	0,00	0%	0,00	0%	0,00	0%
10.1	...davon aus verbundenen Unternehmen	0,00	0%	0,00	0%	0,00	0%
11.	Sonstige Zinsen und Erträge	19,80	0%	36,90	0%	27,00	0%
11.1	...davon aus verbundenen Unternehmen	0,00	0%	0,00	0%	0,00	0%
12.	Abschreibungen auf Finanzanlagen/Wertpapiere des UV	0,00	0%	0,00	0%	0,00	0%
13.	Zinsen und ähnliche Aufwendungen	269,10	1%	256,50	1%	225,90	1%
13.1	...davon an verbundene Unternehmen	0,00	0%	0,00	0%	0,00	0%
	Finanzergebnis	**-249,30**	-1%	**-219,60**	-1%	**-198,90**	-1%
14.	**Ergebnis der gewöhnlichen Geschäftstätigkeit (EGT)**	**-15,30**	0%	**347,40**	2%	**12,60**	0%
15.	Außerordentliche Erträge	701,10	3%	719,10	3%	690,30	4%
16.	Außerordentliche Aufwendungen	690,30	3%	721,80	3%	693,90	4%
17.	**Außerordentliche Ergebnis**	**10,80**	0%	**-2,70**	0%	**-3,60**	0%
	Ergebnis vor Steuern	**-4,50**	0%	**344,70**	2%	**9,00**	0%
18.	Steuern vom Einkommen und Ertrag	0,00	0%	122,40	1%	5,40	0%
19.	Sonstige Steuern	0,00	0%	0,00	0%	0,00	0%
10.	**Jahresüberschuss/Jahresfehlbetrag**	**-4,50**	0%	**222,30**	1%	**3,60**	0%

4   Die Bilanz der GH Mobile 2006 bis 2008

	Tsd. EUR 2006 -2		Tsd. EUR 2007 -1		Tsd. EUR 2008 0	
(Kalender) Jahr / Periode						
Aktiva						
Ausstehende Einlagen	0,00	0%	0,00	0%	0,00	0%
I. Immaterielle Wirtschaftsgüter	0,00	0%	0,00	0%	0,00	0%
... davon Konzessionen, Schutzrechte, Lizenzen	0,00	0%	0,00	0%	0,00	0%
... davon Geschäfts- und Firmenwert	0,00	0%	0,00	0%	0,00	0%
... davon geleistete Anzahlungen	0,00	0%	0,00	0%	0,00	0%
II. Sachanlagen	1.016,20	9%	658,00	7%	235,00	2%
... davon Grundstücke und Gebäude	0,00	0%	0,00	0%	0,00	0%
... davon technische Anlagen & Maschinen	1.016,20	9%	658,00	7%	235,00	2%
... davon andere Anlage, Betriebs- Geschäftsausstattung	0,00	0%	0,00	0%	0,00	0%
... davon geleistete Anzahlungen und Anlagen im Bau	0,00	0%	0,00	0%	0,00	0%
III. Finanzanlagen	235,40	2%	235,40	2%	235,40	2%
... davon Anteile an verbundenen Unternehmen	230,00	2%	230,00	2%	230,00	2%
... davon Ausleihungen an verbundene Unternehmen	0,00	0%	0,00	0%	0,00	0%
... davon Beteiligungen	0,00	0%	0,00	0%	0,00	0%
... davon Ausleihungen an Unternehmen, mit den ein Beteiligungsverhältnis besteht	0,00	0%	0,00	0%	0,00	0%
... davon Wertpapiere des Anlagevermögens	0,00	0%	0,00	0%	0,00	0%
... davon Sonstige Ausleihungen	5,40	0%	5,40	0%	5,40	0%
A Summe Anlagevermögen	**1.251,60**	**11%**	**893,40**	**9%**	**470,40**	**4%**
I. Vorräte	6.211,80	54%	5.242,50	52%	6.827,40	60%
... davon Roh-, Hilfs- und Betriebsstoffe	2.491,20	22%	1.750,80	17%	2.278,40	20%
...davon unfertige Erzeugnisse, unfertige Leistungen	1.248,30	11%	1.035,70	10%	759,60	7%
... davon fertige Erzeugnisse und Waren	1.836,00	16%	2.042,60	20%	2.318,70	20%
... davon Handelswaren	636,30	6%	413,40	4%	1.470,70	13%
... davon geleistete Anzahlungen	0,00	0%	0,00	0%	0,00	0%
II. Forderungen und sonstige Vermögensgegenstände	1.008,80	9%	653,30	7%	1.433,60	13%
... davon Forderungen aus Lieferungen und Leistungen	978,10	9%	644,80	6%	1.430,50	13%
... davon Forderungen gegen verbundene Unternehmen	0,00	0%	0,00	0%	0,00	0%
... davon gegen Unternehmen, mit denen ein Beteiligungsverhältnis besteht	0,00	0%	0,00	0%	0,00	0%
... davon sonstige Vermögensgegenstände	30,70	0%	8,50	0%	3,10	0%
...davon eingeforderte Einlagen						
III. Wertpapiere	0,00	0%	0,00	0%	0,00	0%
... davon Anteile an verbundenen Unternehmen	0,00	0%	0,00	0%	0,00	0%
... davon eigene Anteile	0,00	0%	0,00	0%	0,00	0%
... davon sonstige Wertpapiere	0,00	0%	0,00	0%	0,00	0%
IV Kasse, Bank und Schecks	3.012,70	26%	3.222,40	32%	2.679,70	23%
B Summe Umlaufvermögen	**10.233,30**	**89%**	**9.118,20**	**91%**	**10.940,70**	**96%**
C Rechnungsabgrenzungsposten	**0,00**	**0%**	**0,00**	**0%**	**0,00**	**0%**
"D" Nicht durch Eigenkapital gedeckter Fehlbetrag	**0,00**	**0%**	**0,00**	**0%**	**0,00**	**0%**
Summe Aktiva	**11.484,90**	**100%**	**10.011,60**	**100%**	**11.411,10**	**100%**
Passiva						
Nicht eingeforderte offene Einlagen	0,00	0%	0,00	0%	0,00	0%
I. Gezeichnetes Kapital	552,60	5%	552,60	6%	552,60	5%
II. Kapitalrücklage	0,00	0%	0,00	0%	0,00	0%
III. Gewinnrücklagen	0,00	0%	0,00	0%	195,30	2%
... davon gesetzliche Rücklage	0,00	0%	0,00	0%	0,00	0%
... davon Rücklage für eigene Anteile	0,00	0%	0,00	0%	0,00	0%
... davon satzungsgemäße Rücklagen	0,00	0%	0,00	0%	0,00	0%
... davon andere Gewinnrücklagen	0,00	0%	0,00	0%	195,30	2%
IV. Gewinnvortrag/Verlustvortrag	199,80	2%	195,30	2%	222,30	2%
V. Jahresüberschuss/Jahresfehlbetrag	-4,50	0%	222,30	2%	3,60	0%
VI. Sonderposten mit Rücklagenanteil	380,60	3%	380,60	4%	383,30	3%
A Eigenkapital	**1.128,50**	**10%**	**1.350,80**	**13%**	**1.357,10**	**12%**
I. Rückstellungen für Pensionen & ähnliche Verpflichtungen	547,90	5%	689,60	7%	710,00	6%
II. Steuerrückstellungen	300,10	3%	303,10	3%	310,80	3%
III. Sonstige Rückstellungen	783,00	7%	695,70	7%	608,40	5%
B Rückstellungen	**1.631,00**	**14%**	**1.688,40**	**17%**	**1.629,20**	**14%**
... davon Anleihen, davon konvertibel	0,00	0%	0,00	0%	0,00	0%
... davon Verbindlichkeiten gegenüber Kreditinstituten	3.569,40	31%	594,90	6%	415,80	4%
... davon erhaltene Anzahlungen auf Bestellungen	560,50	5%	1.310,40	13%	1.062,00	9%
... davon Verbindlichkeiten aus Lieferungen & Leistungen	1.035,90	9%	1.513,80	15%	3.393,70	30%
... davon Verbindlichkeiten aus der Annahme gezogener/Ausstellung eigener Wechsel	0,00	0%	0,00	0%	0,00	0%
... davon Verbindlichkeiten gegen verbundene Unternehmen	3.559,60	31%	3.553,30	35%	3.553,30	31%
... davon Verbindlichkeiten gegenüber Unternehmen, mit denen ein Beteiligungsverhältnis besteht	0,00	0%	0,00	0%	0,00	0%
... davon sonstige Verbindlichkeiten	0,00	0%	0,00	0%	0,00	0%
a) aus Steuern	0,00	0%	0,00	0%	0,00	0%
b) davon im Rahmen der sozialen Sicherheit	0,00	0%	0,00	0%	0,00	0%
C Verbindlichkeiten	**8.725,40**	**76%**	**6.972,40**	**70%**	**8.424,80**	**74%**
D Rechnungsabgrenzungsposten	**0,00**	**0%**	**0,00**	**0%**	**0,00**	**0%**
Summe Passiva	**11.484,90**	**100%**	**10.011,60**	**100%**	**11.411,10**	**100%**

Anhand der Bilanz wollen wir jetzt zunächst einmal Unterschiede und deren Darstellung im Excel   5
Tool bei ausgesuchten Bilanzposten nach geltendem Recht und nach BilMoG verdeutlichen.

Betrachten wir bei den Aktiva zunächst einmal die *Ausstehenden Einlagen* (ganz oben, erste Zeile
in der Bilanz).

Bislang gilt: Ausweis auf der Aktivseite vor dem Anlagevermögen sowie auf der Passivseite (Wahl-   6
recht). Nach Einführung des BilMoG hingegen soll gelten: Das Wahlrecht, nicht eingeforderte ausstehende Einlagen auf der Aktivseite der Bilanz vor dem Anlagevermögen gesondert auszuweisen
und entsprechend zu bezeichnen oder offen von dem Posten „Gezeichnetes Kapital" abzusetzen[2],
wird auf den Ausweis der **nicht eingeforderten** ausstehenden Einlagen auf der **Passivseite** der Bilanz
beschränkt (**Nettoausweis** vorgeschrieben!). Der eingeforderte, aber noch nicht eingezahlte Betrag
ist unter den Forderungen gesondert auszuweisen und entsprechend zu bezeichnen.

Und wenn Sie jetzt einmal genau hinschauen und die Passivseite näher betrachten finden Sie genau
diese Position als erste Zeile auf der Seite der Mittelherkunft (Passiva).

Somit haben Sie als Nutzer ihr eigenes Wahlrecht, ob Sie nach altem oder neuem Recht arbeiten wol-   7
len. Für den Analytiker ist allerdings dieser doppelte Ausweis auch notwendig. Stellen Sie sich vor,
Sie wollen bzw. müssen drei historische Perioden nach altem Recht, die Ist- und zwei Planperiode
jedoch nach neuem Recht analysieren. Dann brauchen Sie die hier doppelt ausgewiesenen Posten.
Somit ist das Analyse und Exceltool auch verschieden aufgebaut: die ersten vier Perioden haben den
Fokus auf das alte, die Perioden fünf und sechs auf das neue Recht[3].

Ähnlich verhält es sich mit den *Sonderposten mir Rücklageanteil* (letzter Posten beim Eigenkapital
auf der Passivseite).

Da es mit Inkrafttreten des BilMoG zu einer Aufhebung des Grundsatzes der **umgekehrten Maß-   8
geblichkeit**[4] kommen wird/soll, erfolgt die Streichung der damit zusammenhängenden handelsrechtlichen Vorschriften[5].

Ober ausgewiesene Bilanz der GH Mobile weist die Sonderposten mit Rücklageanteil noch aus (die
ersten drei Perioden haben ja den Fokus auf altes Recht). Im Excel Tool selbst können Sie diese Sonderposten jedoch ausblenden. Klicken Sie dazu einfach auf das ‚-' Zeichen in der Excel Zeile 71 im
Bilanzblatt.

Jetzt sind Sie erst einmal erschlagen. Aber wir werden sukzessive daran arbeiten, dieses beklemmen-   9
de Gefühl abzubauen und trotz anscheinender Komplexität der beiden Zahlenwerke GuV und Bilanz ein tieferes Verständnis zu entwickeln.

Die Kunst der Analytik besteht auch darin, sich in gewisse Geschäftsmodelle und Produktspektren
eindenken zu können und typische Muster der Branche zahlenmäßig als gegeben zu definieren.
Auch wenn auf den ersten Blick eine Position in der Bilanz und/oder GuV hoch oder niedrig erscheint, ist immer die dahinter liegende Branche oder das Geschäftsmodell mit typischen Kostenstrukturen parallel im Kopf zu halten und eventuelle Auffälligkeiten dagegen abzuwägen. Das macht
die Analytik aber auch so schwer – es gibt nicht die *eine* Bilanzanalyse. Wir müssen uns in jeden Fall
neu einarbeiten und unsere eigene Intelligenz und geistige Flexibilität fordern.

---

2   Für den interessierten Leser: § 272 Abs. 1 Satz 2 HGB.
3   so wie derzeit zu Beginn 2009 bekannt.
4   Für den interessierten Leser: § 5 Abs. 1 Satz 2 EStG
5   Für den interessierten Leser:
   ■ Steuerrechtlich anerkannte Sonderposten mit Rücklageanteil (§ 247 Abs. 3, § 273, § 285 Satz 1 Nr. 5 HGB-E).
   ■ Übernahme steuerrechtlich zulässiger Abschreibungen (§ 254, § 279 Abs. 2, § 280 Abs. 1, § 281, 285 Satz 1 Nr. 5
     HGB-E).
   Allerdings ist eine Übergangsregelung vorgesehen: Bei in der Vergangenheit (voraussichtlich erst vor dem 1.1.2010)
   gebildeten Sonderabschreibungen besteht die Möglichkeit, diese beizubehalten. Dies gilt gleichermaßen für Sonderposten
   mit Rücklageanteil (Art. 66 Abs. 1 und 2 EGHGB-E).

10   In unserem Fall ist das Beispiel eines Kfz-Händlers ganz bewusst gewählt. Dieser Gewerbetyp beinhaltet Elemente verschiedener Industriesegmente und man kann außerdem – wie wir später deutlich erkennen werden – sehr schön Gefahren aufzeigen und zeitliche Entwicklungen analysieren. Gerade die Besonderheiten dieses Gewerbetypus machen dieses Beispiel analytisch sehr reizvoll.

Unser Ziel ist die tiefere Analytik. Aber bevor wir damit anfangen, müssen wir erst einmal vorbereitende Schritte unternehmen. Immer wieder wird sofort die Berechnung von Kennzahlen angegangen, ohne aber die Schritte eins und zwei vor dem Schritt drei zu machen.

11   *Lassen Sie uns doch zunächst einmal unser Zahlenwerk mit einiger Distanz, also grob anschauen!*

Schritt eins: Die grobe Betrachtung des vorgelegten Zahlenwerkes

B.   Vorgehensweise

12   Damit meinen wir, dass es wichtig ist, als ersten Schritt jeder Analyse Bilanz und GuV nach ersten Auffälligkeiten hin zu untersuchen. Und diese Auffälligkeiten sind erst einmal wertneutral. Wichtig ist, dass wir erkennen, welche Positionen sehr groß oder klein sind, dann in einem zweiten Schritt diese Auffälligkeiten bewerten, d.h. einordnen in unser Verständnis der Branche und der Gewerbebesonderheiten. Erst dann müssen wir in einem großen dritten Schritt versuchen, die Erkenntnisse genauer zu begreifen und Ursachen zu analysieren. Dazu können dann Kennzahlen sehr hilfreich sein. Aber auch bei den Kennzahlen müssen wir mit Bedacht vorgehen. Einerseits ist nicht die Kennzahl selbst die analytische Herausforderung, sondern die Interpretation der Ergebnisse in einer Zeitreihe und im Kontext der weiteren Kennzahlen. Eine Kennzahl alleine sagt gar nichts und erst recht nicht, wenn wir sie nur für eine Periode berechnen können. Dann können unsere vermeintlichen Interpretationsergebnisse sogar gefährlich, weil falsch sein.

Also fangen wir doch einmal mit der Gewinn und Verlustrechnung an!

C.   Die Gewinn- und Verlustrechnung

13   Wir sehen in den letzten 2 Jahren (Perioden -1 und 0) eine Reduktion der Gesamterlöse. Übrigens, Gesamterlöse ist nur ein anderer Begriff für Umsatz oder Umsatzerlöse. Diese Tendenz hat sich auch im aktuellen Geschäftsjahr (Periode 1) weiter fortgesetzt. Insgesamt fallen die Erlöse.

Jetzt müssen wir uns die Aufteilung der Umsatzerlöse näher anschauen. Im Excel basierten Beispiel lesen Sie aber jetzt nur *„Sparten I bis V".* Dann lassen Sie uns einfach nachdenken und zur Not auch Annahmen treffen.

14   Welche Umsatzgruppen könnte ein Kfz Händler denn haben? Recherchiert man im Internet, dann kommt man wahrscheinlich auf folgende oder ähnliche Aufteilung:

- Sparte I: Erlöse Neuwagen, Vorführwagen, Überführung
- Sparte II: Erlöse Gebrauchtwagen
- Sparte III: Erlöse Ersatzteile
- Sparte IV: Erlöse Werkstatt
- Sparte V: Sonstige Erlöse/Fullservice/Miete

Jetzt werden Sie sagen, dass wir die Aufteilung doch sofort hätten angeben können. Das stimmt, aber sehr häufig haben wir halt nicht alle Angaben, die wir eigentlich bräuchten. Dann müssen wir logisch an die Sache herangehen und uns die fehlenden Elemente ableiten.

Außerdem wollten wir das Excel Beispiel vom Aufbau her möglichst neutral halten, damit Sie dieses   15
kleine Tool auch für Ihren Fall anwenden können, d.h. Ihre eigenen Umsätze oder Produktgruppen
pflegen können.

Gehen wir davon aus, dass die Sparten o.g. Erlösgruppen entsprechen und setzen unsere Analyse
fort.

Im Bereich der Neufahrzeuge und Vorführwagen sehen wir eine konstante Abwärtsbewegung. Die   16
Erlöse bleiben um gute 24% hinter denen von vor 2 Jahren. Interessant wäre jetzt eine Information,
ob eine Talsohle hier jetzt erreicht ist oder ob sogar weitere Einbrüche zu erwarten sind. Wir haben
diese Information nicht und hier eine Schätzung abzugeben macht keinen Sinn. Also konzentrieren
wir uns lieber auf die Zahlen, die wir schwarz auf weiß haben.

Die Erlöse bei den Gebrauchten zeigen ein anderes Bild: Während es im letzten Jahr (Periode 0) noch
eine Steigerung gab, sind die Zahlen in gerade abgelaufener Periode 1 wieder ernüchternd. Der Er-
satzteilverkauf konnte zunächst im letzten Jahr das Niveau des Vorjahres fast noch halten, dann aber
kam auch hier der Einbruch, Werkstatterlöse sind seit zwei Jahren abnehmend und dies jedes Jahr
fast um 10%.

Dies ist eigentlich erstaunlich, denn auch die Umsätze bei den Neu- und Vorführwagen sowie den   17
Gebrauchtwagen zeigen addiert ein ähnliches Bild. Sparten I und II zusammen ergeben in den letzten Jahren, also für die Perioden -1, 0 und 1 folgendes Bild:

- Periode   -1:   16.737,50
- Periode   0:   17.769,00
- Periode   1:   14.842,80

Gesamt also eine Reduktion in einem Jahr von über 16%. Der Ersatzteilumsatz fiel im gleichen Zeitraum um gute 17% und der Werkstattumsatz sogar um fast 24%.

Was können wir daraus schließen?   18

Sicher ist, dass der Rückgang sich nicht nur bei Nebenleistungen (Ersatzteile und Werkstatt) bemerk-
bar macht, sondern seit einem Jahr auch massiv bei den Fahrzeugverkäufen selbst.

Ob mit Neufahrzeugen oder Gebrauchten mehr zu verdienen ist, kann in der Kfz-Branche manchmal gar nicht mit absoluter Sicherheit gesagt werden. Erinnern wir uns nur an die Mehrwertsteuerer-
höhung zum 01.01.2007 von 16% auf 19%. Werbebotschaften wie „Geiz ist geil" und „Wir schenken
Ihnen die Mehrwertsteuer" waren an der Tagesordnung und auch in der Automobilbranche wurde
bei manchen Herstellern versucht, damit Kunden anzulocken…sehr zu Lasten der Marge natürlich.
Genau zu dieser Zeit konnte man teilweise mit (guten) Gebrauchten höhere Margen als mit Neuen
erzielen.

Kommen wir aber zur Analyse zurück. Was können wir denn zumindest an Fragen stellen? Warum   19
brauchen Fahrzeuge (selbst bei rückgängigen Umsätzen mit Neuen und/oder Gebrauchten) plötzlich
weniger Ersatzteile und/oder Reparaturen? Was ist mit dem Altkunden und Altbestand, der auf den
Strassen ist? Investieren die Halter plötzlich weniger oder müssen die Fahrzeuge einfach weniger in
die Werkstatt?

Lassen Sie uns zwei mögliche Antworten darauf geben – die richtige zu finden ist uns aber nicht
möglich – hier müssten wir mit den Eigentümern direkte Gespräche führen können.

Eine mögliche für den Eigentümer positive (wenngleich aus GuV Sicht negative) Erklärung wäre:
Die Leute haben Angst vor der Zukunft und sparen deshalb, wo es geht. Gebrauchte sind mehr gefragt als Neufahrzeuge, Serviceleistungen, die ja auch mit Ersatzteilen verbunden sind, werden so
weit wie möglich nach hinten geschoben und nur wenn absolut notwendig in Auftrag gegeben.

20   Die Antwort könnte aber auch weniger schmeichelhaft sein. Generell haben Freundlichkeit und Service (hier im Sinne von Dienstleistung) nachgelassen und die Kunden kommen nicht wieder. Sie kaufen beim Wettbewerb und bringen dort die Fahrzeuge auch in die Werkstatt zur Reparatur.

Sollte diese Antwort richtig sein, so ist wirklich Vorsicht geboten, denn die Entwicklung wird sich wahrscheinlich fortsetzen – nur diese weitere Entwicklung kann sich unser Händler nicht erlauben. Schauen Sie doch einmal ganz an das Ende der GuV in die Position „Jahresüberschuss". Hatten wir in der Periode -1 schon einmal ein negatives Ergebnis in Höhe von -4,50, konnte dieses kurzfristig gesteigert werden auf 222,30, ist aber dann wieder auf knapp über Null (3,60) im abgelaufenen Jahr gefallen. An dieser Stelle sagt uns der gesunde Menschenverstand, welche Konsequenzen weitere negative Entwicklungen beim Umsatz haben werden.

21   Jetzt können Sie natürlich sagen, dass das betroffene Unternehmen dann sparen muss. Richtig, aber wie viel ist denn noch möglich? Die Steigerung im Jahr 2006 von -4,50 auf 222,30 ist auf einen Umstand zurückzuführen, den wir uns später noch anschauen werden. Somit konnten Umsatzeinbrüche kompensiert werden, aber sind jetzt auch noch Reserven da? Wir sagen kaum und da liegt ein zweites Problem: Das betrachtete Unternehmen steht bereits vor einem Abgrund und balanciert bedrohlich auf einem Bein. Woran wir das erkennen? Haben Sie bitte noch etwas Geduld – wir werden ganz sukzessiv an die Analyse herangehen und stoßen dann automatisch auf die eigentlichen Probleme.

Verweilen wir noch ein wenig bei Ersatzteil- und Reparaturumsätzen. Erinnern Sie sich doch noch einmal an Ihre letzten Werkstattbesuche mit Ihrem eigenen Kfz. Was ist Ihnen unangenehm aufgefallen oder besser was fällt Ihnen immer unangenehm auf, wenn Sie ihren Wagen wieder abholen. Ja richtig, die Rechnung, denn Ersatzteile erscheinen extrem teuer und die Arbeitskosten pro Stunde treiben Ihnen Tränen in die Augen. Aber was sagt uns das – in unserem Fall haben wir massive Einbußen in den Bereichen, wo anscheinend hohe Margen, also Gewinnaufschläge durchsetzbar sind. Die weitergehende Analyse bedarf wohl keiner Ausformulierung!

22   Bleiben wir bitte noch beim Ergebnis – beim Jahresüberschuss. Interessant wird die Einordnung der Ergebnisse/Ergebnisveränderungen, wenn wir uns die Zahlen als prozentuale Größen mit Bezug auf den Umsatz anschauen. Wir sprechen jetzt übrigens von der Umsatzrendite oder Umsatzmarge. Die mathematische Herleitung ist einfach: Wir dividieren den Jahresüberschuss durch die Umsatzerlöse und multiplizieren das Ergebnis mit 100, so dass wir einen prozentualen Wert erhalten.

In unserem Fall ist dieses Ergebnis aber noch ernüchternder als die absoluten Zahlen. Wir verdienen (nach Steuern – der Jahresüberschuss ist immer eine nach Steuer Größe) so gut wie nichts. Die absolut auf den ersten Blick gut wirkende Steigerung von -4,50 auf 222,30 im letzten Jahr stellt sich prozentual ganz anders dar. Eine Umsatzrendite von 1% ist im Lebensmittelhandel vielleicht akzeptabel, aber in unserem Fall eindeutig zu wenig. Was heißt diese erste Kennzahl konkret? Pro 1 Euro Umsatz bleibt uns nach Steuern gerade 1 Cent. Und im gerade abgelaufenen Jahr? Da sind wir wieder an der Nullgrenze.

23   Jetzt werden Sie eventuell sagen: „Na ja, aber es ist noch kein Verlust". Das stimmt, jedoch bedenken Sie bitte, dass eventuell notwendige Investitionen und/oder zugesagte Tilgungen anstehen. Diese müssen in aller Regel aus versteuerten Geldern finanziert werden. In unserem Fall steht da aber nichts. Wir werden später sehen, ob es eventuell so etwas wie (Spar)Guthaben gibt, die dann dafür eingesetzt werden können.

Und eine weitere Sache haben wir in unserer Analyse auch noch nicht berücksichtigt. Was ist eigentlich mit der Inflation? Nein, Sie haben schon recht, die Inflation wird nicht zahlungswirksam, aber dennoch muss uns bewusst sein, dass Inflation, wenngleich nicht sichtbar, die Entwicklung unserer Zahlen in der Bilanz und GuV eigentlich zu positiv darstellt. Eigentlich müssten wir alle Zahlen um die Inflation bereinigen und dies jährlich.

Man spricht hier vom „deflationieren". Dies tut man bei der „normalen" Bilanzanalyse nicht, aber wir   24
sollten die Inflation aber auch nicht vergessen.

Sie sehen, wir sind noch gar nicht in den eigentlichen tiefer gehenden Analysen, in denen Ursachen
für (Fehl)Entwicklungen aufgedeckt werden sollen, und trotzdem sind wir schon mitten drin. Nur
dadurch, dass wir im ersten Schritt das vorliegende Zahlenmaterial auf uns wirken lassen, können
wir bereits erste Aussagen treffen.

Und genauso und mit identischem (Schreib)Stil wollen und werden wir fortfahren. Die Bilanzana-   25
lyse ähnelt einer medizinischen Diagnose. Zunächst schauen wir von außen auf Auffälliges, was uns
weiterhelfen kann. Häufig springt uns dann soviel bereits ins Auge, dass konkrete Aussagen hinsichtlich des Zustandes möglich werden. Wollen wir ins Detail gehen, müssen wir tiefer „schneiden".
Dann allerdings machen wir es auch gründlich, d.h. wir legen das Skalpell an und arbeiten uns vorsichtig vor.

Machen wir also weiter mit der ersten Einschau und bleiben natürlich auch noch bei der GuV.

I.   Die Betriebsleistung/Gesamtleistung

Gehen wir also in der GuV weiter „runter". Wir treffen auf eine Gruppe von Positionen, von denen   26
in unserem Beispiel zwei Positionen den Wert Null ausweisen. Wichtig hier ist zunächst nur eine Begrifflichkeit: Die Betriebsleistung

> Umsatz
>
> +/- Bestandsveränderungen
>
> + andere aktivierte Eigenleistungen
>
> + Sonstige betriebliche Erträge
>
> = *Betriebsleistung/Gesamtleistung*

Umsätze entsprechen verkauften Einheiten. Ein Betrieb kann aber noch mehr geleistet haben. Wenn   27
das Unternehmen z.B. mit eigenem Personal eine Halle erweitert hat, dann hat der Betrieb mehr geleistet als an den Verkaufszahlen ersichtlich wird. Die Stunden und Kosten für die Hallenerweiterung
können auch in die Bilanz geschrieben werden und zwar nach alten und neuem Recht. Wir sprechen
dann von *aktivierten Eigenleistungen*. Da der Betrieb mehr geleistet hat als die Verkaufszahlen sagen,
erscheinen dann genau die Aufwendungen in der GuV. Da die Leistung des Betriebes gezeigt werden
soll, wird die Position zur Betriebsleistung aufaddiert.

Ähnlich ist es mit Bestandsveränderungen. Sind die Vorräte angestiegen, so werden die Veränderungen zum Vorjahr mit in die Leistung gerechnet, wurden doch Betriebsmittel (Geld) für den Vorrats-
aufbau eingesetzt.

In unserem Beispiel zeigt sich ein uneinheitliches Bild, aber gerade der Bestandsaufbau in Höhe von
1.584,90 in gerade abgelaufener Periode wird uns später noch intensiv beschäftigen.

Wichtig für unseren ersten Schritt ist aber folgendes. Positive Bestandsveränderungen bei gleichzei-   28
tigen Eigenaktivierungen können ein Zeichen dafür sein, dass einerseits Waren nicht mehr abgesetzt
werden können (aus Preis- und/oder Qualitätsgründen) und Mitarbeiter in der Produktion nicht
mehr ausgelastet werden können (weil der Absatz fehlt). Es wird auf Lager produziert und gleichzeitig werden die Fertigungskräfte anders eingesetzt. Dieses Symptom findet man häufig in ländlichen
Gegenden, wo der Arbeitgeber (sehr häufig auch aus moralischen Gründen) es nicht über sein Herz
bringt, Kurzarbeit anzumelden oder sogar Entlassungen anzudenken. Fallen dann auch noch die
Umsätze und die sonstigen Erlöse nehmen auch ab, weil z.B. angebotene Skonti nicht mehr ausgenutzt werden, so kann die Entwicklung gefährlich werden.

Man hört dann immer wieder, dass Eigenaktivierungen doch zu Abschreibungen führen und Abschreibungen nicht zahlungswirksam werden, also Cash Flow erhöhend sind. Das ist erst einmal richtig, muss aber näher beleuchtet werden.

29 Was ist eine Abschreibung? Der in der GuV ausgewiesene Begriff ist AfA und steht für Absetzung für Abnutzung. Das Wort Abschreibung kommt also gar nicht darin vor, aber dieser Begriff hat sich bei uns eingeprägt und man hört ihn auch immer wieder.

Der Gesetzgeber lässt es zu, dass Investitionen, die wir in den letzten Jahren getätigt haben, anteilig pro Jahr als Belastung (also als Aufwand) in der GuV angesetzt werden können. Wir können auch so argumentieren, dass wir die periodische Abnutzung des Investitionsobjektes (Anlagegut) als Belastung in unsere Erfolgsrechnung GuV einbauen können. Aber hier wird es jetzt interessant. Bekommen wir für diese AfA eine Rechnung von einer dritten Person? NEIN. Also müssen wir den Betrag auch nicht überweisen oder auszahlen! Das heißt aber, dass wir in der GuV eine Position haben, die keine Auszahlung nach sich zieht, unser Ergebnis aber trotzdem belastet. Keine Auszahlung bedeutet aber auch, dass der Betrag physisch noch da ist.

30 Und genau dies ist gemeint, wenn Sie hören, dass Aktivierungen durch die Abschreibungen Cash Flow steigernd wirken. Der Cash Flow kann auch mit *Eigenfinanzierungsspielraum* übersetzt werden.

> **Die zentrale Aussage ist:**
> Wie viel Geld (vor oder nach Steuern) steht mir nach einer Periode für weitere Investitionen oder Tilgungen zur Verfügung, ohne dass ich auf weitere Fremdmittel zurückgreifen muss?

31 Zurück zu den Gefahren der o.g. Eigenaktivierungen: Sicherlich, über die Jahre können die Investitionskosten einer eventuell selbst durchgeführten Hallenerweiterung zurückgeholt werden (Abschreibung ist Aufwand, der nicht auszahlungswirksam wird), aber das Problem liegt anderswo. Der Hallenanbau als Eigenaktivierung ist nicht unbedingt umsatzwirksam. Während Kosten (Personal- und Materialkosten, Zinsen etc.) anfallen, steigert sich der Umsatz nicht automatisch.

> **! Merke:**
> *Konstante oder sogar fallende Umsätze bei positiven Bestandsveränderungen, zunehmenden Eigenaktivierungen und sinkenden sonstigen betrieblichen Erträgen sind häufig ein Alarmzeichen, das man nicht unterschätzen sollte. I.d.R. dauert es dann noch ein oder zwei Jahre und die Auswirkungen werden auch ganz unten in der GuV beim Jahrüberschuss sichtbar. Schön ist allerdings, dass es keiner tiefgehenden Analyse bedarf, um sofort auf Sachverhalte zu stoßen, die zumindest hinterfragt werden müssen.*

32 Übertragen wir diese Zusammenhänge auf unser Beispiel.

Wir sehen sinkende Umsätze und im letzten Jahr steigende Bestände (positive *Bestandsveränderung* in Höhe von 1.584,90). Die Eigenaktivierungen zeigen eine Null, aber was sollen die Mitarbeiter des Kfz-Betriebes denn als Eigenaktivierungen machen? Für den Bau eines neuen Bremsenprüfstandes braucht man wahrscheinlich andere Qualifikationen und ein Hallenausbau ist mit Mechanikern und Autoverkäufern wahrscheinlich auch nur schwer zu realisieren.

Sonstige betriebliche Erträge: Der KFZ-Betrieb bezieht den Großteil seiner Ersatzteile vom Hersteller, dessen Wagen er verkauft, also Original-Ersatzteile. Skonti werden hier wohl auch nicht angeboten. Ausgelobte Prämien wegen Planerfüllung werden bei sinkenden Umsätzen wohl auch nicht gezahlt worden sein.

33 Wir sehen aber erneut, dass uns logisches Denken bei der Beurteilung von Positionen in der Bilanz und GuV weiter bringt.

Somit kann festgehalten werden, dass das aus einer ersten Grobanalyse ergebende Bild im oberen Teil der GuV durchaus problematisch zu würdigen ist und besonders bei der Position Bestandsveränderung Fragen aufwirft.

II.   Einstandskosten bzw. Materialquote

Folgen wir der GuV weiter nach unten. Der nächste Saldo mit Relevanz für uns ist der *Bruttoertrag*,   34
der auch *Rohertrag* oder Wertschöpfung genannt wird. Die trennende Position zwischen Betriebsleistung und Rohertrag ist der Materialaufwand oder auch die Materialquote.

Zwei Sachen fallen auf. Die Materialquote ist sehr hoch (79%, 74% und 85%) und schwankt sehr stark über die letzten 3 Jahre. Beschäftigen wir uns also sofort mit dieser Position.

Hohe Einstandsquoten sind beim Kfz-Handel normal – auch hier hilft uns logisches Denken wieder   35
weiter. Egal ob Neufahrzeug oder Gebrauchtwagen – die Margen sind limitiert. Und Sie wissen selbst aus Erfahrung – selbst bei bester Ausgangssituation (Fahrschule oder Presseausweis) ist bei ca. 18% Nachlass bei Neufahrzeugen Schluss. Und bei Gebrauchten? Bei exaktem Studium von Zeitungsanzeigen werden wir eventuell eine gut 10%-ige Preisdifferenz zwischen Privatanbietern und Kfz-Handel ausmachen können. Das sind natürlich Durchschnittswerte.

Und was sehen wir in unserem Beispiel? Materialquoten (kumuliert aus zwei Unterpositionen), die unsere o.g. logischen Ansätze durchaus unterstützen.

Das Problematische daran ist aber, das nur noch Roherträge von 24%, 22% und im letzten Jahr 23%   36
übrig bleiben, denn aus diesen Erträgen sind die ganzen Personalkosten, Zinsen, Mieten und Abschreibungen zu decken, mitunter also die komplette Struktur zu finanzieren. Und jetzt kommt es noch „dicker". Da im Kfz Handel Gewinnmargen häufiger nicht Ausdruck unternehmerischer Kreativität und erst recht nicht guter eigener Produktideen sind, sind auch die zur Verfügung stehenden Roherträge ganz stark durch Dritte vorgegeben und damit nur bedingt unternehmerisch beeinflussbar. Umso wichtiger ist damit Bilanz und GuV Verständnis.

🛈 Merke:

Die Bedeutung von Bilanzverständnis ist umso höher, je mehr Sie in einer Branche bzw. in einem Umfeld tätig sind, in dem Margen traditionell schwach und maßgeblich von Dritten beeinflusst werden!

Denn genau in diesen Tätigkeitsfeldern spielt die „saubere" Bilanz eine Kernrolle. Wenn die periodi-   37
schen Überschüsse in der GuV nur eingeschränkt beeinflussbar sind, müssen Bilanzrelationen und die Wertgrößen einzelner Bilanzpositionen so antizipativ geplant und immer wieder überprüft werden, dass sich hier die Vorteile gegenüber Banken und Wettbewerbern ergeben.

Damit wird die Bilanz zum strategischen Instrumentarium. Und Strategie ist meistens noch immer Chefsache.

III.   Die klassischen Betriebsausgaben (ohne Materialaufwendungen)

IV.   Personalkosten

38   Hier sind in erster Linie die Personalkosten von Bedeutung, die sich aus den eigentlichen Lohn- und Gehaltszahlungen und den Sozialabgaben zusammensetzen. Auffällig sind die fallenden Personalkosten. Hätten wir jetzt nicht wie in unserem Beispiel den separaten Ausweis der Geschäftsführungskosten, könnte man sogar tendiert sein, dem Management des Betriebes gewisse Intelligenz zu unterstellen. Das Personal wurde analog zur Geschäftsentwicklung reduziert. Bei genauer Betrachtung können wir allerdings erkennen, dass die Löhne und Gehälter der Belegschaft eigentlich konstant geblieben sind und die angesprochene Reduktion des gesamten Personalaufwands sich nur aus einer Kürzung der Geschäftsführerposition ergibt, die im ersten Jahr unserer Betrachtung üppige 79% der Löhne & Gehälter betrug.

39   Dazu jetzt einige Anmerkungen.

In der Regel stehen uns eine Trennung zwischen Geschäftsführer- und sonstigen Personalkosten nicht zur Verfügung. Dennoch haben wir diese hier demonstrativ vorgenommen, um Tücken der Analytik aufzeigen zu können. Wie bereits beschrieben, könnte ohne diese datenmäßige Trennung den handelnden Personen sogar unternehmerische Weitsicht unterstellt werden.

Die Verringerung der Geschäftsführerbezüge in den Folgeperioden auf (gerundet) 613 und dann 311 war aber eine Notwendigkeit, da ansonsten Verluste ausgewiesen worden wären. Schauen Sie noch einmal auf die letzte Zeile „Jahresüberschuss" in der GuV und überschlagen Sie einmal die Ergebnisse ohne Reduktion der GF-Bezüge. Bei negativen nach Steuer Ergebnissen spricht man übrigens vom Jahresfehlbetrag – marketingtechnisch kommt aber auch der Begriff „negativer Jahresüberschuss" zur Anwendung. Das klingt immer noch besser als Verlust oder Fehlbetrag.

40   An dieser Stelle wäre natürlich auch ein Ausweis der Köpfe (besonders in der Geschäftsführung) von Interesse, um die Höhe der Lohnkosten besser interpretieren zu können. Während man bei den Löhnen & Gehältern wohl weitestgehend von tariflichen Größen ausgehen kann, die man auch im Internet recherchieren könnte, um auf eine ungefähre Kopfzahl zu gelangen, ist dies bei der GF Größe nicht möglich.

Wenn wir im weiteren Verlauf tiefer in die GuV einsteigen, werden wir entsprechende Kennzahlen erarbeiten, mit deren Hilfe eine Aussage zur Angemessenheit der Personalkosten leichter wird.

V.   Abschreibungen

41   Abschreibungen sind bereits angesprochen worden. Bei den hier ausgewiesenen Beträgen erscheint zunächst nichts Auffälliges. Die AfA Beträge sind über die Jahre ungefähr konstant. Bei genauerer Betrachtung sollte aber die Höhe der Beträge ins Auge springen. Bei einem (abschreibefähigen) Anlagevermögen von gerade mal 11% zu Beginn der Betrachtungen (Jahr 2005) und keinen weiteren Aktivierungen (die Bilanzposition Anlagevermögen fällt parallel zu den Abschreibungen) bleiben am Ende der abgelaufenen Periode (Jahr 2007) gerade noch 4% Anlagevermögen im Verhältnis zur gesamten Bilanzsumme.

Wovon sollten die neuen Investitionen auch kommen bzw. finanziert werden. Der Jahresüberschuss liegt zwischen 0% und 1% vom Umsatz und daraus können wirklich keine neuen Investitionen finanziert werden. Da wir die Bilanz noch nicht im ersten Schritt besprochen haben, machen wir hier einen Vorgriff.

Die Liquiditätsposition (Kasse, Bank, Schecks und Wertpapiere kumuliert – siehe auch das MS Excel Datenblatt „Strukturbilanz") zeigt durchaus attraktive Werte (3.012,70, 3.222,40 und 2.679,70) Damit liegt zu dieser Zeit auch die Vermutung nahe, das liquide Mittel in ausreichender Größe vorhanden sind, um notwendige Investitionen zu bezahlen. Wir werden uns aber mit diesen Bilanzpositionen noch eingehend beschäftigen und Sie werden sehen, dass das Unternehmen zwar auf den Bankkonten und in der Kasse nette Beträge ausweist, aber über diese Beträge nicht uneingeschränkt verfügt werden kann.   42

Was sagen uns aber die ausgewiesenen Abschreibungen. Die AfAs betragen lediglich 2% des Umsatzes bzw. ca. 4% der Bilanzsumme und wir können in der Bilanz auf der Aktivseite sehen, dass das Anlagevermögen quasi komplett abgeschrieben ist. (1.251,60, 893,40 und 470,40)

Hier muss uns wieder die Logik helfen. Wenn im gerade abgelaufenen Jahr das Anlagevermögen nur noch 470,40 beträgt, werden in den Folgeperioden keine Abschreibungen mehr angesetzt, da die Buchwerte des Anlagevermögens bei Null liegen. Bei einem Jahresüberschuss ebenfalls nahe Null und keinen weiteren Abschreibungen wird auch die zukünftige Cash Position sehr schwach sein. Investitionen aus dem Ergebnis scheinen also in weite Ferne zu rücken. Die Finanzierung aus der bilanziellen Liquidität (Positionen Kasse, Bank, Schecks und Wertpapiere kumuliert) ist problematisch, auch wenn wir darüber noch nicht gesprochen haben. Sollte hier ein weiterer Umsatzrückgang eintreten, na dann …   43

VI.   Sonstige betriebliche Aufwendungen

Die Position ist bekanntlich ja ein „Sammler", denn hier finden wir alles was mit Verwaltung, Prüfung, Mieten & Pachten sowie Reisen und Weiterbildung zusammenhängt.   44

In unserem Fall finden wir keine Auffälligkeiten – die Kostenblöcke sind alle im Rahmen von 2% bis 4% vom Umsatz und weisen auch keine Schwankungen auf. Wir werden später hier auch mit Kennzahlen ansetzen, um uns einen besseren Interpretationszugang zu erarbeiten.

VII.   Das Betriebsergebnis

Dieser Saldo ist eine der wichtigsten Positionen in der GuV. Denn genau an dieser Stelle wird ausgewiesen, wie hoch der Ertrag aus dem operativen Geschäft war, also vor Finanzierungskosten (Zinsen) und vor Einmaleffekten (Außerordentliche Aufwendungen und Erträge).   45

In unserem Fall erkennen wir in 2007 ein operatives Ergebnis von lediglich 1% zum Umsatz. Wenn Sie einen Blick auf die GuV werfen, dann werden Sie sofort sehen, dass in der GuV Gliederung unterhalb des Betriebsergebnisses noch einige weitere Positionen folgen und damit an dieser Stelle wenn möglich positive Ergebnisse ausgewiesen sein sollten, um die folgenden Belastungen wie Zinsen tragen zu können. Unsere 1% sind damit sofort als zu gering einzustufen.

46   International spricht man beim Betriebsergebnis häufig vom EBIT – Earnings before Interest and Taxes. Diesen Begriff haben Sie sicherlich schon einmal gehört. Gerade bei Bilanzveröffentlichungen wird das Betriebsergebnis (EBIT) immer wieder herausgestellt, weil man daran die operative Stärke einer Unternehmung erkennen kann. Ist dieser Saldo jedoch negativ, dann wird häufig versucht, dem Leser und den Zuhörern Abwandlungen davon schmackhaft zu machen, bis wieder ein positiver Betrag verkündet werden kann. Auch diese Abwandlungen haben Sie schon gehört. Man spricht dann z.B. vom „Betriebsergebnis vor Restrukturierungsaufwendungen" oder vor „Sonder- und Einmaleffekten". Manchmal hört man auch EBITD (Earnings before Interest and Taxes and before Depreciation). *Depreciation* ist der englische Ausdruck für Abschreibungen auf Sachanlagegüter, also auf materielle Wirtschaftsgüter. Hier werden die Abschreibungen bei der Berechnung des Betriebsergebnisses nicht berücksichtigt, weil sie ja, wie wir bereits gehört haben, nicht auszahlungswirksam werden. Damit kann man natürlich den präsentierten Saldo nett erhöhen.

Man hört auch EBITDA (Earnings before Interest and Taxes and before Depreciation and before Amortisation). *Amortisation* ist der englische Begriff für Abschreibungen auf immaterielle Wirtschaftsgüter. Hier geht man noch einen Schritt weiter und nimmt auch die Abschreibungen auf z.B. Firmenwerte nicht in die Berechnung auf. Bitte erinnern Sie sich. Abschreibungen sind Aufwand und reduzieren das Betriebsergebnis. Werden diese aber erst gar nicht in die Rechnung einbezogen, schnellt der Saldo „Betriebsergebnis" nach oben. Natürlich ist es dann kein Betriebsergebnis nach HGB-Gliederungsschema mehr, aber das muss man ja erst einmal verstehen. Eines sollte Ihnen jetzt aber auffallen. Wann immer nicht das reine Betriebsergebnis (EBIT) ausgewiesen wird, kann zunächst einmal vermutet werden, dass aus kosmetischen Gründen der Saldo ‚aufgepäppelt' werden soll, um diese Schwachstelle – wir hatten ja gesagt, das Betriebsergebnis weist den operativen Erfolg aus und ist damit eine der wichtigsten Größen in der GuV – mit wohlklingenden Wörtern zu vertuschen.

VIII.   Das Finanzergebnis

47   Häufig hört man hier auch den Namen Zinsergebnis. Während offiziell laut gesetzlichem Gliederungsschema mehrere Positionen ausgewiesen werden, sind i.d.R. nur zwei Positionen für uns von Relevanz:

- Sonstige Zinsen & Erträge
- Zinsen und ähnliche Aufwendungen

48   Was fällt auf? Die zu zahlenden Zinsen übersteigen die Zinsgutschriften. Dies ist aber häufig der Fall und sollte uns nicht nervös machen. Lassen Sie uns aber noch ein wenig tiefer schauen und rechnen.

Zinseinkünfte		19,80	36,90	27,00
Kasse, Bank, Schecks und Wertpapiere	3.012,70	3.222.40	2.679,70	
Zinseinkünfte in %		0,65%	1,15%	1,01%

49   Es ist schon sehr bedenklich, wenn mit vorhandener Liquidität nur Erträge von 0,65% bzw. 1,15% erwirtschaftet werden. Was können wir daraus ableiten? Wir finden wieder Bestätigung für unsere ersten negativen Eindrücke bezüglich des Managements der GH-Mobile. Liquidität ist zwar in Größenordnung vorhanden (26%, 32% bzw. 23% der Bilanzsumme), es wird aber daraus kein Ertragsvorteil erzielt, denn bei oben ausgewiesenen Zinseinkünften und den sich daraus ergebenden prozentualen Zinsgrößen können einem eigentlich nur noch die Tränen kommen.

IX. Das Ergebnis der gewöhnlichen Geschäftstätigkeit

Hier handelt es sich wieder um einen Saldo, der auch mit EGT abgekürzt wird. Eigentlich ist dieser 50
Saldo verwandt mit dem Betriebsergebnis, denn hier wird das operative Ergebnis nach Finanzie-
rungs- und Finanzgeschäften ausgewiesen. Da Zinsen und die steuerliche Handhabung dieser jedoch je nach Land verschieden sein und damit bei Vergleichen Verzerrungen auftreten können, ist
das bereits dargestellte Betriebergebnis eigentlich der bessere Maßstab, um operative Profitabilität
messen und bewerten zu können. Wichtig ist nur zu wissen, dass beim Betriebsergebnis die Finanzierungskosten noch nicht berücksichtigt sind.

Der Name des Saldos ist aber dennoch sehr zutreffend. An dieser Stelle wird das Ergebnis aus der
„normalen" Geschäftstätigkeit abgebildet, also quasi das, was im Handelsregister als Geschäftszweck
niedergeschrieben wurde. Dieser Saldo muss damit auch Finanzierungsaufwendungen beinhalten.

Hier sieht man in unserem Beispiel aber das ganze Dilemma. Während bereits das Betriebsergebnis 51
in allen 3 Jahren schwach ist, stellt sich die Situation nach Abzug der Finanzierungskosten noch dramatischer dar. Zugegeben, es werden auch noch einige Zinseinnahmen realisiert, aber die können
das Ergebnis auch nicht retten.

X. Das außerordentliche Ergebnis

Dieser Saldo setzt sich aus zwei Positionen zusammen, den außerordentlichen Aufwendungen und 52
den außerordentlichen Erträgen. Dabei handelt es sich um Aufwendungen und Erträge, die mit dem
operativen Geschäft nichts zu tun haben. Man spricht auch von den AOs oder dem AO-Ergebnis.

Wichtig dabei ist folgendes: Sehr häufig werden außerordentliche Erträge (z.B. der Verkauf einer ver-
mieteten Immobilie, die aber in keiner Relation zum Gesellschaftszweck stehen) dafür genutzt, ein
schlechtes oder sogar negatives Betriebsergebnis und/oder Ergebnis der gewöhnlichen Geschäftstätigkeit zu verbessern. Die GuV weist dann ein positives Ergebnis (Jahresüberschuss) aus, wobei dieser Überschuss aber nicht Ausdruck operativen Erfolgs ist. Hier ist Kosmetik das richtige Wort.

Veräußere ich nämlich ein Wirtschaftsgut, das bereits sehr weit abgeschrieben ist und der Markt- 53
bzw. Verkehrswert höher als der Buchwert ist, dann verschaffe ich mir Liquidität, ohne das der Ab-
gang des Wirtschaftsgutes in der Bilanz auffällt. Meist wird die Bilanz ja in Tausend oder sogar
Millionen dargestellt. Wo soll denn da der Anlagenabgang des Vermögensgegenstandes mit einem
geringen Restbuchwert noch sichtbar werden, wenn man nicht über weitergehende Erläuterungen
verfügt?

Übrigens, ist der Verkehrs- oder Marktwert (beide Begrifflichkeiten werden genutzt) höher als der
Buchwert in der Bilanz, dann spricht man von *„stillen Reserven"*.

Allerdings ist ein Verkauf o.g. Immobilie ja nicht jedes Jahr möglich und damit beginnen auch schon 54
die negativen Aspekte solcher Transaktionen. Die Immobilie ist jetzt weg und mit dem Verkaufserlös
gleiche ich Verluste aus dem operativen Geschäft und der Finanzierung aus. Die Immobilie war aber
auch gleichzeitig Sicherheit und diese ist jetzt auch gesunken. Zugegeben, beim Verkauf habe ich
meine Kasse gefüllt, aber wenn durch fortgesetzte Verluste diese Kassenbestände bald auch wieder
aufgezehrt sind, habe ich mir eigentlich nur temporär Luft verschafft. Darin liegt aber auch die Gefahr. Der Leidensdruck ist weg und manchmal damit auch die Einsicht, handeln zu müssen. Gelingt
es in der nächsten Zeit aber nicht, die Ergebnislage wieder zu drehen, dann kann es nach Aufbrau-
chen der durch die Veräußerung gewonnene Liquidität sehr ernst werden.

🛑 Merke:

Außerordentlich Erträge gehen gegen die Substanz und haben Einmalcharakter!

55   Die Angelsachsen sagen übrigens „to sell the crown juwels" – die Kronjuwelen verkaufen! Und dieser Ausdruck passt wirklich vor dem Hintergrund, dass werthaltige und besonders mit hohen Verkehrswerten versehene Sicherheiten dafür eingetauscht werden, dass operative Probleme nicht rechtzeitig erkannt oder nicht in den Griff bekommen wurden.

In unserem Beispiel sehen wir sowohl außerordentlich Erträge als auch außerordentliche Aufwendungen. Was dort im Einzelnen zu Erträgen geführt hat oder welcher Art die AO-Aufwendungen sind, können wir ohne weitere Dokumentation aber nicht erkennen. AO-Erträge und Aufwendungen sind aber in allen 3 Perioden ziemlich ausgeglichen und verändern das EGT daher nur noch geringfügig.

XI.   Ergebnis vor Steuern

56   Das HGB-Gliederungsschema weist eigentlich diesen Saldo direkt nach dem außerordentlichen Ergebnis nicht aus. EGT plus/minus AOs bilden das Ergebnis vor Steuern. Trotzdem sieht man manchmal diese Position dargestellt. Gerade bei internationalen Vergleichen oder bei Verlustvorträgen wird somit vermieden, dass steuerlich beeinflusste Ergebnisse als Basis der Betrachtungen dienen.

In unserem Beispiel haben wir uns zwar eng an das handelsrechtliche Gliederungsschema gehalten, trotzdem hier aber die Position „Ergebnis vor Steuern" ausgewiesen, da es unserer Meinung nach beim GuV Verständnis behilflich ist.

XII.   Steuern

57   Unterhalb des außerordentliches Ergebnisses werden jetzt noch die Steuern, wenn den welche zu zahlen sind, ausgewiesen. Die Berechnungen der Steuern, die ja nach Gesellschaftsform unterschiedlich ausfallen, sind allerdings nicht Gegenstand dieses Buches und daher wird auch nicht näher darauf eingegangen, wie die in unserem Beispiel ausgewiesenen Beträge zustande kommen.

Wir sehen allerdings, dass bei negativen Vor-Steuer-Ergebnissen auch keine Steuern gezahlt werden. Sind die Ergebnisse vor Steuern positiv, zieht dies i.d.R. eine Steuerzahlung nach sich, es sei denn, Verlustvorträge können geltend gemacht werden.

XIII.   Jahresüberschuss/Jahresfehlbetrag

58   Dies ist quasi das „Netto-Ergebnis" nach Steuern, unabhängig davon, wie diese errechnet wurden. Hier wird gezeigt, wie viel und ob Gewinn oder Verlust in der letzten Periode erwirtschaftet wurde. Dabei spielt es an dieser Stelle der GuV auch keine Rolle, ob der ausgewiesene Betrag aus operativen Tätigkeiten, Finanzgeschäften oder Einmalgeschäften, also AOs, zustande gekommen ist.

Dieser Betrag wird dann übrigens in die Bilanz gebucht und zwar auf die (rechte) Passivseite in die Position „Eigenkapital". Wie wir später sehen werden, finden wir nämlich dort genau die GuV Bezeichnung *Jahresüberschuss/Jahresfehlbetrag*.

59   Zur Größenordnung des Jahresüberschusses haben wir bereits Stellung bezogen. Sind das Betriebsergebnis und/oder das EGT schwach und es wird kein AO-Ergebnis (in Größenordnung) realisiert, dann kann der Jahresüberschuss logischerweise ja auch nur schwach sein.

XIV. Zusammenfassung der GuV der GH-Mobile

Die GuV zeigt schon auf den ersten Blick Schwächen. Der Umsatz bricht ein und besonders mar- 60
genstärkere Umsatzgruppen sind überproportional davon betroffen. Gerade im letzten Jahr fällt eine
(große) positive Bestandsveränderung auf. Der Rohertrag liegt lediglich bei 22% bis 24%, was allerdings branchentypisch ist.

Operative Aufwendungen weisen bis auf die Geschäftsführungsgehälter keine Auffälligkeiten auf.
Das Betriebsergebnis ist mit 1% bis 2% als schwach einzustufen. Finanzierungskosten (Zinsaufwendungen) reduzieren das Betriebsergebnis nochmals und das AO-Ergebnis ist ausgeglichen, so dass in
den letzten Jahren ein negatives bzw. leicht positives Vor-Steuer-Ergebnis ausgewiesen wurde. Nach
Steuern beläuft sich das Ergebnis (Jahresüberschuss/Jahresfehlbetrag) nahe der Null Grenze.

D. Die Bilanz

Wie schon gesehen, ist die Bilanz kein kumuliertes Zahlenwerk auf den letzten Tag der Periode, son- 61
dern immer eine Stichtagsbetrachtung, die auch jeweils bei Neuperiodenanfang fortgeschrieben und
nicht wieder auf Null gesetzt wird.

Beschäftigen wir uns im Folgenden mit den beiden Bilanzseiten separat – fangen wir mit der rechten
Seite, Passiv und/oder Passiva genannt, an.

I. Passiva

Schauen wir genau hin, erkennen wir neben der Gesamtsumme mehrere Saldi. Die Passivseite hat 62
ähnlich der GuV eine vorgegebene Struktur

II. Struktur der Passiva

Folgen wir den fett geschrieben Saldi, so erkennen wir 4 Unterkapitel. 63

- ▪ A Eigenkapital 1.128,50 1.350,80 1.357,10
- ▪ B Rückstellungen 1.631,00 1.688,40 1.629,20
- ▪ C Verbindlichkeiten 8.725,40 6.972,40 8.424,80
- ▪ D Rechnungsabgrenzungsposten 0,00 0,00 0,00

Die Saldi A und C sind vom Verständnis her wohl recht einfach. Eigenkapital ist der Betrag, der dem
oder den Anteilseignern gehört.

Verbindlichkeiten sind die Beträge, die entweder Banken, verbundene Unternehmen, Beteiligungen
und/oder Lieferanten zur Verfügung gestellt haben. Es handelt sich damit um kurz- oder langfristige
Darlehen.

Rückstellungen sind zunächst einmal Verpflichtungen für ungewisse Verbindlichkeiten, also wirt- 64
schaftliche Verpflichtungen, die dem Grunde nach (*ob?*), des Auszahlungszeitpunktes (*wann?*) oder
der Höhe nach (*wie viel?*) noch nicht bestimmt sind. Durch ihre Passivierung (Darstellung auf der
Passivseite der Bilanz) wird dem Prinzip des *Gläubigerschutzes* (dabei handelt es sich um ein Vorsichtsprinzip) Rechnung getragen, da sichergestellt wird, dass ein Unternehmen bei Eintritt der un-
gewissen Verbindlichkeit über hinreichend Kapital verfügt, um der Verpflichtung nachkommen zu
können.

65   Damit ist aber auch ein entscheidendes Wort zum Stellenwert von Rückstellungen gefallen – es sind Verbindlichkeiten, die aber separat ausgewiesen werden, weil der Eintritt per se, in der Höhe und dem Zeitpunkt des Anfalls ungewiss ist. Die normalerweise größte Rückstellungsposition, die Pensionsrückstellungen, sind demnach dem langfristigen Fremdkapital zuzuordnen.

Passivische Rechnungsabgrenzungsposten sind zu bilden, wenn Einnahmen vor dem Abschlussstichtag anfallen, aber erst nach einem bestimmten Zeitpunkt Ertrag werden.

66   Alle vier zusammenfassende Positionen haben aber eines gemeinsam: Sie sagen uns, woher das uns zum Stichtag zur Verfügung stehende Geld kommt! Dies ist der Grund, warum die Passivseite der Bilanz auch *Mittelherkunft* genannt wird. Die Aktivseite der Bilanz wird als *Mittelverwendung* bezeichnet. Dazu aber später. Wir bleiben zunächst bei den Passiva.

Schauen wir jetzt etwas genauer in unser Beispiel und gehen die 4 o.g. Sammelpositionen in einem ersten Schritt genau wir bei der GuV durch.

1.   Eigenkapital

67   Unter Eigenkapital werden generell alle Beträge der Passivseite der Bilanz verstanden, die den Anteilseignern zuzuordnen sind.

2.   Gezeichnetes Kapital

68   Unser Unternehmen verfügt über ein gezeichnetes Kapital von 552,60, das entspricht 5% bzw. 6% der Bilanzsumme und hier sagt uns schon der gesunde Menschenverstand, dass dies nicht gerade viel ist. Das gezeichnete Kapital ist ein Bestandteil des Eigenkapitals und wir werden uns später die Eigenkapitalquote und Ableitungen daraus sehr genau anschauen.

Wir sehen auch, dass das Kapital komplett eingebracht wurden, da keine ausstehenden Einlagen ausgewiesen sind (nach altem Recht wahlweise auf der Aktiv- oder Passivseite, nach Einführung des BilMoG nur noch passivischer Ausweis möglich).

3.   Gewinnvortrag/Verlustvortrag und Rücklagen

69   Bevor wir an dieser Stelle weiter die Zahlen der GH Mobile in dieser ersten Einschau betrachten, wollen wir Sie zunächst eine wenig in die Thematik der Rücklagen einführen.

4.   Begriff der Rücklagen

70   Der wichtigste Punkt zuerst: Rücklagen sind nicht mit Rückstellungen zu verwechseln. Sie stellen im Gegensatz zu den Rückstellungen Eigenkapital dar und wurden aus versteuerten Geldern (Jahresüberschuss) gebildet – also thesaurierte Überschüsse. Bei Kapitalgesellschaften bezeichnet man sie als Reserven vom Eigenkapital, die separat vom gezeichneten Kapital, Gewinnvortrag oder Jahresüberschuss ausgewiesen werden. Man kann sagen, dass die Rücklagen Teile des Eigenkapitals sind und zwar in der Form, dass eine Variabilität in Bezug auf die Gewinnverwendung oder in Abhängigkeit vom Verwendungszweck besteht.

Die Begründung zur Bildung von Rücklagen findet sich in der Kapitalsicherung und der Selbstfinanzierung wieder.

a)   Offene Rücklagen

Offene Rücklagen werden in der Bilanz gebildet, ausgewiesen und aufgelöst. Steuerrechtlich können   71
sie nur aus versteuerten Geldern gebildet werden. Stellen Sie sich Rücklagen ganz einfach folgendermaßen vor: Es handelt sich dabei um Gelder wie auf Ihrem Sparkonto, also selbst erwirtschaftet,
versteuert und gespart UND es gehört Ihnen – ist damit Ihr eigenes Kapital. Rückstellungen unterscheiden sich von den Rücklagen, dass sie dem Grunde nach bestehende Verbindlichkeiten oder
drohende Verluste darstellen.

Generell sind Rücklagen nicht abzugsfähig. Rückstellungen und Rücklagen sind jeweils gesondert
zu passivieren.

b)   Stille Rücklagen

So genannte stille Rücklagen kann man aus der Bilanz nicht ersehen. Da offene Rücklagen meist nur   72
bei Kapitalgesellschaften gebildet werden, kann die Bildung von stillen Rücklagen unabhängig von
der Unternehmungsform in allen Jahresabschlüssen kaufmännischer Unternehmungen ihre Verwendung finden. Entstehen können sie u.a. durch Unterbewertung oder durch die Einhaltung gesetzlicher Höchstwertvorschriften bei Preissteigerungen. Ihre Bildung ist also nicht in allen Fällen
verboten, sondern ergibt sich oftmals aus dem geltenden Recht. Hier spricht man in diesem Zusammenhang auch von den „Stillen" bzw. „stillen Reserven". Dies immer dann der Fall, wenn z.B. der
Buchwert einer aktivierten Immobilie niedriger als der Verkehrs- oder Marktwert ist. Da wir wissen,
dass wir Wirtschaftsgüter abschreiben müssen oder können und damit die Buchwerte periodisch
weiter absinken, ist dies bei Immobilien sogar ganz logisch und natürlich.

c)   Steuerfreie Rücklagen

Dabei handelt es sich um einer Art Zwitterposition die vom Gesetzgeber bisher ausdrücklich zu   73
gelassen, teilweise sogar unterstützt wird. In Österreich sprechen wir von den so genannten unversteuerten Rücklagen, in Deutschland von den Sonderposten mit Rücklageanteil – kurz SOPOs. Die
Gesetzgebung lässt es zu, dass gewisse Gelder unversteuert bleiben, wenn sich das Unternehmen
verpflichtet, diese in einem gewissen Zeitraum wieder zu reinvestieren. Erfolgt diese Reinvestition nicht, muss dann versteuert werden. In diesem Zusammenhange hört man oft den Begriff der
Anspar(abschreibungs)rücklage. Diese Sichtweise wird auch mit dem BilMoG weiter bestehen. Al

lerdings wird mit der Aufhebung des Grundsatzes der umgekehrten Maßgeblichkeit dieser Bilanzposten nicht mehr ausgewiesen werden[6].

74   Jetzt sehen wir uns die Rücklagen der GH Mobile an.

Es fällt auf, dass Rücklagen, außer im letzten Jahr, nicht vorhanden sind. Die 195,30 bei den Gewinnrücklagen im letzten Jahr sehen wir allerdings ein Jahr zuvor bei der Position Gewinnvortrag/Verlustvortrag.

Will man diese Position exakt nachvollziehen, ist folgende Analyse zu erstellen …

Jahresüberschuss/Jahresfehlbetrag

- Verlustvortrag (Vorjahr)

+ Gewinnvortrag (Vorjahr)

+ Entnahmen aus   1. Kapitalrücklage

                      2. Gewinnrücklage

                            a) Gesetzliche Rücklagen

                            b) Rücklagen für eigene Anteile

                            c) Satzungsmäßige Rücklagen

                            d) andere Rücklagen

- Einstellungen in

                            a) Gesetzliche Rücklagen

                            b) Rücklagen für eigene Anteile

                            c) Satzungsmäßige Rücklagen

                            d) andere Rücklagen

= Bilanzgewinn

- Dividendensumme

- Einstellungen in andere Rücklagen

- zusätzlicher Aufwand

= Gewinnvortrag

… aber so genau wollen wir es ja gar nicht haben.

---

6   Nach dem Grundsatz der umgekehrten Maßgeblichkeit sind steuerliche Wahlrechte in Übereinstimmung mit der Handelsbilanz auszuüben. Soll zum Beispiel in der Steuerbilanz eine Reinvestitionsrücklage (so genannte § 6b-Rücklage) oder eine Ersatzbeschaffungsrücklage (so genannte R 6.6 EStR) gebildet werden, muss derzeit für die steuerliche Anerkennung dieser Rücklagen ein entsprechender Passivposten in der Handelsbilanz gebildet werden (Sonderposten mir Rücklageanteil). Hierdurch ist es möglich, steuerbilanzielle Vergünstigungen auszuweisen.
Bisher besteht ein Ansatzwahlrecht für Sonderposten mit Rücklageanteil (§ 247 Abs.3 HGB). Nun soll im Rahmen des BilMoG ein Ansatzverbot für den Sonderposten mir Rücklageanteil als Gewinn mindernde Rücklage in der Handelsbilanz eingeführt und der § 247 Abs. 3 HGB gestrichen werden. Rücklagen nach ³ 6b EStG und R 6.6 EStR können in der Handelsbilanz somit nicht mehr gebildet werden.
Bei der Ausübung steuerlicher Wahlrechte soll künftig laufendes Verzeichnis über die Wirtschaftsgüter geführt werden, die nicht mit dem handelsrechtlich maßgeblichen Wert in der Steuerbilanz ausgewiesen werden. (§ 5 Abs. 1 Satz 2 EStG-E).
Durch die Aufhebung der umgekehrten Maßgeblichkeit werden vermehrt zeitlich begrenzte Abweichungen zwischen Handels- und Steuerbilanz auftreten. Diesen Differenzen ist durch die Bildung von passivischen latenten Steuern Rechnung zu tragen.
Latente Steuern sind bilanzierte Differenzen zwischen steuer- und handelsrechtlich ermitteltem (fiktivem) Steueraufwand, die sich in den Folgeperioden wieder ausgleichen. Diese Differenzen entstehen, wenn die nach steuerrechtlichen Vorschriften ermittelte Steuerzahlung eines Unternehmens von der aus dem Handelsbilanzgewinn resultierenden Steuerlast abweicht.

Beim Gewinnvortrag handelt es sich um Unternehmensgewinne aus Vorperioden, über deren end-   75
gültige Verwendung jedoch noch nicht entschieden ist. Werden Teile des Bilanzgewinnes an die Eigentümer in Form von Dividenden ausgeschüttet, so sorgt die Einbuchung in den Gewinnvortrag oft
dafür, dass ein „passender" Ausschüttungsbetrag entsteht.

Wir finden in der Periode -1 einen Gewinnvortrag von 199,80. Es ist also davon auszugehen, dass
in den Vorperioden Gewinne gemacht wurden, wenngleich diese Summe im Vergleich zum Umsatz
und im Vergleich zur Bilanzsumme auch keine Freudentänze auslöst. In dieser Periode -1 hat unser
Unternehmen einen Verlust von 4,50 eingefahren, den wir unterhalb der Position Gewinnvortrag/
Verlustvortrag finden.

Im nächsten Jahr sehen wir beim Jahresüberschuss die 222,30, die uns bereits aus der GuV bekannt   76
sind und hier in die Bilanz übertragen wurden. Betrachten wir die Position Jahresüberschuss/Fehl-
betrag genauer, so stellen wir fest, das diese Position vom Wert her identisch mit der letzten Zeile der
GuV ist und auch die Beträge übereinstimmen. Und in der Tat – das hatten wir oben bereits auch
schon angesprochen, wird der Jahresüberschuss bzw. Jahresfehlbetrag aus der GuV ist die Bilanz
übertragen.

Damit können wir 2 Sachverhalte festhalten: 77

■ Der Jahresüberschuss/Jahresfehlbetrag in der GuV wird am Periodenende in die gleich lautende
  Position in der Bilanz und zwar als Bestandteil des Eigenkapitals gebucht. Damit wird die GuV
  aber gleichzeitig auf Null gesetzt, da der finale Saldo der GuV durch die Umbuchung ausgeglichen wird. Und genau dies ist ja notwendig, denn wir wissen ja, dass die GuV nicht fortgeschrieben, sondern in jedem Jahr neu angefangen wird.

■ Wenn der Jahresüberschuss/Fehlbetrag am Periodenende in die Bilanz übernommen wird, dann
  können wir doch auch argumentieren, dass in der Bilanz auf der Passivseite im Eigenkapital eigentlich die ganze GuV der abgelaufenen Periode (versteckt) abgebildet ist. Daraus können wir
  dann wieder ableiten, dass *die GuV eigentlich als ein Unterkonto des Eigenkapitals angesehen wer-*
  den kann! Und glauben Sie es uns, diese Betrachtung ist genau richtig.

  Die Feststellung hat übrigens für die Buchhaltung und speziell für die Buchungssätze eine hohe
  Bedeutung, denn damit wirkt jeder GuV Aufwand in der Bilanz Eigenkapital reduzierend und
  ein Ertrag Eigenkapital steigernd.

Denken Sie an dieser Stelle doch noch 2 Minuten über einen anderen Sachverhalt nach. Wir hören   78
und sprechen eigentlich immer nur von der Bilanzanalyse – der Ausdruck GuV Analyse oder sogar
Bilanz und GuV Analyse ist quasi nicht geläufig. Aber wenn wir uns wieder vor Augen halten, dass
die GuV eigentlich (versteckt) in der Bilanz im Eigenkapital abgebildet ist (wie haben wir gesagt: Die
GuV ist ein Unterkonto des Eigenkapitals!), dann ist dies doch logisch. Analysiere ich die Bilanz,
umfasst diese konsequenterweise natürlich auch die Analyse der GuV!

Zurück zum Gewinnvortrag/Verlustvortrag.

Oberhalb vom Jahresüberschuss/Jahresfehlbetrag beim Gewinnvortrag /Verlustvortrag sehen wir im
letzten Jahr jetzt 195,30 und wenn Sie ein wenig nachdenken, werden Sie wahrscheinlich auch erkennen, wie diese Summe zustande gekommen ist. In der Periode -1 lag noch ein Gewinnvortrag
von 199,80 vor, dieser Vortrag reduzierte sich jetzt aber durch den eingefahrenen Verlust von 4,50
auf 195,30. Im abgelaufenen Jahr finden wir diese 195,30 jetzt aber bei den Rücklagen, genauer gesagt bei den Gewinnrücklagen. Was ist hier passiert?

79 Wie wir wissen, dienen Rücklagen, die aus versteuerten Gewinnen gebildet werden, der Selbstfinanzierung des Unternehmens und der Stärkung der Eigenkapitalbasis. Man spricht auch von der Gewinnthesaurierung (im Gegensatz zur Ausschüttung). Konkrete Zwecke sind beispielsweise die Deckung von Verlusten oder künftigen Investitionen. Gewinnrücklagen werden aus nicht ausgeschütteten Gewinnen gebildet.

Und genau dies können wir beobachten. Die in den Vorperioden erwirtschafteten Gewinne wurden nicht ausgeschüttet, sondern zur Abfederung des realisierten Verlustes eingesetzt und saldiert (195,30) ‚auf neue Periode vorgetragen'. Im abgelaufenen Jahr wurde allerdings der Gewinnvortrag in die Gewinnrücklage umgebucht, was ein reiner „Passivtausch" ist. Da beide Positionen dem Eigenkapital zugerechnet werden, ändert sich auch nichts an der Sammelposition Eigenkapital oder einer Eigenkapitalquote.

80 Der Jahresüberschuss der Periode -1 in Höhe von 222,30 steht jetzt analog zum Jahr zuvor beim Gewinnvortrag.

Eigentlich ist hier in den 3 Jahren vom Ansatz her ein idealtypisches bilanzielles Vorgehen zu erkennen. Erwirtschaftete Gewinne werden im Jahresüberschuss ausgewiesen, mit Gewinnvorträgen im nächsten Jahr saldiert und dann im Folgejahr in die Rücklagen gebucht.

Für unseren Fall gilt abweichend davon nur, dass die Saldierung mit einem Jahresfehlbetrag erfolgt.

Abschließend sehen wir noch die Sonderposten mit Rücklagenanteil

d)   Sonderposten mit Rücklageanteil

81 Bei dieser Bilanzposition Sonderposten mit Rücklageanteil[7], die in Österreich unversteuerter Rücklagenanteil heißt, handelt es sich i.d.R. um 2 verschiedene Geschäftsvorfälle. Einerseits werden hier Subventionen gebucht, andererseits steuerlich bedingte so genannte Ansparrücklagen. Der Gesetzgeber lässt es zu, dass unter gewissen Umständen Überschüsse nicht versteuert werden müssen, wenn sich das Unternehmen verpflichtet, diese binnen festgelegter Fristen wieder zu reinvestieren. Werden diese Investitionen nicht getätigt, sind diese Positionen wieder erfolgswirksam aufzulösen.

Damit werden diese Sonderposten aufgrund steuerlicher Wahlrechte Ergebnis mindernd gebildet. Das Handelsrecht an sich kennt den Sonderposten nicht. Aufgrund des umgekehrten Maßgeblichkeitsprinzips ist der Sonderposten jedoch bisher auch dort auszuweisen, was sich aber ja mit Einführung des BilMoG entsprechend ändern soll.

82 Wir sehen in unserem Beispiel Sonderposten in Höhe von 3% bis 4 % der Bilanzsumme - wahrscheinlich wird es sich um Summen handeln, deren Reinvestition in einem fest definierten Zeitumfang zugesagt und damit steuerlich begünstigt behandelt wurden. Aber Achtung, wir wissen auch, bei Nichterfüllung der Zusagen ist die Rücklage erfolgswirksam aufzulösen.

5.   Das Gesamteigenkapital

83 Unsere Gesellschaft verfügt über ein eingezahltes bzw. erspartes (erwirtschaftete und versteuerte Überschüsse – die Sonderposten sind getrennt davon zu sehen) Eigenkapital in Höhe von 10% bis 13% der Bilanzsumme – wir sprechen von einer Eigenkapitalquote von 10% bis 13%.

Ohne den späteren detaillierten Betrachtungen vorzugreifen, kann hier gesagt werden, dass dies am unteren Rand des Notwendigen liegt.

---

7   Wir haben eingangs bei c) Steuerfreie Rücklagen diese Sonderposten mit Rücklagenanteil bereits vertiefend nach altem und neuem Recht besprochen.

BASEL II, die zum 1.1.2007 in Kraft getretenen Eigenkapitalvorschriften für Banken und Kredite   84
bewirken übrigens eine Steigerung der Bedeutung ausreichender Eigenkapitalquoten bei Unternehmen. Hier wird häufig von der 30% Quote gesprochen – da sind wir in unserem Beispiel aber noch
weit davon entfernt.

6.   Rückstellungen

Wir haben die Rückstellungen schon mehrfach angesprochen.   85

Bevor wir uns jetzt aber mit den Zahlen der GH-Mobile beschäftigen, lassen Sie uns die Bilanzposition Rückstellungen zunächst ein wenig näher betrachten.

a)   Rückstellungen im Jahresabschluss

Die wichtigste Erkenntnis zuerst: Rückstellungen werden auf der Passivseite der Bilanz ausgegeben   86
und zählen zum Fremdkapital! Dabei handelt es sich um bisher unversteuerte Gelder.

Die Erkennungsmerkmale der Rückstellung sind:

= Passivposten für Verbindlichkeiten, Aufwendungen oder Verluste,

wo Entstehung und/oder Höhe ungewiss ist.

Dies bedeutet, dass es sich hier um Aufwendungen der abgerechneten Periode handelt, welche erst
später – sprich in einer späteren Periode zu Leistungen oder Ausgaben führen. Die richtige Erfolgsermittlung UND Periodenabgrenzung stehen hier im Vordergrund.

Aus betriebswirtschaftlicher Sicht kann man auch sagen, dass es sich um Aufwendungen oder Ver-   87
luste handelt, die in der Abrechnungsperiode verursacht wurden. Am Bilanzstichtag stehen diese
„dem Grunde nach" fest. Aber Höhe und/oder Fälligkeitszeitpunkt sind noch nicht gewiss UND die
zugehörige Auszahlung erfolgt erst in einer der späteren Perioden.

Grundsätzlich lassen sich 2 Gruppen unterscheiden. Zum einen die

■ Schuldrückstellungen

und zum anderen die

■ Aufwandsrückstellungen.

Bei den Schuldrückstellungen steht, wie der Name schon sagt, der Schuldcharakter im Vordergrund.   88
Dies bedeutet, dass die ungewisse Verpflichtung gegenüber einem anderen im Raum steht.

Bei der 2. Gruppe, den Aufwandsrückstellungen, steht die Abgrenzungsfunktion im Vordergrund.
Dies bedeutet, dass die zukünftigen Ausgaben in den gegenwärtigen Aufwand transferiert werden.

Wie gesagt, Rückstellungen werden für Verbindlichkeiten und Aufwendungen gebildet, die am Bilanzstichtag dem Grunde und/oder der Höhe nach ungewiss sind. Nehmen wir die Thematik „der
Höhe nach ungewiss": Hier können als Beispiele Aufwendungen bei Pensionsrückstellungen, Rückstellungen für Pachtanlageerneuerung sowie Garantierückstellungen genannt werden.

Ungewisse Aufwendungen „der Höhe und dem Grunde nach" sind z.B. Gewährleistungsrückstellun-   89
gen oder Prozesskostenrückstellungen.

Wo liegen jetzt die Unterschiede im Vergleich zu Verbindlichkeiten und Rechnungsabgrenzungsposten? Letztere sind einerseits dem Grunde nach und der Höhe nach genau definiert (Verträge, Fälligkeiten, …). Andererseits ist bei den Rechnungsabgrenzungsposten die Leistung bereits erbracht
worden. Aus vertraglichen oder rechnungstechnischen Gründen ist hier aber die Faktura beim Leistungsempfänger noch ausstehend, dem Grunde und der Höhe nach aber sicher.

3

b) Bildung und Auflösung von Rückstellungen

90 Betrachten wir nun die betriebswirtschaftlichen Grundsätze für die Bildung von Rückstellungen:

Der 1. Grundsatz beinhaltet die

richtige Darstellung bestehender Verpflichtungen.

Dies bedeutet, dass eine Verpflichtung bereits dann gegeben ist, wenn sie eine wirtschaftliche Begründung findet, aber der Gläubiger noch keinen Rechtsanspruch darauf hat. Damit ist eine Rückstellung bereits dann zu buchen, wenn z.B. aus einem Vertrag heraus Unstimmigkeiten zwischen den Vertragsparteien auftreten, die eine Partei Klage einreicht, jedoch noch kein Urteil ergangen ist.

91 Der 2. Grundsatz befasst sich mit der

Herstellung der Periodenreinheit.

Hier geht es um die Zurechnung der einzelnen Aufwendungen und Erträge in diejenigen Perioden, in denen die Verursachung stattgefunden hat. Dies erklärt sich ja von alleine.

92 Mit dem 3. Punkt folgt die bereits bekannte Einhaltung des

Imparitätprinzips[8].

Was bedeutet dies? Wenn wir die wissenschaftliche Erklärung leicht verständlich umformulieren, so geht es hier um den bilanzmäßigen Ausweis aller noch nicht geltend gemachten Verluste bzw. um die Darstellung jener Beträge, die das Ergebnis der nächsten Perioden voraussichtlich verschlechtern – immer mit der Bedingung, dass die Ursache in der Abrechnungsperiode ihren Ursprung findet. Kurz gesagt, periodengerechte Verbuchung von (auch später eintretenden) Belastungen.

93 Punkt 4 behandelt die Thematik

Passivierungspflicht für Rückstellungen.

Da es sich bei Rückstellungen, wie eingangs erwähnt, um echtes Fremdkapital handelt, hat man bei Vorliegen des entsprechenden Tatbestandes nicht das Recht, sondern die Verpflichtung, eine Rückstellung zu bilden.

94 Das Gesetz kennt hierzu 2 Ausnahmen:

1. Die Aufwandsrückstellung:

Diese muss solange nicht gebildet werden, als ihre Bildung noch nicht zu einem der GOB (Grundsätze ordnungsgemäßer Buchführung) geworden ist. Als Beispiele können hier Großreparaturen sowie Wartungsarbeiten, welche in zeitlichen Abständen wiederkehren, genannt werden. Kulanzrückstellungen sind Bestandteile der GOB und müssen daher gebildet werden.

2. Beträge von untergeordneter Bedeutung:

Diese erzeugen keine Verpflichtung zur Rückstellungsbildung.

95 Als 5. Punkt kann man die

Rückstellungen als Finanzierungsfaktor

nennen. Der Finanzierungswirkung von Rückstellungen wird eine besondere Bedeutung beigemessen – abgesehen von den anderen Aufgaben der Rückstellungen, wie z.B. der Periodisierung der Aufwände, der Risikovorsorge und des richtigen Ausweises des Vermögens.

---

8   Siehe Detailerläuterungen in § 1 der Jahresabschluss.

Mittel, welche später zur Auszahlung gelangen, werden durch die Bildung von Rückstellungen bereits im Abschlussjahr der Besteuerung und der Ausschüttung entzogen und können aus diesem Grund für die Finanzierung anderer Bereiche herangezogen werden. Es sind also, wie oben erwähnt, unversteuerte Beträge. Das Interessante aus der Finanzierungsperspektive ist, dass diese bei Rückstellungen in der GuV als Aufwand stehen und damit das Ergebnis und die Steuerlast reduzieren, trotzdem aber als Liquidität zur Verfügung stehen, wenngleich eigentlich zweckgebunden.

Auch von Bedeutung für die Finanzierungswirkung von Rückstellungen ist die Dauer ihrer Bindung. Eine größere Finanzierungswirkung ist die Folge einer längeren Bindung. Dieses wird sehr schön deutlich bei der Bildung einer Pensionsrückstellung, die heute schon für den Zeitraum nach dem Ausscheiden eines Mitarbeiters gebildet wird. Es versteht sich allerdings dann auch von alleine, dass bei Wegfallen des Rückstellungsgrundes die Auflösung erfolgswirksam gebucht werden muss, d.h. zu diesem Zeitpunkt führt dann die Auflösung zu einem Ertrag in der GuV, der Vor-Steuer Gewinn steigt dementsprechend und die Versteuerung muss dann erfolgen. Durchdenkt man dies noch einmal, so stellt man fest, dass somit temporär eine Steuerstundung eingetreten ist   96

c)   Rückstellungskategorien

In der Bilanz müssen Rückstellungen nach folgender Aufteilung ausgewiesen werden: 97

- Pensionsrückstellungen,
- Steuerrückstellungen und
- sonstige Rückstellungen
- (in Österreich finden wir auch noch die Abfertigungsrückstellung)

d)   Pensionsrückstellungen:

Rückstellungen für Pensionen unterliegen der Passivierungspflicht. Im Handelsrecht sind bisher über die Höhe der Rückstellungen keine genauen Aussagen getroffen worden. Im Steuerrecht sind dafür aber genauere Regeln vorgegeben worden. Sie sind zu bilden, wenn einem berechtigten Mitarbeiter vom Unternehmen ein Rechtsanspruch eingeräumt wurde. Dieser Rechtsanspruch muss jedoch nicht gewinnabhängig und in Schriftform erfolgt sein.   98

Steuerseitig hat man den Barwert (also den mit dem gesetzlich vorgegebenen Zinssatz diskontierten oder abgezinsten Wert) für laufende Verpflichtungen anzusetzen. Rückstellungen, die nicht in der Vergangenheit gebildet worden sind, dürfen nicht nachgeholt werden.

Mit Einführung des BilMoG soll es hier aber zu engeren Definitionen und Vorgaben kommen.

Bislang galt die Bemessung der Rückstellung nach dem Stichtagsprinzip (Wertverhältnisse am Bilanzstichtag, keine künftigen Preisänderungen), außerdem ein Abzinsungswahlrecht, soweit die ihnen zugrunde liegenden Verbindlichkeiten einen Zinsanteil enthalten.

Künftig soll gelten: 99

- **Stärkere Berücksichtigung künftiger Entwicklungen** (Lohn-, Preis- und Personalentwicklungen, z.B. in 5 Jahren); das heißt: Ansatz des „Erfüllungsbetrages". Für notwendige Zuführungen zu den Rückstellungen für laufende Pensionen usw. sind Übergangsvorschriften[9] vorgesehen; auch für Auflösungen aufgrund der geänderten Rückstellungsbewertung bei laufenden Pensionen usw. sind Übergangsregelungen zu beachten.

---

9   Für den interessierten Leser: insbesondere ratierliche Ansammlung bis 31.12.2023, vgl. Art. 65 Abs. 1 EGHGB-E.

- **Abzinsungsgebot:** Rückstellungen mit einer Laufzeit von mehr als einem Jahr sind mit dem ihrer Laufzeit entsprechenden durchschnittlichen Marktzinssatz der vergangenen 7 Geschäftsjahre abzuzinsen; Rückstellungen für laufende Pensionen oder Anwartschaften von Pensionen dürfen pauschal mit dem durchschnittlichen Marktzinssatz abgezinst werden, der sich bei einer angenommenen Laufzeit von 15 Jahren ergibt. Gesonderter Ausweis der Erträge aus Abzinsung unter der GuV-Position „Sonstige Zinsen und ähnliche Erträge" und der Aufwendungen unter „Zinsen und ähnliche Aufwendungen". Die Abzinsungssätze werden von der Deutschen Bundesbank (gemäß einer zu erlassenden Rechtsverordnung) ermittelt und monatlich bekannt gegeben.

- **Anhang:** Bei Rückstellungen für Pensionen und ähnliche Verpflichtungen sind das angewandte versicherungsmathematische Berechnungsverfahren und die Gründe für seine Anwendung sowie die Annahmen der Berechnung, wie Zinssatz, die erwarteten Lohn- und Gehaltssteigerungen und die zugrunde gelegten Sterbetafeln zu erläutern[10].

In der Steuerbilanz soll es jedoch zu keinen Änderungen[11] der Vorschriften kommen.

e)   Steuerrückstellungen:

100   Die Bildung hier dient dazu, um im vergangenen Geschäftsjahr angefallene Steuern, deren Höhe noch unbekannt ist, in der Bilanz zu buchen. Dabei dürfen in der Steuerbilanz nur für bestimmte Steuern eine Rückstellung gebildet werden. Als Beispiel sei die Körperschaftsteuer genannt, da für diese eine Rückstellung gebildet werden darf. Dies ist deshalb so, weil Kapitalgesellschaften kein Privatvermögen und keine Privatschulden kennen und deshalb ihr gesamtes Vermögen sowie Schulden in der Bilanz ausweisen müssen.

f)   Sonstige Rückstellungen

101   In diesem Sammelkonto werden alle Rückstellungen zugeordnet, die nicht in die Positionen der Pensionsrückstellungen und Steuerrückstellungen eingeordnet werden können. Hierbei handelt es sich hauptsächlich um Rückstellungen für ungewisse Verbindlichkeiten, zum Beispiel Rückstellungen für Provisionen oder für Gewährleistungen.

Rückstellungen, die gebildet werden dürfen und in der Bilanz unter den Punkt sonstige Rückstellungen aufgeführt werden, sind u.a.:

---

10   Für den interessierten Leser: § 285 Satz 1 Nr. 24 HGB-E.
11   Keine Änderung der bisherigen steuerrechtlichen Vorschriften (§ 6 Abs. 1 Nr. 3a sowie § 6a EStG): Wertverhältnisse am Bilanzstichtag, keine künftigen Preisänderungen (H 6.11 „Preisänderungen" EStH); Abzinsung mit 5,5% bzw. 6% für Pensionsverpflichtungen, wenn Laufzeit > 1 Jahr (§ 6 Abs. 1 Nr. 3a Buchst. e, § 6a Abs. 3 Satz 3 EStG).
Interessant sind in diesem Zusammenhang die Stellungnahme des Bundesrates und die Erwiderung der Bundesregierung vom Sommer 2008:
Stellungnahme des Bundesrates vom 4.7.2008: Vorgeschlagen wird eine Änderung des Abzinsungssatzes. Anstelle des durchschnittlichen Marktzinssatzes der vergangenen 7 Geschäftsjahre soll ein „Stichtags-Marktzinssatz" verwendet werden.
Hinsichtlich der Pensionsverpflichtungen sollte geprüft werden, ob § 6a EStG – unter Beachtung der Steuerneutralität – nicht so geändert werden kann, dass nur ein Verfahren zur Bewertung von Rückstellungen, nämlich das in § 253 Abs. 3 HGB-E (Ansatz des „Erfüllungsbetrages"), auch in der Steuerbilanz geführt werden kann (Einheit von Handels- und Steuerbilanz). Damit ließe sich zusätzlicher Aufwand für die Unternehmen vermeiden.
Erwiderung der Bundesregierung vom 30.7.2008: Die Verwendung eines Stichtagszinssatzes wird nicht begrüßt. Gründe: Der von der Deutschen Bundesbank ermittelte Durchschnittszinssatz verbessert die Vergleichbarkeit des Jahresabschlusses, lässt sich für die Unternehmen kostengünstiger (als ein Marktzinssatz) ermitteln und schränkt zudem die Ermessensspielräume ein.
Auch der vorgeschlagenen einheitlichen Ermittlung von Pensionsrückstellungen für die Handels- und Steuerbilanz wird nicht zugestimmt. Der Zusatzaufwand hält sich in Grenzen; es genügt eine Modifizierung der für steuerliche Zwecke erstellten Pensionsgutachten.

g)   Rückstellungen für Jahresabschlusskosten

Gemeint sind hier Kosten wie voraussichtliche Honorare für Steuerberater für deren Beratungslei-   102
stungen sowie Kosten für Wirtschaftsprüfer für deren Durchführung der Pflichtprüfung bei Akti-
engesellschaften.

h)   Rückstellungen für Prozesskosten

Hierbei ist die Notwendigkeit gefordert, dass es sich um einen bereits laufenden Prozess handelt,   103
in dem mit sicherer Wahrscheinlichkeit besondere Aufwendungen zu erwarten sind. Diese können
Gerichtskosten, Rechtsanwaltskosten oder Kosten aus dem zu erwartenden Verlust oder Vergleich
sein.

i)   Rückstellungen für sonstige Sozialverpflichtungen gegenüber Arbeitnehmern

Gewinnbeteiligungen und ausgelobte Prämien aufgrund eines guten Ergebnisses sind hier gemeint.   104
Die Dotierung der Rückstellung kann nur dann erfolgen, wenn die Verpflichtung am Bilanzstichtag
dem Grunde nach bereits besteht.

j)   Rückstellungen für noch nicht in Anspruch genommene Urlaube

Offene Urlaubsansprüche seitens der Belegschaft, welche zum Bilanzstichtag bestehen und erst da-   105
nach genommen werden, müssen anteilig mit der Dotierung einer Rückstellung versehen werden.
Hierbei geht es jedoch weniger um eine ungewisse Verbindlichkeit, sondern um die richtige Periodenabgrenzung.

k)   Rückstellungen für Gewährleistungen ohne rechtliche Verpflichtung (Kulanzrückstellungen)

Es liegt hier eine faktische Verpflichtung zur Bildung dieser Rückstellung vor. Dies bedeutet, dass der   106
Unternehmer aus gegebenen Umständen eine Kulanz gewähren muss, da sein Vertragspartner eine
Gewährleistung erwarten kann.

l)   Rückstellungen für unterlassene Instandhaltungen

Diese müssen dann gebildet werden, wenn die Instandhaltungen innerhalb der ersten drei Monate   107
des Folgejahres durchgeführt werden. Es müssen dabei folgende Kriterien vorliegen. Unterlassene
Aufwendungen vom Vorjahr müssen durch die erforderlichen Arbeiten im folgenden Geschäftsjahr
in der entsprechenden Frist aufgehoben werden. Dabei ist zu beachten, dass es sich um Instandhaltungen handelt und nicht um Erweiterungen oder Reparaturen.

Hier wird es im Rahmen des BilMoG auch zu Veränderungen[12] kommen. Künftig soll gelten: Passivierungsverbot[13] (wie im Steuerrecht, daher auch mit Aufhebung der umgekehrten Maßgeblichkeit nur logisch);

m)   Rückstellungen für drohende Verluste aus schwebenden Geschäften

108   Diese Rückstellungen dürfen in der Steuerbilanz nicht passiviert werden, in der Handelsbilanz dagegen schon. Bei schwebenden Geschäften handelt es sich um Verträge, die noch von keinem der beiden Vertragspartner erfüllt worden sind. Sobald die Leistung und Gegenleistung nicht mehr gleichwertig gegenüberstehen, dürfen sie bilanziert werden. Es sind somit z.B. Rückstellungen für Drohverluste zu buchen, wenn bei einem angenommenen Auftrag mit Fixpreis während der Produktion unvorhergesehene Kostensteigerungen eintreten und damit sicherlich zu späteren Verlusten führen werden, da eine Anpassung des Verkaufserlöse durch oben genannten Fixpreis ausgeschlossen ist.

n)   Rückstellungen für ungewisse Verbindlichkeiten

109   Diese Rückstellung muss gebildet werden, wenn es sich um eine Verbindlichkeit gegenüber einem Dritten oder eine öffentlich rechtliche Verbindlichkeit handelt, diese vor dem Bilanzstichtag anfiel und mit ihrer Inanspruchnahme ernsthaft zu rechnen ist. Diese Rückstellungsposition hat häufig den Charakter eines Sammelpostens.

7.   Bewertung von Rückstellungen

110   Es ist bei Rückstellungen nur jener Betrag anzusetzen, dessen Höhe der „vernünftigen kaufmännischen" Beurteilung entspricht. Das Wörtchen „nur" soll die Rückstellungsbildung und die Schaffung von stillen Reserven weitgehend verhindern. Andererseits jedoch sollen Rückstellungen im ausreichenden Maße gebildet werden. Dies ist die Krux an der Sache. Der Betrag der Rückstellung soll geschätzt werden, doch darf die Schätzung nicht willkürlich sein. Was aber von Nutzen sein kann, ist die Tatsache, dass man Erfahrungswerte aus der Vergangenheit zu Rate ziehen kann. Auch das Wort Schätzen wird in diesem Zusammenhang oft durch eine englische Begrifflichkeit ersetzt. Man hört häufig, dass nach dem „Arm's Length Principle" gehandelt wurde. Dies ist natürlich nur *verbale Kosmetik*.

111   Zusammengefasst und tabellarisch dargestellt nochmals die Unterscheidung in Pflicht, Wahlrecht und Verbot (aktuelles Recht).

---

12   Für den interessierten Leser: Aufwandsrückstellungen für Instandhaltungen, die innerhalb des Geschäftsjahres nachgeholt werden (bislang § 249 Abs. 1 Satz 3, Abs. 2 HGB).

13   Allerdings soll es eine Übergangsregelung geben: Wahlrecht zur Auflösung bereits vorhandener Rückstellungen durch Einstellung in die Gewinnrücklagen (Art. 66 Abs. 1 EGHGB-E).

Pflicht	Wahlrecht	Verbot
(+) Für ungewisse Verbindlich-keiten	(–) Für im Geschäftsjahr unterlassene Aufwendungen für Instandhaltung, die im Folgejahr **nach der** 3-Monatsfrist nachgeholt werden[14].	(–) Für alle anderen als die genannten Bestimmungen
(–) Für drohende Verluste aus schwebenden Geschäften		
(+) Für im Geschäftsjahr unterlassene Aufwendungen für Instandhaltung, die im Folgejahr **innerhalb** von drei Monaten nachgeholt werden	(–) Für ihrer Art nach genau umschriebene, dem (oder einem früheren) Geschäftsjahr zuzuordnenden Aufwendungen, welche am Abschlussstichtag wahrscheinlich oder sicher, jedoch hinsichtlich ihrer Höhe oder des Zeitpunktes ungewiss sind.	
(+) für Gewährleistungen, die ohne rechtliche Verpflichtungen erbracht werden (Kulanzrückstellungen)		

(+): auch Pflicht im Steuerrecht
(-): (ebenfalls) nicht in der Steuerbilanz

Für die Auflösung von Rückstellungen hat zu gelten, dass nur dann aufgelöst werden darf, wenn der Grund dafür entfallen ist. Auch für durch Passivierungswahlrecht gebildete Rückstellungen findet dies seine Geltung. 112

Jetzt zurück zur GH-Mobile.

Die hier ausgewiesenen Beträge sind ohne weitere Dokumentationen inhaltlich so gut wie nicht aufzugliedern. Die Pensionsrückstellungen sind klar – es könnten sich allerdings auch Abfindungen für geplante Freistellungen darunter befinden. In Österreich würden diese Abfindungsrückstellungen in einer separaten Rückstellungsposition, Abfertigungen genannt, berücksichtigt werden.

Man könnte eventuell eine oder zwei Freisetzungen anhand der Zahlenlage vermuten, aber dies kann ohne weitere Informationen nicht belegt werden. Wie kommen wir darauf, dass eventuell Freisetzungen stattgefunden haben bzw. geplant sind? In den abgelaufenen 2 Jahren sind die Pensionsrückstellungen um zunächst gut 140 und im dann noch einmal um etwas mehr als 20 erhöht worden. Demgegenüber stehen aber fallende Personalkosten in der GuV. Die Löhne und Gehälter (ohne Geschäftsführung) sind im gleichen Zeitraum um 59,00 gefallen. 113

Die Steuerrückstellungen werden vom steuerlichen Berater gerechnet worden sein, eine genaue Berechnung und die Grundlage dieser Rückstellung stehen uns nicht zur Verfügung.

Auch bei den sonstigen Rückstellungen müssen wir spekulieren.

Da Fahrzeuge und besonders die Kfz Briefe nur dann aus der Hand gegeben werden, wenn die Kaufsummen bezahlt wurden, können Drohverluste aus laufenden Geschäften eher ausgeschlossen werden. Da sind Garantie- und Gewährleistungsrückstellungen schon wahrscheinlicher, es könnte sich sicherlich auch um Positionen aus schwebenden Verfahren handeln. 114

Sie sehen, bei den Rückstellungen sind uns ohne weitere Erläuterungen analytisch die Hände gebunden. Allerdings fällt eine Sache auf. In allen drei Jahren übersteigen die Rückstellungen das Eigenkapital deutlich. Erinnern wir uns an die Definition der Rückstellungen:

---

14 Nach Inkrafttreten des BilMoG: Passivierungsverbot, weil steuerlich bedingt. Mit Wegfall der umgekehrten Maßgeblichkeit nur logisch.

> Rückstellungen sind zunächst einmal Verpflichtungen für ungewisse Verbindlichkeiten, also wirtschaftliche Verpflichtungen, die dem Grunde nach (ob?), des Auszahlungszeitpunktes (wann?) oder der Höhe nach (wie viel?) noch nicht bestimmt sind. Durch ihre Passivierung (Darstellung auf der Passivseite der Bilanz) wird dem Prinzip des Gläubigerschutzes (dabei handelt es sich um ein Vorsichtsprinzip) Rechnung getragen, da sichergestellt wird, dass ein Unternehmen bei Eintritt der ungewissen Verbindlichkeit über hinreichend Kapital verfügt, um der Verpflichtung nachkommen zu können.

115   Da die Rückstellungen Vorsichtspositionen sind, muss man jetzt nicht sofort das Schlimmste andenken, allerdings gesund ist diese Verhältnis sicherlich nicht, denn es ist nicht gerade die Basis für Vertrauen in die Gesellschaft.

8.   Verbindlichkeiten

116   Hier fallen uns sofort die vielen Unterkategorien auf, aber der Gesetzgeber hat nun einmal entsprechende Regeln aufgestellt. In der späteren Detailanalyse werden wir übrigens dem Gesetzgeber dafür danken, dass er diese Position eigentlich strukturell sehr komplex aufbauen lässt, denn damit macht es uns die Sache leichter.

Zunächst springt uns aber die kumulierte Größe der Verbindlichkeiten ins Gesicht. In den letzten Jahren beliefen sich die Verbindlichkeiten auf 70% bis 76% der Bilanzsumme. Dies ist aber nicht das ganze Bild, denn wir wissen auch, dass Rückstellungen ebenfalls dem Fremdkapital zuzuordnen sind und dann haben wir es mit 87% bis 90% Fremdkapital zu tun. Das haben wir ja eigentlich schon gewusst, denn die Eigenkapitalquoten 10% bis 13% waren uns ja schon bekannt und wir hatten bereits gesagt, dass dies sehr niedrig ist.

117   Auffällig ist aber, dass die Verbindlichkeiten gegenüber Kreditinstituten drastisch zurückgegangen sind (hat da jemand kalte Füße bekommen?), Anzahlungen und Verbindlichkeiten aus Lieferungen und Leistungen sich mehr als verdoppelt haben. Außerdem können wir Verbindlichkeiten gegenüber verbundenen Unternehmen in maßgeblicher Größe erkennen, die im abgelaufenen und im Vorjahr sogar die größte Finanzierungsquelle waren.

Ist das gut? Zunächst einmal das Positive: Bankverbindlichkeiten wurden abgebaut, damit sollte eigentlich die Zinslast fallen. Aber das war dann auch schon das Positive, denn was sehen wir in der GuV? Während die Bankverbindlichkeiten um gut 80% abgebaut wurden, fallen die Zinsaufwendungen von 269,10 auf 225,90 nur mäßig. Es scheint, dass hier der Zinssatz massiv angehoben wurde.

118   Eine negative Würdigung könnte so aussehen: Die Banken wurden nervös und stellten Kredite fällig oder verlängerte auslaufende Kredite nicht mehr. Deswegen war GH Mobile gezwungen, sich über alternative Quellen zu finanzieren und wir sehen ja auch, dass sich die Verbindlichkeiten aus Lieferungen und Leistungen und die erhaltenen Anzahlungen verdreifacht haben. Wie kommen jetzt die noch hohen Zinsaufwendungen zustande? Wahrscheinlich werden die Bankverbindlichkeiten kurzfristiger Natur sein und Kurzfristkredite sind nun einmal sehr teuer. Denken Sie doch nur an Kontokorrentzinsen!

Das Ganze sieht allerdings nicht gut aus. Aber erinnern wir uns, wir sind bei der ersten Einschau. Wir werden das Ganze noch detaillierter untersuchen.

119   Leider stehen uns keine weiteren Informationen zu Verfügung, denn eine Auflistung der Fristigkeiten würde unsere o.g. Annahmen schnell untermauern können oder uns auch zeigen, dass wir auf einem falschen Weg sind. Nichtsdestotrotz hat uns auch in diesem Fall wieder die Logik sehr geholfen. Wenn wir schauen und nachdenken, dann öffnet sich für den Leser sehr häufig die Bilanz und GuV auch ohne weitere Kommentierungen.

Wir hatten schon festgestellt, dass die Verbindlichkeiten gegen verbundene Unternehmen sehr hoch sind. Während die anderen Verbindlichkeitspositionen eigentlich selbst erklärend sind, müssen wir einhalten und den Unterschied zu den Verbindlichkeiten gegen Unternehmen, mit denen ein Beteiligungsverhältnis besteht, aufdecken.

Wann immer Ihnen eine Position nicht ganz klar ist, schauen Sie doch mal in das Internet. Unter www.dewikipedia.org finden Sie fast alles und das schöne daran ist, dass es so geschrieben ist, dass es auch der Nicht-Fachmann versteht. 120

Unter http://de.wikipedia.org/wiki/Verbundenes_Unternehmen finden wir (am 09. Januar 2008) folgenden Text:

Als verbundene Unternehmen, auch Konzernunternehmen, bezeichnet man üblicherweise Unternehmen ein und desselben Konzerns. Sie sind zwar juristisch selbstständig (siehe Unternehmensformen), jedoch wirtschaftlich abhängig vom Mutterunternehmen.

Der deutsche Gesetzgeber hat den Begriff in § 15 des Aktiengesetzes wie folgt definiert: „Verbundene Unternehmen sind rechtlich selbständige Unternehmen, die im Verhältnis zueinander in Mehrheitsbesitz stehende Unternehmen und mit Mehrheit beteiligte Unternehmen (§ 16), abhängige und herrschende Unternehmen (§ 17), Konzernunternehmen (§ 18), wechselseitig beteiligte Unternehmen (§ 19) oder Vertragsteile eines Unternehmensvertrags (§§ 291, 292) sind." Außer den Konzernverflechtungen sind demnach auch andere Fallgestaltungen für das Vorhandensein eines verbundenen Unternehmens denkbar.

Halten wir doch einfach fest: Es handelt sich um Unternehmen, die miteinander verflochten sind. 121

Aufgrund der Struktur und der Entwicklung der anderen Verbindlichkeiten könnte man hier doch schon einmal gehässig die Frage stellen, ob unsere Kandidat ohne verbundene Unternehmen überhaupt noch leben würde? Die Kreditwürdigkeit bei Banken scheint nicht gerade zum Besten zu stehen, ansonsten würden ja nicht zinsgünstige (wahrscheinlich langfristige) Darlehen massiv heruntergefahren und teilweise durch teure (wahrscheinlich kurzfristige) Darlehen ersetzt und gleichzeitig verstärkt mit Anzahlungen und zu Lasten der Lieferanten finanziert.

Wir können an dieser Stelle nach der ersten Einschau trotz fehlender Informationen 2 Sachverhalte festhalten: 122

- Der Schuldenberg ist in den letzten Jahren konstant, es hat aber eine Verschiebung der Finanzierungsstruktur bzw. -quelle gegeben, wobei anhand der Steigerungen bei den Anzahlungen und Lieferanten eine (eigentlich wenig sinnvolle) Wendung zu kurzfristigen Finanzierungen zu konstatieren ist. Eine Ausweitung der Finanzierung zu Lasten der Lieferanten ist nur dann sinnvoll, wenn ich meine Lieferanten wegen langer Zahlungsfristen nicht böse stimme. (Wir werden später unsere Analysetechnik soweit verfeinern, dass wir auch sagen können, ob unsere GH-Mobile auch sukzessiv später zahlt.)

- Banken treten bei den Finanzierungen immer weniger in Erscheinung und das sollte bei den Jahresüberschüssen der letzten Jahre nervös machen.

9.   Rechnungsabgrenzungsposten

Rechnungsabgrenzungsposten, häufig auch RAP abgekürzt, haben wir schon erklärt. In unserem Beispiel sind die Abgrenzungsposten ohnehin jeweils „0" und daher wird hier auch nicht näher darauf eingegangen. 123

10.   Zusammenfassung Passivseite der Bilanz:

124   Das Eigenkapital ist mir 10% bis 13% am unteren Ende des Notwendigen und dementsprechend hoch sind die Verbindlichkeiten. Hier ist eine Finanzierungsverschiebung deutlich zu erkennen, die Anlass zur Besorgnis gibt. Bei den Rückstellungen müssen wir zunächst festhalten, dass sie die Höhe des Eigenkapitals überschritten haben, was unsere Sorgenröte weiter intensiviert. Theoretisch können wir bei den Pensionsrückstellungen Personalmassnahmen interpretieren, aber ohne weitere Informationen müssen wir vage bleiben. Sollte es sich bei den sonstigen Rückstellungen um Eventualverpflichtungen aus schwebenden Verfahren handeln, dann wäre noch mehr Vorsicht angebracht, denn dann könnte bei negativen gerichtlichen Entscheidungen die Situation noch ernster werden.

Insgesamt also kein Grund für Heiterkeit. Aber Sie sehen. Auch ohne tiefes bilanzielles Wissen können wir unheimlich viel herauslesen, wenn man einmal den Zugang und die Muße dafür gefunden hat. Und dann, und dies hoffen wir doch, macht es auch Spaß und der Schrei nach „MEHR" wird innerlich lauter. Und genauso soll es sein!

III.   Aktiva

125   Während wir uns bisher mit der Mittelherkunft beschäftigt haben, wollen wir jetzt einen ersten Blick auf die linke Seite der Bilanz, den Aktiva werfen. Hier sprechen wir dann auch von der Mittelverwendung und Sie werden auch sofort erkennen, warum dies so ist.

IV.   Struktur der Aktiva

126   Der erste Blick auf die durch Fettschrift markierten Begrifflichkeiten lässt uns 4 Saldi erkennen.

▪	A Summe Anlagevermögen	1.251,60	893,40	470,40
▪	B Summe Umlaufvermögen	10.233,30	9.118,20	10.940,70
▪	C Rechnungsabgrenzungsposten	0,00	0,00	0,00
▪	D Nicht durch EK gedeckter Fehlbetrag	0,00	0,00	0,00

An dieser Stelle müssen wir sagen, dass diese Strukturierung im Punkt D „Nicht durch Eigenkapital gedeckter Fehlbetrag" nicht dem HGB-Gliederungsschema entspricht. Der Punkt D fehlt im HGB Gliederungsschema komplett.

Trotzdem haben wir ihn hier ausgewiesen, da Sie mit dem MS Excel Tool ja in allen Fällen arbeiten sollen, auch wenn Sie einen Betrieb mit negativem Eigenkapital vorfinden. Dies ist übrigens ein zweiter und geläufigerer Ausdruck dafür, dass Kapital (Mittelherkunft) nicht wie üblich auf der rechten Seite, also bei den Passiva ausgewiesen wird, sondern auf der linken Seite der Bilanz, also bei den Aktiva, also bei der Mittelverwendung aufscheint.

127   Und da sind wir auch bei der Logik: Steht diese Position in einer Bilanz, so ist das Eigenkapital bereits „verwendet" worden – wir können auch sagen, dass es aufgebraucht, also nicht mehr da ist. Deswegen steht es in diesem Fall auch nicht mehr bei der Mittelherkunft, sondern bei der Mittelverwendung. Es versteht sich von allein, dass dieser Zustand nicht gerade Ausdruck eines stabilen und werthaltigen Unternehmens ist.

Aber bei unsere GH Mobile finden wir ja auch in allen 3 Perioden eine Null. Wir sind von diesem negativen Zustand nicht oder sagen wir nach der ersten Analyse der GuV und der Passiva besser noch nicht betroffen.

Gehen wir ähnlich der Passivseite Schritt für Schritt vor.

1.   Anlagevermögen

Dem Anlagevermögen werden alle Vermögensgegenstände zugeordnet, die dazu bestimmt sind, dauerhaft dem Geschäftsbetrieb zu dienen. Es umfasst somit die Vermögensteile, die zum Aufbau und zur Ausstattung eines Betriebes nötig und langfristig im Unternehmen gebunden sind. Der Unterschied zu den Positionen des Umlaufvermögens liegt darin, dass das Anlagevermögen nicht weiter be- oder verarbeitet und nicht in den Prozess der betrieblichen Leistungserstellung eingeht.   128

Änderungen mit Inkrafttreten des BilMoG gibt es hier bei den materiellen Wirtschaftsgütern nur bei Ingangsetzungs- und Erweiterungsaufwendungen[15].

Der Gesetzgeber hat für das Anlagevermögen, das auch häufig mit AV abgekürzt wird, eine weitere Gliederungsvorgabe gemacht, wobei große Gesellschaften sogar gehalten sind, weitere Unterteilungen vorzunehmen. Kleinere Gesellschaften brauchen diese Unterteilung nicht zwingend auszuweisen.

Die drei Untergliederungen des Anlagevermögens lauten: 129

- Immaterielle Vermögensgegenstände

- Sachanlagen

- Finanzanlagen

Immaterielle Vermögensgegenstände sind Konzessionen und andere Rechte, Lizenzen sowie der Geschäfts- oder Firmenwert. Hier stehen mit dem BilMoG entscheidende Änderungen[16] an.

---

15 Bislang gilt: Aktivierungswahlrecht für Aufwendungen für die Ingangsetzung und Erweiterung des Geschäftsbetriebs (Vermeidung einer Überschuldung bei Neugründungen durch entstandene Anlaufaufwendungen).
Künftig soll gelten: Abschaffung; Ausgleich durch die Aktivierung selbst geschaffener immaterieller Vermögensgegenstände des Anlagevermögens; Übergangsregelung: Bilanzierungshilfe, die in Geschäftsjahren gebildet wurden, die voraussichtlich erst vor dem 1.1.2010 enden, dürfen fortgeführt werden (Wahlrecht), sie sind dann über vier Jahre abzuschreiben (AfA-Satz: 25%, vgl. Art. 66 Abs. 4 EGHGB-E).
In der Steuerbilanz gilt ein Aktivierungsverbot, da es sich nicht um nicht aktivierungsfähige Wirtschaftsgüter handelt: Deshalb hatte die Bilanzierungshilfe schon bislang in der Praxis geringe Bedeutung.

16 Bislang gilt ein klares Aktivierungsverbot: Es handelt sich um Aufwand (in der GuV).
Künftig soll hingegen gelten (selbst geschaffene immaterielle Vermögensgegenstände des Anlagevermögens (z.B. Patente, Software oder Know-how, § 255 Abs. 2a i.V.m. § 248 Nr. 4 HGB-E):
- Aktivierungspflicht für die in der Entwicklungsphase anfallenden Herstellungskosten (u.a. in Verbindung mit der Anwendung von Forschungsergebnissen).
- Aktivierungsverbot für die auf die Forschungsphase entfallenden Herstellungskosten (keine Aussagen über technische Verwertbarkeit und wirtschaftliche Erfolgsaussichten in diesem Stadium möglich); darüber hinaus dürfen
  - Marken,
  - Drucktitel,
  - Verlagsrechte,
  - Kundenlisten oder
  - vergleichbare immaterielle Vermögensgegenstände des Anlagevermögens, die nicht entgeltlich erworben wurden, nicht aktiviert werden.
- Einführung einer Ausschüttungssperre für Erträge aus der Aktivierung (§ 268 Abs. 8 HGB-E).
- Verpflichtung, den Gesamtbetrag der Forschungs- und Entwicklungskosten sowie den davon auf die selbst geschaffenen immateriellen Vermögensgegenstände des Anlagevermögens entfallenden Teil im Anhang anzugeben - jeweils aufgegliedert in Forschungs- und Entwicklungskosten (§ 285 Satz 1 Nr. 22, § 314 Abs. 1 Nr. 14 HGB-E).
Übergangsregelung: Nur (voraussichtlich erst) nach dem 1.1.2010 begonnene Entwicklungsaufwendungen dürfen als Anschaffungs-/Herstellungskosten aktiviert werden (Art. 66 Abs. 3 EGHGB-E)
Für die Steuerbilanz gilt: In der Regel weiterhin steuerliche Abzugsfähigkeit dieser Aufwendungen (§ 5 Abs. 2 EStG). Allerdings sind beispielsweise die Kosten der Implementierung von ERP-Software – auch diejenigen, welche durch eigenes Personal verursacht worden sind – als Anschaffungsnebenkosten zu aktivieren (vgl. BMF-Schreiben vom 18.11.2005, IV B 2 – S 2172 – 37/05, BStBl. 2005 Teil I, S. 1025); hierbei sind geringfügige Ausnahmen zu beachten, z.B. bei Pilot-Tests, Kosten der Datenmigration.

130   Auch im Punkt des Firmenwertes und dessen Aktivierungen wird es wohl zu Änderungen[17] kommen. So gilt bisher ein Ansatzwahlrecht.[18]

■   Aktivierungspflicht; Behandlung als zeitlich begrenzt nutzbarer Vermögensgegenstand (Ausweis: immaterielle Vermögenswerte).

■   AfA: planmäßig gemäß der Nutzungsdauer; bei außerplanmäßiger Abschreibung ist der niedrigere Wertansatz beizubehalten (Wertaufholungsverbot).

■   Anhangangabe, wenn Nutzungsdauer mehr als 5 Jahre[19].

Sachanlagen, häufig auch SAV abgekürzt, sind Immobilien, technische und andere Anlagen.

Finanzanlagen sind Beteiligungen an anderen Unternehmen, Wertpapiere und andere finanzielle Forderungen, die langfristig angelegt sind.

Ganz oben auf der Aktivseite der Bilanz sehen wir aber erst einmal einen anderen Begriff.

2.   Ausstehende Einlagen

131   Wie Sie sicherlich wissen, müssen bei Firmengründungen gewisse Kapitalbeträge eingebracht werden. Der Gesetzgeber unterscheidet bei der Minimal-Kapitalausstattung nach Rechtsform. Dies wird auch *gezeichnetes Kapital* genannt. Und wenn Sie noch einmal in die Erläuterungen zur Passivseite zurückgehen, dann finden Sie genau diesen Begriff ja auch als ersten Punkt beim Eigenkapital. Bei einer GmbH sprechen wir übrigens von Stamm-, bei einer Aktiengesellschaft von Grundkapital. Der Gesetzgeber verlangt aber nicht, dass die gesamte Summe sofort eingezahlt wird, sondern zwingend ist nur die Einzahlung des hälftigen Betrages. Es versteht sich von alleine, dass Banken in diesen Fällen nicht gerade sehr kreditwillig sind, denn Eigenkapital bedeutet auch Sicherheit. Der nicht eingezahlte Betrag des Eigenkapitals scheint dann entweder auf der Aktivseite oder auf der Passivseite der Bilanz ganz oben unter der Bezeichnung ‚Ausstehende Einlagen' auf. Nach Inkrafttreten es BilMoG wird nur noch der passivische Ausweis zulässig sein[20].

Die Logik dahinter ist einfach. Werden passivisch z.B. 50.000,- als gezeichnetes Kapital ausgewiesen (Mittelherkunft), aber nur die Hälfte physisch eingezahlt, muss aktivisch eine Korrektur gemacht werden. Wir wissen, dass die Aktivseite auch Mittelverwendung bezeichnet wird. Werden 25.000,- in unserem Fall als ausstehende Einlage aktivisch ausgewiesen, dann bedeutet dies, dass von den gezeichneten 50.000,- bereits 25.000,- verwendet sind. Verwendet in diesem Zusammenhang heißt einfach: sie sind (noch) nicht da!

---

17   Entgeltlich erworbener Geschäfts- oder Firmenwert (§ 246 Abs. 1 Satz 4 HGB-E, § 253 Abs. 5 Satz 2 HGB-E).

18   Jährliche AfA 25% oder planmäßig gemäß der Nutzungsdauer (§ 255 Abs. 4 HGB).
Für die Steuerbilanz gilt: Aktivierungspflicht (§ 5 Abs. 2 EStG, R 5.5 EStR); AfA über einen Zeitraum von 15 Jahren (§ 7 Abs. 1 Satz 3 EStG). Interessant ist in diesem Zusammenhang die Stellungnahme des Bundesrates und die Erwiderung der Bundesregierung vom Sommer 2008:
Stellungnahme des Bundesrates vom 4.7.2008: Bei der planmäßigen Abschreibung des Geschäfts- oder Firmenwerts kann die Bestimmung der Nutzungsdauer zu Schwierigkeiten führen. Der Bundesrat schlägt daher in Übereinstimmung mit den IFRS vor, lediglich eine außerplanmäßige Abschreibung zuzulassen.
Erwiderung der Bundesregierung vom 30.7.2008: Die lediglich außerplanmäßige Abschreibung des Geschäfts- oder Firmenwerts wird abgelehnt. Damit sollen zusätzliche Bewertungsspielräume sowie Kosten für die jährliche Neubewertung vermieden werden.

19   Siehe § 285 Satz 1 Nr. 13 HGB-E.

20   An dieser Stelle wollen wir die exakten Regeln nochmals wiederholen:
Bislang gilt: Ausweis auf der Aktivseite vor dem Anlagevermögen sowie auf der Passivseite.
Künftig soll gelten: Das Wahlrecht, nicht eingeforderte ausstehende Einlagen auf der Aktivseite der Bilanz vor dem Anlagevermögen gesondert auszuweisen und entsprechend zu bezeichnen oder offen von dem Posten „Gezeichnetes Kapital" abzusetzen (§ 272 Abs. 1 Satz 2 HGB), wird auf den Ausweis der nicht eingeforderten ausstehenden Einlagen auf der Passivseite der Bilanz beschränkt (Nettoausweis vorgeschrieben!). Der eingeforderte, aber noch nicht eingezahlte Betrag ist unter den Forderungen gesondert auszuweisen und entsprechend zu bezeichnen.

Als wir uns die GuV in einem ersten Schritt angeschaut haben, sind wir auch auf die Eigenaktivie-   132
rungen eingegangen. Diese spielen jetzt hier auch eine Rolle, denn wie oben gesehen, umfassen die
Sachanlagen auch Grundstücke und Gebäude. Sind jetzt durch eigenes Personal an einer Halle z.B.
Erweiterungen vorgenommen werden, dann können sie hier (eigen)aktiviert werden. Aktivierungs-
pflichtig sind die Kosten für Eigenleistungen wie Ein- und Ausbauten, die den Wert von Sachanlagen
erhöhen, und Anzahlungen für Anlagen, die zum Bilanzstichtag noch nicht fertig gestellt sind. Ein
Wahlrecht besteht für geringwertige Wirtschaftsgüter. Die Wertgrenze dafür lag bis zum 31.12.2007
bei maximal 410 € ohne Mehrsteuer[21]. Sie mussten zwar (unter gewissen Umständen siehe Fußnote 14) in der Anlagenbuchhaltung gesondert geführt, aber nicht in der Bilanz ausgewiesen werden,
sondern konnten im Jahr der Anschaffung vollständig als Aufwand abgeschrieben werden.

Seit 01.01.2008 gilt eine andere und bei weitem weniger engere Regelung. Selbständig nutzbare
Wirtschaftsgüter, die nach dem 31. Dezember 2007 angeschafft oder hergestellt werden und deren
Anschaffungs- oder Herstellungskosten zwar 150 Euro, aber nicht 1.000 Euro übersteigen, sind je
Wirtschaftsjahr in einen Sammelposten aufzunehmen, der ab dem Jahr der Anschaffung oder Her-
stellung gleichmäßig mit jeweils 1/5 abzuschreiben ist[22]. Die betriebsübliche Nutzungsdauer spielt
ebenso wenig eine Rolle wie die Veräußerung oder Wertminderung der einzelnen Wirtschaftsgüter.
Zuschreibungen erhöhen den Wert des Pools ab dem Jahr der Zuschreibung.

Aber Achtung, nach deutschem und österreichischem Recht sind bisher nur selbst geschaffene ma-   133
terielle (also fassbare) Vermögensgegenstände aktivierungsfähig, es gibt aber ein Bilanzierungsver-
bot für selbst geschaffene immaterielle Vermögensgegenstände, zum Beispiel für selbst geschaffenen
Firmenwert oder selbst erstellte Software.

Künftig soll es auch hier Änderungen[23] in Deutschland geben. Nach jetzigen Stand soll mit Inkrafttreten des BiLMoG gelten:

- **Aktivierungspflicht** für die in der **Entwicklungsphase** anfallenden Herstellungskosten[24] (u.a. in
  Verbindung mit der Anwendung von Forschungsergebnissen)

---

21 Anschaffung vor dem 1. Januar 2008: Die Anschaffungskosten konnten in voller Höhe im Anschaffungsjahr Steuer
    mindernd als Betriebsausgabe geltend gemacht werden (§ 6 Abs. 2 EStG, gültig bis Ende 2007). Alternativ konnten
    sie aktiviert und normal abgeschrieben werden. Eine im Anschaffungsjahr unterlassene Sofort-Abschreibung durfte in
    späteren Jahren nicht nachgeholt werden. Geringwertige Wirtschaftsgüter, die im Jahr der Anschaffung oder Herstellung
    in voller Höhe abgeschrieben worden waren, brauchten nicht in das Bestandsverzeichnis aufgenommen zu werden, wenn
    ihre Anschaffungs- oder Herstellungskosten nicht mehr als 60 Euro betragen haben oder auf einem besonderen Konto
    gebucht oder bei ihrer Anschaffung/Herstellung in einem besonderen Verzeichnis erfasst worden waren (R 5.4 Abs. 3 der
    EStR 2005 bzw. R 6.13 Abs. 2 der EStR 2005).
22 Für den interessierten Leser: neuer § 6 Abs. 2a EStG.
23 Für den interessierten Leser: Selbstgeschaffene immaterielle Vermögensgegenstände des Anlagevermögens (z.B. Patente,
    Software oder Know-how, § 255 Abs. 2a i.V.m. § 248 Nr. 4 HGB-E).
24 Für den interessierten Leser: Bislang gilt: Aktivierungswahlrechte auch in Bezug auf angemessene Teile der notwendigen
    (gleichbedeutend mit angemessenen!) Materialgemeinkosten, der notwendigen Fertigungsgemeinkosten und des
    Werteverzehrs des Anlagevermögens – soweit durch die Fertigung veranlasst. Für Kosten der allgemeinen Verwaltung
    sowie Aufwendungen für soziale Einrichtungen des Betriebs, für freiwillige soziale Leistungen und für betriebliche
    Altersversorgung gilt auch künftig ein Bewertungswahlrecht (siehe oben).
    Künftig: (Herstellungskosten § 255 Abs. 2 HGB-E): Anpassung des handelsrechtlichen Herstellungskostenbegriffs an
    den steuerrechtlichen (vgl. R 6.3 EStR, siehe ausführlich Keller/Weber, BC 6/2008, S. 129 ff.). Folge: Einbeziehungspflicht
    bei Materialeinzelkosten, Fertigungseinzelkosten, Sondereinzelkosten der Fertigung sowie – neu! – angemessene Teile
    der Material- und Fertigungsgemeinkosten sowie des Werteverzehrs des Anlagevermögens (soweit dieser durch die
    Fertigung veranlasst ist).
    Einbeziehungswahlrecht für angemessene Teile der Kosten der allgemeinen Verwaltung sowie angemessene Aufwendungen
    für soziale Einrichtungen des Betriebs, für freiwillige soziale Leistungen und für die betriebliche Altersversorgung, soweit
    diese auf den Zeitraum der Herstellung entfallen.
    Einbeziehungsverbot von Forschungs- und Vertriebskosten.
    Übergangsregelung: Die Neuregelungen finden nur auf Herstellungsvorgänge Anwendung, die in dem voraussichtlich
    erst nach dem 31.12.2009 beginnenden Geschäftsjahr begonnen wurden (vgl. Artikel 66 Abs. 8 Satz 2 EGHGB-E). Für
    Herstellungsvorgänge, die in früheren Geschäftsjahren begonnen wurden, ist somit eine Hinzuaktivierung bislang nicht
    aktivierter Herstellungskostenbestandteile ausgeschlossen.

- Aktivierungsverbot für die auf die Forschungsphase entfallenden Herstellungskosten (keine Aussagen über technische Verwertbarkeit und wirtschaftliche Erfolgsaussichten in diesem Stadium möglich); darüber hinaus dürfen
  - Marken,
  - Drucktitel,
  - Verlagsrechte,
  - Kundenlisten oder
  - vergleichbare immaterielle Vermögensgegenstände des Anlagevermögens, die nicht entgeltlich erworben wurden, nicht aktiviert werden.
- Einführung einer **Ausschüttungssperre** für Erträge aus der Aktivierung[25].
- Verpflichtung, den Gesamtbetrag der Forschungs- und Entwicklungskosten sowie den davon auf die selbst geschaffenen immateriellen Vermögensgegenstände des Anlagevermögens entfallenden Teil im Anhang anzugeben - jeweils aufgegliedert in Forschungs- und Entwicklungskosten[26]Übergangsregelung:
- Nur (voraussichtlich erst) nach dem 01.01.2010 begonnene Entwicklungsaufwendungen dürfen als Anschaffungs-/Herstellungskosten[27] aktiviert werden .

134 Steuerrechtlich soll es zu keinen Änderungen kommen, damit der Status quo[28] bewahrt bleiben.

Bei unserer GH Mobile sehen wir zunächst einmal die vielen Untergliederungspunkte, die eigentlich nur bei größeren Gesellschaften notwendig sind. Damit Sie aber unabhängig von der Rechtsform und der Größenordnung mit dem MS Excel Tool arbeiten können, sind auch die Positionen aufgeführt, auch wenn sie in unserem Fall nicht benötigt werden.

Schauen wir genau bei unserem Beispiel, so sehen wir, dass die GH Mobile nicht oder nicht mehr über immaterielle Wirtschaftsgüter verfügt. Die Sachanlagen betreffen nur technische Anlagen und Maschinen und sind bereits mit 1.016,20 oder 9% der Bilanzsumme in der ersten betrachteten Periode sehr niedrig, reduzieren sich aber durch weitere Abschreibungen bis zum gerade abgelaufenen Jahr auf 235, also 2% der Bilanzsumme. Man kann auch sagen – da steht nichts (Neues) mehr.

135 Wenn wir hier einmal die Abschreibungen aus der GuV dagegen fahren, dann sehen wir auch sehr schön, wie Bilanz und GuV zusammenpassen.

	Periode -1	Periode 0	Periode 1
Anfangsbestand Sachanlagen	1.457,20	1.016,20	658,00
Abschreibungen laut GuV	441,00	358,20	423,00
Endbestand Sachanlagen	1.016,20	658,00	235,00

Den Anfangsbestand Sachanlagen der Periode -1 in Höhe von 1.457,20 sehen wir im Beispielzahlenwerk nicht, aber wir kennen die periodischen Abschreibungen und wir sehen in der Bilanz den Endbestand der Periode -1. Also können wir additiv auch den Anfangsbestand herleiten.

---

25 Für den interessierten Leser. § 268 Abs. 8 HGB-E.
26 Für den interessierten Leser: § 285 Satz 1 Nr. 22, § 314 Abs. 1 Nr. 14 HGB-E.
27   Für den interessierten Leser: (Art. 66 Abs. 3 EGHGB-E).
28 Für den interessierten Leser: In der Regel soll auch weiterhin die steuerliche Abzugsfähigkeit dieser Aufwendungen (§ 5 Abs. 2 EStG) gelten. Allerdings sind beispielsweise die Kosten der Implementierung von ERP-Software – auch diejenigen, welche durch eigenes Personal verursacht worden sind – als Anschaffungsnebenkosten zu aktivieren (vgl. BMF-Schreiben vom 18.11.2005, IV B 2 – S 2172 – 37/05, BStBl. 2005 Teil I, S. 1025); hierbei sind geringfügige Ausnahmen zu beachten, z.B. bei Pilot-Tests, Kosten der Datenmigration.

Was können wir am Zahlenmaterial sofort erkennen? Die Abschreibungen werden von Periode -1   136
auf Periode 0 kleiner. Damit sind wahrscheinlich in Periode 0 keine Investitionen getätigt worden,
es sei denn, die Abschreibungen sind aufgrund von Anlagenverkäufen – wir sprechen von Anlagen-
abgängen – gefallen. Sind die Wirtschaftsgüter veräußert, dann fallen auch keine Abschreibungen
mehr an und somit wäre dies ein Grund für fallende Abschreibungen.

Allerdings müssten wir dann in der GuV „sonstige betriebliche Erträge" ausgewiesen haben, diese
stehen aber in allen drei Fällen auf Null. Wieder ein schönes Beispiel, wie GuV und Bilanz ineinan-
der greifen. Jetzt bleibt nur noch die Möglichkeit eines außerordentlichen (AO) Ertrages, also der
Veräußerung eines Wirtschaftsgutes oder Vermögensgegenstandes, der mit dem eigentlichen Geschäftszweck nichts zu tun hat. Wir haben in der GuV schon in allen drei betrachteten Perioden AO-
Erträge gesehen. Hätte die GH Mobile einen solchen Vermögensgegenstand verkauft, der noch nicht
abgeschrieben war und somit mit positiven Werten im Anlagevermögen der Bilanz ausgewiesen war,
dann wäre dies auch ein Grund für fallende Abschreibungen.

Dies können wir hier aber ohne weitergehende Informationen nicht restlos klären. Uns fehlt dazu   137
auf jeden Fall eine Kommentierung. Ein Anlagenspiegel würde uns allerdings auch schon weiterhelfen. Der Anlagenspiegel setzt sich zusammen aus dem Bestand, d.h. dem Buchwert von Anlagevermögen zu Periodenbeginn

- plus Zugängen
- plus Zuschreibungen
- minus Abgängen
- minus Abschreibungen.

Hätte die GH Mobile Veräußerungen getätigt, würden wir sie hier bei den Abgängen sehen und wären einen Schritt weiter in unserem Wissen. Trotzdem bliebe auch hier noch die Frage offen, ob es
sich bei den Abgängen um sonstigen betrieblichen Ertrag, also um Wirtschaftsgüter gehandelt hat,
die dem eigentlichen Geschäftszweck gedient haben (z.B. Verkauf eines Bremsenprüfstandes) oder
um AO-Ertrag, also um Wirtschaftsgüter, die nichts mit dem Geschäftszweck zu tun haben (z.B.
Verkauf einer Wiese fern der Geschäftsräume, die zwar in den Büchern der Gesellschaft stand, aber
nichts mit Kfz Handel und Kfz Services zu tun hat und eventuell sogar einige Kilometer vom Betriebsgebäude entfernt lag).

Aber halt, können wir wirklich nichts Genaueres sagen? Schauen wir nochmals in die Bilanz. Wir   138
sehen doch, dass die GH Mobile gar nicht über immaterielle Wirtschaftgüter verfügte und bei den
Sachanlagen auch keine Grundstücke und Gebäude ausgewiesen waren. Es bleibt nur noch eine Re-
stalternative. Es wurden bereits komplett abgeschriebene Vermögensgegenstände veräußert, die aber
noch über einen gewissen Markt- oder Verkehrswert verfügten, also „Stille" oder „stille Reserven".

Allerdings bleiben wir einmal realistisch: Unsere bisherigen Erkenntnisse lassen doch nicht den
Schluss zu, dass hier noch ‚Stille' schlummerten. Wäre dies der Fall, hätten Banken Sicherheiten gehabt, die zu beleihen wären und somit hätten wir wahrscheinlich auf der Passivseite nicht die bereits
besprochene drastische Reduktion der Verbindlichkeiten gegenüber Kreditinstituten gesehen.

Unserer Meinung nach können wir davon ausgehen, dass die GH Mobile – wenn überhaupt – nur   139
im abgelaufenen Jahr einige geringe Ausgaben in technische Anlagen und Maschinen getätigt hat,
die aber den Substanzverlust in keiner Weise gestoppt haben, weil die Größenordnung geringer als
die Abschreibungen waren. Ansonsten hätten wir in der Bilanz eine Zunahme der Sachanlagen gesehen.

Können wir denn die Höhe der getätigten Investitionen ableiten? Leider haben wir ja keinen Anlagenspiegel, denn hier könnten wir bei den Zugängen die erwünschte Information ablesen.

140   Trotzdem sollten wir uns nicht geschlagen geben – gehen wir doch wieder einmal mit Logik an unser Problem heran.

Wie zeigen sich Investitionen sonst noch? Wir haben uns bereits das Anlagevermögen genauer angeschaut und festgestellt, dass ein Substanzabbau (Reduktion des Anlagevermögens) über alle drei betrachteten Perioden eindeutig konstatiert werden kann – die Abschreibungen waren geringer als die Neuinvestitionen und/oder Zuschreibungen. Zuschreibungen sind aber keine Investitionen

141   Zuschreibungen werden auch **Wertaufholungen** bezeichnet. Es handelt sich dabei um eine Wertzunahme des Buchwertes eines Vermögensgegenstandes. Zuschreibungen werden entweder vorgenommen, um Wertzunahmen von Vermögensgegenständen auszuweisen oder um eine Korrektur von zu hohen Abschreibungen in historischen Perioden vorzunehmen. Dabei handelt es sich seit einigen Jahren nicht mehr um ein Wahlrecht, sondern um eine Verpflichtung, wir sprechen vom Wertaufholungsgebot.

Zurück zu den investierten Beträgen. Wir sehen also beim Anlagevermögen an der Differenz zu einem Vorjahr, ob mehr oder weniger (Buch)Werte vorhanden sind. Entspricht denn jetzt diese Differenz den Investitionen? Nein, aber der Weg dahin ist nicht mehr weit, denn wir müssen nur einen weiteren Sachverhalt berücksichtigen. Wir wissen doch, dass Vermögensgegenstände abgeschrieben werden und der Wert eines Anlagegutes in der Bilanz am Periodenende bereits um die Abschreibungen gekürzt ist. Wenn er also schon 'gekürzt' ist, müssen wir diesen Schritt in unserer Analyse rückgängig machen, also die in der GuV ausgewiesenen Abschreibungen wieder zur bereits berechneten Differenz hinzuaddieren.

142   Was nehmen wir denn jetzt, das Anlagevermögen komplett oder nur einen Teil davon? Lassen Sie es uns vorwegnehmen: Wir nehmen die Immateriellen Wirtschaftsgüter und die Sachanlagen. Die Finanzanlagen können wir außen vor lassen, da wir in der GuV im Finanzergebnis die *Abschreibungen auf Finanzanlagen/Wertpapiere des Umlaufvermögen* separat ausgewiesen haben. Damit wissen wir, dass sich die *Abschreibungen auf Vermögensgegenstände des Anlagevermögens* oberhalb des Betriebsergebnisses lediglich auf Immaterielle Wirtschaftsgüter und auf die Sachanlagen beziehen müssen. Da wir in unserem Beispiel aber keine immateriellen Wirtschaftsgüter ausgewiesen haben, wissen wir, dass sich die *Abschreibungen auf Vermögensgegenstände des Anlagevermögens* ausschließlich auf die Sachanlagen beziehen. Dann rechnen wir doch auch gleich damit:

	Periode -1	Periode 0	Periode 1
Sachanlagevermögen	1.016,20	658,00	235,00
Differenz zur Vorperiode	?	-358,20	423,00
Abschreibungen auf Vermögensgegenstände des AV	441,00	358,20	423,00
Differenz plus AfA (= Bruttoinvestitionen)	?	0,00	0,00

Damit haben wir nachgewiesen, dass in den Perioden 0 und 1 keine aktivierungspflichtigen Neuinvestitionen getätigt worden sind!

3.   Umlaufvermögen

143   Der zweite große Posten auf der Aktivseite ist das Umlaufvermögen. Wie der Name schon sagt, sind die sich dahinter verbergenden Einzelpositionen keine Gegenstände, die mit Anlagen zu tun haben, sondern Positionen, die umlaufend sind.

Zum Umlaufvermögen, häufig auch UV abgekürzt, werden Gegenstände gezählt, die umlaufen bzw. umgesetzt werden sollen. Der Bestand ändert sich also durch Zu- und Abgänge häufig. Diese Vermögensgegenstände verbleiben auch nur kurzfristig im Betrieb. Wichtig ist aber, dass sie nicht, wie das Anlagevermögen, dauerhaft dem Geschäftsbetrieb dienen.

Damit wird das Umlaufvermögen durch seinen Zweck bestimmt. Gegenstände, welche die Betriebs-   144
prozesse der Beschaffung, der Fertigung und des Absatzes durchlaufen sollen, werden ihm zugeordnet. Aus beschafften Werkstoffen werden durch die Produktion fertige Erzeugnisse, die verkauften Erzeugnisse werden zu Forderungen gegenüber dem Kunden und nach Zahlung zu Geld in der Kasse oder auf dem Bankkonto.

Die Entscheidung darüber, welchen Zweck ein Gegenstand erfüllen soll und welcher Vermögensart er somit zuzurechnen ist, trifft die Unternehmensleitung. Eine selbst produzierte Maschine, die verkauft werden soll, wird zum Umlaufvermögen gerechnet. Verbleibt sie dauerhaft im Betrieb, ist sie ein Anlagegegenstand.

Das Umlaufvermögen selbst ist auch wieder in weitere vier Positionen untergliedert   145

- Vorräte
- Forderungen aus sonstigen Vermögensgegenständen
- Wertpapiere
- Kasse, Bank und Schecks.

4.   Vorräte

Auffällig ist sofort, dass die Vorräte[29] in den betrachteten Jahren signifikant schwanken. Damit diese   146
Schwankungen für den externen Leser auch besser analysierbar werden, hat der Gesetzgeber für die Bilanzgliederung weitere Untergliederungen vorgesehen.

Unsere GH Mobile weist in 4 von 5 Untergliederungen Werte aus, Anzahlungen sind in allen 3 Jahren keine geleistet worden.

a)   Roh-, Hilfs- und Betriebsstoffe

Wir erkennen dann bei genauerer Betrachtung der Roh-, Hilfs- und Betriebstoffe, der ersten Unter-   147
gliederung, die man häufig auch mit RHB's abkürzt, dass diese Vorratsposition fast parallel zu den Gesamtvorräten schwankt. Von Periode -1 auf 0 wurde die Position massiv abgebaut, um dann 1 Jahr später wieder fast auf die Höhe der Vorperiode aufgebaut zu werden.

Was lässt sich daraus schließen?

---

29 Auch bei den Vorräten, oder um genauer zu sein, bei der Bewertung von Vorräten zum Stichtag wird es mit dem BilMoG Änderungen geben.
Zukünftig wird somit nur noch als Verfahren (Lifo-/Fifo-Bewertungsverfahren § 256 Satz 1 HGB-E) zulässig sein:
- Fifo-Verfahren (first in – first out): Die zuerst angeschafften oder hergestellten Vermögensgegenstände werden zuerst veräußert oder verbraucht.
- Lifo-Verfahren (last in – first out): Hier gilt dies für die zuletzt angeschafften oder hergestellten Vermögensgegenstände.
Bislang gilt: Auch andere Verfahren sind zulässig, welche auf die Höhe der Anschaffungs- oder Herstellungskosten abstellen. So wird beim Hifo-Verfahren (highest in – first out) unterstellt, dass die zu den höchsten Kosten angeschafften oder hergestellten Vermögensgegenstände zuerst veräußert oder verbraucht werden.
Für die Steuerbilanz gilt: Zulässig sind nur das Lifo-Verfahren, wobei Abweichungen mit Zustimmung des Finanzamts möglich sind (§ 6 Abs. 1 Nr. 2a EStG), sowie Gruppen- bzw. Durchschnittsbewertung (R 6.8 Abs. 4 EStR).

> **Mögliche Erklärung 1:**

In Periode -1 wurde erkannt, dass, die RHB's mit 2.491,20, also 22% der Bilanzsumme, zu hoch waren. Darauf hin wurde einfach weniger beschafft und das Niveau fiel auf 1.750,80. Auf diesem Niveau traten aber dann Engpässe auf und es wurde beschlossen, den Bestand wieder aufzubauen, um höhere Sicherheiten zu haben. Leider wurde aber wieder sofort sehr viel gekauft, so dass das ursprüngliche Niveau fast wieder erreicht wurde. Aufgrund der Tatsache, dass die Bilanzsumme in den betrachteten Perioden -1 und 1 auch quasi identisch ist, blieb auch die Relation in % fast gleich.

> **Mögliche Erklärung 2:**

In Periode -1 wurde erkannt, dass, die RHB's mit 2.491,20, also 22% der Bilanzsumme, zu hoch waren. Darauf hin wurden Anstrengungen unternommen, das Bestandniveau zu senken und zum Ende der Periode 0 waren dann massive Kürzungen beim Bestand erreicht worden und die RHBs wiesen nur noch 1.750,80 aus. Dann allerdings kehrte wieder der „Schlendrian" ein oder der Einkäufer wechselte und somit war rasch wieder fast das alte und zu hohe Niveau erreicht.

148   Sehr häufig wird bei Vorräten mit Umsatz als Vergleichswert argumentiert. Dies wäre hier aber fehl am Platze, da in Periode 0 der Umsatz gestiegen, hier aber die RHB's gefallen waren, dann in Periode 0 der Umsatz aber fällt und (eigentlich gänzlich unlogisch) die Bestände wieder steigen. Einiges weist bei unserer GH Mobile darauf hin, dass bei den RHB Einkäufen eine gewisse Sorgfalt und eine Kopplung an den Auftragseingang und somit späteren Umsatz fehlen.

b)   Unfertige Erzeugnisse, unfertige Leistungen

149   Auch hier sehen wir wieder Schwankungen, aber diese verlaufen nur ähnlich einer „Talfahrt". In Periode 0 fällt die Position von ursprünglich 1.248,30 auf 1.035,70, um dann weiter auf 759,60 zu fallen. Hier müssen wir feststellen, dass die Entwicklung aus Kapitalbindungs- und Umsatzsicht richtig ist.

Fallende Umsätze benötigen i.d.R. natürlich auch weniger Halbfertigprodukte. Allerdings dann stellt sich die Frage, warum bei den RHBs keine logische Entwicklung zu sehen ist. Sollte unsere Vermutung doch richtig sein, dass hier mangelnde Umsicht am Werk ist?

c)   Fertige Erzeugnisse und Waren

150   Hier ist wiederum ein ganz anderes und bisher unbekanntes Bild erkennbar – die Bestände steigen konstant von 1.836,00 über 2.042,60 auf 2.318,70.

Die ist angesichts der Umsatzentwicklung nicht gerade gut, denn es liegen fertige Waren auf Lager, die nicht verkauft wurden. Vor dem Hintergrund dieser rückläufigen Umsatzentwicklung lässt sich die Steigerung aber auch erklären. Die Halbfertigprodukte wurden noch zu Fertigprodukten verarbeitet, aufgrund fehlender Nachfrage (siehe Umsatzentwicklung) fielen dann aber die unfertigen Erzeugnisse. Ohne Absatz müssen dann natürlich die Fertigprodukte ansteigen.

Auch wenn die Entwicklung logisch erklärbar ist, stellt sich beim Analysten der Zahlen doch sofort ein Unwohlsein in der Magengrube ein. Wertmäßig zunehmende fertige Erzeugnisse liegen bei GH Mobile in den Beständen (also im Lager oder auf dem Hof), aber der Umsatz ist eingebrochen

151   Welche möglichen Erklärungen gibt es?

- Es gibt Probleme mit der Qualität, Käufer bleiben aus.
- Es gibt Probleme bei der Technik, Käufer bleiben aus.
- Der Markt ist rückgängig, Käufer bleiben aus.
- Die Produkte sind zu teuer, Käufer bleiben aus.

Unabhängig davon, wie wir es erklären, das Ergebnis ist identisch: Käufer bleiben aus. Ausbleibende 152
Käufer haben aber zwei Konsequenzen: Die Kosten der Anschaffung und der Produktion wurden getragen und stehen somit in den Büchern, die Belohnung für die Mühen aber, der Verkauf und damit der Umsatz, bleibt aus. Es entsteht eine gefährliche Scherenwirkung. GH Mobile muss Bestände finanzieren, die Einnahmen, um auch die Finanzierungs- bzw. Personalkosten zu bedienen bzw. weitere Investitionen anzugehen, bleiben aber aus.

Die ist alleine gesehen schon gefährlich, kann aber noch an Brisanz zunehmen. Die Positionen des Umlaufvermögens sind nach dem *strengen Niederstwertprinzip* anzusetzen. Sind Positionen nicht mehr verkäuflich oder nur noch zu einem geringeren Wert, dann sind Wertberichtigungen in den Büchern zu tätigen. Wir sprechen dann von den Einzel- und/oder Pauschalwertberichtigungen.

Was passiert dann? Die Wertansätze für die Positionen werden in der Bilanz um die Berichtigung re- 153
duziert. Die Höhe der Berichtigung wird Aufwand, also eine Belastung des Ergebnisses in der GuV!
Zu Ende gedacht kann dies heißen: weniger Umsatz, aber höhere Kosten und diese Konstellation löst in der Tat massives Grummeln in der Magengegend aus.

Die gerade angesprochenen Einzel- und/oder Pauschalwertberichtigungen sind nicht nur für die fertigen Erzeugnisse anzusetzen. Ist der in der Bilanz ausgewiesene Wert einer Position (nachhaltig) nicht mehr erzielbar, muss die Position angepasst werden – sei es eine Bestandsposition, sei es eine Forderung, sei es ein Vermögensgegenstand, der dem Anlagevermögen zugerechnet wird.

d) Handelswaren

Auch hier sehen wir wieder ein für uns „bekanntes" Bild – die Position fällt nämlich zunächst von 154
636,30 auf 413,40, um dann in der Folgeperiode um mehr als den Faktor 3 zu wachsen.

Mögliche Erklärungen? Unserer Meinung nach sind verschiedene Ansätze möglich.

> **Alternative 1:**
In der Hoffnung, dass das Jahr 1 wieder besser wurde, hat man frühzeitig, eventuell aus Rabattgründen, Handelswaren geordert. Diese Hoffnung hat sich dann allerdings zerschlagen und GH Mobile blieb auf den einkauften Positionen sitzen.

> **Alternative 2:**
Wissend, dass der Markt weiter einbricht, hat GH Mobile versucht, Einbrüche beim Kerngeschäft durch erweiterte Handelsgeschäfte zu kompensieren. Dazu war natürlich ein größeres Handelssortiment notwendig und so kam es zum massiven Aufbau der Position.

Erlöse aus Handelsgeschäften sind unseren Annahmen zur Umsatzaufspaltung der Sparte V, also 155
Sonstige Erlöse/Fullservice/Miete zuzuordnen. Leider sehen wir aber hier nur fallende Ergebnisgrößen. Von daher kann man sagen, dass die Strategie höherer Handelsergebnisse nicht aufgegangen ist.
Denn genau dies sehen wir ja auch an den steigenden Handelswaren.

e) Gesamtvorräte

Insgesamt zeigt sich ein Bild, das nicht so recht passen will. Während die Umsätze zunächst noch 156
leicht steigen, dann allerdings stark fallen, zeigen die Gesamtvorräte ein genau umgekehrtes wertmäßiges Bild. Aber nicht nur die absolute Höhe der Vorräte sollte uns hier ins Auge springen, sondern auch die prozentuale Größe (im Vergleich zur Bilanzsumme). 54% bzw. 52% in den Perioden -1 und 0 waren ja schon hoch, aber 60% ist dann schon erschreckend.

Warum? Dafür brauchen wir nur noch einmal in die Einleitung zum Umlaufvermögen schauen. *Aus beschafften Werkstoffen werden durch die Produktion fertige Erzeugnisse, die verkauften Erzeugnisse werden zu Forderungen gegenüber dem Kunden und nach Zahlung zu Geld in der Kasse oder auf dem Bankkonto.*

157   Je länger die Erzeugnisse auf Lager, also in den Vorräten bleiben, desto länger werden sie **nicht umsatz-** und **damit nicht geldwirksam!** Müssen Positionen auch noch wertberichtigt werden, haben wir nicht nur kein Geld, sondern auch noch dazu erhöhten Aufwand durch die Wertberichtigungen. Und genau hier kann es gefährlich werden, wenn nicht ausreichend Liquidität vorhanden ist. Sollte nämlich eine große Forderung entgegen der Planung erst später eingehen (von einem Ausfall wollen wir ja gar nicht reden), dann kann es durchaus passieren, dass aufgrund des verspäteten Eingangs der Forderung anstehende Zahlungen nicht ausgeführt werden können. Es gibt gewisse Verpflichtungen (Beispiele sind Personal- und Zinszahlungen sowie Rechnungen, die bereits überfällig sind), bei denen weitere Verspätungen nicht ratsam und teilweise auch nicht möglich sind. Die dann benötigte Liquidität liegt in den (zu hohen) Vorräten oder in den (noch nicht beglichenen Ausgangs-Rechnungen, sprich in den offenen Posten - sprich in den ausstehenden) Forderungen.

Wir werden bei den Detailbetrachtungen noch weiter auf diesen Zusammenhang eingehen. Trotzdem ist es wichtig, auch beim ersten Blick auf das Zahlenwerk diese Zusammenhänge im Kopf zu haben und Forderungen bzw. die Bank und Kassenpositionen, die ja auch jetzt unterhalb der Forderungen in der Bilanz ausgewiesen sind, vor genau diesem Hintergrund kritisch zu betrachten.

158   Bevor wir aber mit den Forderungen fortfahren, wollen wir nochmals zur Logik und Brillanz der Rechnungslegung kommen.

Zu Beginn des Buches hatten wir immer wieder (mit Begeisterung) darauf hingewiesen, wie logisch die externe Rechnungslegung, also die GuV und Bilanz ist. Bisher ist es uns nicht aufgefallen, weil wir Sie noch nicht darauf hingewiesen haben, aber auch bei den Vorräten gibt es Querverbindungen von der GuV zur Bilanz. An dieser Stelle müssen wir allerdings zugeben, dass die folgenden Ausführungen nur dann zutreffend sind, wenn bei der GuV Erstellung für das Gesamtkostenverfahren (GKV) und nicht für das Umsatzkostenverfahren (UKV) plädiert wurde.

159   Schauen wir doch noch einmal gemeinsam in die GuV und zwar relativ weit oben in die Position *Bestandsveränderungen.* Dort finden wir folgende Datenreihe:

	Periode -1	Periode 0	Periode 1
Bestandsveränderungen	610,00	-963,30	1.584,90

Jetzt möchten wir Sie bitten, sich noch einmal parallel dazu die Gesamtvorräte anzuschauen. Dort finden wir

	Periode -1	Periode 0	Periode 1
Vorräte (gesamt)	6.211,80	5.242,50	6,827,40

Jetzt ermitteln Sie bitte im nächsten Schritt die jeweilige Veränderung der Vorräte und zwar von Periode -1 auf 0 und dann von 0 auf 1 und Sie werden folgende Größen erhalten

	Periode -2 auf -1	Periode -1 auf 0	Periode 0 auf 1
Veränderungen Vorräte	?	963,30	1.584,90

Wenn Sie jetzt die berechneten Veränderungen mit den Daten in der GuV Position ‚Bestandsverän- 160
derungen' vergleichen, dann werden Sie sehen, dass die Positionen identisch sind. Wenn wir wissen,
dass es hier einen Zusammenhang gibt, dann können wir auch wieder das oben gesetzte „?" Frage-
zeichen durch den Wert 610 aus den GuV Bestandsveränderungen ersetzen. Somit können wir auch
ohne Bilanzvorlage der Periode -2 dann als Analyseergebnis festhalten:

	Periode	Periode	Periode
	-2 auf -1	-1 auf 0	0 auf 1
Veränderungen Vorräte	610,00	963,30	1.584,90

Dieser Zusammenhang ist doch klasse, oder?

5. Forderungen und sonstige Vermögensgegenstände

Die Forderungen, auch Debitoren genannt, weisen eine ähnliche Entwicklung wie die Gesamtbe- 161
stände auf. Zunächst fallen sie von 9% auf 7% (im Vergleich zur Bilanzsumme), um dann aber massiv auf 13% zu steigen. Wir wissen aber, dass im gleichen Zeitraum die Umsatzentwicklung anders
aussieht. Schauen wir einmal genauer hin.

Die Position Forderungen und sonstige Vermögensgegenstände ist auch wieder in weitere 4 Unterpositionen aufgegliedert.

a) Forderungen aus Lieferungen und Leistungen

Sind Lieferungen und Leistungen an Dritte erfolgt und Rechnung gestellt, aber der Rechnungsbetrag 162
noch nicht eingegangen, so werden die offenen Posten (häufig hört man die Abkürung OP) hier additiv aufgeführt. Achtung, wir wissen ja bereits, dass die GuV alle Posten netto ausweist, also ohne
Umsatzsteuer. Die Posten der Bilanz sind ebenfalls fast alle netto ausgewiesen, außer der jetzt zu analysierenden Forderungen. Forderungen und Verbindlichkeiten aus Lieferungen und Leistungen sind
in der Bilanz als einzige Posten brutto ausgewiesen, also inklusive Umsatzsteuer.

In unserem Fall sehen wir sofort, dass das Gros der Forderungen aus Lieferungen und Leistungen
resultiert, sich damit natürlich auch die bereits angesprochene vom Umsatz losgelöste Entwicklung
erkennen lässt.

Wie lässt sich diese Entwicklung erklären?

Unserer Meinung gibt es hier auch wieder 2 mögliche Szenarien. 163

> **Szenario 1:**

In Periode -1 hat man sich intern auf die Verringerung von Forderungen verständigt und dies auch durchgesetzt. Dann allerdings verschlechterte sich der Markt und, wie gesehen, die Umsätze fielen. Um Kunden besser halten bzw. anziehen zu können, hat entweder GH Mobile oder die Automobilmarke selbst, längere Zahlungsziele angeboten, so dass die Forderungen in
Periode 1 um den Faktor 2,2 zu Vorperiode gestiegen sind.

> **Szenario 2:**

In Periode -1 hat man sich intern auf die Verringerung von Forderungen verständigt und dies auch durchgesetzt. Dann allerdings verschlechterte sich der Markt und danach hat bei GH Mobile wieder der Schlendrian eingesetzt und so kam es sehr
schnell wieder zu einer verschlechterten Situation.

164   Aufgrund der bisherigen Erfahrungen mit GH Mobile tendieren wir übrigens zum Szenario 2, was für Sie wahrscheinlich keine Überraschung ist. Dabei muss auch wissen, dass die Automobilkonzerne zwar preisliche Zugeständnisse bei gewissen Modellen zu gewissen Zeiten machen, jedoch verlängerte Zahlungsfristen in der Regel nicht zu finden sind. Offene Forderungen werden dem Handel darüber hinaus beim Basel II Rating meist negativ angerechnet, so dass wir das Szenario 2 für realistischer halten.

b)   Forderungen gegen verbundene Unternehmen und gegen Unternehmen, mit denen ein Beteiligungsverhältnis besteht

165   Beide Positionen sind in allen betrachteten Perioden Null, so dass hier auch keine weiteren Analysen anstehen. Die Positionen selbst (verbundene Unternehmen bzw. Unternehmen, mit denen eine Beteiligungsverhältnis besteht) sind bereits bei der ersten Analyse der Passivseite erklärt worden.

Allerdings sollte uns trotzdem etwas stutzig machen. Forderungen gegen verbundene Unternehmen bestehen keine, allerdings hohe Verbindlichkeiten. Als wir den ersten Blick auf die Passivposten geworfen haben, ist uns bereits aufgefallen, dass die Bankkredite rückgängig, die Verbindlichkeiten gegen verbundene Unternehmen jedoch konstant sehr hoch waren.

166   Was heißt dies? GH Mobile finanziert sich gerne mit dem Geld der verbundenen Unternehmen, stellt selbst anscheinend aber nichts zur Verfügung. Wir hatten bereits einmal angedacht, dass es eventuell Ausdruck von Finanznot sein könnte. Allerdings hatten wir auch schon bei der Besprechung der Passivposten dabei zu bedenken gegeben, dass auf den ersten Blick ausreichend Liquidität vorhanden zu sein scheint. Werfen Sie kurz noch einmal einen Blick auf den Kassen- und Bankbestand (unterhalb der Forderungen auf der Aktivseite der Bilanz), da stehen doch eigentlich sehr erfreuliche Summen.

Haben Sie noch etwas Geduld – wir sind ja erst beim ersten Durchlauf. Mit den Details werden wir uns ja noch beschäftigen.

Kommen wir an dieser Stelle erst noch einmal zurück zu den Forderungen.

c)   Sonstige Vermögensgegenstände

167   Hier stehen nur Minimalbeträge, die wir vernachlässigen können, auch die Reduktion braucht nicht weiter diskutiert werden. Und trotzdem sollten wir bei dieser Position noch ein wenig verweilen.

Was könnten wir denn aus dem vorgelegten Zahlenmaterial sonst noch entnehmen, obwohl die Beträge gering sind und eigentlich im Verhältnis zur Bilanzsumme nicht ins Gewicht fallen?

Dann müssen wir zunächst noch einmal fragen, was denn sonstige Vermögensgegenstände sind?

Unter den sonstigen Vermögensgegenständen werden auch ausgelobte Boni des Automobilkonzerns für Absatzerfolge ausgewiesen. Beispiel: Angenommen GH Mobile hätte die Verkaufsziele übertroffen und der Automobilkonzern schreibt GH Mobile einen Brief, in dem er unserem Kandidaten für die guten Zahlen gratuliert und gleichzeitig eine Bonusauszahlung in einem späteren Monat zusagt. Dieser Betrag wäre dann in der Position ,sonstige Vermögensgegenstände' anzusetzen. Es handelt sich um eine Art Forderung, die aber nicht aus direkten Kundengeschäften (Lieferungen und Leistungen) resultiert.

168   In unserem Fall sehen wir aber zwei Sachen:

■   Die Position war bereits in Periode -1 sehr niedrig

■   Die Position ist in den beiden Folgeperioden noch weiter abgesunken.

Ergo könnte man doch daraus schließen und der Konjunktiv ist hier bewusst gesetzt, weil es eine Vermutung ist, dass die Verkaufsergebnisse bereits im ersten der von uns betrachteten Perioden nicht überschwänglich waren. In den Folgeperioden kennen wir ja die Veränderungen: leichter Anstieg der Umsatzerlöse in Periode 0, gefolgt von einem krassen Einbruch in abgelaufener Periode. Boni werden allerdings in aller Regel nur dann ausgelobt, wenn Ziele erreicht oder sogar übertroffen werden – dementsprechend *könnte* man folgern, dass besonders in den letzten 2 Jahren die Umsatzerlöse nicht den Planungen entsprachen.

6.   Wertpapiere

Bei den hier ausgewiesenen Wertpapieren spricht man auch von den Wertpapieren des Umlaufvermögens. Wir erinnern nochmals daran, dass es bei den Finanzanlagen auch die Position Wertpapiere gibt. 169

Hier beim UV finden wir die Papiere, die kurzfristig liquidierfähig sind, also quasi Geldcharakter haben. Bei unserem Beispiel sehen wir, dass in allen drei Untergliederungen

- Anteile an verbundene Unternehmen
- Eigene Anteile
- Sonstige Wertpapiere

jeweils eine 0 steht – d.h. die GH Mobile verfügt über keine kurzfristigen Wertpapiere.

7.   Kasse, Bank, Schecks

Hier wird es jetzt interessant, denn hier finden wir attraktive Summen. Die GH Mobile verfügt in der Tat über Liquidität in Höhe von 23% bis 32% der Bilanzsumme und das ist auf den ersten Blick erfreulich. Es scheint also, dass unsere Bedenken, die wir beim ersten Blick auf die Passivseite, als auch bei der Würdigung von Neuanschaffungen in das Anlagevermögen sowie zum Thema notwendige Liquidität bei hohen Vorräten und Forderungen gemacht haben, von übertriebener Vorsicht oder Nervosität geprägt waren. 170

An dieser Stelle reicht jetzt der erste Blick nicht mehr – das müssen wir zugeben. Deshalb haben wir uns ja auch vorsichtig ausgedrückt. „Es scheint so ...“

Damit haben wir die drei Positionen des Umlaufvermögens betrachtet und während uns die Vorräte und die Forderungen und deren Entwicklungen nicht gerade begeistern, *scheint* es bei der Liquidität Anlass zur Freude zu geben.

Bevor wir zur nächsten Position übergeben, wollen wir noch einmal eine steuerliche Betrachtung anstellen. Obwohl wir gesagt haben, dass steuerliche Sichtweisen in diesem Buch außen vor bleiben, sollten wir an dieser Stelle trotzdem von diesem Prinzip abweichen. Wir sprechen von der Umsatzsteuer.

Wir haben bereits gehört, dass die Forderungen und die Verbindlichkeiten aus Lieferungen und Leistungen brutto, also inklusiv Umsatzsteuer, ausgewiesen sind. 171

Wie ist das mit Vorsteuer und Umsatzsteuer? Bis zu einem gewissen Umsatzsteueraufkommen zahlen wir Umsatzsteuer nur vierteljährig – die meisten Unternehmen müssen aber pro Monat die Umsatzsteuervoranmeldung machen, in der wir kumulierte Vorsteuer und Umsatzsteuer saldieren und jene die Vorsteuer übersteigenden Beträge dann auch an das zuständige Finanzamt überweisen.

172   Die Umsatzsteuervoranmeldung für den Monat Januar ist aber erst spätestens zum 10. März fällig. Zu diesem Datum muss allerdings der zu zahlende Betrag auf dem Konto des Finanzamtes stehen, man tut also gut daran, die Meldung und die Überweisung einige Tage früher zu machen. Die Finanzämter mögen es übrigens gar nicht, wenn die Zahlung verspätet, also erst nach dem 10. eintreffen. Jetzt werden Sie eventuell sagen, dass das Finanzamt ja eigentlich nett ist, da die Meldung vom Monat Januar erst im März eingereicht werden muss. Da müssen wir sie aber jetzt enttäuschen, denn das Finanzamt ist trickreich. Dafür dass Sie erst später erklären und einreichen müssen, hat das Finanzamt die so genannte *Dauerfristverlängerung* eingeführt, denn 1/11 der jährlichen Umsatzsteuerschuld wird schon vorab eingefordert, so dass das Finanzamt eigentlich immer einen Monat konstant, quasi Vorkasse gleich, vorliegen hat. Die Frist zur Einreichung der Umsatzsteuervoranmeldung wird gegen Vorkasse eines Monatsbetrages um 4 Wochen verlängert. Damit müssen wir das oben genutzte Wort *nett* relativieren.

Darauf wollen wir aber gar nicht hinaus. Angenommen Sie schreiben eine Rechnung um den 28. Januar über 1.000,- Euro netto, also bei 19% Umsatzsteuer 1.190,- brutto. Wird diese Forderung jetzt allerdings nicht bis zum 5. März gezahlt (denken Sie daran, dass die Umsatzsteuer bis spätestens 10. März auf den Konten der Finanzverwaltung stehen muss), so überweisen Sie 190,- Euro an das Finanzamt, ohne diese Summe bisher erhalten zu haben. Sie finanzieren also doppelt: Ihren Kunden UND das Finanzamt und dies auch noch ohne spätere Zinsforderung. Dem Finanzamt ist es in Punkto Umsatzsteuer völlig egal, wann Ihr Kunde Ihre Rechnungen begleicht.

173   Übertragen wir auch dies auf unsere Warnsätze bei den Vorräten und Forderungen. Eine Zahlung kommt verspätet. Trotzdem müssen Sie einen Teil der Rechnung vorab an das Finanzamt abführen und somit haben Sie einen Liquiditätsabgang. Ist die Liquidität aber bereits aufgrund der hohen Vorrats- und Forderungspositionen angespannt, dann kann es durchaus passieren, dass zwar die immer anstehenden Aufwendungen wie Personal, Zinsen, Mieten etc. eingeplant und gerade noch bedienbar waren, die abgehende Umsatzsteuer Ihnen aber „das Genick bricht". Bleibt die Zahlung sogar aus, die Forderung ist also nicht einbringbar, dann werden große Vorräte, obwohl werthaltig, sogar schnell zu großen Problemen, weil dort die dringend benötigt Liquidität liegt, aber nicht zeitnah wieder in „Cash" umgewandelt werden kann. Ist Liquidität knapp, dann ist meist auch bereits der Kontokorrentrahmen weit oder gänzlich ausgenutzt. Tja und dann ist der Zustand der (temporären) Zahlungsunfähigkeit erreicht. Das Problem dabei ist aber, dass es niemanden interessiert, ob die Zahlungsunfähigkeit nur temporärer Natur ist.

8.   Aktive Rechnungsabgrenzungsposten (A-RAPS)

174   Die Rechnungsabgrenzungsposten sind genau wie auf der Passivseite in allen betrachteten Perioden Null. Damit entfallen hier auch weitere Erläuterungen. Sollten Sie mit dem Begriff nichts mehr anfangen können, lesen Sie einfach vorne nochmals nach.

Damit ist im Fall der GH Mobile bereits alles gesagt, allerdings gibt es auch bei den Rechnungsabgrenzungsposten mit dem BilMoG Änderungen[30]. Wie die meisten Veränderungen sind diese eigentlich nur für „insider" interessant. Aus diesem Grund erfolgt die Darstellung der neuen Rechtslage lediglich im als Fußnote.

9.   Nicht durch Eigenkapital gedeckter Fehlbetrag

Obwohl auch hier in allen Perioden eine Null steht, müssen wir auf diese Position eingehen. Das Eigenkapital steht eigentlich ganz oben auf der Passivseite der Bilanz, es sei denn, es ist aufgebraucht. In diesem Fall wird nicht etwa das Eigenkapital mit einem negativen Vorzeichen auf der Passivseite ausgewiesen, sondern das Eigenkapital wechselt die Seite in der Bilanz und steht dann auf der Aktivseite.   175

Also Achtung: Sollten Sie je die Position Eigenkapital auf der Aktivseite der Bilanz finden, dann ist dies kein Grund zur Freude. Und lassen Sie sich auch nicht davon beirren, dass die Position nicht mit einem negativen Vorzeichen ausgewiesen ist.

Die logische Konsequenz daraus ist, dass in diesem Fall mehr als 100% der Bilanzsumme mit Verbindlichkeiten finanziert sind. Dies ist noch nicht direkt ein Insolvenzgrund, aber ist, wie Sie sicher verstehen werden, auch kein Grund zur Freude. Als Lieferant sollte man in diesem Fall natürlich vorsichtig sein – häufig wird deshalb dann auch Vorkasse bei Lieferungen oder Leistungen verlangt, was natürlich die Liquiditätsposition der betroffenen Unternehmung auch noch weiter belastet. Wenn jetzt wieder hohe Vorräte und Forderungen im Spiel sind,….Sie sehen, da kann ganz schnell eine große Spirale „nach unten" entstehen.   176

In unserem Fall ist aber aktivisch kein ungedeckter Fehlbetrag ausgewiesen, wenngleich wir nicht vergessen sollten, dass die GuV nur ganz leicht positiv abschließt, wir also nahe an der Verlustgrenze sind und das Eigenkapital mit zuletzt 12% der Bilanzsumme auch nicht gerade üppig bemessen ist.

10.   Zusammenfassung Aktivseite der Bilanz

Wir sehen ein sehr niedriges Anlagevermögen, das auch noch in den drei betrachteten Perioden weiter abnimmt – es fällt um weitere 700, prozentual zur Bilanzsumme sogar von 11% auf 4%. Es wurde damit eindeutig beim Sachanlagevermögen Substanz abgebaut, oder umgekehrt ausgedrückt wertmäßige Abnutzung durch Abschreibung wurde nicht in gleicher Höhe durch Neuinvestitionen wieder aufgefüllt.   177

Immaterielle Wirtschaftgüter sind keine (mehr) vorhanden, bei den Finanzanlagen stehen nur zwei kleinere Positionen, wobei es sich dabei fast ausschließlich um Anteile an verbundenen Unternehmen handelt. Mit 2% der Bilanzsumme fallen diese aber auch nicht ins Gewicht.

---

30   Bisher galt bei den Rechnungsabgrenzungsposten ein Wahlrecht: (bislang § 250 Abs. 1 Satz 2 HGB). Zukünftig hingegen wird wohl gelten: Aufhebung des Wahlrechts. Die als Aufwand berücksichtigten Zölle und Verbrauchsteuern, soweit sie auf am Abschlussstichtag auszuweisende Vermögensgegenstände des Vorratsvermögens entfallen, sind abzugrenzen (§ 250 Abs. 1 Satz 2 Nr. 1 HGB); jegliche Vertriebskosten sind als Aufwand zu erfassen.
Aufhebung des Wahlrechts, die als Aufwand berücksichtigte Umsatzsteuer auf Anzahlungen, welche am Abschlussstichtag ausgewiesen oder von den Vorräten offen abgesetzt wurden, sind abzugrenzen (§ 250 Abs. 1 Satz 2 Nr. 2 HGB).
Für die Steuerbilanz gilt: Aktivierungspflicht, soweit Zölle und Verbrauchsteuern nicht als Teil der Anschaffungs- und Herstellungskosten aktiviert wurden (§ 5 Abs. 5 Satz 2 Nr. 1 EStG). Folge: definitive Abweichung zur Handelsbilanz, sofern die derzeitige steuerrechtliche Regelung nicht geändert wird.

178 Das Umlaufvermögen hingegen ist sehr hoch. Und wächst sogar noch an. Dies ist aber bei 11% bzw. 4% Anlagevermögen nur logisch. Da die Rechnungsabgrenzungsposten Null sind und noch Eigenkapital vorhanden ist, muss das Umlaufvermögen 89% und letztperiodisch 96% betragen. Hier fallen dann besonders die Vorräte auf, die im Betrachtungszeitraum auf 60% der Bilanzsumme ansteigen. Die Forderungen steigen im gleichen Zeitraum ebenfalls und steigende Vorräte und Forderungen bei gleichzeitig fallenden Umsatzerlösen sind kein gutes Zeichen, können sogar schnell zu massiven Liquiditätsproblemen führen.

Aber genau hier sehen wir hohe Beträge in Form von Bankguthaben, Kassenbestand und Schecks. Während wir sowohl passivisch als auch aktivisch überall kritisch zu bewertende Größen und Zusammenhänge in diesem ersten Schritt gefunden haben, zeigt die Bank- und Kassenposition ein eigentlich atypisches Bild.

179 Hier müssen wir tiefer schauen, aber das werden wir später bei den Detailanalysen tun und dann werden wir auch sehen, dass trotz der hohen Liquidität unser Pessimismus durchaus gerechtfertigt ist, denn die hohen positiven Beträge sind bei der bisherigen Betrachtung nur irreführend.

Aber an dieser Stelle wollen wir den Detailanalysen nicht vorgreifen.

Halten wir doch zunächst einmal das Positive fest und damit meinen wir nicht die Bilanz- und GuV Größen, die wir gerade besprochen haben. Nein, wir meinen die Tatsache, dass es auch ohne tiefgehende und detaillierte Analysen und auch ohne absolutes Fachwissen möglich ist, sehr viele Informationen aus einem vorgelegten Zahlenwerk zu ersehen und einfach abzuleiten. Wenn man dies mehrfach gemacht hat, dann bekommt man Erfahrung und mit der Erfahrung auch den gewissen Blick für Auffälliges. Tja und dann macht die Bilanzanalyse auch richtig Spaß.

180 Gehen Sie doch einmal in das Internet und surfen Sie ein wenig bei Firmen herum, die Sie kennen. Wenn Sie dann auf Bilanzen und GuVs stoßen, drucken Sie sie aus und auf geht's – Übung macht den Meister.

Wenn Sie dann wieder so weit sind, dass Sie noch mehr erfahren wollen, dann lesen Sie weiter in diesem Buch.

V.   Was nicht in der Bilanz und GuV steht!

181 Auch wenn Sie jetzt bei Ihren Internetrecherchen auf gute Zahlenwerke gestoßen sind, dürfen wir eines nicht vergessen. Es gibt Sachverhalte, die nicht in der Bilanz und GuV stehen, die aber ein gewonnenes Analysebild sofort um 180° verändern können.

Hier sind 3 Punkte zu nennen:

- Tilgungen
- Eigenkapitalgeberforderungen
- Notwendige Neu- und/oder Erweiterungsinvestitionen in der nächsten Periode

1. Tilgungen

Tilgungen sind Rückzahlungen von ausgeliehenen Beträgen. Tilgungen sind aber nie Aufwand, also 182 nie als Belastung in die GuV schreibbar, so dass sie das Ergebnis vor Steuern reduzierten. Lediglich die Kosten für einen Kredit (Zinsen) werden als Aufwand gewertet und anerkannt, wenngleich es hier auch schon Versuche der Politik gegeben hat, diese zumindest steuerlich nicht mehr zur Gänze zu akzeptieren. Bei der Berechnung der Gewerbeertragsteuer ist dies ja bereits umgesetzt, Dauerschulden werden nur zur Hälfte berücksichtigt. Wir wollen aber die steuerliche Diskussion nicht weiter ausdehnen.

Tilgungen sind damit aus dem versteuerten Jahresüberschuss zu leisten. Ist dieser Überschuss in entsprechender Höhe, dann ist dies ja kein Problem. Liegt aber ein Verlust vor und ist keine oder nur eingeschränkt Liquidität in der Kasse oder auf den Bankkonten, dann kann auch ein Nullergebnis oder ein kleiner Verlust sofort problematisch werden. Diese (Eventual)Problematik können wir aber an den GuV und Bilanzzahlen überhaupt nicht erkennen, denn anstehende Tilgungen werden nicht ausgewiesen.

Liegt Ihnen ein kompletter Jahresabschluss samt Kommentierungen der Einzelpositionen vor, dann 183 kann bei den Kommentierungen zu den Verbindlichkeiten noch einiges mehr abgelesen werden. Im Anhang werden nämlich die Verbindlichkeiten mit Ihren Restlaufzeiten

- ■ < 1 Jahr
- ■ 1 bis 5 Jahre
- ■ > 5 Jahre

aufgeführt. Sind die Überschüsse gering oder sogar negativ und werden Verbindlichkeiten mit geringen Restlaufzeiten ausgewiesen, dann steigt natürlich die Gefahr; erst recht, wenn unzureichende oder keine Liquidität und auch keine stillen Reserven mehr vorhanden sind.

2. Eigenkapitalgeberforderungen

Bisher haben wir so getan, als wenn Eigenkapital nichts kostet und in der Tat, bilanziell gesehen, hat 184 diese Betrachtungsweise durchaus eine gewisse Richtigkeit. Während Fremdkapitalkosten, also Zinsen für Kredite, als Aufwand in der GuV ansetzbar sind, sind die Forderungen der Eigenkapitalgeber – wir hören heute auch oft den Begriff *Shareholder* - für das von Ihnen zur Verfügung gestellte Eigenkapital ähnlich den Tilgungen nur aus versteuerten Überschüssen zu zahlen. Es ist kein Aufwand.

Es gibt zwar kein Gesetz, das ein Unternehmen zwingt, den Eigenkapitalgebern eine gewisse Summe zu zahlen, aber ohne Kompensation geht es auch nicht, denn alternativ bringt dieses Geld auf der Bank auch Zinserträge. Da eine Unternehmensfinanzierung, und nichts anderes ist Eigenkapital, aber ein größeres Risiko in sich birgt, sind die Erwartungen der Eigenkapitalgeber natürlich auch höher als Zinszusagen der Banken auf Einlagen. Wir sprechen übrigens bei den Eigenkapitalkosten von *Opportunitätskosten* und diese können nach Steuern schnell inkl. Risikoaufschlag 14% bis 16% p.a. erreichen.

185   Jetzt muss man differenzieren. Ist das betrachtete Unternehmen ein Familienunternehmen in der x. Generation, in dem das Eigenkapital bereits von den Großeltern und Eltern eingebracht wurde, dann wird wahrscheinlich die Verzinsungsforderung nicht ganz so massiv ausfallen, zumal dann in der Regel aus dem Unternehmen auch Gehalt bezogen wird. Anders liegt der Fall, wenn aus Anlage- und Renditegründen Anteile (Aktien) eines Unternehmens erworben wurden und besonders, wenn es viele und eine heterogene Eigentümerschaft gibt. Hier werden sehr schnell sehr klare Worte bezüglich der erwarteten Eigenkapitalrendite gesprochen. Gibt es keine erkennbare Wertsteigerung – bei börsennotierten Gesellschaften ist dies einfach am Aktienkurs ablesbar, bei nicht *gelisteten* Unternehmen umso schwieriger – dann wollen die Aktionäre eine Dividende. Die Dividende ist letztendlich nichts anderes als eine Eigenkapitalverzinsung, aber sie kann nicht als Aufwand angesetzt werden.

Sind die Ergebnisse schwach oder sogar negativ und stehen eventuell sogar Tilgungen von Krediten an, dann hilft nur noch Liquidität, um den Erwartungen der Eigenkapitalgeber nachzukommen. Allerdings fängt sich damit wieder eine Spirale an zu drehen, denn durch die Dividendenzahlung wird dem Unternehmen wieder (liquide) Substanz, die es in dem gerade geschilderten Fall eigentlich dringend braucht, entzogen. Ohne Dividende werden aber die Eigenkapitalgeber auch nicht bereit sein, ihr finanzielles Engagement weiter auszudehnen. Und dies erst recht nicht, wenn auch noch Verluste eingefahren werden. Welch ein Teufelskreis!

186   Wenn jetzt die eigentlich vorhandene Liquidität in den Vorräten und Forderungen liegt, … Sie sehen, unsere hohen Positionen im Umlaufvermögen können uns auch in anderen Situationen wieder einholen.

Weist das Unternehmen gute Zahlen, also einen hohen Jahresüberschuss aus, dann werden natürlich die Begehrlichkeiten der Aktionäre auch steigen, denn sie wollen ja am Erfolg teilhaben. Ein gutes Ergebnis ist damit eigentlich erst dann wirklich gut, wenn nach anstehenden Tilgungen und nach Dividenden noch so viel Geld über bleibt, Neuinvestitionen zu tätigen. Und damit sind wir auch beim dritten Punkt der nicht ausgewiesenen zusätzlich zu berücksichtigen Bilanzdaten.

3.   Neuinvestitionen

187   Stehen neue Investitionen an, weil die Maschinen zu alt sind oder neue Gesetze die Weiternutzung der aktuell im Betrieb befindlichen Maschinen und Anlagen verhindern, dann sind diese auch aus dem versteuerten Jahresüberschuss zu finanzieren. Der Gesetzgeber erlaubt es zwar, die Investitionssummen „scheibchenweise" per Abschreibungen wieder ‚reinzuholen', aber zu Beginn steht erst einmal eine Auszahlung. Es gibt zwar im Steuerrecht gewisse Möglichkeiten (hier sei der Begriff der Ansparrücklage genannt, bitte schlagen Sie nochmals bei den Sonderposten mit Rücklageanteil, kurz *SOPO* genannt, und den Änderungen im Rahmen des BilMoG nach, in Österreich spricht man von den unversteuerten Rücklagen), eine wenig Entlastung zu schaffen, aber es ändert nichts an der Tatsache, dass zunächst eine Auszahlung ansteht. Wir wollen an dieser Stelle das Leasing nicht betrachten.

Diese anstehende Auszahlung für eine Neuinvestition erkennen Sie an einem vorgelegten Zahlenwerk aber nicht, selbst in den Kommentierungen zum Zahlenwerk, wenn Sie diese haben, werden Sie nur sehr selten etwas zu den anstehenden Investitionen finden. Warum? Ganz einfach, weil ein vorgelegtes Zahlenwerk, solange es sich nicht um Planwerte handelt, immer eine Vergangenheit abbildet und kommentiert.

Und vergessen wir eines nicht. Eine Maschine, die vor 5 Jahren 1.000,- gekosten hat, wird zu diesem   188
Preis heute nicht mehr erhältlich sein, denn allgemeine Teuerungsrate, technologischer Fortschritt
und damit natürlich höhere Produktivität müssen auch bezahlt werden. Für eine neue Anlage müssen sehr häufig dann leicht 150% oder sogar 200% im Vergleich zu den historischen Anschaffungskosten der jetzt auszumusternden Maschine einkalkuliert werden.

4.   Zusammenfassung

Ein Abschluss in Form von GuV und Bilanz sagt zwar vieles, aber nicht alles. Gute Zahlen sind na-   189
türlich immer beruhigend, aber selbst ein super Jahresüberschuss kann unter gewissen Umständen
bei Zugang zu weiteren Informationen bezüglich Tilgungen, Eigenkapitalkosten und Neuinvestitionen auf einmal sehr ‚blass‘ werden.

Ist der Abschluss zwar gut, aber nicht gut genug, weil nur zwei von den drei gerade beschriebenen
weiteren Mittelabflüssen bedient werden können, dann beginnt meist eine Art ‚Reise nach Jerusalem‘
– eines bleibt auf der Strecke. Sehr häufig sind es dann die Aktionäre, weil es einerseits keine Pflicht
zur Zahlung von Eigenkapitalkosten gibt und besonders Tilgungen eine höhere Priorität besitzen.
Geht ein zugesagter Tilgungsbetrag nicht rechtzeitig ein, dann wird die Bank sehr schnell nervös.
Sind dann die Zahlen auch nicht gerade umwerfend, werden auch sehr zeitnah in der Regel Kontokorrentrahmen gekürzt oder sogar andere Kredite kurzfristig fällig gestellt.

Investitionen und besonders Auszahlungen an Anteilseigner kann man notfalls aufschieben. Aller-   190
dings verliert hier das Unternehmen auch doppelt:

- an Substanz bei den Anlagegütern, weil die durch die Abschreibung fallenden Buchwerte nicht
  oder nur teilweise durch Neu-Zugänge aufgefüllt werden

- an Vertrauen bei den Anteilseignern, weil die erhofften oder sogar zugesagten Renditen nicht
  kommen und weil eventuell auch nur Investitionen in Höhe der Abschreibungen getätigt wurden. Damit sind die Buchwerte zwar konstant, aber das Unternehmen verliert an technologischer
  Basis, damit wahrscheinlich auch an Produktivität, damit an Ertragskraft und damit an Attrakti-
  vität für die Anteilseigner.

Nehmen wir uns diese Sachverhalte nochmals an einem Beispiel vor. Hier werden wir aber von unserer GH Mobile abweichen, denn wir haben ja bereits gesehen, dass die Ergebnisse (Jahresüberschüsse) nicht gerade umwerfend sind und auch die Höhe und die Entwicklung des Anlagevermögens
sehr unbefriedigend sind.

Machen wir es uns trotzdem nicht allzu schwierig. Nehmen wir einmal folgende Bilanz- und GuV   191
Daten und legen fest, dass es sich dabei um ein Unternehmen im produzierenden Gewerbe handelt.

Bilanzsumme:	10.000,-	
Anlagevermögen:	6.000,-	also 60% der Bilanzsumme
Eigenkapital:	3.000,-	also 30% der Bilanzsumme
Kredite	4.000,-	also 40% der Bilanzsumme, Laufzeit 10 Jahre
Lieferanten	3.000,-	
Umsatz:	20.000,-	
Abschreibungen	600,-	also linear über 10 Jahre
Ergebnis vor Steuern	3.000,-	also 15% Umsatzrendite vor Steuern
Steuersatz	40%	
Jahresüberschuss:	1.800,-	also 9% Umsatzrendite nach Steuern

192 Die ist ohne Zweifel ein solides Zahlenwerk für ein produzierendes Unternehmen. Eine Umsatzrendite in Höhe von 9% nach Steuern ist einfach klasse! Da die Abschreibungen nicht auszahlungswirksam sind, stehen uns diese für weitere Liquiditätsabgänge zur Verfügung. Damit verfügt das Beispielunternehmen über einen Eigenfinanzierungsspielraum nach Steuern (Cash Flow) von Jahresüberschuss 1.800,- + AfA 600,- = 2.400,- Wir sprechen also von einem Cash Flow nach Steuern von 2.400,-, also von 12% vom Umsatz.

Jetzt rechnen wir aber einmal weiter.

a) Tilgungen

193 Das Unternehmen hat Verbindlichkeiten bei Kreditinstituten in Höhe von 4.000,-. Damit sind eigentlich jedes Jahr 400,- *kalkulatorisch* zu berücksichtigen, denn nach 10 Jahren muss der Kredit zurückgezahlt werden. Die 10 Jahre sind in unserem Beispiel so gewählt, dass sie identisch mit der Abschreibungszeit sind. Die Annahme dahinter ist: Wenn Finanzierungen aufgebaut werden, dann laufzeitidentisch mit den (durchschnittlichen) Abschreibezyklen. Lassen Sie uns den Ausdruck Tilgungsansparung nutzen.

b) Neuinvestitionen

194 Das Anlagevermögen wird über 10 Jahre abgeschrieben, somit haben wir periodische Abschreibungen von 600,-. Um die Buchwerte in der Bilanz konstant zu halten, müssten dementsprechend auch 600,- jedes Jahr neu investiert werden. Allerdings müssen wir jetzt noch den technologischen Fortschritt und die Inflation *kalkulatorisch einpreisen*. Sagen wir einmal, dass wir somit 10% Zuschlag p.a. rechnen müssten, sich alle Maschinen und Anlagen alle 10 Jahre preislich also verdoppeln. Dies ist gar nicht so hoch, es gibt Berechnungen, die von bis zu 25% p.a. sprechen. Damit erhöhen sich die kalkulatorisch zu berücksichtigen Überschüsse für Neuinvestitionen von 600,- auf 660,- p.a. Lassen uns hier bitte den Begriff *Investitionsansparung* nutzen. Wir hätten an dieser Stelle auch bei den Neuinvestitionen nur den mit Eigenkapital finanzierenden Anteil ansetzen können. Spielen Banken aufgrund der Ergebnisse aber nicht mehr mit, wäre das Bild zu positiv. Deshalb haben wir die gesamten 600,- angesetzt.

c) Eigenkapitalkosten

195 Nehmen wir doch einen Mittelwert der oben genannten 14% bis 16%, also 15% an. Bei einem Eigenkapital von 3.000,- entsprechen diese 15% Eigenkapitalrenditeforderung nach Steuern einem absoluten Betrag in Höhe von 450,00.

Jetzt können wir definitiv rechnen.

Cash Flow nach Steuern	2.400,-
Kalkulatorische Elemente	1.610,-
davon Tilgungsansparung	400,-
davon Investitionsansparung	660,-
davon Eigenkapitalkosten	450,-
Cash-Überschuss nach kalkulatorischen Elementen	890,-

Sie sehen, trotz der aus der GuV ableitbaren Cash-Position nach Steuern von 12% zu Umsatz verbleiben nach genauerer Betrachtung, also inkl. kalkulatorischer Integration von nicht im Zahlenwerk direkt ersichtlicher Sachverhalte nur noch 4,45% oder 890,- über.

Dies bedeutet anders ausgedrückt, dass das Unternehmen mindestens 7,55% Cash Flow nach Steu- 196
ern zu Umsatz entsprechend 1.610,- erwirtschaften muss, um weitere Liquiditätsabgänge, die weder
in Bilanz noch GuV aufgeführt sind, bedienen zu können. Rechnet man an dieser Stelle wieder die
Abschreibungen in Höhe von 600,- heraus, bedeutet dies logischerweise, dass von einem ursprünglichen Jahresüberschuss in Höhe von 1.800,- nur noch 1,45% oder 290,- überbleiben für weitergehende Aktivitäten oberhalb des aufgezeigten Substanzerhaltes bzw. zur Thesaurierung und damit
zur Stärkung der Eigenkapitalbasis. Man könnte auch sagen, dass der wahre Jahresüberschuss genau
diese 290,- sind.

Und jetzt stellen Sie sich diese Zusammenhänge einmal bei einem schlechten Unternehmen vor.
Da stehen dann ganz schnell Beträge, die nicht auf den Konten liegen und auch nicht erwirtschaftet
werden können!

5.   Quintessenz

Die GuV und die Bilanz sind zwar auch ohne absolute Fachkenntnisse sehr informative Zahlenwer- 197
ke, zeigen aber nicht die ganze Wahrheit. Es gibt Positionen, die nicht in der GuV auftauchen, die
wir aber kalkulatorisch mit Logik und gewissen Annahmen, abhängig von der Branche, ungefähr
bestimmen können und in das ausgewiesene Zahlenmaterial integrieren können bzw. auch müssen.
Damit bekommen wir ein genaueres Bild.

🛇 Merke:

Auch gute Ergebnisse können sich durch die Zusatzrechnungen aber sehr leicht umkehren!

Und vergessen wir bitte außerdem nicht, dass die Bilanz immer eine Stichtagsbetrachtung ist, am
nächsten Tag kann alles ganz anders aussehen – zum Guten, aber auch zum Schlechten, denn wir
wissen auch, dass wir gerade zum Jahresende immer versuchen, durch Gestaltungsspielräume die
ausgewiesenen Zahlen schöner erscheinen zu lassen.

§ 4 Reduktion der Komplexität am konkreten Beispiel der GH Mobile

A. Sinn und Zweck

1 Als wir die Bilanz und GuV Position für Position im ersten Schritt analysiert haben, ist uns ja bereits aufgefallen, dass beide Zahlenwerke über zahlreiche Untergliederungen verfügen, die den Laien bereits abschrecken. Es wirkt komplex oder sogar zu komplex.

Auch wenn Sie gesehen haben, dass diese Komplexität eigentlich eine Scheinkomplexität ist. Denn wir sind langsam durch die Positionen gegangen und haben auch ohne Fachkenntnisse bereits im ersten Schritt tiefgehende Erkenntnisse gewonnen und Sie haben die Komplexität überwunden.

2 Trotzdem brauchen wir nicht alle Unterpunkte und auch wir arbeiten viel lieber mit Zahlenwerken, die ,komprimierter' sind. Und genau hier sind wir wieder bei einem Ziel dieses Buches: *Vereinfachung.*

Deswegen wollen wir jetzt auch versuchen, die Komplexität zu reduzieren, ohne Abstriche bei der Aussagekraft zu erhalten. Wir werden die Bilanz und die GuV in der Tat *komprimieren*!

B. Struktur-Bilanz und Struktur-GuV

3 Stellen wir uns einmal einen Schraubstock in einer Werkstatt vor. Wir spannen ein flexibles Werkstück ein und pressen es zusammen. Es verändert sich zwar die physische Größe oder der Umfang, aber inhaltlich sehen wir keine (negativen) Veränderungen.

So wollen wir es auch mit unserer Bilanz und der GuV machen. Wir werden im Folgenden aus den detaillierten Zahlenwerken eine

- Struktur-Bilanz
- Struktur-GuV

erstellen.

4 Dazu reduzieren wir die Positionen der Bilanz und GuV auf das Notwendige. Wir starten mit der Bilanz und hier mit den Aktiva.

Was brauchen wir denn wirklich?

I. Die Struktur-Bilanz

1. Aktivseite der Struktur-Bilanz

5 Auf der Aktivseite haben wir zunächst einmal 3 bzw. 4 Unterpunkte (je nachdem, ob altes oder neues Recht – BilMoG – zugrunde gelegt wird) , die für uns von Bedeutung sind und wo wir dann anschließend überlegen müssen, welche weiteren Informationen auch in einer Struktur-Bilanz ausgewiesen sein sollten, da sie für die Analytik von Bedeutung sind.

- Ausstehende Einlagen (nach Einführung des BilMoG zwingend passivischer Ausweis, bisher gilt ein Wahlrecht)

- Anlagevermögen
- Umlaufvermögen
- Nicht durch Eigenkapital gedeckter Fehlbetrag

a) Ausstehende Einlagen und Anlagevermögen in der Struktur-Bilanz

Ausstehende Einlagen sollten erkennbar sein, da wir die Differenz zum gezeichneten Kapital sofort erkennen sollten. Bisher besteht noch ein Wahlrecht, ob der Ausweis aktivisch oder passivisch erfolgt, allerdings mit Inkrafttreten des BilMoG ist nur noch der passivische Ausweis zulässig. Dies ist unserer Meinung nach auch richtig, da der passivische Ausweis unmittelbar beim gezeichneten Kapital erfolgen muss und daher dann auch klar aufzeigt, dass das Kapital bisher nur anteilig eingebracht worden ist. Der aktivische Ausweis hingegen „gaukelt" dem nicht geübten Leser eher veinen nicht vorhandenen Status vor. Damit wollen wir nicht sagen, dass das Kapital immer zu 100% eingebracht werden muss oder soll. Bei z.B. Dienstleister mit nahezu 100% EK Quote macht dies durchaus Sinn, besonders dann, wenn Gewinne thesauriert (also nicht ausgeschüttet wurden) und entsprechende Rücklagen gebildet wurden. Wird Fremdkapital aufgenommen und/oder Lieferantenverbindlichkeiten steigen, dann sollte auch das Kapital zu 100% eingebracht werden. Eines kann man aber nicht wegreden. Ein zu 100% eingebrachtes Kapital hat auf jeden Fall einen optischen Vorteil!

Die Sachanlagen, die Kernstücke, besonders von produzierenden Firmen, müssen natürlich auch offen ausgewiesen sein. Immaterielle Wirtschaftsgüter und die Finanzanlagen könnten wir jedoch auch zusammen in eine Position packen. In unserem Fall passt dieses Vorgehen sogar ideal, wissen wir doch, dass wir bei der GH Mobile keine Immateriellen haben und die Finanzanlagen sehr niedrig sind, außerdem dort neben den Anteilen an verbundenen Unternehmen nur noch vernachlässigbare Minimalbeträge bei den sonstigen Ausleihungen stehen.

Damit können wir uns beim Anlagevermögen doch mit nur 3 kumulierten Positionen begnügen:

- Ausstehende Einlagen (siehe Anmerkung zum BilMoG oben)
- Immaterielle Wirtschaftsgüter und Finanzanlagen
- Sachanlagen

Wie Sie schon hier erkennen, eine Reduktion der Komplexität macht Sinn, da die Analytik einfacher wird und wir damit auch mit mehr Begeisterung an die Aufgabe herangehen.

b) Umlaufvermögen in der Struktur-Bilanz

Auch hier können wir es uns leichter machen, in dem wir unsere Darstellung auf die drei Hauptgliederungspunkte des Umlaufvermögens als ebenfalls kumulierte Darstellungen konzentrieren und daneben aber noch nicht durch Eigenkapital gedeckte Fehlbeträge separat ausweisen, denn diese Information ist ja wichtig. Die aktivischen Rechnungsabgrenzungsposten könnten wir zu den Forderungen addieren, da sie ja ihrem Wesen nach *forderungsnah* sind. Die sonstigen Vermögensgegenstände machen uns sowieso keine Probleme, zählen sie doch bereits zu den Forderungen. Damit sähe die Untergliederung des Umlaufvermögens folgendermaßen aus.

- Vorräte
- Forderungen und sonstige Vermögensgegenstände
- Kasse, Bank, Schecks und Wertpapiere
- Nicht durch Eigenkapital gedeckter Fehlbetrag

c)   Finale Struktur der Aktivseite innerhalb der Strukturbilanz

9   Werfen wir die oben gruppierten aktivischen Positionen zusammen, erhalten wir folgendes Bild:

Aktiva

   Ausstehende Einlagen

   I.   Immaterielle Wirtschaftsgüter und Finanzanlagen
   II. Sachanlagen
   A   Summe Anlagevermögen

   I.   Vorräte
   II. Forderungen und sonstige Vermögensgegenstände   (inkl. RAP)
   III. Kasse, Bank, Schecks und Wertpapiere
   B   Summe Umlaufvermögen

   Nicht durch Eigenkapital gedeckter Fehlbetrag

Summe Aktiva

---

10   Das sieht doch gut aus und erfüllt unsere Forderungen, Reduktion der Komplexität bei Erhalt der wesentlichen Informationen.

Wir haben das Format auch gleich so dargestellt, wie es im MS Excel basierten Modell erscheint, denn ab diesem Zeitpunkt müssen wir uns an diese Darstellungen immer mehr gewöhnen, da wir im Folgekapitel bei der Berechnung der Detailkennzahlen und der weiteren Interpretation der Zahlenlage sehr stark auf die Möglichkeiten von MS Excel zurückgreifen werden.

2.   Passivseite der Struktur-Bilanz

11   Hier brauchen wir unsere Meinung nach nur 3 Hauptuntergliederungen

- Eigenkapital
- Rückstellungen
- Verbindlichkeiten

a)   Eigenkapital in der Struktur-Bilanz

12   Eigentlich können wir das gesamte Eigenkapital, so wie in der Detailbilanz ausgewiesen, hier übernehmen. Häufig sieht man hier aber bei einer Position eine Korrektur. Die *Sonderposten mit Rücklageanteil* werden bisher von den Banken bei Ihren Bilanzanalysen häufig nur zur Hälfte dem Eigenkapital zugeordnet, die anderen 50% werden dementsprechend den Verbindlichkeiten zugeordnet. Dies hat folgenden Hintergrund. Bei dieser Position, die wie der Name schon sagt, den Rücklagen zugeordnet wird, also versteuerten Geldern, sind auch Summen zu finden, die zweckgebunden sind. Der Gesetzgeber erlaubt es ja in gewissen Fällen, Überschüsse durch eine Ansparabschreibung nicht der Versteuerung zu unterziehen, wenn eine Verpflichtung eingegangen wird, diese Summen innerhalb eines fest definierten Zeitraumes wieder zweckgebunden zu reinvestieren.

Schauen wir doch wieder einmal bei Wikipedia nach.   13

Dort finden wir am 9. Januar 2009 unter http://de.wikipedia.org/wiki/Ansparabschreibung:

Unternehmen können für die künftige Anschaffung oder Herstellung eines Wirtschaftsgutes gem. § 7g Einkommensteuergesetz eine den Gewinn mindernde Rücklage bilden (Ansparabschreibung).

Sobald für das Wirtschaftsgut Abschreibungen vorgenommen werden dürfen, ist die Rücklage in Höhe von 40 vom Hundert der Anschaffungs- oder Herstellungskosten Gewinn erhöhend aufzulösen.

Wird die Investition nicht vorgenommen, ist die Ansparrücklage spätestens am Ende des zweiten, auf die Bildung der Rücklage folgenden Wirtschaftsjahres Gewinn erhöhend aufzulösen.

Betragen die Anschaffungs- bzw. Herstellungskosten weniger als geplant, so ist der Gewinn ebenfalls   14
um 6 vom Hundert der Differenz der gebildeten Ansparabschreibung zu erhöhen….Zu beachten ist, dass die bei Bildung der Ansparrücklage genannten Wirtschaftsgüter (z. B. Anschaffung eines Pkw) später auch wie geplant angeschafft oder hergestellt werden müssen. Ist zum Beispiel für die Anschaffung eines Pkw eine Ansparrücklage gebildet worden, darf hierfür später kein Lkw angeschafft werden. Zumindest müssen die Wirtschaftsgüter funktionsidentisch sein. Statt der geplanten Anschaffung eines Mercedes darf somit ein BMW angeschafft werden, weil beide Wirtschaftsgüter funktionsidentisch sind.

In der Praxis hat die Ansparabschreibung dazu geführt, dass besonders finanziell schwache Unternehmen sich durch Bildung von solchen Rücklagen „Steuerstundungen" erschlichen haben. Die Planung einer Anschaffung wurde dem Finanzamt vorgetäuscht. Das geht gut, wenn im Zeitpunkt der Auflösung der Rücklage genügend Liquidität vorhanden ist. Fehlt diese, droht die Vollstreckung der aufgelaufenen Steuern. Die Bildung einer Folge-Ansparabschreibung im Auflösungsjahr kann zu einer weiteren Steuerstundung führen. Es ist aber damit zu rechnen, dass diese „Blase" irgendwann platzt und das Unternehmen insolvent ist. Deshalb ist es ratsam, sich vor Bildung einer Ansparabschreibung in Hinblick auf den Stundungseffekt steuerlich beraten zu lassen.

Man hat damit versucht, bei Unternehmen Investitionsanreize zu schaffen. Wir erkennen aber auch   15
an der Zweck- und Zeitgebundenheit, dass diese Positionen aufzulösen und damit zu versteuern sind, werden die gemachten Zusagen nicht eingehalten. Aus diesem Grund argumentieren Banken häufiger aus einer konservativen Perspektive, dass 50% der Sonderposten keinen Teil des bereits versteuerten Eigenkapitals darstellen. Dann werden die Sonderposten je zur Hälfte dem Eigen- und Fremdkapital zugeschrieben.

Dies ist für uns aber auch nicht weiter hinderlich, denn wir haben im MS Excel Berechnungstool im Tabellenblatt *Basis Informationen* eine Abfrage integriert, zu viel Prozent die Sonderposten mit Rücklageanteil dem Eigenkapital zuzurechnen sind. Der Standardfall, mit dem wir auch rechnen werden, ist aber eine 100 prozentige Zuordnung zum Eigenkapital. Tragen wir aber einen Wert von 50% ein, so rechnet MS Excel im Tabellenblatt *Struktur-Bilanz* je 50% der Sonderposten mit Rücklageanteil dem Eigen- und dem langfristigen Fremdkapital zu.

Schauen wir uns die Einstellung im Excel Tool Tabellenblatt Basis Informationen einmal an.   16

Im mittleren Block sehen Sie die besagten Einstellungen zu den Sonderposten mit Rücklageanteil (SOPOs). Sollten Sie lediglich 50% der SOPOs dem Eigenkapital zuordnen wollen, geben Sie bitte jeweils 50% manuell ein und die Strukturbilanz wird entsprechend aufgebaut.

4

Jahre	2006	2007	2008
Periode	-2	-1	0
Einheit	**Tsd. EUR**	**Tsd. EUR**	**Tsd. EUR**
Umsatz bzw. Mehrwertsteuer in %	16,0%	19,0%	19,0%
Umsatz bzw. Mehrwertsteuerfaktor	1,16	1,19	1,19
Einkaufsvolumen national	100%	100%	100%
Exportquote	0%	0%	0%
Tage p.a. (Arbeits- oder Kalendertage)	365	365	365

	2006	2007	2008
Sonderposten mit Rücklageanteil (unversteuerte Rücklagen) Zurechnung zu Eigenkapital mit (nach neuem Recht - BilMoG - hier immer 100% stehen lassen)	100%	100%	100%

	2006	2007	2008
Subordinierte Darlehen	0,00	0,00	0,00

17   Nach neuem Recht (BilMoG) werden wir diesen Posten (Sonderposten mit Rücklageanteil) aufgrund des Wegfalls der umgekehrten Maßgeblichkeit nicht mehr finden und das Problem hat sich von alleine gelöst[1].

Im Excel Tool lassen Sie dann bitte jeweils die 100% stehen.

b)   Rückstellungen in der Struktur-Bilanz

18   Auch hier ist unsere Aufgabe nicht schwierig, denn wir machen eine Unterscheidung zwischen lang- und kurzfristigen Rückstellen. Solange wir keine weiterführenden Details haben, argumentieren wir, dass die Pensionsrückstellungen langfristigen, die Steuer- und sonstigen Rückstellungen kurzfristigen Charakter haben. Diese Unterteilung ist notwendig, wenn wir uns später bei den Detailkennziffern noch verschiedene Arten von Eigenkapitaldefinitionen anschauen. Wir werden dann nämlich zwischen bilanziellem, haftendem und wirtschaftlichem Eigenkapital differenzieren und hier spielen Sonderposten sowie auch die langfristigen Rückstellungen noch einmal eine besondere Rolle. An dieser Stelle möchten wir aber darauf hinweisen, dass die gerade erläuterte Aufstellung in lang- und kurzfristige Rückstellungen von uns so angenommen wurde, jedoch für Sie keinen Standardfall darstellen kann. Haben Sie weitergehende Informationen und/oder wenn Sie Ihr eigenes Unternehmen später analysieren, sollten Sie im MS Excel Tool bei der Struktur-Bilanz die entsprechenden Zuordnungen anpassen.

---

1   Nochmals, dies heißt nicht, dass die Möglichkeiten der Ansparabschreibung mit dem BilMoG nicht mehr gegeben sind, allerdings erfolgt der Ausweis über die latenten Steuern. Lesen Sie ansonsten vorne im Kapitel § 3 Einstieg in die Bilanzanalyse am konkreten Beispiel GH Mobile nochmals nach. (§3, D, II, d).

c)   Verbindlichkeiten in der Struktur-Bilanz

Auch hier schlagen wir analog zu den Rückstellungen eine Aufteilung in lang- und kurzfristige Verbindlichkeiten vor.   19

Die langfristigen Verbindlichkeiten setzen sich zusammen aus:

- Anleihen, davon konvertibel
- Verbindlichkeiten gegenüber Kreditinstituten
- Verbindlichkeiten gegenüber verbundenen Unternehmen
- Verbindlichkeiten gegenüber Unternehmen, mit denen ein Beteiligungsverhältnis besteht
- Anteil der SOPOS mit Zuordnung zum Fremdkapital

Die kurzfristigen Verbindlichkeiten habe folgende Zusammensetzung: 20

- Verbindlichkeiten aus Lieferungen & Leistungen (L&L)
- Sonstige Verbindlichkeiten
- Wechselverbindlichkeiten
- Anzahlungen
- Passivische Rechnungsabgrenzungsposten

Und wie wir bereits gerade ausgeführt haben, rechnen wir gerne noch die   21

- Steuerrückstellungen
- Sonstige Rückstellungen

den kurzfristigen Verbindlichkeiten hinzu. Dies tun wir wie gesagt immer dann, wenn wir keine weitergehenden Informationen zur Fristigkeit der Steuer- und sonstigen Rückstellungen haben. Wir unterstellen dann, dass es sich dabei um kurzfristige Positionen (kleiner 1 Jahr) handelt. Wir wissen außerdem, dass Rückstellungen Teil des Fremdkapitals sind.

Die ersten vier Positionen sind wohl klar, bei den passivischen Rechnungsabgrenzungsposten handelt es sich noch um Schulden. Entweder sind bereits Lieferungen eingetroffen, aber die Rechnung fehlt noch und somit können keine Verbindlichkeiten aus L&L gebucht werden oder alternativ haben wir bereits Zahlungen erhalten, denen aber noch ein Leistungsversprechen gegenübersteht, dass allerdings erst in der nächster Periode einzulösen ist.   22

Es handelt sich aber in jedem Fall um eine Art kurzfristiger Verbindlichkeit, die dementsprechend auch der Kurzfristposition zugeordnet werden kann.

d) Finale Struktur der Passivseite innerhalb der Strukturbilanz

Damit können wir die Passivseite der Bilanz aber auch folgendermaßen komprimiert darstellen und Sie werden mir zustimmen, dass sieht doch schon ganz anders aussieht, als die zuvor betrachtete Detailbilanz.   23

Passiva	
A Eigenkapital	
B Rückstellungen (langfristig)	
C Verbindlichkeiten	
davon langfristig	(KI, Anleihen, Bet., verb. U.)
davon kurzfristig (inkl. kfr. Rückstellungen)	(L&L, Wechsel, Sonst., RAP, kfr. Rückst.)
Summe Passiva	

24   Jetzt haben wir unser Ziel erreicht und ein sehr detailliertes Zahlenwerk in ein überschaubares Format überführt, ohne aber wesentlichen Informationsverlust zu erleiden.

Dann können wir uns ja auch einmal die gesamte Struktur-Bilanz mit den Zahlen der bisher betrachteten Perioden anschauen und unsere Vereinfachung bestaunen.

II.   Die Struktur-Bilanz mit Zahlen

		Tsd. EUR 2006 -2		Tsd. EUR 2007 -1		Tsd. EUR 2008 0	
(Kalender) Jahr / **Periode**							
Aktiva							
	Ausstehende Einlagen	0,00	0%	0,00	0%	0,00	0%
I.	Immaterielle Wirtschaftsgüter und Finanzanlagen	235,40	2%	235,40	2%	235,40	2%
II.	Sachanlagen	1.016,20	9%	658,00	7%	235,00	2%
A	**Summe Anlagevermögen**	1.251,60	11%	893,40	9%	470,40	4%
I.	Vorräte	6.211,80	54%	5.242,50	52%	6.827,40	60%
II.	Forderungen und sonstige Vermögensgegenstände (inkl. RAP)	1.008,80	9%	653,30	7%	1.433,60	13%
III.	Kasse, Bank, Schecks und Wertpapiere	3.012,70	26%	3.222,40	32%	2.679,70	23%
B	**Summe Umlaufvermögen**	10.233,30	89%	9.118,20	91%	10.940,70	96%
	Nicht durch Eigenkapital gedeckter Fehlbetrag	0,00	0%	0,00	0%	0,00	0%
	Summe Aktiva	11.484,90	100%	10.011,60	100%	11.411,10	100%
Passiva							
A	**Eigenkapital**	1.128,50	10%	1.350,80	13%	1.357,10	12%
B	**Rückstellungen (langfristig)**	547,90	5%	689,60	7%	710,00	6%
C	**Verbindlichkeiten**	9.808,50	85%	7.971,20	80%	9.344,00	82%
	davon langfristig (KI, Anleihen, Bet., verb. U.)	7.129,00	62%	4.148,20	41%	3.969,10	35%
	davon kurzfristig (inkl. kfr. Rückstellungen) (L&L, Wechsel, Sonst., RAP, kfr. Rückst.)	2.679,50	23%	3.823,00	38%	5.374,90	47%
	Summe Passiva	11.484,90	100%	10.011,60	100%	11.411,10	100%

Sieht doch klasse aus oder?

25   Übrigens, hätten wir eine nur 50%ige Zurechnung der Sonderposten mit Rücklageanteil im Excel Tabellenblatt Basis Informationen eingestellt, so sähe die Strukturbilanz jetzt auf der Passivseite ein wenig anders aus. Das Eigenkapital ist genau um die 50% der SOPOs gekürzt, die langfristigen Verbindlichkeiten hingegen um den gleichen Betrag gestiegen. Die Bilanzsumme hingegen ist natürlich in allen drei Perioden konstant geblieben.

Vergleichen Sie doch einmal selbst!

(Kalender) Jahr		Tsd. EUR 2006		Tsd. EUR 2007		Tsd. EUR 2008	
Periode		-2		-1		0	
Aktiva							
Ausstehende Einlagen		0,00	0%	0,00	0%	0,00	0%
I. Immaterielle Wirtschaftsgüter und Finanzanlagen		235,40	2%	235,40	2%	235,40	2%
II. Sachanlagen		1.016,20	9%	658,00	7%	235,00	2%
A *Summe Anlagevermögen*		**1.251,60**	**11%**	**893,40**	**9%**	**470,40**	**4%**
I. Vorräte		6.211,80	54%	5.242,50	52%	6.827,40	60%
II. Forderungen und sonstige Vermögensgegenstände	(inkl. RAP)	1.008,80	9%	653,30	7%	1.433,60	13%
III. Kasse, Bank, Schecks und Wertpapiere		3.012,70	26%	3.222,40	32%	2.679,70	23%
B *Summe Umlaufvermögen*		**10.233,30**	**89%**	**9.118,20**	**91%**	**10.940,70**	**96%**
Nicht durch Eigenkapital gedeckter Fehlbetrag		0,00	0%	0,00	0%	0,00	0%
Summe Aktiva		**11.484,90**	**100%**	**10.011,60**	**100%**	**11.411,10**	**100%**
Passiva							
A *Eigenkapital*		**938,20**	**8%**	**1.160,50**	**12%**	**1.165,45**	**10%**
B *Rückstellungen (langfristig)*		**547,90**	**5%**	**689,60**	**7%**	**710,00**	**6%**
C *Verbindlichkeiten*		**9.998,80**	**87%**	**8.161,50**	**82%**	**9.535,65**	**84%**
davon langfristig	(KI, Anleihen, Bet., verb. U.)	7.319,30	64%	4.338,50	43%	4.160,75	36%
davon kurzfristig (inkl. kfr. Rückstellungen)	(L&L, Wechsel, Sonst., RAP, kfr. Rückst.)	2.679,50	23%	3.823,00	38%	5.374,90	47%
Summe Passiva		**11.484,90**	**100%**	**10.011,60**	**100%**	**11.411,10**	**100%**

Wenn uns dies mit der Bilanz geglückt ist, können wir auch den Versuch mit der GuV starten, ebenfalls die Komplexität zu reduzieren und eine Struktur-GuV zu entwickeln.

III.   Die Struktur-GuV

Die Struktur-GuV ist eigentlich leichter als die Struktur-Bilanz, denn wir haben keine 2 Seiten, die wir vereinfachend zusammenfassen müssen.   26

Wenn wir nochmals auf die detaillierte GuV schauen, erkennen wir hier wieder die Saldi, die uns beim ersten Analysedurchlauf bereits von großem Nutzen waren, da sie ja bereits Teilkomponenten der GuV immer zusammenfassen und uns damit ja eigentlich schon einen Plan für die Struktur-GuV vorgeben.

Daher machen wir Ihnen auch sofort einen an die ausgewiesenen Saldi angelegten Gliederungsvorschlag – unsere Meinung nach sollten wir die GuV folgendermaßen vereinfachen   27

- **Gesamterlöse/Umsatzerlöse**
- *Betriebsleistung*
- *Bruttoertrag/Rohertrag/Wertschöpfung*
- *Gesamtaufwand (ohne Material und bezogene Waren/Leistungen, die sind bereits im Bruttoertrag zur Anrechnung gekommen)*
- *Betriebsergebnis*
- *Finanzergebnis*
- *Ergebnis der gewöhnlichen Geschäftstätigkeit (EGT)*
- *Außerordentliches Ergebnis*
- *Ergebnis vor Steuern*
- *Steuern*
- *Jahresüberschuss/Jahresfehlbetrag*

28 Jetzt könnten Sie an dieser Stelle aber einhaken und zu Recht behaupten, dass wir ja bei manchen Saldi wesentliche Informationen dann nicht mehr ausweisen, z.B. die Kosten für Kredite, also die Zinsaufwendungen. Ein anderes Beispiel für wichtige Informationen wären die Abschreibungen. Und? Wir haben doch das Original und wann immer wir tiefer einsteigen wollen oder dezidierte Fragen haben, die sich aus den strukturierten Darstellungen nicht beantworten lassen, dann schlagen wir einfach bei der Detail-GuV nach. So werden wir auch bei der (Struktur) Bilanz verfahren.

Bitte vergessen wir nicht, dass durch eine Reduktion der Komplexität, die wir in unseren Fällen durch Zusammenfassung mehrerer Unterpositionen erzielen, immer gewisse Informationsbestände dann nicht mehr offen aufliegen, aber so lange wir die Quelle der vereinfachten Zahlenwerke auch sofort einsehen können, ist dies kein Problem.

29 Dann schauen wir uns die Struktur-GuV doch einmal mit Zahlen und in dem Format an, welches wir vorgeschlagen haben.

IV. Die Struktur-GuV mit Zahlen

(Kalender) Jahr Periode	Tsd. EUR 2006 -2		Tsd. EUR 2007 -1		Tsd. EUR 2008 0	
Gesamterlöse/Umsatzerlöse	22.168,10	100%	22.718,10	100%	19.150,20	100%
Betriebsleistung	22.778,10	103%	21.754,80	96%	20.735,10	108%
Bruttoertrag/Rohertrag/Wertschöpfung	5.232,60	24%	4.981,50	22%	4.377,60	23%
Gesamtaufwand (ohne Material und bezogene Waren/Leistungen)	4.998,60	23%	4.414,50	19%	4.166,10	22%
Betriebsergebnis	234,00	1%	567,00	2%	211,50	1%
Finanzergebnis	-249,30	-1%	-219,60	-1%	-198,90	-1%
Ergebnis der gewöhnlichen Geschäftstätigkeit (EGT)	-15,30	0%	347,40	2%	12,60	0%
Außerordentliche Ergebnis	10,80	0%	-2,70	0%	-3,60	0%
Ergebnis vor Steuern	-4,50	0%	344,70	2%	9,00	0%
Steuern	0,00	0%	122,40	1%	5,40	0%
Jahresüberschuss/Jahresfehlbetrag	-4,50	0%	222,30	1%	3,60	0%

Na also – auch hier können wir sagen: Ziel erreicht!

V. Weitere Vorab-Auswertungen

30 Neben den Umrechnungen von Detail-Bilanz zu Struktur-Bilanz und Detail-GuV zu Struktur-GuV bietet das MS Excel basierte Analysetool auch noch folgende Darstellungen an:

- Bilanz in % bzw. GuV in %
- Bilanz Veränderungen und GuV Veränderungen, jeweils zur Vorperiode.

Wir haben bereits in den Detail Darstellungen prozentuale Größen jeweils rechts von den periodischen Werten ausgewiesen, aber in den Excel Tabellenblättern Bilanz in % bzw. GuV in % werden beide Zahlenwerke separat auch noch einmal nur mit Prozentangaben ausgewiesen. Dies hat auch wieder seine Gründe in der Vereinfachung, da das menschliche Auge so direkt nebeneinander liegende Veränderungen feststellen kann und nicht immer Zellen überspringend lesen muss.

Die zweite angebotene separate Darstellung betrifft die jeweilige Veränderung zur Vorperiode in absoluten Werten. Damit können Kapitalflüsse von einer auf die nächste Periode besser erkannt und auch abgegriffen werden. Diese Veränderungen werden in der Kapitalflussrechnung (in englischen sagen wir Cash Flow Rechnung) benötigt. Auf diese genauere Kapitalflussrechnung wollen wir aber im Detail nicht explizit eingehen, da sie ein wenig komplexer und für die Analysen, die wir betreiben, aus unserer Sicht von untergeordneter Bedeutung ist.

Nehmen Sie sich einfach einige Minuten Zeit und schauen sich die Auswertungen einmal an. Sie werden sehen, Sie verstehen sofort, was hier von uns gemacht wurde. Und betrachten Sie diese dann einfach als Zusatzauswertungen und -informationen.

31

4

§ 5 Detailanalysen am konkreten Beispiel der GH Mobile

A. Die Kennzahl – das geheimnisvolle Wesen

1 Jetzt ist die Zeit gekommen, noch tiefer in die Zahlenwerke einzusteigen und unsere Erkenntnisse aus dem ersten Analysedurchlauf zu erhärten bzw. die Ursachen weiter zu ergründen.

Dazu werden sehr häufig Kennzahlenberechnungen aus verschiedensten Perspektiven gemacht. Häufig hört man auch den Begriff *Kennziffern*. Man kann nämlich nachweisen, und das ist wissenschaftlich mit den so genannten *Multiplen Diskriminanzanalysen* sogar bestätigt, dass Kennzahlengruppen mit gewissen Werten eindeutig nachweisen können, ob Unternehmen Bonitätsproblemen entgegenlaufen.

2 Hier spielt die Statistik und besonders Regressions- und darauf aufbauende Varianzanalysen eine entscheidende Rolle und daher wollen wir auf die wissenschaftliche Basis nicht weiter eingehen.

Leider steht uns bei Kennzahlenanalysen aber immer ein Problem im Weg. Es gibt keine allgemein gültige Definition. Für eine laut Bezeichnung identische Kennzahl gibt es sehr häufig viele verschiedene Berechungsansätze, die auch noch zu verschiedenen Ergebnissen führen.

> **Beispiel:**
>
> Sie lesen bei einer Bilanzanalyse:
>
> Das Unternehmen besticht durch eine Umsatzrendite von 10%!

3 Das hört sich sofort toll an, denn bereits das Wort ‚*besticht*' ist in seiner Wahrnehmung *positiv* belegt. Bevor wir aber dem glauben schenken, was uns hier vorgelegt wurde, müssen wir leider auch noch wissen, wie die Berechnung im Detail gemacht wurde. Generell ist die Umsatzrendite ein Quotient, der sich im Zähler durch eine Ergebnisgröße und im Nenner durch den Gesamtumsatz berechnet. Die Umsatzrendite besagt, wie viel Ergebnis mit jedem Verkaufs-Euro erzielt wird. Nur wie ist die Ergebnisgröße definiert?

- Das Betriebsergebnis?
- Das EGT?
- Das Ergebnis vor Steuern?
- Der Jahresüberschuss, also das Ergebnis nach Steuern?
- Wurden Bereinigungen vorgenommen, Einmaleffekte herausgerechnet?
- Wurde im Nenner wirklich der Umsatz angesetzt? Manchmal sieht man auch die Betriebsleistung im Nenner und man spricht trotzdem von Umsatzrendite
- In welcher Branche arbeitet das Unternehmen?
- Ist es ein produzierendes, Handels- oder Dienstleistungsunternehmen?
- Welche Umsatzrendite wurde im Vorjahr ausgewiesen

Sie sehen, ohne weitergehende Informationen sagen Ihnen die 10% nicht viel.

Daher hat eine Kennzahlenanalyse immer auch einen subjektiven Charakter. Und vergessen wir dann eines auch nicht. Wenn es viele unterschiedliche Definitionen für eine Kennziffer gibt, dann können wir uns auch immer den für uns günstigsten Berechnungsansatz heranziehen, damit unser Ergebnis *optisch besser* wird.

Daher merken Sie sich Folgendes:

> Vertrauen Sie keiner Kennzahlenanalyse, die Sie nicht selbst im Detail nachgerechnet haben oder bei der Sie die Definition der eingehenden Berechnungsparameter nicht genau kennen!

Die fehlende Standarddefinition macht es dann auch schwierig, Unternehmen zu vergleichen, wenn ich zwar die Kennzahlen habe, aber die Berechnungsgrundlage nicht kenne. Allzu häufig vergleicht man Äpfel mit Birnen. Die getroffenen Aussagen haben dann natürlich auch einen Wert, der gegen Null tendiert.

Von daher werden wir bei den folgenden Detailanalysen immer eine aus unserer Sicht richtige oder logische Definition wählen. Wir werden uns diese Definition dann allerdings bei Berechnung der eingehenden Parameter auch im Detail ansehen, d.h. die Elemente Schritt für Schritt ausweisen und gemeinsam die Berechnung tätigen. Aber nochmals – sollten Sie vertiefend in anderen Büchern oder im Internet nachlesen, dann werden Sie sicherlich auch andere Definitionen für die gleiche Kennzahl finden. Dies ist ärgerlich, aber wir müssen leider damit leben. Sie können damit den Autoren natürlich auch nicht falsche Berechnungen unterstellen, es ist eben subjektiv.

Eines werden Sie allerdings mit der Zeit erkennen. Es gibt gewisse Berechnungen, die auch objektiv ‚richtiger' als andere sind. Und je mehr Sie sich mit bilanzieller Analytik beschäftigen, desto mehr erkennen Sie auch sofort, ob mittels einer bestimmten Kennzahl und deren teils eigenwilliger Berechnung Kosmetik betrieben werden soll.

B.   Vorgehensweise

Wir werden unsere Kennzahlenanalyse in mehrere Gruppen von Kennzahlen aufteilen. In jeder Gruppe werden wir jede Kennzahl zunächst verbal vorstellen, d.h. wir werden uns zunächst vor der Berechnung Gedanken darüber machen, was diese Kennziffer eigentlich besagt. Dann werden wir die eingehenden Rechenparameter in die jeweiligen Bestandteile zerlegen und auch herausstellen, warum die jeweiligen GuV und/oder Bilanzgrößen mit eingehen. Dann werden wir rechnen und das Ergebnis argumentativ einordnen. Ist die berechnete Größe als gut, mittel oder schlecht zu würdigen? Sehr häufig werden wir auch mit Schulnoten von 1 (sehr gut) bis 5 (mangelhaft) argumentieren.

Es ist allerdings wichtig, bei diesen Eingruppierungen immer zu berücksichtigen, dass dies für einen Normalfall zutrifft. Mischformen, spezielle Ausprägungen oder Branchen- und Konjunkturbesonderheiten prägen auch andere Kennzahlen aus.

Außerdem müssen wir immer noch eine Sache berücksichtigen. Ein Krankenhaus oder die Deutsche Telekom sind von Ihrer Branche her als Dienstleister einzustufen. Aber Sie können beide Dienstleister nicht mit einem Software- oder einem Beratungshaus vergleichen, obwohl diese auch der Kategorie Dienstleister zuzuordnen sind. Daher kommt es innerhalb eines Segments ganz häufig darauf an, die Kapitalstruktur (wie viel Kapital wird benötigt und wie viel davon ist in aller Regel Fremdkapital) und die Kapitalintensität zu betrachten. Die deutsche Telekom und ein Krankenhaus sind von ihrer Kapitalstruktur und Kapitalintensität einem produzierenden Unternehmen viel näher als einem Dienstleistungsunternehmen.

Alle Kennzahlen und Kennzahlengruppen finden Sie auch 1:1 im MS Excel basierten Berechnungstool, so dass Sie entweder mit Taschenrechner oder PC parallel arbeiten oder später die Schritte nachvollziehen können.

8   Wie Sie wahrscheinlich schon gelesen haben, liegen eine fertige und unfertige (Arbeits)Version des Excel Tools im Internet auf der Homepage unserer Akademie unter www.ifak-bgl.com und/oder beim Gabler Verlag unter www.gabler-steuern.de zum Download bereit. In der fertigen Variante sind alle Felder gepflegt und die Werte werden automatisch berechnet. Voraussetzung dafür ist natürlich, dass Werte zuvor in die GuV und Bilanz eingegeben wurde. Außerdem sind auch in dem Tabellenblatt *Basis Informationen* einige Angaben zu pflegen. Diese von Ihnen z.B. mit Angaben des eigenen Unternehmens zu pflegenden Daten erkennen Sie aber daran, dass *Eingabefelder immer gelb markiert sind*.

Die Haupteingabe-Tabellenblätter sind unten in der Leiste in MS Excel *ebenfalls gelb markiert*.

C.   Die Analysefelder

9   Auch jene Gruppen, denen gewisse Kennzahlen zugeordnet werden, sind nicht einheitlich definiert und haben auch keine einheitlichen Namen. Von daher kann es durchaus passieren, dass Sie bei anderen Autoren die später von uns diskutierten und berechneten Kennzahlen anderen oder anders bezeichneten Analysegruppen zugeordnet sehen. Wir müssen auch hier wieder auf die Subjektivität verweisen.

In unserem Fall haben wir uns entschlossen, folgende Analysegruppen vorzuschlagen und sukzessiv abzuarbeiten.

- Vermögenskennzahlen
- Kapitalstrukturkennzahlen
- Liquiditäts- und Finanzkraft bzw. Finanzierungskennzahlen
- Erfolgsstrukturkennzahlen
- Rentabilitätskennzahlen
- Sonstige Kennzahlen

10   Alle erklärten und berechneten Kennzahlen werden danschließend nochmals zusammengefasst, wobei dann nur noch die Ergebnisse dargestellt werden. Dies finden Sie im Tabellenblatt *Kennzahlenübersicht*.

Dann lassen Sie uns starten.

I.   Vermögenskennzahlen

11   Der Name dieser Analysegruppe verrät natürlich sofort, worum es im Folgenden gehen wird. Wir wollen das Vermögen der GH Mobile näher untersuchen und damit unsere anfängliche Analyse noch weiter vertiefen. Dies tun wir mit Kennzahlen.

Bevor wir einsteigen, lassen sie uns zunächst einen Blick auf diese Kennzahlen werfen. Wir werden dann allerdings sukzessive jede Kennzahl erklären, so dass bei diesem Überblick keine weiteren Erläuterungen folgen.

Die Reihenfolge der jetzt anschließend erläuterten Kennzahlen ist nicht von Bedeutung. Dann schau- 12
en wir uns die von uns genutzten Vermögenskennzahlen[1] einmal im Überblick an.

Definitionen von Kennzahlen zur Vermögenstruktur				
Vermögensstruktur			2006 -2	2007 -1	2008 0
Gesamtkapitalumschlag (Faktor) (Wie häufig wird das Kapital auf Basis der Erlöse umgeschlagen?) oder (Wie hoch ist die Rotations- bzw. Reproduktionsgeschwindigkeit des eingesetzten Kapitals?)	Zähler	Gesamterlöse	22.168,10	22.718,10	19.150,20
	Nenner	Bilanzsumme	11.484,90	10.011,60	11.411,10
	Ergebnis	*Division*	1,93	2,27	1,68
Anlagenintensität (%) (Wie viel % der Bilanzsumme steckt im Anlagevermögen ?) (Gibt einen Hinweis auf die Investitionstätigkeit und Flexibilität)	Zähler	Summe Anlagevermögen	1.251,60	893,40	470,40
	Nenner	Bilanzsumme	11.484,90	10.011,60	11.411,10
	Ergebnis	*Division x 100*	10,90%	8,92%	4,12%
Vorratsumschlag (Faktor) (Wie häufig werden die Bestände auf Basis der Erlöse umgeschlagen?) (Je höher der Bestandsumschlag, desto besser, da wenig gebundenes Kapital)	Zähler	Gesamterlöse	22.168,10	22.718,10	19.150,20
	Nenner	Summe Vorräte	6.211,80	5.242,50	6.827,40
	Ergebnis	*Division*	3,57	4,33	2,80
Vorräte zu Umsatz (%) (Kehrwert zum Vorratsumschlag in %) Wie viel Prozent des Umsatzes machen die Vorräte aus?	Zähler	Summe Vorräte	6.211,80	5.242,50	6.827,40
	Nenner	Gesamterlöse	22.168,10	22.718,10	19.150,20
	Ergebnis	*Division x 100*	28,0%	23,1%	35,7%
Reichweite Bestände (Tage) Berechnungsalternative 1: Für wie viele Tage reichen die Bestände, gemessen an Umsatz/Kalendertagen?	Zähler	Tage	365	365	365
	Nenner	Vorratsumschlag	3,57	4,33	2,80
	Ergebnis	*Division*	102,28	84,23	130,13
Berechnungsalternative 2:	Zähler	Tage * Summe Vorräte	2.267.307,00	1.913.512,50	2.492.001,00
	Nenner	Gesamterlöse	22.168,10	22.718,10	19.150,20
	Ergebnis	*Division*	102,28	84,23	130,13
Reichweite Bestände (Jahresüberschuss als Basis) (Tage und Jahre) (Für wie viele Tage reichen die Bestände, gemessen an Ergebnistagen nach Steuern d.h. Jahresüberschuss?)	Zähler	Tage * Summe Vorräte	2.267.307,00	1.913.512,50	2.492.001,00
	Nenner	Jahresüberschuss	-4,50	222,30	3,60
	Ergebnis	*Division* (Tage) Jahre	-503.846,00 -1.380,40	8.607,79 23,58	692.222,50 1.896,50

---

1   Dabei handelt es sich um eine Gruppe, mit denen wir gute Erfahrungen gemacht haben. Es gibt aber noch weitere Vermögenskennzahlen. Uns geht es hier nicht um eine vollständige Abarbeitung aller möglichen Kennzahlen, sondern um eine aus unserer Erfahrung gute Zusammenstellung von möglichen Kennzahlen, mit denen man Unternehmen umfassend analysieren kann. Auch bei den weiteren Gruppen (Kapitalstruktur-, Liquiditätskennzahlen, etc.) erheben wir keinen Anspruch auf Vollständigkeit.

Definitionen von Kennzahlen zur Vermögenstruktur (Fortsetzung)					
Vermögensstruktur			**2006** -2	**2007** -1	**2008** 0
Umschlagsdauer Umlaufvermögen (Tage) (Wie lange dauert es, bis das kurzfristig gebundene Kapital durch Erlöse umgeschlagen bzw. reproduziert wird?) (Gibt Auskunft über die Kapitalrentabilität und das NUV Management)	Zähler	Summe Umlaufvermögen	10.233,30	9.118,20	10.940,70
	Nenner	Gesamterlöse	22.168,10	22.718,10	19.150,20
	Ergebnis	*Division x Tage*	168,49	146,50	208,53
Debitorenziel (Tage) (Wie viele Tage dauert es im Schnitt, bis Forderungen eingehen?) (Gibt Auskunft über die Effizienz des Forderungsmanagements)	Zähler	Forderungen	1.008,80	653,30	1.433,60
	Nenner	Gesamterlöse	22.168,10	22.718,10	19.150,20
		Gesamterlöse erhöht um Mwst.	25.715,00	27.034,54	22.788,74
		korrigiert um Exportquote	25.715,00	27.034,54	22.788,74
	Ergebnis	*Division x Tage*	14,32	8,82	22,96
Kreditorenziel (Tage) (Wie viele Tage dauert es im Schnitt, bis Verbindlichkeiten gezahlt werden?) (Gibt Auskunft über die Effizienz der Skontoziehung und der Zahlungssaldi)	Zähler	Verbindlichkeiten aus L&L	1.035,90	1.513,80	3.393,70
	Nenner	Material & bez. Leistungen Bestandsveränderungen RHBs Handelswaren Gesamt	17.545,50 k.A. k.A. #WERT!	16.773,30 -740,40 -222,90 15.810,00	16.357,50 527,60 1.057,30 17.942,40
		erhöht um Vorsteuer	#WERT!	18.339,60	21.351,46
		korrigiert um Beschaffungen im Ausland	#WERT!	18.339,60	21.351,46
	Ergebnis	*Division x Tage*	#WERT!	30,13	58,01
Reichweite Liquide Mittel (Tage) (Für wie viele Tage reichen die liquiden Mittel?) (Gibt Auskunft über die Zahlungsfähigkeit)	Zähler	Liquide Mittel	3.012,70	3.222,40	2.679,70
	Nenner	Umsatzerlöse	22.168,10	22.718,10	19.150,20
	Ergebnis	*Division x Tage*	49,60	51,77	51,07
Cash Zyklus (wie sieht der Kreislauf liquiden Mittel? (Gibt Auskunft über die Zahlungsfähigkeit)	Zähler	Kreditorenziel	#WERT!	30,13	58,01
	Nenner	Debitorenziel	14,32	8,82	22,96
	Ergebnis	Kassenreichweite	49,60	51,77	51,07
	Cash Zyklus	*Kreditorenz. - Debetorenz. + Kassenreichweite*	#WERT!	73,08	86,13

1.   Der Gesamtkapitalumschlag

Bedeutung

13   Lassen wir beim Lesen des Wortes *Gesamtkapitalumschlag* einmal die erste Silbe weg - dann bleibt *Kapitalumschlag* und vielleicht ist dies für Sie bereits besser verständlich. Diese beiden Begriffe sind eigentlich identisch, die erste Bezeichnung ist nur ein wenig präziser.

Wie das Wort schon sagt, geht es darum, wie häufig das eingesetzte Kapital und lassen Sie uns dann präzise sein, das eingesetzte Gesamtkapital, in einer Periode umgeschlagen wird. Was ist das eingesetzte Gesamtkapital? Es handelt sich dabei um die in der Bilanz ausgewiesenen *Summe der Aktiva* oder *Summe der Passiva* – wir wissen ja, dass beide identisch sind, mitunter also die gesamte Bilanzsumme.

Wir können diese Kennzahl auch noch anders interpretieren.   14

Wie hoch ist die Rotationsgeschwindigkeit des eingesetzten Kapitals?

Damit werden der Gesamtprofit und die Gesamtprofitrate des Gesamtkapitals berechnet. Ist der Kapitalumschlag gleich 1, dann hat sich das Kapital genau einmal reproduziert, ist der Umschlag größer eins, hat eine Mehrfach-Reproduktion des Kapitals stattgefunden, was natürlich erstrebenswert ist.

Stellen Sie sich die Bilanz als Kapitalstock und damit als Kapitaleinsatz vor und gehen wir wieder mit Logik an unsere Analyse heran. Es leuchtet doch ein, dass wir dann von großem Erfolg sprechen können, wenn wir mit wenig Kapitaleinsatz hohe Umsätze, also eine multiple Reproduktion, erzielen können. Daraus folgt, dass wir bei einer Division der erzielten Umsätze durch den Kapitaleinsatz einen Quotienten größer eins erhalten. Was heißt jetzt ein Kapitalumschlag von z.B. 2,5? Das Ergebnis (Umsatz) hat im Vergleich zum Kapital (Bilanzsumme, also entweder Summe Aktiva oder Summe Passiva) einen Faktor von 2,5 – der Umsatz entspricht dem 2,5 fachen des Kapitals oder das Kapital ist 2,5 Mal reproduziert worden. Da eine Rotations- bzw. Reproduktionsgeschwindigkeit gemessen wird, sieht man das Ergebnis auch meist als Faktor und nicht als prozentuale Größe.

Mit steigendem Faktor wird damit die Rotationsgeschwindigkeit erhöht, bzw. die Reproduktionszeit   15
des Kapitals reduziert. Damit kommen wir auch der eigentlichen Bedeutung dieser Kennzahl näher. Eine verkürzte Umschlagzeit durch Umsatzsteigerung oder Kapitalreduktion ist identisch mit einer höheren Produktivität und damit einer schnelleren Amortisation des Kapitals!

Achtung, es handelt sich bei dieser Kennzahl nicht um eine Kapitalrendite, dann müssten wir eine Ergebnisgröße in den Zähler setzen. Dies machen wir aber auch noch an anderer Stelle. Die Gesamtkapitalrentabilität ist aber gemeinsam mit der Kapitalrendite von extremer Bedeutung, wie wir später noch sehen werden.

Berechnung

Es wird ein Quotient berechnet.   16

Zählerberechnung

Wir nehmen die Gesamterlöse/Umsatzerlöse aus der GuV, also die erste ausgewiesene Position.

Nennerberechnung

Wir setzen die gesamte Bilanzsumme, also entweder die Summe der Aktiva oder die Summe der Passiva, ein.

Formel

$$\text{Gesamtkapitalumschlag} = \frac{\text{Umsatzerlöse}}{\text{Bilanzsumme}}$$

▶ Beispiel

Gesamtkapitalumschlag (Faktor) (Wie häufig wird das Kapital auf Basis der Erlöse umgeschlagen?) oder (Wie hoch ist die Rotations- bzw. Reproduktionsgeschwindigkeit des eingesetzten Kapitals?)					
	Zähler	Gesamterlöse	22.168,10	22.718,10	19.150,20
	Nenner	Bilanzsumme	11.484,90	10.011,60	11.411,10
	Ergebnis	*Division*	1,93	2,27	1,68

Würdigung (allgemein)

Es versteht sich von alleine, dass ein hoher Gesamtkapitalumschlag vorteilhaft ist, weil mit wenig   17
Kapital hohe Erlöse erzielt werden.

Für durchschnittliche, produzierende Unternehmen nehmen wir folgende Bewertungsskala in der Regel als Maßstab

- < 1: schlecht – Schulnote 5
- 1 < x < 1,5: ausreichend – Schulnote 4
- 1,5 < x < 2,0: befriedigend – Schulnote 3
- 2,0 < x < 2,5: gut – Schulnote 2
- > 2,5 sehr gut – Schulnote 1

Diese Eingruppierung trifft nicht für Handelsfirmen und Dienstleistungsunternehmen zu, diese weisen fast immer weitaus höhere Kapitalumschläge aus, die ohne weitere Einschränkungen hinsichtlich Art der Tätigkeiten auch nicht typisierbar sind.

Würdigung (GH Mobile spezifisch)

18 In unserem Fall sehen wir Kapitalumschläge zwischen (gerundet) 1,7 und 2,3 und liegen damit laut unserer Bewertungsskala, die für den Kfz-Handel auch gut einsetzbar ist, im guten Mittelfeld. Farblich mit einer Ampelfunktion würden wir hier *gelb, grün, gelb* setzen.

Ein Euro Kapital generiert über die drei betrachteten Jahre im Schnitt 2 Euro p.a. Erlöse, nach jeweils 6 Monaten hat sich damit das Gesamtkapital reproduziert.

Ein Handelsunternehmen ist schon schwieriger zu beurteilen, denn wir müssen wissen, ob es über eigene Lagerkapazitäten und entsprechendes technisches Equipment verfügt (diese also im Anlagevermögen aufscheinen – wir sprechen von ‚aktiviert sind') oder dieses gemietet ist. In diesem Fall werden die Kosten dafür in der GuV ausgewiesen (unter „Sonstige betriebliche Aufwendungen, Unterposten: Mieten und Leasing).

Von dieser Frage hängt nämlich die Rotationsgeschwindigkeit ab. Es gilt, dass die Rotations- und Reproduktionsgeschwindigkeit mit zunehmendem Anlagevermögen in de Regel abnimmt.

Im Fall der GH Mobile, die ja auch Fahrzeuge verkauft und damit ein Handelsunternehmen ist, sind o.g. Eingruppierungen beim Kapitalumschlag somit auch ein wenig zu niedrig. Bei dieser Mischform hat sich aus der Erfahrung[2] heraus folgende Bewertungsskala[3] bewährt.

- < 1,5: schlecht – Schulnote 5
- 1,5 < x < 2,0: ausreichend – Schulnote 4
- 2,0 < x < 2,5: befriedigend – Schulnote 3
- 2,5 < x < 3,0: gut – Schulnote 2
- > 3,0 sehr gut – Schulnote 1

19 Aus dieser Perspektive heraus sieht die Würdigung natürlich noch schlechter aus. Aber wir werden im Folgenden auch sehen, dass die GH Mobile aus vielen (weiteren) Blickwinkeln heraus ein sehr schlechtes Bild abgibt.

---

2 Der Autor Bernd Heesen hat längere Zeit die Automobilbranche in vielen Projekten betreut und ist auch mit den Strukturen im Handel sehr gut vertraut.
3 Siehe dazu Heesen Bernd: Bilanzgestaltung – Fallorientierte Bilanzerstellung und Beratung, Gabler Verlag, Wiesbaden, 2008.

2. Anlagenintensität

Bedeutung

Diese Kennzahl misst, wie viel des Gesamtkapitals (Bilanzsumme) im Anlagevermögen steckt. Hohe Anlagenintensitäten sind gleichbedeutend mit hoher Kapitalintensität und damit mit hohem (Re)Investitionsbedarf.   20

Es ist ja verständlich, dass Anlagen langfristig Kapital binden. Damit verursachen sie auch hohe Strukturkosten (auch fixe Kosten genannt) wie Zinsen, Energie, Raumkosten und Abschreibungen. Diese Kosten sind aber unabhängig von der konjunkturellen Situation sowie der Beschäftigungs- und Ertragslage. Diese Strukturkosten haben aber zur Folge, dass das Unternehmen immer um Vollauslastung und permanente Absatz- und Produktivitätssteigerungen kämpfen muss, damit die Kosten pro Werkstück (Stückkosten) möglichst gering sind.

Hohe Anlagenintensitäten mindern damit die Flexibilität eines Unternehmens. Damit ist auch die Anpassungsfähigkeit bei Markt- und technologischen Veränderungen gemeint. Es ist daher verständlich, dass eine hohe Anlagenquote (anderes Wort für Anlagenintensität) auch die Anpassungsfähigkeit eines Unternehmens an Konjunkturschwankungen sowie Veränderungen in der Nachfrage vermindert.   21

Allerdings muss uns eines auch klar sein – ohne Anlagen geht im produzierenden Gewerbe nichts und diese Anlagen sollten auch technologisch einem Vergleich mit denen von Wettbewerbern Stand halten.

Berechnung

Es wird ein Quotient berechnet, der i.d.R. als prozentuale Größe ausgewiesen wird.   22

Zählerberechnung

Wir nehmen das gesamte Anlagevermögen aus der Aktivseite der Bilanz, also die Summe der Immateriellen Vermögenswerte, Sachanlagen und Finanzanlagen. Manchmal sieht man auch, dass die Sachanlagen gemeinsam mit den immateriellen Wirtschaftsgütern im Zähler oder nur das Sachanlagevermögen eingesetzt werden. Diese Berechnung ist dann spezifisch auf die Gebäude und Grundstücke, die technischen Anlagen und die Geschäftsausstattung ausgerichtet. Wir sprechen dann auch von der Sachanlagenintensität. In unserem Fall bleiben wir aber bei der Standarddefinition, d.h. wir rechnen im Zähler mit dem gesamten Anlagevermögen.

Nennerberechnung

Wir setzen die gesamte Bilanzsumme, also entweder die Summe der Aktiva oder die Summe der Passiva, ein.   23

Formel

$$\text{Anlageintensität} = \frac{\text{Anlagevermögen x 100}}{\text{Bilanzsumme}}$$

▶ Beispiel

Anlagenintensität (%) (Wie viel % der Bilanzsumme steckt im Anlagevermögen ?) (Gibt einen Hinweis auf die Investitionstätigkeit und Flexibilität)	Zähler	Summe Anlagevermögen	1.251,60	893,40	470,40
	Nenner	Bilanzsumme	11.484,90	10.011,60	11.411,10
	Ergebnis	*Division x 100*	10,90%	8,92%	4,12%

Würdigung (allgemein)

24   Während bei der der ersten Kennzahl *Gesamtkapitalumschlag* eine Eingruppierung in eine *saubere* Bewertungsskala möglich ist, kann hier nur immer abhängig von der Branche und dem Industriezweig argumentiert werden.

Das Anlagevermögen sollte bei einem produzierenden Gewerbe aber idealerweise ca. 40%-60% betragen. Bitte beachten Sie, dass diese 40%-60% keine Allgemeingültigkeit haben, daher auch nicht für jedes Unternehmen im produzierenden Gewerbe angesetzt werden können. 40%-60% haben sich dennoch als gute Bandbreite profiliert.

Würdigung (GH Mobile spezifisch)

25   In unserem Beispiel erkennen wir eine fallende Intensität von zunächst knapp 11% auf im abgelaufenen Jahr 4% (jeweils gerundet). Dies ist auf jeden Fall bedenklich und zwar aus drei Gründen

- Das Sachanlagevermögen, die anderen Bestandteile des Anlagevermögens bei der GH Mobile können wir ja vernachlässigen, ist fast komplett abgeschrieben und somit ist davon auszugehen, dass die Maschinen und Anlagen bereits *älter* sind, was die technischen Möglichkeiten sicherlich auch einschränkt. Damit ist sicherlich auch die Produktivität negativ betroffen.

- Die Substanz, die zu Beginn der Betrachtung mit knapp 11% schon schwach war, fällt in den weiteren Perioden sogar noch weiter.

- Um den technischen Stand auf ein entsprechend notwendiges Niveau zu bringen, sind in Kürze hohe Investitionen notwendig. Bitte erinnern Sie sich, dass Investitionen aus versteuerten Geldern zu leisten oder per Eigenkapital bzw. Kredit zu finanzieren sind. Die versteuerten Ergebnisse (Jahresüberschuss/Jahresfehlbetrag) sind außer in der Periode 0 quasi Null, wobei die 222,30, also 1% Umsatzrendite auch sehr mager sind. Anscheinend haben sich die Banken aber schon zurückgezogen und ob weitere Kredite bei der Ergebnislage möglich sind, kann man wohl anzweifeln. Neue Kredite würden nämlich höhere Zinsen bedeuten, dann würde das Ergebnis bei konstanten Umsätzen aber sicherlich negativ werden, also neue Kredite sind nicht bezahlbar.

Die Kennzahl Anlagenintensität bei der GH Mobile ist extrem schwach und das Wissen um die GuV Ergebnisse lässt das Urteil *katastrophal* ausfallen. Mit einer Ampelfunktion belegt sehen wir *rot, rot, rot.*

26   Jetzt werden Sie eventuell sagen, dass diese Aussage aber im Widerspruch zu unseren Äußerungen oben zur Bedeutung der Kennzahl steht. Weniger Anlagevermögen heißt höhere Flexibilität. Sie haben ja Recht – wir haben in der Tat diese Bemerkung gemacht. Aber allzu geringe Anlagenintensität bedeutet auch eingeschränkte Flexibilität, weil die Anlagen und Maschinen alt sind und in unserem Fall auch die Ergebnisse nicht so, dass man die Flexibilität schnell wieder durch modernes Equipment steigern könnte.

3.   Vorratsreichweite und -umschlag

Bedeutung

27   Bei der ersten Kennzahl haben wir gelernt, was der Gesamtkapitalumschlag ist und wofür er berechet wird. Dieses übertragen wir jetzt auf die Bestände und wollen im Folgenden berechnen, wie häufig sich in einer Periode die Bestände umschlagen. Wir sprechen bei dieser Kennzahl auch vom *Bestandsumschlagsfaktor.*

Auch hier ist es leicht zu verstehen, dass ein hoher Umschlagsfaktor eine geringere Lagerdauer zur   28
Folge hat. Wir haben aber bereits bei unserem ersten Analysedurchlauf gesehen, dass in den Beständen Liquidität gebunden ist. Von daher muss es das Ziel der Unternehmensleitung sein, den Vorratsumschlag möglichst hoch und damit die Verweildauer der Vorräte im Unternehmen möglichst
gering zu halten. Hier liegt natürlich auch die Kunst bzw. das Problem, denn zu geringe Bestände
haben Produktions- und Lieferengpässe zur Konsequenz.

Damit gelten auch bei dieser Kennzahl die Aussagen zur Rotationsgeschwindigkeit und Flexibilität,
die wir bereits von der Kennzahl Gesamtkapitalumschlag kennen.

Wir können beim Vorratsumschlag in manchen Fällen die Analysetiefe auch noch einmal steigern,   29
wenn wir über zusätzliche Daten verfügen. Haben wir z.B. bei unserer GH Mobile auch die Bestände
der Gebrauchtfahrzeuge zum Bilanzstichtag und die mit Gebrauchtfahrzeugen in gegebener Periode
erzielten Umsatzerlöse, so können wir auch für die Gebrauchten separat einen Umschlagsfaktor bestimmen.

Berechnung

Es wird ein Quotient berechnet. Allerdings müssen wir das Ergebnis noch mit 365 Tagen (manchmal   30
rechnet man auch nicht mit 365, sondern 360 Tagen, da wir dann 4 identische Quartale haben) multiplizieren. Damit erhalten wir zunächst die Reichweite der Bestände in Tagen.

Zählerberechnung

Hier ist es ganz einfach, denn wir können die gesamten Umsatzerlöse, genau wie bei der ersten
Kennzahl *Gesamtkapitalumschlag*, einsetzen.

Nennerberechnung

Wir nehmen die gesamten Vorräte aus der Aktivseite der Bilanz, also die Summe aus   31

- Roh-, Hilfs- und Betriebsstoffe
- unfertige Erzeugnisse, unfertige Leistungen
- fertige Erzeugnisse und Waren
- Handelswaren
- geleistete Anzahlungen.

Somit erhalten wir als Formel einen Quotienten. Manchmal sieht man auch den Ausweis des Ergebnisses in einer prozentualen Größe – in unserem Fall müssten wir das Ergebnis nur noch mit 100
multiplizieren – aber wir präferieren und empfehlen nachfolgende Berechnung.

Formel

$$\text{Vorratsumschlag} = \frac{\text{Umsatzerlöse}}{\text{Vorräte}}$$

> **Beispiel**

Vorratsumschlag (Faktor)					
(Wie häufig werden die Bestände auf Basis der Erlöse umgeschlagen?)	Zähler	Gesamterlöse	22.168,10	22.718,10	19.150,20
(Je höher der Bestandsumschlag, desto besser, da wenig gebundenes Kapital)	Nenner	Summe Vorräte	6.211,80	5.242,50	6.827,40
	Ergebnis	*Division*	3,57	4,33	2,80

Würdigung (allgemein)

32 Es versteht sich von alleine, dass ein hoher Quotient vorteilhaft ist, da somit die Bestände schneller umgeschlagen werden. Es liegen also weniger Werte in den Vorräten, also weniger gebundenes Kapital und damit entweder höhere Liquidität oder weniger Zinsaufwand, wenn diese Liquidität zur Tilgung eingesetzt wird.

Würdigung (GH Mobile spezifisch)

33 GH Mobile weist gerundet periodische Vorratsumschläge in Höhe von 3,6, 4,3 und 2,8 aus. Dies ist zu niedrig. Bei produzierenden Unternehmen ist man i.d.R. mit folgender Skala ganz unterwegs – die Wertungen entsprechen wieder Schulnoten.

- ■ <=3: mangelhaft – Schulnote 5
- ■ 4: ausreichend – Schulnote 4
- ■ 5: befriedigend – Schulnote 3
- ■ 6: gut – Schulnote 2
- ■ >=7 sehr gut – Schulnote 1

Manchmal hört man auch, dass die Vorräte, ebenfalls bei produzierenden Unternehmen 15% bis maximal 25% des Umsatzes betragen sollten. Übertragen wir diese Regel auf unser Beispiel. Wir müssen also die Vorräte durch die gesamten Umsatzerlöse dividieren und dann mit 100 multiplizieren, um den prozentualen Ausweis zu erhalten.

> Beispiel

Vorräte zu Umsatz (%) (Kehrwert zum Vorratsumschlag in %)	Zähler	Summe Vorräte	6.211,80	5.242,50	6.827,40
Wie viel Prozent des Umsatzes machen die Vorräte aus?	Nenner	Gesamterlöse	22.168,10	22.718,10	19.150,20
	Ergebnis	Division x 100	28,0%	23,1%	35,7%

Auch hier sehen wir, dass GH Mobile mit 28%, 23% und 36% zu hoch liegt.

34 Diese alternative Rechnung ist eigentlich ja logisch, denn es handelt sich ja nur um den Kehrwert der Berechnung des Vorratsumschlages. Schauen wir uns die Vorratsumschläge nochmals an und berechnen den Kehrwert und multiplizieren mit 100

$$\frac{1*100}{3,6} \qquad \frac{1*100}{4,3} \qquad \frac{1*100}{2,8}$$

Und als Ergebnis erhalten wir gerundet die bereits bekannten 28%, 23% und 36%. Damit können wir natürlich auch die 5 Schulnoten einer prozentualen Größe (Vorräte zu Umsatz) zuordnen.

- ■ Ca. 33% und größer: mangelhaft – Schulnote 5
- ■ Ca. 25%: ausreichend – Schulnote 4
- ■ Ca. 20%: befriedigend – Schulnote 3
- ■ Ca.17%: gut – Schulnote 2
- ■ Ca.14% und kleiner sehr gut – Schulnote 1

Sie sehen, bei genauerer Betrachtung ist die analytische Logik relativ einfach nachzuvollziehen.

4.   Die Vorratsreichweite

Bedeutung

Ganz eng mit den Kennzahlen Vorratsumschlag und Vorräte zu Umsatz ist auch die Berechnung   35
der *Vorratsreichweite* verbunden. Diese ergibt sich unmittelbar aus obigen Berechnungen und daher
sieht man diese Kennzahl auch fasst immer direkt neben dem Umschlagsfaktor ausgewiesen.

Bei der Vorratsreichweite berechnen wir, für wie viele Tage (Kalender- oder Arbeitstage) Positionen
(an einem Stichtag) auf Lager liegen. Umgekehrt können wir auch fragen: Wie viele Tage müssen
wir arbeiten, bevor wir den ersten Umsatz-Euro erwirtschaften, der nicht parallel in den Beständen
„gebunkert" ist.

Berechnung

Dazu müssen wir uns zunächst mit der Berechnung der *Tage* beschäftigen. Generell können wir 360   36
oder 365 Tage als Basis ansetzen – dann machen wir eine Analyse auf der Basis der Kalendertage.
Dies ist übrigens der am häufigsten gewählte Ansatz. Alternativ können wir aber auch Arbeitstage
zugrunde legen.

Das Jahr hat 365 Tage. Nehmen wir einen Mittelständler, der einschichtig arbeitet und am Freitag
Nachmittag bis Montag in der Früh die Arbeit einstellt. Dann müssen wir 52 Wochenenden, also 104
Tage von den 365 subtrahieren. Außerdem sind noch ca. 10-11 Feiertage (dies ist in Deutschland je
nach Bundesland verschieden) anzusetzen, so dass wir von einer Rechenbasis von ca. 250 Tagen ausgehen können

>   365 Kalendertage
>
>   - 104 Wochenendtage (52 Wochenenden à 2 Tage)
>
>   = 261 Wochentage
>
>   -   11 Feiertage
>
>   = 250 Arbeitstage

Haben wir hingegen eine Firma, die dreischichtig arbeitet und Werksferien im Sommer macht, bei   37
denen das gesamte Werk stillsteht, dann sieht die Rechnung ein wenig anders aus. Nehmen wir doch
das Beispiel von Volkswagen (VW). Der Konzern macht im Sommer 3 Wochen Werksferien – in
dieser Zeit stehen alle Bänder.

>   365 Kalendertage
>
>   -   21 Wochentage (3 Wochen à 7 Tage)
>
>   = 344 Wochentage

Feiertage sind keine mehr anzusetzen, da außer an den 21 Werksferientagen immer durchgearbeitet
wird.

So können wir für jedes Unternehmen individuell auch die Arbeitstage identifizieren, aber wie wir
bereits sagten, normalerweise geht man von 360 bzw. 365 Tagen aus. Dann entsprechen die Arbeits-
den Kalendertagen. Wir wollen im Folgenden auch nur diesen Ansatz rechnen, unsere Basis lautet
also 365 Tage.

Trotzdem, Sie können die Tage im MS Excel Tool individuell verändern. Dazu gehen Sie nur in das   38
Tabellenblatt *Basis Informationen* und da sehen Sie in der letzten Zeile ‚*Tage p.a. (Arbeits- oder Kalendertage)*', gefolgt von den gelben Eingabefeldern für die Tage – in unserem Fall, die bekannten 365
für jede Periode.

5

Jahre	2006	2007	2008
Periode	-2	-1	0
Einheit	**Tsd. EUR**	**Tsd. EUR**	**Tsd. EUR**
Umsatz bzw. Mehrwertsteuer in %	16,0%	19,0%	19,0%
Umsatz bzw. Mehrwertsteuerfaktor	1,16	1,19	1,19
Einkaufsvolumen national	100%	100%	100%
Exportquote	0%	0%	0%
Tage p.a. (Arbeits- oder Kalendertage)	365	365	365

Jetzt gibt es 2 Wege zur Berechnung der Vorratsreichweite

Berechnungsalternative 1: Wir dividieren die Tage durch den vorab errechneten Vorratsumschlag.

$$\frac{\text{Tage}}{\text{Vorratsumschlag}}$$

Berechnungsalternative 2: Wir multiplizieren die Tage mit der Bilanzposition *Vorräte* und dividieren dann durch die periodischen Umsatzerlöse

$$\frac{\text{Tage x Vorräte}}{\text{Umsatzerlöse}}$$

> **Am konkreten Beispiel der GH Mobile ergibt sich somit**

Reichweite Bestände (Tage) Berechnungsalternative 1:					
Für wie viele Tage reichen die Bestände, gemessen an Umsatz/Kalendertagen?	Zähler	Tage	365	365	365
	Nenner	Vorratsumschlag	3,57	4,33	2,80
	Ergebnis	*Division*	102,28	84,23	130,13
Berechnungsalternative 2:	Zähler	Tage * Summe Vorräte	2.267.307,00	1.913.512,50	2.492.001,00
	Nenner	Gesamterlöse	22.168,10	22.718,10	19.150,20
	Ergebnis	*Division*	102,28	84,23	130,13

39 Über beide Rechnungswege erhalten wir gerundet für die drei betrachteten Perioden:

    102 Tage   84 Tage   130 Tage

Es ist wohl keine detaillierte Erklärung notwendig, um festzustellen, dass o.g. Tage bei weitem zu hoch sind, besonders für Branchen und Industrien mit niedrigen Umsatzrenditen bzw. Jahresüberschüssen. Andererseits haben wir doch auch nichts anderes erwartet, denn wir wissen ja bereits aus den vorangegangenen Analysen, dass die Vorräte bei weitem zu hoch sind.

Wir können die Dramatik dieser hohen Bestände aber noch ,*deutlicher'* fassen. Lassen Sie uns doch einmal feststellen, wie lange die GH Mobile wirtschaften muss, um bei konstanten Jahresüberschüssen die Vorräte einmal neu anzuschaffen. Wir gehen in diesem Beispiel davon aus, dass die GH Mobile keine Finanzierungsunterstützung durch den Automobilhersteller, dessen Produkte er vertreibt, erhält, also keine Vorfinanzierungen, verbilligte Darlehen oder ähnliche Vorteile.

Dazu müssen wir uns zunächst überlegen, wie Anschaffungen auch bei Unternehmungen zu werten 40
sind. Vor- und Umsatzsteuer werden vernachlässigt. Erhält ein Unternehmen eine Lieferung, die zunächst einmal in die Vorräte geht, dann steigen in der Bilanz die Vorräte und bei Rechnungseingang einige Tage später steigen auch die Verbindlichkeiten aus Lieferung und Leistungen, die Bilanz wir also aktivisch und passivisch länger. Bei Bezahlung der Rechnung senken sich die Verbindlichkeiten aus Lieferungen und Leistung auf der Passivseite der Bilanz wieder ab, aber die Zahlung reduziert auch den Kontostand des Bankkontos oder die Barbestände der Kasse. Die Bilanz nimmt also parallel auf beiden Seiten wieder ab. Die ‚alte' Bilanzlänge ist wieder erreicht, allerdings mit einer Veränderung. Die aktivischen Positionen *Vorräte* und *Kasse/Bank* haben sich verändert. Die Vorräte sind in demselben Umfang gestiegen, wie der Kassen- bzw. Bankbestand gefallen ist. Es handelt sich also nur um einen Aktivtausch mit dem Umweg über die Verbindlichkeiten aus Lieferungen und Leistungen. Hätten wir die neuen Vorräte bar bezahlt, hätten wir diesen Aktivtausch übrigens sofort erkennen können.

Wichtig in diesem Zusammenhang ist aber, dass die GuV so lange nicht betroffen ist, bis die neuen Vorräte per Materialentnahmeschein nicht aus dem Lager heraus gehen.

Jetzt zur steuerlichen Betrachtung. Die o.g. neuen Vorräte sind entweder bar bezahlt oder vom Konto überwiesen worden. Es handelt sich aber zunächst um eine reine bilanzielle Transaktion. Erst wenn die neuen Vorräte (per Materialentnahmeschein) in die Produktion eingehen, werden die entsprechenden Positionen GuV wirksam, also Aufwand. Und erst ab diesem Zeitpunkt kann eine Verrechnung mit ertragswirksamen Positionen (Umsatzerlösen) erfolgen. Damit wird aber auch klar, dass die neuen Vorräte zunächst aus versteuerten Geldern bezahlt werden müssen und erst dann Steuer mindernd wirken, wenn sie zu Aufwand werden, also buchhalterisch in die GuV wechseln.

Jetzt können wir unsere Analyse fortsetzen. Wir wollen ermitteln, wie viele Jahre GH Mobile wirt- 41
schaften muss, um den aktuellen Bestand aus versteuerten (Jahres)Überschüssen erneut aufzubauen.

Dazu müssen wir jetzt folgendes rechnen:

$$\frac{\text{Tage} \times \text{Vorräte}}{\text{Jahresüberschuss}}$$

Dividieren wir die ermittelten Tage dann durch 365, erhalten wir die dazu passende Reichweite in Jahren.

Am konkreten Beispiel der GH Mobile ergibt sich somit:

 Beispiel

Reichweite Bestände (Jahresüberschuss als Basis) (Tage und Jahre) (Für wie viele Tage reichen die Bestände, gemessen an Ergebnistagen nach Steuern d.h. Jahresüberschuss?)	Zähler	Tage * Summe Vorräte	2.267.307,00	1.913.512,50	2.492.001,00
	Nenner	Jahresüberschuss	-4,50	222,30	3,60
	Ergebnis	*Division* (Tage) Jahre	-503.846,00 -1.380,40	8.607,79 23,58	692.222,50 1.896,50

Das Ergebnis der Periode -1 enthält ein negatives Vorzeichen und ist damit nicht nutzbar. Dies ist 42
auch logisch, da wir in der genannten Periode einen Jahresfehlbetrag in der GuV in Höhe von -4,50 erkennen. Daher sind für uns nur die Perioden 0 und 1 relevant, da wir hier (positive) Jahresüberschüsse erwirtschaftet haben.

Es dauert also bei GH Mobile 23,6 bzw. 1.896,5 Jahre, bis der jeweils aktuelle Bestand am Jahresende aus dem versteuerten Einkommen der Periode (Jahresüberschuss) erneut aufgebaut werden kann.

Jetzt werden Sie sagen, dass die 23,6 ja noch stimmen können, aber 1.896,5 Jahre?

Wir müssen Sie enttäuschen, die Analysen und damit die Ergebnisse sind richtig. Niedrige Ergebnisse und damit niedrige Umsatzrenditen sind für die Vorratsreichweite geradezu „GIFT".

43   Bleiben wir doch einfach nur bei der Reichweite (Basis: versteuertes Einkommen) der Periode 0, also bei 23,6 Jahren. Hier steht, dass es ca. 2/3 Ihres Erwerbslebens kostet, aus versteuerten Geldern das wieder aufzubauen, was gerade bei Ihnen auf dem Hof steht. Wir werden dies nicht weiter kommentieren, denn es bedarf keiner weiteren Zeilen!

5.   Umschlagdauer Umlaufvermögen

Bedeutung

44   Bei dieser Kennzahl handelt es sich um eine Erweiterung des Vorratsumschlages. Neben den Vorräten werden auch die Forderungen und die Bank- bzw. Kassenbestände mit einbezogen, also das gesamte Umlaufvermögen in Relation zum Umsatz gesetzt. Durch Multiplikation mit den Tagen erhalten wir eine Aussage, welche Reichweite das Umlaufvermögen hat.

Es wird also wieder eine Rotations- bzw. Reproduktionsgeschwindigkeit gerechnet und analysiert.

Berechnung

Es wird ein Quotient berechnet und dann multiplizieren wir das Ergebnis mit 365. Damit erhalten wir die Reichweite des Umlaufvermögens in Tagen.

Zählerberechnung

Wir nehmen die kumulierten Bilanzpositionen Vorräte, Forderungen und Kasse/Bank aus der Strukturbilanz. Dann multiplizieren wir dieses Umlaufvermögen mit der Tageanzahl, in unserem Fall 365.

Nennerberechnung

Hier setzen wir wieder die Umsatzerlöse an.

Formel

$$\frac{\text{Umlaufvermögen x Tage}}{\text{Umsatzerlöse}}$$

Bei der GH Mobile sieht dies dann folgendermaßen aus:

> ▶ Beispiel

Umschlagdauer Umlaufvermögen (Tage)	Zähler	Summe Umlaufvermögen	10.233,30	9.118,20	10.940,70
(Wie lange dauert es, bis das kurzfristig gebundene Kapital durch Erlöse umgeschlagen bzw. reproduziert wird?)	Nenner	Gesamterlöse	22.168,10	22.718,10	19.150,20
(Gibt Auskunft über die Kapitalrentabilität und das NUV Management)	Ergebnis	*Division x Tage*	168,49	146,50	208,53

Würdigung (allgemein)

45   Es versteht sich von alleine, dass ein hoher Umschlag, also eine niedrige Tagezahl vorteilhaft ist, weil mit wenig Kapital hohe Erlöse erzielt werden.

Würdigung (GH Mobile spezifisch)

In unserem Fall erkennen wir Reichweiten in Tagen in Höhe von 168, 147 und 209, damit eine massive Steigerung im Betrachtungszeitraum. Diese Entwicklung verläuft in etwa parallel mit der bereits berechneten Vorratsreichweite. Da die Vorratsreichweite bereits als zu hoch analysiert wurde (ca. 40% des Umlaufvermögens) und die Kassen- und Bankreichreichweite ebenfalls sehr hoch sind, kann die Reichweite des Umlaufvermögens nicht besser sein. Daher wird auch auf die Anmerkungen beim Vorratsumschlag verwiesen. Versuchen Sie selbst doch noch einmal, analog den Vorräten hier eine Deutung vorzunehmen.

6.   Debitoren- und Kreditorenreichweiten und -ziele

Im Folgenden werden wir uns ausgiebig mit den Forderungen (Debitoren) und dann direkt im Anschluss mit der Gegenposition, den Verbindlichkeiten aus Lieferungen & Leistungen (Kreditoren) beschäftigen.

An dieser Stelle wollen wir aber auch unseren Arbeitsstil ein wenig ändern. Bisher haben wir die Kennzahlen sehr strikt und meist in der gleichen Logik und Reihenfolge (Bedeutung, Berechnung, … bis Würdigung) vorgestellt und kommentiert. Inzwischen haben Sie daher auch Routine mit der von uns gewählten Arbeitsweise in diesem Buch. Wichtig ist, dass wir immer wieder nachdenken und damit Zusammenhänge verstehen. Von daher wollen wir von dieser Stelle an diese eher monotone und lehrbuchartige Vorgehensweise bei den Kennzahlen verlassen und Sie vielmehr dazu anregen, selber im Kopf diese Stringenz nach jeder weiteren Kennzahl noch einmal durchzugehen. Wir stellen jetzt aber von einem bisherigen *Lexikon Stil* auf einen *beschreibenden Stil* um, damit das Verständnis der Zusammenhänge und ableitbaren analytischen Erklärungen geschärft und in den Vordergrund geschoben werden kann.

Wir möchten Ihnen aber empfehlen, sich ein kleines Beiblatt bereit zu legen und nach jeder weiteren Kennzahl im Kopf noch einmal die bisherige strikte Vorgehensweise als Probe des eigenen Verständnisses durchzugehen. Fragen Sie sich also jeweils nach einer Kennzahl selbst:

- Was ist die Bedeutung dieser Kennzahl?
- Wie berechnet sich diese Kennzahl?
- Was genau geht in den Zähler ein?
- Was genau geht in den Nenner ein?
- Wie lautet die mathematische Formel?
- Was leiten Sie aus dem Ergebnis allgemein ab?
- Was leiten Sie aus dem Ergebnis GH Mobile spezifisch ab?

Bitte glauben Sie uns: diese Stringenz, die Sie selbst entwickeln, bringt mehr als jede von uns gemachte Vorgabe, da Sie sich selbst *beweisen* müssen.

Also fangen wir mit neuem Stil an.

7.   Debitorenreichweite und Debitorenziel

Analog zu den Vorräten und dem Umlaufvermögen gesamt wird hier gefragt, welche Reichweite in Umsatztagen die Forderungen zurzeit haben (Achtung: Die Bilanz ist eine Stichtagsbetrachtung). Auch diese Analyse sagt uns etwas über die Rotations- bzw. Reproduktionsgeschwindigkeit einer Bilanzposition.

Wir müssen also wieder folgendes rechnen:

$$\frac{\text{Bilanzposition x Tage}}{\text{Umsatzerlöse}}$$

also

$$\frac{\text{Forderungen x Tage}}{\text{Umsatzerlöse}}$$

Setzen wir die Zahlen der GH Mobile ein, erhalten wir nachstehende Ergebnisse.

Forderungen	1.008,80	653,30	1.433,60
x 365 Tage	368.212,00	238.454,50	523.264,00
Umsatzerlöse	22.168,10	22.718,10	19.150,20
Ergebnis	16,61	10,50	27,32

50   Wenn Sie jetzt in das MS Excel Tool schauen, werden Sie wahrscheinlich erst einmal stutzen, denn diese Ergebnisse finden Sie dort nicht. Die Ergebnisse sind dennoch mathematisch richtig. Allerdings wird die Forderungsreichweite selbst gar nicht so häufig berechnet. Vielmehr wollen wir wissen, wann wir im Durchschnitt unsere Rechnungen bezahlen bzw. wann wir im Durchschnitt unsere Rechnungen erhalten. Leider werden dabei immer wieder Fehler gemacht. Die gerade von uns berechneten Ergebnistage stellen Reichweiten dar. Wir haben gemessen, für wie viele Umsatztage derzeit Forderungen in unseren Büchern stehen. Viel interessanter ist aber das Wissen um den durchschnittlichen Zahlungseingang. Nach welcher Zeit (Tage) werden unsere Forderungen durchschnittlich bezahlt?

Um dieses rechnen zu können, müssen wir zunächst noch einen gedanklichen Fehler ausräumen. Es ist richtig, dass Umsatzerlöse eine Nettoposition sind, also ohne Umsatzsteuer. Aber was ist mit den Forderungen? Die Positionen in der Bilanz sind eigentlich auch Nettopositionen, aber es gibt 2 Ausnahmen: Forderungen und Verbindlichkeiten aus Lieferungen und Leistungen. Wenn wir, wie oben gemacht, jetzt Bruttoforderungen und Nettoumsatzerlöse ins Verhältnis setzen, dann machen wir einen logischen Fehler. Das ist, als ob wir Äpfel, die noch am Baum hängen, mit Äpfeln, die bereits am Boden liegen, vergleichen.

51   Also müssen wir eine der beiden Positionen um die Umsatzsteuer korrigieren. Die macht man in der Regel mit den Umsatzerlösen, die wir um den aktuellen Umsatzsteuersatz erhöhen müssen.

Wenn Sie einmal im Datenblatt ‚Basis Informationen' im MS Excel Tool nachschauen, dann sehen Sie, dass wir dort einen Umsatzsteuersatz in Prozent hinterlegen können, der sich sofort in einen Faktor umrechnet.

Jahre	2006	2007	2008
Periode	-2	-1	0
Einheit	**Tsd. EUR**	**Tsd. EUR**	**Tsd. EUR**
Umsatz bzw. Mehrwertsteuer in %	16,0%	19,0%	19,0%
Umsatz bzw. Mehrwertsteuerfaktor	1,16	1,19	1,19
Einkaufsvolumen national	100%	100%	100%
Exportquote	0%	0%	0%
Tage p.a. (Arbeits- oder Kalendertage)	365	365	365

Bei debitorischen und kreditorischen Zielen müssen wir aber diese Umsatz- bzw. Vorsteuer auch   52
noch mit einem Prozentsatz für nationale Verkäufe bzw. nationale Beschaffungen gewichten. Wir
sind hier bei der GH Mobile davon ausgegangen, dass alle Verkäufe und alle Beschaffungen jeweils
in das/aus dem Inland erfolgen, also keine Exporte und keine internationalen Einkäufe stattfinden.
Auch diese Gewichtungsfaktoren können Sie im oben dargestellten Datenblatt ‚Basis Informationen‘
im MS Excel Tool individuell eintragen und somit von den von uns getroffenen Einstellungen abweichen.

Somit ergibt sich für die Berechnung der durchschnittlichen Zahlungseingänge.

❯ Beispiel

Debitorenziel (Tage) (Wie viele Tage dauert es im Schnitt, bis Forderungen eingehen?) (Gibt Auskunft über die Effizienz des Forderungsmanagements)	Zähler	Forderungen	1.008,80	653,30	1.433,60
	Nenner	Gesamterlöse	22.168,10	22.718,10	19.150,20
		Gesamterlöse erhöht um Mwst.	25.715,00	27.034,54	22.788,74
		korrigiert um Exportquote	25.715,00	27.034,54	22.788,74
	Ergebnis	*Division x Tage*	14,32	8,82	22,96

Die Berechnung ergibt sich dabei folgendermaßen:

Zähler: Forderungen – diese sind in der Bilanz einschließlich Umsatzsteuer ausgewiesen.

Nenner – Schritt 1:   Ausweis der Umsatzerlöse.

Nenner – Schritt 2:   Umsatzerlöse erhöht um die Umsatzsteuer.

Nenner – Schritt 3:   Korrektur um nicht mit Umsatzsteuer belegte Ausgangsrechnungen (Exporte),
bedingt durch die Übertragung der Umsatzsteuerschuld auf die Leistungsemp-
fängerin.

Wir erhalten in den Jahren 2006 bis 2008 unsere offenen Posten also durchschnittlich nach gerundet   53
14,3 bzw. 23 Tagen. Dies sind eigentlich sehr gute Werte, aber wir müssen auch bedenken, in welcher Branche unsere GH Mobile tätig ist. Neufahrzeuge und besonders die Kraftfahrzeugbriefe von
Neuwagen werden nur nach erfolgter Zahlung ausgegeben, Reparaturrechnungen werden außer bei
Firmenfahrzeugen immer bei Abholung, meist per ‚electronic cash‘ beglichen. Damit sind die oben
errechneten Werte gar nicht mehr so toll, besonders die 24 Tage im Jahr 2007 sind eigentlich nicht
erklärbar und damit als sehr kritisch anzusehen.

Wir sehen aber auch hier wieder, dass zur Bilanzanalytik das DENKEN gehört, ansonsten wird man schnell irre geleitet.

8. Kreditorenreichweite und Kreditorenziel

54 Analog zu den Debitoren werden wir jetzt die Kreditoren (Verbindlichkeiten aus Lieferungen und Leistungen) näher analysieren. Zunächst rechnen wir die Kreditorenreichweite, obwohl unser eigentliches Ziel dieses Mal die Frage ist: Wann zahlen wir in der Regel unsere Verbindlichkeiten aus Lieferungen und Leistungen (L&L)?

Mit der Kreditorenreichweite berechnen wir zunächst, wie hoch unser Bestand in Umsatztagen durchschnittlich war bzw. ist.

Verbindlichkeiten a. L&L	1.035,90	1.513,80	3.393,70
x 365 Tage	387.103,50	552.537,00	1.238.700,50
Umsatzerlöse	22.168,10	22.718,10	19.150,20
Ergebnis	17,46	24,32	66,68

Was fällt uns auf?

Die Kreditorenreichweiten steigen erheblich, aber wir hatten ja bereits bei der ersten Betrachtung des Zahlenwerkes dazu einige Bedenken angemeldet.

55 Wichtig wäre jetzt zu wissen, ob wir unsere Rechnung später bezahlen, als dass wir unsere Forderungen bekommen. Dieses würde nämlich dann bedeuten, dass wir zumindest von der Finanzierungsseite gut aufgestellt wären.

Wir müssen also das Kreditorenziel berechnen.

Und jetzt müssen wir aufpassen, denn wir können nicht analog zum Debitorenziel vorgehen. Würden wir beim Kreditorenziel ebenfalls einen um die Umsatzsteuer erhöhten Umsatz als Nenner in unsere Berechnung einsetzen, lägen wir komplett falsch. Durch logisches Denken können wir dieses Problem aber wieder leicht lösen.

Zunächst müssen wir uns die Frage stellen: Für was bezahlen wir Rechnungen oder genauer gesagt, worauf beziehen sich unsere Verbindlichkeiten? Wenn wir an dieser Stelle die genaue Bezeichnung dieser Position in der Bilanz ausgeschrieben hätten, wäre die Antwort bereits gegeben. Unsere Verbindlichkeiten beziehen sich auf Lieferungen und Leistungen, die wir bereits erhalten haben. Damit kann aber nicht ,*Umsatzerlöse*' die richtige Größe für den Nenner sein. Vielmehr müssen wir auf die Suche gehen, wo wir die jetzt relevanten Nennerdaten in der GuV finden.

56 Als erstes finden wir in der GuV kurz unterhalb des Umsatzes die Position, die wir auf jeden Fall brauchen:

Materialaufwand

- für Roh-, Hilfs- und Betriebsstoffe und bezogenen Waren
- für bezogene Leistungen

Dann allerdings finden wir oberhalb des Betriebsergebnisses noch eine zweite Position, die wir näher beleuchten müssten.

Sonstige betriebliche Aufwendungen

- davon Miet- und Leasingaufwendungen
- davon Vertriebskosten
- davon Verwaltungskosten

- davon Sonstige

Miet- und Leasingaufwendungen sind klar, ebenso wie die Vertriebs-(z.B. Reisekosten) und Verwaltungskosten. Aber was verbirgt sich hinter den *Sonstigen*? Hier finden wir Telekommunikation, Strom, etc.)

Jetzt könnte man diese sonstigen betrieblichen Aufwendungen durchaus zum Materialaufwand addieren, aber trotzdem tut man dies meistens nicht. Die Begründung dafür:

Mieten, Leasingraten, Strom, Telekommunikation, etc. werden meist per Bankeinzug bzw. Dauerüberweisung geregelt, so dass in der Regel hier keine offenen Posten in Größenordnung zu finden sind. Und Steuerberater, Wirtschaftsprüfer und Juristen werden meist auch zeitnah bezahlt, da es sonst sein könnte, dass der Steuerberater bei *zeitkritischen* Fragen *zeitnah* keine *Zeit* hat. Damit sind diese Positionen bei Periodenabschluss auch meistens bereits bezahlt – es besteht also keine Verbindlichkeit mehr.

Somit hat es sich durchgesetzt, dass bei der Kreditorenreichweite aus der GuV nur der Materialaufwand und die bezogenen Leistungen angesetzt werden.

Allerdings können auch Materialien aus dem Lager für die Produktion eingesetzt worden sein. Erst wenn Materialien per Materialentnahmeschein aus dem Lager herausgenommen werden, wird die Position zu Aufwand in der GuV. Zuvor handelte es sich lediglich um einen Aktivtausch in der Bilanz: Die Vorräte hatten zugenommen, die Kasse/Bank aber im Gegenzug abgenommen.

Jetzt müssen wir überlegen, ob wir denn alle Bestandsveränderungen

- Roh-, Hilfs- und Betriebsstoffe (RHBs)
- Unfertige Erzeugnisse, unfertige Leistungen
- Fertige Erzeugnisse und Waren
- Handelswaren
- Geleistete Anzahlungen

in der Bilanz betrachten müssen? Nein, lediglich die Veränderungen bei den RHBs und den Handelswaren sind von Relevanz. Wird ein Rohling zu einem Halbfertigprodukt, dann werden z.B. Bleche, Eisen und Schrauben dort eingesetzt, mitunter also Waren aus der Rubrik der RHBs dort eingesetzt. Diese werden aber erfasst und gehen in die Materialkosten bei den Herstellungskosten ein, sind somit in der GuV im Posten Material und bezogene Leistungen (Punkt 5 im HGB GuV Gliederungsschema beim Gesamtkostenverfahren) erfasst.

Das Gleiche wiederholt sich bei der Weiterverarbeitung des Halbfertigproduktes zu einem Fertigprodukt.

Somit müssen wir unser Augenmerk auf die nicht in der GuV erfassten Positionen richten und damit auf die jeweilige Veränderung zu Vorperiode bei den RHBs und den Handelswaren. Anzahlungen sind ja nicht physisch im Lager und können hier vernachlässigt werden – sie stehen ja auch auf Null.

Gleichwohl müssen wir hier aber wieder eine umsatzsteuerliche Anpassung beim Materialaufwand und den bezogenen Leistungen bzw. den Veränderungen bei den RHBs und Handelswaren vornehmen, denn auch die Verbindlichkeiten aus L&L sind in der Bilanz inklusive Umsatzsteuer angesetzt. Auch hier erhöhen wir also den Nenner um die (im diesem Fall) Vorsteuer (identisch mit dem Umsatzsteuersatz) und erhalten somit:

Beispiel

Kreditorenziel (Tage) (Wie viele Tage dauert es im Schnitt, bis Verbindlichkeiten gezahlt werden?)	Zähler	Verbindlichkeiten aus L&L		1.035,90	1.513,80	3.393,70
	Nenner	Material & bez. Leistungen		17.545,50	16.773,30	16.357,50
		Bestandsveränderungen	RHBs	k.A.	-740,40	527,60
			Handelswaren	k.A.	-222,90	1.057,30
		Gesamt		#WERT!	15.810,00	17.942,40
(Gibt Auskunft über die Effizienz der Skontoziehung und der Zahlungssaldi)		erhöht um Vorsteuer		#WERT!	18.339,60	21.351,46
		korrigiert um Beschaffungen im Ausland		#WERT!	18.339,60	21.351,46
	Ergebnis	*Division x Tage*		#WERT!	30,13	58,01

5

60 Auch hier wurde wieder eine Annahme getroffen – alle Beschaffungen sind von nationalen Unternehmen, also keine Exporte. Dies heißt im Gegenzug, dass alle Einkäufe mit Umsatzsteuer (aus Sicht der GH Mobile Vorsteuer) belastet sind. Dies ist bei einem Automobilhändler aber auch logisch. Sie können aber genau wie bei den Debitoren eine andere Größe im Datenblatt ‚*Basis Informationen*' im MS Excel Tool einstellen und somit individuell Ihre Analysen erstellen.

Für die erste betrachtete Periode (2006) können wie aber leider keine Ergebnisse ausweisen, da wir bei den zwei Vorratspositionen die Vorjahreswerte nicht kennen und damit auch keine Veränderung berechnen können. Sollten Sie die hier beschriebenen Analysen für Ihr eigenes Unternehmen oder für eine Firma machen, wo Sie Fragen stellen und die fehlenden Angaben in Erfahrung bringen können, dann geben Sie die entsprechenden Veränderungen einfach manuell in die gelb markierten Zellen im Excel Tool ein und die fehlenden Werte werden sofort berechnet.

61 Jetzt können wir auch die Frage beantworten, ob wir unsere Rechnungen später zahlen als unsere Forderungen eingehen – natürlich müssen wir hier auch wieder das Wort ‚durchschnittlich' herausstellen, denn die Bilanz ist ja eine Stichtagsdarstellung. Wir sehen aber, dass in 2 der 3 betrachteten Perioden (für das erste Jahr fehlen und ja die Werte) die kreditorischen höher als die debitorischen Ergebnisse sind.

Kreditorenziel	#WERT!	30,13	58,01
Debitorenziel	14,32	8,82	22,96

Dies ist in der Tat erst einmal gut. Allerdings, die 58 Tage Kreditorenziel im Jahr 2008 sind hingegen gleichzeitig wieder sehr kritisch zu würdigen, unabhängig davon, ob wir oberhalb der Debitorengröße liegen und damit betriebswirtschaftlich und aus Finanzierungssicht erst einmal das Richtige tun.

62 Mit einem Kreditorenziel von 58 Tagen kann man auch relativ sicher sagen, dass Skonti, wenn sie denn angeboten würden, wohl nicht genutzt worden sind. Leider hört man sehr häufig, dass Firmen die Liquidität schonend erst möglichst spät zahlen und Skonti ausschlagen, weil ja „*nur*" zum Beispiel 2% angeboten wurden, was ja teilweise unterhalb des jeweiligen Inflationssatzes liegt. Hier erkennt man aber auch den gedanklichen Fehler. Der Lieferant bietet eine Kürzung der Rechnungssumme um 2%, wenn innerhalb von z.B. 10 Tagen gezahlt wird, also ein Verdienst von 2% auf ein Kapital *innerhalb von 10 Tagen*. Hier muss man nämlich den Nachlass nur einmal richtig als Prozentsatz p.a. rechnen und dann sieht man Skonti direkt mit anderen Augen.

Exkurs: Skonti

Rechnen wir doch einmal dieses Beispiel: 63

Der Lieferant bietet uns 2% Skonto, wenn wir innerhalb von 10 Tagen zahlen, ansonsten gibt er uns 30 Tage und die Rechnung ist ohne Abzüge zu begleichen.

Die Formel zur Berechnung von Skontosätzen als Jahreszins lautet:

Skontosatz (2 %) / (Nettotage 30 – Skontotage 10) * 365

In unserem Beispiel ergibt sich damit 0,02 / 20 * 365, also 0,3650 oder 36,50%.

Ja und dann staunt man nur noch. Wer von uns würde eine risikofreie Rendite von 36,50% p.a. ausschlagen? Aber genau das tun wir, wenn wir die Skontoangebote nicht nutzen. Und bei einem Kreditorenziel von 58 Tagen bei der GH Mobile können wir unserer Meinung nach davon ausgehen, dass Skonti, wenn denn angeboten, auch nicht gezogen wurden.

Können wir anhand des Zahlenmaterials nachvollziehen, ob Skonti gezogen wurden? Leider nein,   64
wenn wir keine weiteren Auskünfte erhalten. Buchhalterisch können Skonti auf zweierlei Wegen verarbeitet werden: Entweder offene Absetzung, d.h. die Rechnung wird um den Skontobetrag gekürzt eingebucht oder wir buchen die Skontoerträge auf ein separates Konto, dass dann in den Sammler *Sonstige betriebliche Erträge* läuft. Analysieren wir eine Gesellschaft mit einem Abschluss nach dem Gesamtkostenverfahren, und wir wissen, dass Skonti auf einem separaten Konto verbucht werden, und wir sehen eine Null bei der GuV Position „sonstige betriebliche Erträge, dann und nur dann können wir anhand des vorgelegten Zahlenmaterials ohne weitere Nachfragen feststellen, dass keine Skonti gezogen wurden – leider.

Zurück zur Detailanalyse von Debitoren und Kreditoren.

Bei der Betrachtung von debitorischen und kreditorischen Zielen brauchen wir jetzt noch eine weitere Größe in Tagen, die Kassenreichweite.

9.   Kassenreichweite (Reichweite der liquiden Mittel)

Auch wenn im Folgenden immer nur von *Kassenreichweite* die Rede ist, sind unter dieser Positi-   65
on auch die Bankbestände und die Schecks, Wechsel und die Wertpapiere des Umlaufvermögens zusammengefasst. Dies hatten wir bereits bei der Überleitung zur strukturierten Bilanzdarstellung gesehen. Die notwendigen Berechnungsparameter, als auch die Formel, müssten uns ja schon in Fleisch und Blut übergegangen sein.

$$\frac{\text{Bilanzposition x Tage}}{\text{Umsatzerlöse}}$$

also

$$\frac{\text{Kasse (liquide Mittel) x Tage}}{\text{Umsatzerlöse}}$$

Da es bei den liquiden Mitteln in der Bilanz keine Unterscheidung zwischen brutto und netto gibt,   66
brauchen wir hier auch nicht wie bei den Debitoren und Kreditoren die Nennergröße um die Umsatzsteuer anzupassen.

Generell gilt, dass diese (quasi) Barliquidität möglichst gering sein sollte, da es sich um Geld handelt, dass keine Zinserträge (oder nur sehr geringe) erwirtschaftet, man hört auch schon einmal den Ausdruck ‚*totes Kapital*'.

Bei unserer GH Mobile sehen wir folgende Werte:

> **Beispiel**

Reichweite Liquide Mittel (Tage) (Für wie viele Tage reichen die liquiden Mittel?) (Gibt Auskunft über die Zahlungsfähigkeit)	Zähler	Liquide Mittel	3.012,70	3.222,40	2.679,70
	Nenner	Umsatzerlöse	22.168,10	22.718,10	19.150,20
	Ergebnis	*Division x Tage*	49,60	51,77	51,07

67 Bei diesen Werten um die 50 Tage stellt sich in der Tat die Frage, was das soll. Andererseits, wenn man sich jetzt alle Auswertungen um die Vorräte, die Debitoren und Kreditoren und den liquiden Mittel noch einmal anschaut, dann stellt sich auch die Frage nach der Managementqualität in unserer GH Mobile. Hier scheinen (im Negativen) wahre Künstler am Werk zu sein und dies bei Umsatzrenditen, die nur knapp über Null liegen.

Es bestätigt sich immer weiter unsere Ahnung aus der ersten Betrachtung, dass hier massive (bilanzielle und Management) Probleme vorliegen. Jetzt können wir aber viel detaillierter die Mängel benennen und auch die Beweise dafür antreten.

Dennoch wollen wir nochmals auf die letzte Kennzahl Kassenreichweite im Kontext der Debitoren und Kreditoren zu sprechen kommen.

68 Während die linke Seite der Bilanz die Mittelverwendung aufzeigt, stellt die rechte Seite ja die Mittelherkunft dar. Es erscheint daher ja auch nur logisch, dass zwischen beiden Seiten ein Gleichgewicht gelten soll. Diesen Zusammenhang wollen wir jetzt noch ein wenig intensiver betrachten.

Auf der Passivseite stehen mit den Verbindlichkeiten aus Lieferungen und Leistungen die anstehenden Verpflichtungen, also die Summen, die wir kurzfristig zahlen müssen.

Aktivisch haben wir mit den liquiden Mitteln und den Forderungen die Summen, die uns entweder unmittelbar oder in Kürze für Zahlungen zur Verfügung stehen (werden).

69 Rein mathematisch kann damit jetzt folgende Postulate abgeleitet werden:

1. Kreditorisches Ziel muss größer als das debitorische Ziel sein!
2. Ist dies unmöglich (Exporte z.B. nach Südamerika mit in diesem Kulturkreis als normal empfundenen Zahlungszielen bis zu 6 Monaten oder bei entsprechenden Skonto Angeboten), dann muss gelten:

   Kreditorisches Ziel

   – Debitorisches Ziel

   <u>+ Kassen-/Bankreichweite</u>

   Größer Null (> 0)

Dies wird übrigens als der *Cash-Zyklus* bezeichnet.

Dann wollen wir uns dies einmal bei der GH Mobile genauer anschauen, wobei wir das erste Jahr der Betrachtungen aufgrund des fehlenden Zahlenmaterials beim kreditorischen Ziel nicht richtig darstellen können.

70 Auf den ersten Blick sieht die folgende Berechnung doch richtig gut aus, oder? 73 bzw. 86 Tage Cash Sicherheit lassen sich doch sehen!

Cash Zyklus (wie sieht der Kreislauf liquiden Mittel? (Gibt Auskunft über die Zahlungsfähigkeit)	Zähler	Kreditorenziel	#WERT!	30,13	58,01
	Nenner	Debitorenziel		14,32	8,82	22,96
	Ergebnis	Kassenreichweite		49,60	51,77	51,07
	Cash Zyklus	*Kreditorenz. - Debetorenz.+ Kassenreichweite*	#WERT!	73,08	86,13

Aber, sind 73 und 86 Tage Sicherheit wirklich gut? Hier müssen wir doch sofort kritisch fragen: 71

- Warum hat die GH Mobile eine solch hohe Liquidität,

- die wahrscheinlich nicht gerade einen hohen Ertrag bringt, da es sich meist bei den Positionen Kasse und Bank um „totes" oder nur wenig Zinseinkünfte generierendes Kapital handelt.

  Ein Blick in die GuV Position 11 (HGB GKV Gliederungsschema) unterstützt auch diese kritische Einstellung

11.	Sonstige Zinsen und Erträge	19,80	0%	36,90	0%	27,00	0%

Die GuV weist bei Zinsen und Erträge gerade einmal 20, 37 und 27 Einheiten aus, in allen drei betrachteten Perioden sind das aber „0" Prozent vom Umsatz. Da kann man sicherlich nicht von gut angelegten kurzfristigen Geldern sprechen.

- Wie passt diese hohe Liquidität mit der geringen Anlagenintensität zusammen?

- Auch wenn wir die Kapitalseite, der Mittelherkunft (Passiva) noch nicht genauer mit Kennzahlen betrachtet haben, müssen wir sofort einen Quervergleich mit der Höhe der Verbindlichkeiten machen. Dort werden wir im nächsten Kapitel nämlich Fremdkapitalquoten in Höhe von knapp 90% sehen. Warum wird Kapital bei Dritten aufgenommen (Banken, Lieferanten), dann aber „brach" liegen gelassen, anstatt es produktiv in das Anlagevermögen (das sowieso viel zu niedrig und damit auch alt ist) investiert?

Sie sehen, es ergeben sich auch beim Cash Zyklus (negative) Gefühle hinsichtlich der GH Mobile, bzw. deren Führung. Aber lassen Sie uns dann direkt auch die Mittelherkunft (Passiva) näher untersuchen.

II. Kapitalstrukturkennzahlen

Auch hier wollen wir uns die ausgesuchten Kennzahlen erst einmal im Überblick anschauen. Nochmals, sie sind sicherlich nicht vollständig, das ist aber auch nicht unser Ziel. Es sind auch um einige weniger als bei den Vermögenskennzahlen, aber viel heißt nicht immer gut. Man kann auch mit weniger häufig viel oder sogar mehr erreichen. 72

Definitionen von Kennzahlen zur Kapitalstruktur					
Kapitalstruktur			**2006** **-2**	**2007** **-1**	**2008** **0**
Eigenkapitalquote (%) nach HGB Basis Eigenkapital nach HGB (Wie viel Prozent der Bilanzsumme/ des Kapitals wird von Eigenkapital gestellt?) (Gibt Auskunft über die Solidität der Kapitalbasis - "Krisenkapital")	Zähler	Eigenkapital nach HGB	1.128,50	1.350,80	1.357,10
	Nenner	Bilanzsumme	11.484,90	10.011,60	11.411,10
	Ergebnis	*Division x 100*	9,83%	13,49%	11,89%
EK-Quote haftendes Eigenkapital (%) (Wie viel % der Bilanzsumme kann als Sicherheit / Haftungskapital gelten, da Eigenkapital?) (Gibt Auskunft über die Solidität der Kapitalbasis - "erweitertes Krisenkapital")	Zähler	Haftendes Eigenkapital	1.128,50	1.350,80	1.357,10
	Nenner	Bilanzsumme	11.484,90	10.011,60	11.411,10
	Ergebnis	*Division x 100*	9,83%	13,49%	11,89%
EK-Quote wirtschaftliches Eigenkapital (%) Basis wirtschaftliches Eigenkapital (Wie viel Prozent der Bilanzsumme/ des Kapitals wird von Eigenkapital, *das adhoc zur Verfügung steht*, gestellt?) (Gibt Auskunft über die Solidität der Kapitalbasis - "Krisenkapital")	Zähler	Wirtschaftliches Eigenkapital	4.732,05	5.018,90	5.035,40
	Nenner	Bilanzsumme	11.484,90	10.011,60	11.411,10
	Ergebnis	*Division x 100*	41,20%	50,13%	44,13%
Verb. aus L&L Quote (%) (Wie viel % des Fremdkapitals stammt von Lieferanten und Sonstigen, ist daher kurzfristig und ist damit in naher Zukunft fällig?)	Zähler	Verbindlichkeiten aus L. & L.	1.035,90	1.513,80	3.393,70
(Gibt Auskunft über anstehende Zahlungsverpflichtungen, Liquiditätsbedarf einerseits und die kostenfreie Finanzierung über Lieferanten andererseits)	Nenner	Langfristiges Fremdkapital + Kurzfristiges Fremdkapital	7.676,90 2.679,50 10.356,40	4.837,80 3.823,00 8.660,80	4.679,10 5.374,90 10.054,00
	Ergebnis	*Division x 100*	10,00%	17,48%	33,75%
Kurzfristiges Fremdkapital Quote (%) (Wie viel % der Bilanzsumme ist mit Fremdkapital und dieses auch noch kurzfristig finanziert?)	Zähler	Summe kurzfristiges Fremdkapital	2.679,50	3.823,00	5.374,90
	Nenner	Bilanzsumme	11.484,90	10.011,60	11.411,10
(Gibt Auskunft über die Solidität der Fremdkapitalfinanzierung bzw. über anstehende Zahlungsverpflichtungen)	Ergebnis	*Division x 100*	23,33%	38,19%	47,10%

Wann immer nach Kapitalstruktur gefragt wird oder mit einer Bank ein Kredit besprochen wird, dann stellt sich sofort als erstes die Frage nach der Eigenkapitalquote. Damit wollen wir dann auch beginnen.

1. Eigenkapitalquote

73 Die Eigenkapitalquote hat wohl für viele den höchsten Stellenwert bei allen Kennzahlen. Schön wäre es natürlich, wenn es hier eine einheitliche Definition gäbe, aber da müssen wir Sie leider wieder enttäuschen. Allein beim Eigenkapital gibt es mannigfache Definitionen, die wir alle gar nicht aufzählen können. Daher werden wir uns im Folgenden auch nur mit den wichtigsten Definitionen bzw. Abwandlungen des Eigenkapitals beschäftigen.

Generell kann gesagt werden, dass wir das Eigenkapital immer als ersten Sammelpunkt bei den Passiva finden, nach HGB Gliederungsschema auch mit „A" gekennzeichnet. Darunter finden sich aber mehrere Unterpositionen.

Meistens genügt bei der Frage nach der Eigenkapitalquote auch ein Blick auf diese erste passivische Summe „A", denn falsch liegt man mit der HGB Gliederung nie. Dividiert man diese Summe durch die gesamte Bilanzsumme, dann hat man auch schon die Eigenkapitalquote ermittelt.

Schauen wir uns zunächst die Einzelposten des Eigenkapitals und dann auch das gesamte Eigenkapi-   74
tal an (MS Excel Tool – Bilanz, Passiva).

❯ Beispiel

	Nicht eingeforderte offene Einlagen	0,00	0%	0,00	0%	0,00	0%
I.	Gezeichnetes Kapital	552,60	5%	552,60	6%	552,60	5%
II.	Kapitalrücklage	0,00	0%	0,00	0%	0,00	0%
III.	Gewinnrücklagen	0,00	0%	0,00	0%	195,30	2%
	... davon gesetzliche Rücklage	0,00	0%	0,00	0%	0,00	0%
	... davon Rücklage für eigene Anteile	0,00	0%	0,00	0%	0,00	0%
	... davon satzungsgemäße Rücklagen	0,00	0%	0,00	0%	0,00	0%
	... davon andere Gewinnrücklagen	0,00	0%	0,00	0%	195,30	2%
IV.	Gewinnvortrag/Verlustvortrag	199,80	2%	195,30	2%	222,30	2%
V.	Jahresüberschuss/Jahresfehlbetrag	-4,50	0%	222,30	2%	3,60	0%
VI.	Sonderposten mit Rücklagenanteil	380,60	3%	380,60	4%	383,30	3%
A	**Eigenkapital**	**1.128,50**	**10%**	**1.350,80**	**13%**	**1.357,10**	**12%**

Die hier als erste Position ausgewiesenen eingeforderten offenen Einlagen sind in dieser Form erst
mit Inkrafttreten des BilMoG zwingend passivisch auszuweisen. Noch gilt ein Wahlrecht, wobei der
Ausweis meist aktivisch erfolgt.

Wollen Sie nach altem und noch gültigen Recht arbeiten, dann blenden Sie diese Zeile im Excel Tool   75
einfach aus (Klick auf das ‚-' Zeichen am linken Bildrand, Zeile 61 im Tabellenblatt *Bilanz*).

I.	Gezeichnetes Kapital	552,60	5%	552,60	6%	552,60	5%
II.	Kapitalrücklage	0,00	0%	0,00	0%	0,00	0%
III.	Gewinnrücklagen	0,00	0%	0,00	0%	195,30	2%
	... davon gesetzliche Rücklage	0,00	0%	0,00	0%	0,00	0%
	... davon Rücklage für eigene Anteile	0,00	0%	0,00	0%	0,00	0%
	... davon satzungsgemäße Rücklagen	0,00	0%	0,00	0%	0,00	0%
	... davon andere Gewinnrücklagen	0,00	0%	0,00	0%	195,30	2%
IV.	Gewinnvortrag/Verlustvortrag	199,80	2%	195,30	2%	222,30	2%
V.	Jahresüberschuss/Jahresfehlbetrag	-4,50	0%	222,30	2%	3,60	0%
VI.	Sonderposten mit Rücklagenanteil	380,60	3%	380,60	4%	383,30	3%
A	**Eigenkapital**	**1.128,50**	**10%**	**1.350,80**	**13%**	**1.357,10**	**12%**

Setzt man die Gesamtwerte 1.128,50, 1.350,80 und 1.357,10 ins Verhältnis zur gesamten Bilanzsumme, erhält man die Eigenkapitalquote, die meist als prozentuale Größe dargestellt wird.

❯ Beispiel

Eigenkapitalquote (%) nach HGB					
Basis Eigenkapital nach HGB (Wie viel Prozent der Bilanzsumme/ des Kapitals wird von Eigenkapital gestellt?)	Zähler	Eigenkapital nach HGB	1.128,50	1.350,80	1.357,10
	Nenner	Bilanzsumme	11.484,90	10.011,60	11.411,10
(Gibt Auskunft über die Solidität der Kapitalbasis - "Krisenkapital")	Ergebnis	*Division x 100*	9,83%	13,49%	11,89%

Wir sehen in den 3 Perioden eine Eigenkapitalquote von gerundet 10% bis 13% und dies ist nicht ge-   76
rade sehr hoch. Wie Sie sicherlich wissen, sind generell die Eigenkapitalquoten von österreichischen
und deutschen Unternehmen traditionell schwach, aber mit o.g. Werten kann man nicht zufrieden
sein und Banken werden bei diesen Größenordnungen auch schnell nervös, erst recht, wenn dann
auch die Umsatzrenditen wieder um den Nullpunkt tendieren. 20% gelten gewöhnlich als akzeptabel, wenngleich die neuen BASEL II Regelungen eine Eigenkapitalquote von ca. 30% favorisieren.

Vielleicht haben Sie sich schon gefragt, warum wir traditionell geringe Eigenkapitalquoten haben. Dies hängt sicherlich auch mit der Stringenz des HGB zusammen. Risiken sind generell durch Rückstellungen abzusichern und da ist das HGB im Vergleich zu anderen europäischen Rechnungslegungsvorschriften durchaus sehr konservativ. Krisen können damit auch häufig mit den zuvor zurückgestellten Summen ,*umschifft*' werden. Sind die Rückstellungsvorschriften weniger stringent, dann muss häufig ein Teil des Eigenkapitals zur Risikoabsicherung dienen. Wir wollen jetzt nicht sagen, dass bei HGB konformen Rückstellungsbildungen das Eigenkapital ,risikofrei' wäre, aber es reduziert das Risiko für den Eigenkapitalgeber. Ist weniger Eigenkapital notwendig (aus HGB Risikosicht), dann ist dies auch betriebswirtschaftlich von Vorteil. Während Fremdkapitalkosten (Zinsen) Aufwand darstellen und damit steuerlich abzugsfähig sind, interessiert sich die Finanzverwaltung überhaupt nicht für die Kosten des Eigenkapitals. Darüber haben wir bereits gesprochen. Dividenden, die neben Kurssteigerungen Eigenkapitalkostenerstattungen entsprechen, sind aus dem Jahresüberschuss, also aus dem versteuerten Einkommen, zu zahlen. Sie stellen keinen Aufwand dar und sind steuerlich somit auch nicht anerkannt. Außerdem ist Eigenkapital auch noch bei weitem teurer als Fremdkapital. Damit wird klarer, warum hohe Eigenkapitalquoten von den Kosten her nicht gerade bevorzugt werden. Stringente Rückstellungsregelungen tendieren dann konsequenterweise dazu, mit weniger Eigenkapital zu arbeiten.

77   Gerade bei den Rating-Analysen nach BASEL II gehen viele Banken dann aber hin und rechnen nur einen Teil (meist 50%) der Sonderposten mit Rücklageanteil (kurz SOPOS, wir haben diese bereits besprochen) beim Eigenkapital an, sie weichen damit Eigenkapital kürzend von der HGB Gliederung ab. Ob damit ein realistisches Bild des Eigenkapitals aufgezeigt wird, ist abhängig vom Einzelfall. Werden die ,zugesagten' Investitionen, für die Ansparabschreibungen gebildet wurden, auch getätigt, so ist die Reduktion der SOPOS eigentlich falsch. Werden die SOPOS aber nur genutzt, um Steuern temporär zu sparen, dann ist die Kürzung durchaus korrekt.

Im unserem Excel Tool haben wir, wie bereits dargestellt, die Möglichkeit der anteiligen Zuordnung von Sonderposten zum Eigenkapital auch berücksichtigt. Bitte schauen Sie doch einmal in das Datenblatt ,Basis Informationen'. Dort sehen Sie eine (gelb markierte) Eingabemöglichkeit, zum welchem Prozentsatz die Sonderposten mit Rücklagenanteil dem Eigenkapital zuzuordnen sind. Der nicht dem Eigenkapital zurechenbare Anteil wird in der Struktur-Bilanz entsprechend dem langfristigen Fremdkapital zugewiesen, die dann gültigen Zahlen finden Sie im Tabellenblatt *Strukturbilanz*.

78   Nach Inkrafttreten des BilMoG wird es diese Sonderposten aufgrund der Aufhebung der umgekehrten Maßgeblichkeit nicht mehr geben. Wollen Sie selbst eine Darstellung nach neuem Recht, dann klicken Sie auf das ,-' Zeichen am linken Bildrand, Zeile 71 im Tabellenblatt *Bilanz*. Wir haben aber bei unseren Betrachtungen das jetzige Recht im Fokus und lassen daher den Ausweis der SOPOS stehen.

Im Folgenden wollen wir uns aber noch mit weiteren richtigen, aber dennoch bei entsprechender Bilanzgestaltung irreführenden Definitionen von Eigenkapitalquoten beschäftigen.

Öffnen oder betrachten Sie bitte im (Ausdruck des) MS Excel Tool einmal das Datenblatt „*Def. Kennzahlen-Sonstiges*".

Hier finden wir zwei weitere häufig genutzte Definitionen von Eigenkapital(quoten)und ihre Berechnungen. Generell fällt auf, dass weitere Positionen der Bilanz herein- bzw. herausgerechnet werden.

Beschäftigen wir uns zunächst mit dem haftenden Eigenkapital. Klicken Sie dafür auf das ,-' Zeichen am linken Bildrand, Zeile 10 im Tabellenblatt *Def. Kennzahlen-Sonstiges*.

Beispiel

Haftendes Eigenkapital (Summe)				
	Summe Eigenkapital	1.128,50	1.350,80	1.357,10
	- nicht anrechenbarer Anteil der Sonderposten	0,00	0,00	0,00
	- Ausstehende Einlagen	0,00	0,00	0,00
(Ist ein 'korrigiertes und damit	- Immaterielle Wirtschaftsgüter	0,00	0,00	0,00
im Schadensfall 'belastbares'	+ Subordinierte Darlehen	0,00	0,00	0,00
Eigenkapital)		1.128,50	1.350,80	1.357,10

Ausgangspunkt ist das bilanziell unter Passiva „A" ausgewiesene Eigenkapital. Sie sehen aber auch hier wieder den Ausweis der Sonderposten, da wir nach aktuellem Recht unterwegs sind. Auch hier haben Sie wieder die Möglichkeit, auf zukünftiges Recht umzustellen.

Aber was erkennen wir in diesem Zusammenhang? Das BilMoG wird die Unternehmen zukünftig bei einer Analyse durch Banken wahrscheinlich besser aussehen lassen, da die Sonderposten nicht mehr ausgewiesen werden. Wir bezweifeln nämlich, dass sich die Banken die entsprechenden Informationen aus den Details zu den latenten Steuern heraussuchen werden.

Hier werden also nach aktuellem Recht die Sonderposten um nicht anrechenbare Anteile reduziert (darüber haben gerade besprochen) und nicht eingebrachte Einlagen ebenfalls herausgerechnet. Die ausstehenden Einlagen finden wir übrigens ganz oben auf der Aktivseite, was sich allerdings, wie mehrfach auch bereits erwähnt, mit dem BilMog so nicht mehr der Fall sein wird, da dann der Ausweis zwingend auf der Passivseite vor dem Eigenkapital erfolgen muss. Die Lesart ist dabei folgende: Das gezeichnete Kapital beträgt € ...... (Passiva, erster Posten des Eigenkapitals), davon wurde aber bisher nicht der ganze Betrag eingebracht, sondern ausstehend sind noch € ..... (noch Aktiva, ganz oben erster Posten, zukünftig sogar leichter, weil direkt untereinander auf der gleichen Bilanzseite - Passiva).

Außerdem werden immaterielle Wirtschaftsgüter wie Patente und Lizenzen subtrahiert, da diese häufig nicht weiter veräußerbar sind und damit im Fall eines Falles kein Kapital darstellen.

Subordinierte Darlehen, also Nachrangdarlehen, haben quasi Eigenkapitalcharakter und sind im negativen Fall belastbar, somit haftend.

Bei GH Mobile sind alle diese Positionen mit Null angesetzt, so dass die Eigenkapitalquote nach HGB Definition und die Quote mit dem haftenden Eigenkapital identisch sind.

Damit erklärt sich auch diese Definition von Eigenkapital: Wie hoch ist der haftende Betrag in den Büchern nach Verbindlichkeiten und Rückstellungen für Pensionen, Drohverlusten, schwebenden Verfahren, Garantiezusagen und ausstehenden Forderungen der Finanzverwaltung?

Im Fall unserer GH Mobile ändert sich erst einmal nichts. Wir sind allerdings auch davon ausgegangen, dass die Sonderposten zu 100% anrechenbar sind.

Dieses Bild ändert sich aber, wenn wir eine weitere Definition von Eigenkapital zu Grunde legen, das so genannte wirtschaftliche Eigenkapital.

Wirtschaftliches Eigenkapital (Summe)				
	Summe haftendes Eigenkapital	1.128,50	1.350,80	1.357,10
	- Beteiligungen, auch an verb. Untern./Ges	230,00	230,00	230,00
	- Forderungen geg. verb. Untern./Ges.	0,00	0,00	0,00
(Ist ein korrigiertes Eigenkapital,	- nicht durchgeführte Wertberichtigung	0,00	0,00	0,00
das häufig bei Kreditvergaben	+ 50% der langfristige Rückstellungen	273,95	344,80	355,00
zu Grunde gelegt wird)	+ Verbindlichkeiten geg. verb. Untern./Ges	3.559,60	3.553,30	3.553,30
	+ Stille Reserven AV	0,00	0,00	0,00
		4.732,05	5.018,90	5.035,40

Dieses wirtschaftliche Eigenkapital wird häufig bei Kreditvergaben von Banken herangezogen und ist ein strengeres Bild des Eigenkapitals.

Jetzt werden Sie bei genauer Betrachtung wahrscheinlich stutzen und sagen: „Die Eigenkapitalquote wird ja besser und das machen die Banken wirklich?". Ja in der Tat, aber schauen wir einmal genauer hin, warum die Quote besser wird.

Zunächst werden Beteiligungen herausgerechnet, da die Gelder dafür ja bereits anderweitig gebunden sind. Die Forderungen gegen verbundene Unternehmen werden ebenfalls subtrahiert, da gerade bei verbundenen Unternehmen offenen Forderungen häufig nicht bis zur letzten Konsequenz (Abtretung, gerichtliches Mahnverfahren) nachgegangen wird. Es wird auch unterstellt, dass diese Forderungen teilweise uneinbringlich sind. Als letztes werden nicht durchgeführte Wertberichtigungen herausgerechnet, was ja auch logisch ist, da Wertberichtigungen das Ergebnis und damit das Eigenkapital reduzieren.

83 Positiv eingerechnet werden dann 50% der langfristigen Rückstellungen, da hier ein permanenter Steuervorteil vorliegt - Sie erinnern sich, Rückstellungen sind unversteuerte Gelder und als Aufwand anerkannt und als Finanzierungsquelle entsprechend nutzbar. Gleichzeitig wird unterstellt, dass diese eventuell auch ein wenig zu hoch angesetzt sind. Rückstellungen werden nach bestem Gewissen, die Steuerleute sagen nach dem „arm's length principle", angesetzt. Außerdem gilt das Prinzip der kaufmännischen Vorsicht.

Umgekehrt zu den Forderungen gegen verbundene Unternehmen, die wir bereits subtrahiert haben, werden jetzt Verbindlichkeiten gegen verbundene Unternehmen addiert. Dies geschieht mit gleicher Begründung wie bei den Forderungen, nur aus einer um 180° gedrehten Perspektive. Verbindlichkeiten gegen verbundene Unternehmen sind wahrscheinlich die letzten, die bei Liquiditätsengpässen gezahlt werden. Da eine Verbindung zwischen Schuldner und Gläubiger besteht, wird der Gläubiger wahrscheinlich auch nicht mit letzter Konsequenz die Verbindlichkeiten eintreiben. Zum Schluss werden noch die stillen Reserven addiert. Dies ist auch logisch, da die Verkehrswerte von Vermögensgegenständen ja weit über den Buchwerten liegen können, die Differenz aber dem Eigenkapital zuzurechnen ist.

84 Aus externer analytischer Sicht ist es natürlich sehr schwierig, ohne weitere Informationen unterlassene Wertberichtigungen bzw. stille Reserven zu (er)kennen. Aus diesem Grund sind diese beiden Positionen bei GH Mobile auch mit Null angesetzt.

Was sehen wir jetzt? Die Eigenkapitaldefinition wird nochmals erweitert. Aus dem haftenden Eigenkapital werden weitere Positionen heraus- und hereingerechnet. In unserem Fall erhöhen sich damit das Eigenkapital und damit die Eigenkapitalquote um ein Vielfaches. Dies ist aber in erster Linie durch die hohen Verbindlichkeiten gegen verbundene Unternehmen bedingt. Wäre diese nicht gegeben, würden wir nur eine geringe Steigerung sehen.

85 Wichtig ist aber festzuhalten, dass es zwar eine HGB Vorlage für die Position Eigenkapital gibt, in der Analytik aber häufig davon abgewichen wird und je nach Struktur der Bilanz eine für sich *günstigere* Darstellung bzw. Definition gewählt wird. Dies ist auch legal, da es sich ja um analytische Betrachtungen handelt. Lediglich im Jahresabschluss sind die gesetzlich fixierten Definitionen anzusetzen. Vorsicht also bei Analysen, die auf der Basis von Jahresabschlüssen vorgelegt werden. Man muss schon ein wenig genauer hinsehen, ob bei der Berechnung von Kennzahlen auch die Definitionen der Parameter beibehalten wurden, die man im ursprünglichen Zahlenmaterial auch gelesen hat.

In unserem Fall ist ein eigentlich negativ zu beurteilender Sachverhalt – hohe und weiter ansteigende Verbindlichkeiten bei geringen Eigenkapitalquoten nach HGB Definition – in eine Kennzahl mit *positiver Ausstrahlung* eingearbeitet worden. Schaut man nicht genau hin, dann fällt dies nicht einmal auf!

So werden bei unserer GH Mobile aus eigentlich schwachen Eigenkapitalquoten von gerundet 10%, 13% und 12% nach HGB Gliederungsschema „äußerst attraktive" Eigenkapitalquoten in Höhe von 41%, 50% und 44% auf der Basis der wirtschaftlichen Eigenkapitals!   86

> Beispiel

EK-Quote wirtschaftliches Eigenkapital (%) Basis wirtschaftliches Eigenkapital (Wie viel Prozent der Bilanzsumme/ des Kapitals wird von Eigenkapital, *das adhoc zur Verfügung steht*, gestellt?) (Gibt Auskunft über die Solidität der Kapitalbasis - "Krisenkapital")	Zähler	Wirtschaftliches Eigenkapital	4.732,05	5.018,90	5.035,40
	Nenner	Bilanzsumme	11.484,90	10.011,60	11.411,10
	Ergebnis	*Division x 100*	41,20%	50,13%	44,13%

Die Würdigung dieses Sachverhalts ist ganz einfach. Sie erinnern sich: *Trauen Sie nie einer Kennzahl, deren Eingangsparameter Sie nicht überprüft und auch verstanden haben!*   87

2.   Verbindlichkeiten aus Lieferungen und Leistungen als Quote

Wir wollen jetzt die passivische Seite der Bilanz noch besser verstehen und damit das Gesamtbild GH Mobile noch deutlicher zeichnen. Daher werden wir im Folgenden berechnen, wie viel Prozent der gesamten Verbindlichkeiten aus Lieferungen und Leistungen bestehen und damit kurzfristig zur Anweisung fällig sind.   88

Dazu setzen wir die Bilanzposition Verbindlichkeiten aus Lieferungen und Leistungen ins Verhältnis zu den Gesamt-Verbindlichkeiten und multiplizieren das Ergebnis mit 100, so dass wir eine prozentuale Größe erhalten.

Was sind die Gesamt-Verbindlichkeiten?   89

Sie erinnern sich – in der Struktur-GuV haben wir die Steuerrückstellungen und die sonstigen Rückstellungen, solange wir keine anders lautenden Informationen haben, als kurzfristiges Fremdkapital definiert und diesem auch zugeordnet. Analog müssen wir jetzt natürlich auch die langfristigen Rückstellungen, also die Rückstellungen für Pensionen und ähnliche Verpflichtungen, den langfristigen Verbindlichkeiten zuordnen.

Wenn Sie die mathematische Berechnung optisch nachvollziehen wollen, dass schauen Sie im MS Excel Tool doch bitte noch einmal in das Datenblatt ‚*Def. Kennzahlen-Sonstige*'. Dort haben wir die Berechnung des langfristigen Fremdkapitals noch einmal ausgewiesen.

> Beispiel

Summe langfristiges Fremdkapital (Summe)	Langfristige Verbindlichkeiten + Langfristige Rückstellungen	7.129,00 547,90 7.676,90	4.148,20 689,60 4.837,80	3.969,10 710,00 4.679,10

Jetzt werden wir die Quote berechnen.   90

> **Beispiel**

Verb. aus L&L. Quote (%) (Wie viel % des Fremdkapitals stammt von Lieferanten und Sonstigen, ist daher kurzfristig und ist damit in naher Zukunft fällig?)	Zähler	Verbindlichkeiten aus L. & L.	1.035,90	1.513,80	3.393,70
(Gibt Auskunft über anstehende Zahlungsverpflichtungen, Liquiditätsbedarf einerseits und die kostenfreie Finanzierung über Lieferanten andererseits)	Nenner	Langfristiges Fremdkapital + Kurzfristiges Fremdkapital	7.676,90 2.679,50 10.356,40	4.837,80 3.823,00 8.660,80	4.679,10 5.374,90 10.054,00
	Ergebnis	*Division x 100*	10,00%	17,48%	33,75%

91 Wie bereits bei unserer Erstbetrachtung des vorgelegten Zahlenmaterials gesehen, steigen die kurzfristigen Verbindlichkeiten in den 3 analysierten Perioden sehr stark bei leicht rückläufigen bzw. fast konstanten Gesamt-Verbindlichkeiten. Die Quote steigt damit dramatisch von gerundet 10% auf 34%.

Wir müssen uns hier vor Augen halten, dass *kurzfristig* nicht näher im vorgelegten Zahlenmaterial kommentiert ist. Wir haben auch keine Informationen darüber, ob bereits Mahnungen vorliegen. Im schlechtesten Fall heißt dies, dass 34% der Gesamtverbindlichkeiten innerhalb der nächsten Tage gezahlt werden müssen.

92 Ein Blick auf die aktivischen Positionen Kasse, Bank und Schecks (ganz unten bei den Aktiva) lässt uns für die Perioden -1 und 0 beruhigter hereinblicken – für die abgelaufene Periode hingegen sieht das Periodenende nicht so gut aus. Bleiben in nächster Zeit bis Fälligkeit der Verbindlichkeiten einkalkulierte Forderungseingänge aus, kann die Situation sogar recht schnell kritisch werden.

Ein weiteres Risiko, das wir aus dem vorgelegten Zahlenmaterial nicht ableiten können, sind anstehende Tilgungen. Aber hier haben wir ja auch bei der ersten Einschau gesehen, dass langfristige Kredite von 3.569,40 auf 415,80 heruntergefahren wurden. Viel steht damit für eventuelle Tilgungen nicht mehr an, dennoch sind diese auch geringen Tilgungsleistungen ohne weitere Forderungseingänge nicht möglich.

93 An dieser Stelle müsste Ihnen jetzt auch deutlich werden, dass die Definition von wirtschaftlichem Eigenkapital durchaus irreführend und auch gefährlich sein kann. Die Verbindlichkeiten gegen verbundene Unternehmen können auch bei 100%-igem Forderungseingang nicht bedient werden. Obwohl damit sicherlich eine Last, werden sie dem Eigenkapital hinzuaddiert. Die gezeigten 44% als Eigenkapitalquote auf der Basis des wirtschaftlichen Eigenkapitals sind somit durchaus irreführend und gefährlich.

Der Anstieg der kurzfristigen Finanzierungsquote geht natürlich zu Lasten der langfristigen Finanzierung. Schauen Sie doch einmal in das Datenblatt ‚Bilanz in %‘, da werden Sie dies sehr schön sehen können. Die Bankkredite sind in den 3 analysierten Perioden von 31% auf 4% gefallen. Selbst wenn Sie die Rückstellungen für Pensionen und sonstige Verpflichtungen als langfristiges Fremdkapital ansehen und diese zu den Bankkrediten addieren, fällt der prozentuale Anteil auf 10%!

94 Um diese Entwicklung aus verschiednen Perspektiven aufzuzeigen, werden häufig auch die gesamten kurzfristigen Verbindlichkeiten, also nicht nur die Verbindlichkeiten aus Lieferungen und Leistung, sondern auch weitere Positionen mit kurzfristigem Charakter (wir verweisen hier noch einmal auf die Erstellung der Struktur-GuV und die Ermittlung der Position *kurzfristiges Fremdkapital*) ins Verhältnis zur Bilanzsumme gesetzt und als prozentuale Quote ausgewiesen.

3.   Kurzfristige Fremdkapitalquote

Hier sehen wir genau diese Analyse. Das gesamte kurzfristige Fremdkapital wird als prozentualer Wert zur Bilanzsumme gerechnet.   95

> Beispiel

Kurzfristiges Fremdkapital Quote (%) (Wie viel % der Bilanzsumme ist mit Fremdkapital und dieses auch noch kurzfristig finanziert?)	Zähler	Summe kurzfristiges Fremdkapital	2.679,50	3.823,00	5.374,90
	Nenner	Bilanzsumme	11.484,90	10.011,60	11.411,10
(Gibt Auskunft über die Solidität der Fremdkapitalfinanzierung bzw. über anstehende Zahlungsverpflichtungen)	Ergebnis	*Division x 100*	23,33%	38,19%	47,10%

Wir sehen eine Steigerung von 23% auf 47%. Fast 50% der Bilanzsumme stehen kurzfristig zur Zahlung und dies bei Forderungen und liquiden Mitteln (aktivisch), die am Limit sind, an. Dabei sind die Verbindlichkeiten gegen verbundene Unternehmen noch nicht mit eingerechnet. Diese können zurzeit gar nicht bedient werden. Eventuell anstehende Tilgungen sind ebenfalls nicht einkalkuliert worden.

Das eigentlich Brisante an der Finanzierung ist aber die Entwicklung. Banken ziehen sich zurück,   96
kurzfristige Finanzierungen steigen bei konstanten massiven Verpflichtungen gegenüber verbundenen Unternehmen. Sollte die Rückführung von Bankkrediten zu Lasten von kurzfristigen Finanzierungen nicht von den Banken erzwungen, sondern von der Geschäftsführung bewusst herbeigeführt worden sein (was wir uns aber nicht vorstellen können), dann kann man an dieser Stelle eigentlich nur die Hände über den Kopf schlagen.

Aber man soll ja niemals *nie* sagen.

Bei den Vorräten haben wir auch schon gesehen, dass dort aus betriebswirtschaftlicher Sicht unsinnige, ja gefährliche Positionen aufgebaut wurden. Ebenso könnte dies hier auch der Fall sein.

Zusammenfassend kann man bei der Kapitalstruktur und den gerechneten Kennzahlen nichts Positives erkennen. Es bleibt eigentlich nur ein Handeln: *Kopfschütteln aus Unverständnis!*   97

III.   Liquidität- und Finanzkraft bzw. Finanzierungskennzahlen

Nachdem wir uns mit Analysen zum Vermögen und zum Kapital und hier besonders jeweils zur   98
Struktur beschäftigt haben, wollen wir jetzt Liquiditäts- und Finanzierungskennzahlen angehen. Damit verlassen wir eigentlich auch den Bereich der Untersuchungen zur langfristigen Bilanzstruktur. Liquiditäts- und Finanzierungsanalysen haben eher den Fokus auf die Interpretation der kurzfristigen Struktur und Lage.

Definitionen von Kennzahlen zur Liquidität und Finanzkraft

Liquidität & Finanzkraft			2006 -2	2007 -1	2008 0
Liquidität I (%) (In welcher Relation stehen prozentual flüssige Mittel zum kurzfristigen Fremdkapital?) (Gibt Auskunft über die adhoc Zahlungsfähigkeit)	Zähler	Flüssige Mittel	3.012,70	3.222,40	2.679,70
	Nenner	Summe kurzfristiges Fremdkapital	2.679,50	3.823,00	5.374,90
	Ergebnis	*Division x 100*	112,44%	84,29%	49,86%
Liquidität II (%) (In welcher Relation stehen prozentual Forderungen und flüssige Mittel zum kurzfristigen Fremdkapital?)	Zähler	Forderungen aus L. & L. + Sonstige Vermögensgegenstände + Flüssige Mittel	978,10 30,70 3.012,70 4.021,50	644,80 8,50 3.222,40 3.875,70	1.430,50 3,10 2.679,70 4.113,30
(Gibt Auskunft über die Solidität der kurz- bis mittelfristigen Finanzposition)	Nenner	Summe kurzfristiges Fremdkapital	2.679,50	3.823,00	5.374,90
	Ergebnis	*Division x 100*	150,08%	101,38%	76,53%
Liquidität III (%) (In welcher Relation steht prozentual das Umlaufvermögen - Bestände, Forderungen und flüssige Mittel - zum kurzfristigen Fremdkapital?)	Zähler	Summe Umlaufvermögen	10.233,30	9.118,20	10.940,70
(Gibt Auskunft über die Solidität der kurz- bis mittelfristigen Finanz-)	Nenner	Summe kurzfristiges Fremdkapital	2.679,50	3.823,00	5.374,90
position)	Ergebnis	*Division x 100*	381,91%	238,51%	203,55%
Cash Flow/Gesamtkapital (%) (misst die Liquidität /die Cash Generierung pro Kapital Euro)	Zähler	Jahresüberschuss bzw. Jahresfehlbetrag + Abschreibungen = Cash Flow	-4,50 441,00 436,50	222,30 358,20 580,50	3,60 423,00 426,60
(Ist ein klares Indiz für die Renditestärke)	Nenner	Bilanzsumme	11.484,90	10.011,60	11.411,10
	Ergebnis	*Division x 100*	3,80%	5,80%	3,74%
Cash-Flow-Umsatzrate (%) (misst die Liquidität /die Cash Generierung pro Umsatz Euro)	Zähler	Cash Flow	436,50	580,50	426,60
	Nenner	Gesamterlöse	22.168,10	22.718,10	19.150,20
(Ist ein klares Indiz für die Renditestärke)	Ergebnis	*Division x 100*	1,97%	2,56%	2,23%
Anlagendeckung I (%) (Wie viel % der Aktiva sind mit Eigenkapital (nach HGB Definition) finanziert?) ("Goldene Finanzierungsregel")	Zähler	Eigenkapital nach HGB Definition	1.128,50	1.350,80	1.357,10
	Nenner	Summe Anlagevermögen - Finanzanlagen	1.251,60 235,40 1.016,20	893,40 235,40 658,00	470,40 235,40 235,00
(Gibt Auskunft über die Solidität der Finanzierung und über die Anlagen-) werte zu Buch)	Ergebnis	*Division x 100*	111,05%	205,29%	577,49%
Anlagendeckung II (%) (Wie viel % der Aktiva sind mit langfristigem Kapital finanziert?) ("Silberne Finanzierungsregel")	Zähler	Eigenkapital + Summe langfristiges Fremdkapital	1.128,50 7.676,90 8.805,40	1.350,80 4.837,80 6.188,60	1.357,10 4.679,10 6.036,20
(Gibt Auskunft über die Solidität der Finanzierung und über die Anlagen-) werte zu Buch)	Nenner	Summe Anlagevermögen - Finanzanlagen	1.251,60 235,40 1.016,20	893,40 235,40 658,00	470,40 235,40 235,00
	Ergebnis	*Division x 100*	866,50%	940,52%	2568,60%

Definitionen von Kennzahlen zur Liquidität und Finanzkraft (Fortsetzung)					

Liquidität & Finanzkraft			2006 -2	2007 -1	2008 0
(Dyn. Verschuldung) Kredittilgungsdauer (Jahre) (Wie lange dauert es, bis aus dem CF nach Steuern die Effektivverschuldung getilgt werden kann?) (Dynamischer Verschuldungsgrad) (Gibt Auskunft über die Kreditwürdigkeit und Bonität)	Zähler	Langfristiges Fremdkapital - langfristige Rückstellungen + Summe kurzfristiges Fremdkapital - Forderungen - Flüssige Mittel = Effektivverschuldung	7.676,90 547,90 2.679,50 1.008,80 3.012,70 5.787,00	4.837,80 689,60 3.823,00 653,30 3.222,40 4.095,50	4.679,10 710,00 5.374,90 1.433,60 2.679,70 5.230,70
	Nenner	Cash Flow	436,50	580,50	426,60
	Ergebnis	*Division*	13,26	7,06	12,26
Investitionsquote I (%) (Wie viel % des jährlichen Umsatzes ist im Anlagevermögen aktiviert?) (Substanzkennzahl, um Reinvestitionsquoten berechnen zu können, siehe auch folgende Investitionskennzahlen)	Zähler	Anlagevermögen (ohne Finanzanlagen)	1.016,20	658,00	235,00
	Nenner	Gesamterlöse	22.168,10	22.718,10	19.150,20
	Ergebnis	Division x 100	4,6%	2,9%	1,2%
Investitionsquote II (%) (Wie viel % vom Umsatz wird wieder reinvestiert?) (Gibt Auskunft über die Investitionstätigkeit bzw. den Substanzerhalt)	Zähler	Veränderung Anlagevermögen (Immmat & SAV) + Abschreibungen auf Sachanlagevermögen = Periodische Investitionen	k.A. 441,00 #WERT!	-358,20 358,20 0,00	-423,00 423,00 0,00
	Nenner	Gesamterlöse	22.168,10	22.718,10	19.150,20
	Ergebnis	*Division x 100*	#WERT!	0,00%	0,00%
(Re)Investitionsquote III (%) (Berechnet eine Substanzsteigerung oder Substanzreduktion) (Managementkennzahl, in Verbindung mit Kapitalumschlag (Kap-U), Kapitalrendite (ROI) und Umsatzrendite (ROS)	Zähler	Periodische Investitionen	#WERT!	0,00	0,00
	Nenner	Abschreibungen auf AV	441,00	358,20	423,00
	Ergebnis	Division	#WERT!	0,00%	0,00%
Selbstfinanzierungsquote (%) (Wie viel % des Sachanlagevermögens kann aus dem Cash Flow nach Steuern periodisch wieder angeschafft werden?) (Gibt Auskunft über die Substanzerhaltungsmöglichkeiten, aber Achtung: wenn SAV niedrig (Buchwerte), dann fehlerhafte Deutung möglich)	Zähler	Jahresüberschuss bzw. Jahresfehlbetrag + Abschreibungen	-4,50 441,00 436,50	222,30 358,20 580,50	3,60 423,00 426,60
	Nenner	Grundstücke und Gebäude + Betriebs- und Geschäftsausstattung	0,00 1.016,20 1.016,20	0,00 658,00 658,00	0,00 235,00 235,00
	Ergebnis	*Division x 100*	42,95%	88,22%	181,53%

Zunächst wollen wir uns daher mit den eigentlichen Liquiditätskennzahlen beschäftigen. 99

1. Liquidität 1, 2. und 3. Grades

Alle drei Kennzahlen sind sehr häufig bei Analysen anzutreffen, allerdings sind alle und dann im 100 Besonderen noch einmal die Liquidität 2. Grades durchaus irreführend. Generell wird eine oder mehrer Aktivpositionen mit einer Passivposition verglichen. Wie wir schon gehört haben, beziehen sich die Analysen aber auf die Struktur des kurzfristigen Kapitals und daher kommen auch alle verwendeten Parameter aus dem Umlaufvermögen (Aktiva) bzw. aus den kurzfristigen Verbindlichkeiten (Passiva).

Damit wird erhoben, in wie weit aus bestehenden finanziellen Mitteln (Liquidität) oder aus der Summe der bestehenden Liquidität und den Aktivpositionen, die in Kürze zu Liquidität werden, kurzfristig anstehende Verbindlichkeiten gedeckt werden können. Allerdings, und das werden wir später auch wieder sehen, haben alle drei folgenden Liquiditätskennzahl wieder ein bereits bekanntes Problem. Kurzfristig (zwingend) anstehende Tilgungen werden nicht erfasst, da sie nicht aus den Bilanzen hervorgehen. Es werden zwar im Anhang Kredite mit Laufzeiten unter 1 Jahr ausgewiesen, aber hier kann auch eine Anschlussfinanzierung bereits verhandelt sein, somit also eine Tilgung nicht zwingend anstehen. Hier muss man immer in der Lage sein, zusätzlich Fragen zur Fälligkeit von Krediten stellen zu können. Nur so kann ich auch anstehende Tilgungen erfassen und damit die Liquiditätskennzahlen richtig einordnen. Damit ist der erste Schwachpunkt dieser Analysen schon einmal aufgezeigt.

101 In Deutschland und Österreich haben wir die Tendenz, diese Liquiditätskennzahlen subtraktiv zu ermitteln, wir subtrahieren also von einem oder von kumulierten Aktivpositionen die kurzfristigen Verbindlichkeiten. Damit erhalten wir eine absolute Zahl, die zwar mathematisch dann korrekt, aber in der Deutung sehr schwer ist. Daher wollen wir den angelsächsischen Weg gehen, in dem wir dividieren und damit Quotienten oder prozentuale Größen errechnen. Diese sind bei weitem leichter zu deuten und einzuordnen.

Springen doch jetzt sofort in die Analyse

2. Liquidität 1. Grades

102 Bei der Liquidität 1. Grades wird die adhoc Liquidität errechnen. Wie viel – in unserem Fall jetzt Prozent, da wir ja Quotienten berechnen wollen – der kurzfristigen Verbindlichkeiten können sofort aus aktueller (zum Bilanzstichtag verfügbarer) Liquidität (in der Regel Schecks, Wechsel und Wertpapiere des Umlaufvermögens) bedient werden.

An dieser Stelle müsste Ihnen jetzt aber auch sofort wieder klar werden, wie wichtig das DENKEN bei der Erstellung der Struktur-Bilanz ist. Welche Positionen rechne ich aktivisch den liquiden Mitteln und passivisch den kurzfristigen Verbindlichkeiten zu? Werden Ihnen fertige Analysen präsentiert, seien Sie bitte auf der Hut, denn ohne Wissen um die jeweils eingerechneten Positionen können die Ergebnisse richtig im Sinne der Mathematik, aber falsch im Sinne der betriebswirtschaftlichen Analytik und Würdigung sein.

103 In Fall der GH Mobile ergibt sich folgendes Bild:

 **Beispiel**

Liquidität I (%) (In welcher Relation stehen prozentual flüssige Mittel zum kurzfristigen Fremdkapital?) (Gibt Auskunft über die adhoc Zahlungsfähigkeit)	Zähler	Flüssige Mittel	3.012,70	3.222,40	2.679,70
	Nenner	Summe kurzfristiges Fremdkapital	2.679,50	3.823,00	5.374,90
	Ergebnis	*Division x 100*	112,44%	84,29%	49,86%

Wir sehen eine Liquidität von 112% fallend auf 50%. Eigentlich sollte es Ziel jeden Unternehmens sein, die liquiden Mittel auf möglichst niedrigem Niveau zu halten, da es sich bei diesen Positionen meist um brachliegendes, also keine Zinserträge erwirtschaftendes Kapital handelt. Andererseits müssen natürlich auch anstehende Verbindlichkeiten bedient werden können, so dass die Forderungen nach möglichst geringen liquiden Mitteln eingeschränkt werden müssen.

Bei der GH Mobile können wir adhoc bei einer Liquidität 1. Grades von 112% fallend auf 50% nicht sofort alle kurzfristigen Verbindlichkeiten im 2. und 3. betrachteten Jahr bedienen. Dies ist aber noch kein Grund, jetzt aufzuschreien, denn bei entsprechender kaufmännischer Sorgfalt werden wir normalerweise nie die Lage kommen, adhoc alle kurzfristigen Verbindlichkeiten bedienen zu müssen. (Ausnahme ist natürlich ein Zustand, wo ein Großteil meiner Verbindlichkeiten schon auf Mahnstufe III bis IV mit Androhung der unmittelbaren Abtretung steht).

Damit wird auch deutlich, warum die Liquidität 1. Grades nur eine untergeordnete Bedeutung hat.

Außerdem haben wir bereits bei Betrachtung des Cash-Zyklus gesehen, dass die Cash Reichweite extrem hoch ist, da das kreditorische höher als das debitorische Ziel ist (was so natürlich gut ist). Sie erinnern sich?

❯ Beispiel

Cash Zyklus (wie sieht der Kreislauf liquiden Mittel? (Gibt Auskunft über die Zahlungsfähigkeit)	Zähler	Kreditorenziel	#WERT!	30,13	58,01
	Nenner	Debitorenziel	14,32	8,82	22,96
	Ergebnis	Kassenreichweite	49,60	51,77	51,07
	Cash Zyklus	*Kreditorenz. - Debetorenz. + Kassenreichweite*	#WERT!	73,08	86,13

3. Liquidität 2. Grades

Wichtiger ist da schon die Liquidität 2. Grades. Während der Nenner unverändert bleibt, wird der Zähler erweitert um die Forderungen aus Lieferungen und Leistungen sowie sonstige Vermögensgegenstände (also z.B. bereits vom Automobilhersteller ausgelobte Bonuszahlungen, die aber erst in Kürze zur Auszahlung kommen), somit jene Positionen, die in einem überschaubaren Zeitraum (hoffentlich zu 100%, also ohne Forderungsausfälle) als liquide Mittel vorliegen werden.

❯ Beispiel

Liquidität II (%) (In welcher Relation stehen prozentual Forderungen und flüssige Mittel zum kurzfristigen Fremdkapital?)	Zähler	Forderungen aus L. & L. + Sonstige Vermögensgegenstände + Flüssige Mittel	978,10 30,70 3.012,70 4.021,50	644,80 8,50 3.222,40 3.875,70	1.430,50 3,10 2.679,70 4.113,30
	Nenner	Summe kurzfristiges Fremdkapital	2.679,50	3.823,00	5.374,90
(Gibt Auskunft über die Solidität der kurz- bis mittelfristigen Finanzposition)	Ergebnis	*Division x 100*	150,08%	101,38%	76,53%

Hier sollte mathematisch gesehen auf jeden Fall ein Wert von 100% stehen. Dies bedeutet nämlich, dass das Unternehmen im unteren, also kurzfristigen Teil der Bilanz *ausbalanciert* finanziert und damit strukturiert ist. Wir sehen bei GH Mobile stark fallende Werte von gerundet 150% bis 77%. Während man bei 90% auch noch nicht sofort nervös wird, da es sich ja um Stichtagsbetrachtungen handelt, sind 77% aber bereits besorgniserregend, besonders vor Hintergrund der stark abfallenden Tendenz. 77% bedeutet eigentlich, dass von 4 anstehenden Zahlungen nur 3 aus adhoc Liquidität und zukünftig aus Forderungseingängen entstehender Liquidität geleistet werden können.

Wir erinnern nochmals daran, dass eventuell anstehende Tilgungen hier nicht einbezogen sind und, im gegebenen Fall, die Lage sofort viel dramatischer erscheinen lassen können.

107   Bei der Liquidität 2. Grades ist aber manchmal Vorsicht geboten. Es kann nämlich durchaus passieren, dass eine Liquidität 2. Grades über 100% ausgewiesen wird und damit ein positives Bild erzeugt wird, die Realität aber anders aussieht. Rechnet man mit den gleichen Bilanzdaten dann das Debitoren- und Kreditorenziel, dann kann es durchaus sein, dass Rechnungen auf einer Zeitschiene früher bezahlt werden als Forderungen eingehen. Sicherlich, können damit Skonti gezogen werden, so ist dies auch sinnvoll, wie wir bereits dargestellt haben. In einem solchen Fall müssen wir die Kassen und Bankreichweite, also die liquiden Mittel hochfahren. Wir wollen an dieser Stelle aber sehr deutlich darauf hinweisen, dass eine Liquidität 2. Grades über 100% eine Gegenrechnung über die debitorischen und kreditorischen Ziele notwendig macht, um eine definitive Würdigung leisten zu können, was aber leider in den meisten Fällen unterbleibt. Daher sind in einem Insolvenzverfahren häufig zu hörende Aussagen wie „...das haben wir ja nicht kommen sehen..." für uns umso überraschender.

4.   Liquidität 3. Grades

108   Die letzte zu betrachtende Liquidität ist die Liquidität 3. Grades. Auch hier bleibt der Nenner weiterhin konstant, der Zähler wird aber noch einmal um eine Position des aktivisch kurzfristigen Bereiches erweitert, den Vorräten.

> **Beispiel**

Liquidität III (%) (In welcher Relation steht prozentual das Umlaufvermögen - Bestände, Forderungen und flüssige Mittel - zum kurzfristigen Fremdkapital?) (Gibt Auskunft über die Solidität der kurz- bis mittelfristigen Finanz-)position)	Zähler	Summe Umlaufvermögen	10.233,30	9.118,20	10.940,70
	Nenner	Summe kurzfristiges Fremdkapital	2.679,50	3.823,00	5.374,90
	Ergebnis	Division x 100	381,91%	238,51%	203,55%

109   Wie Sie sehen, sind jetzt die Einzelpositionen im Zähler nicht mehr aufgeführt, denn mit den liquiden Mitteln, den Forderungen und den sonstigen Vermögensgegenständen und den Vorräten haben wir das gesamte Umlaufvermögen erfasst. Und dieses ist separat in der Bilanz ausgewiesen.

Als Ergebnis sehen wir Größen von 382% fallend auf 204% und dies ist viel zu hoch. Aber wundert uns dies jetzt? Was haben wir noch addiert, um von der Liquidität 2. auf die Liquidität 3. Grades zu kommen? Ja genau, die Vorräte. Und was haben wir bei den Vorräten bereits festgestellt? Ebenfalls richtig, die sind viel zu hoch. Die Reichweiten sind teilweise sogar schockierend. Aber wo sollten die Werte liegen?

110   Mehrfach haben wir schon darauf hingewiesen, dass eine „one fits for all" Definition nicht gegeben werden kann, da unterschiedliche Branchen auch unterschiedliche Strukturen aufweisen. Wir arbeiten für das produzierende Gewerbe aber häufig mit folgenden Größenordnungen, wobei die Wertung hier auch wieder als Schulnote angegeben ist. Die „6" für ungenügend lassen wir wieder außen vor.

Größenordnung	Schulnote
<= 130%	sehr gut
ca. 140%	gut
ca. 150%	befriedigend
ca. 160%	ausreichend
<= 170%	mangelhaft

Jetzt hört man manchmal (auch von Bankenseite), dass Liquiditäten 3. Grades oberhalb der 200% 111
Marke gar nicht so schlecht seien, da in den Vorräten ja Sicherheiten (für Kreditgeber) liegen. Dies
ist aus der Perspektive der Kreditgeber sogar richtig (setzen wir einmal voraus, dass die Bestände
auch werthaltig sind).

Hingegen aus betriebswirtschaftlicher Sicht haben wir bereits bei der Reichweitenberechnung gesehen, wie unsinnig diese hohen Bestände sein können. Hohe Bestände bergen mit zunehmenden
Maß auch das Risiko, dass diese nach geraumer Zeit abgewertet werden müssen, weil die Werthal-
tigkeit einfach nicht gegeben ist. Dann habe ich ein weiteres Problem. Wertberichtigungen führen zu
Abschreibungen, damit fällt das Ergebnis weiter und die Umsatzrenditen sind noch schwächer oder
sogar negativ.

5.   Cash Flow

Leider findet sich in der deutschen Sprache keine wirklich griffige Bezeichnung für diese Größe. 112
Abgeleitet aus dem Französischen „Capacité d'Autofinancement", kurz *CAF*, gefällt uns die Bezeichnung ,Innenfinanzierungsspielraum' aber immer noch am besten. Der Cash Flow ist die Summe, die
ohne Rückgriff auf weitere Finanzierungsquellen für das Geschäft und dessen weiteren Betrieb und
Ausbau (aus dem Ergebnis heraus für Auszahlungen, also cash-mäßig) zur Verfügung steht. Damit
wird ein Cash-Überschuss auf der Basis des Periodenergebnisses, wir sprechen auch vom Einzahlungsüberschuss, ermittelt.

Dabei müssen wir erst einmal *Ergebnis* erläutern. Und leider gibt es hier keine feste Definition. Generell kommen alle Saldi aus der GuV aus Ausgangsgröße in Frage, sei es

- das Betriebsergebnis
- das Ergebnis der gewöhnlichen Geschäftstätigkeit
- das Ergebnis vor Steuern
- der Jahresüberschuss bzw. Jahresfehlbetrag (also das Nach Steuer-Ergebnis)

und es ist an jedem selbst, eine Basis für seine Berechnung anzugeben. Für klassische bilanzielle
Betrachtungen, wie wir sie durchführen, eignet sich der Jahresüberschuss bzw. Jahresfehlbetrag am
bestem und wird auch am häufigsten genutzt. Damit haben wir dann auch einen Cash Flow nach
Steuern.

Schauen wir wieder einmal bei www.de-wikipedia.org nach, so finden wir am 09. Januar 2009: 113

„Allgemein bringt der Cash Flow zum Ausdruck, ob ein Unternehmen in der Lage ist, das in der Bilanz abgebildete Vermögen im Rahmen des Umsatzprozesses wieder zu gewinnen und in wie weit
das Unternehmen Mittel zur Substanzerhaltung und Erweiterungsinvestitionen selbst erwirtschaftet.
Er stellt damit den reinen Einzahlungsüberschuss aus der wirtschaftlichen Tätigkeit einer Periode
dar. Dieser Saldo bezieht sich dabei ausschließlich auf alle Erträge und Aufwendungen, die neben
ihrer Erfolgswirksamkeit auch zahlungswirksam sind, das heißt in der gleichen Periode zu Einzah-
lungen bzw. Auszahlungen führen."

Auf der Basis des gewählten Überschusses aus der GuV werden dann alle Aufwendungen, die nicht 114
auszahlungswirksam sind (also z.B. Abschreibungen), addiert und Erträge, die nicht einzahlungs-
wirksam sind (z.B. Auflösung von Rückstellungen), subtrahiert.

Über Abschreibungen und was es heißt, dass diese nicht auszahlungswirksam sind, haben wir bereits gesprochen. Bei Auflösung von Rückstellungen ist es genau umgekehrt. Werden Rückstellungen für z.B. einen Gerichtsprozess nicht gebraucht, weil das Verfahren gewonnen wurde, werden diese aufgelöst. (Buchungssatz: Rückstellungen für schwebende Verfahren an Sonstige betriebliche Erträge). Durch erfolgt aber kein Cash Zugang – es handelt sich lediglich um eine Umbuchung, aus der eine Ertragsbuchung in der GuV erfolgt.

115   Welche Positionen sonst noch berücksichtigt werden, können finden Sie im Datenblatt *Def. Kennzahlen-Sonstiges*.

Auch hier sehen Sie dann wieder den Ausweis der Sonderposten (Einstellung bzw. Auflösung), der nach geltendem Recht so ja auch richtig ist. Diese Veränderung werden wir aber nach Inkrafttreten des BilMoG nicht mehr erkennen können (da der Passivposten dann nicht mehr in dieser Form aufgrund des Wegfalls der umgehrten Maßgeblichkeit existiert). Dafür ist im Excel Tool auch wieder Vorsorge getroffen worden. Klicken Sie dort bitte wieder auf das ,-' Zeichen am linken Bildrand, Zeile 35 im Tabellenblatt *Def. Kennzahlen-Sonstiges*.

▶ **Beispiel**

Cash Flow (Summe) - detailliert				
(Ist die Kennzahl für die interne Cash Generierung)	Jahresüberschuss/Jahresfehlbetrag	-4,50	222,30	3,60
	+ Abschreibungen	441,00	358,20	423,00
	+ Erhöhung/ -Verminderung Rückstellungen	0,00	57,40	-59,20
	+ Einstellung/ -Auflösung Sonderposten	0,00	0,00	2,70
(Gibt Auskunft über die	- Ausschüttungen	0,00	0,00	0,00
Innen-Finanzierungskraft n. Steuern)	+ Einlagen/-Entnahmen	0,00	0,00	0,00
		436,50	637,90	370,10

116   Sehr häufig rechnet man aber bei Analysen gar nicht so genau, sondern reduziert die Berechnungen auf 2 Positionen:

- Jahresüberschuss bzw. Jahresfehlbetrag
- Abschreibungen

Bei unseren Analysen wollen wir auch mit der verkürzten, aber durchaus zulässigen und auch häufig angewandten Berechnungsmethode arbeiten.

▶ **Beispiel**

Cash Flow/Gesamtkapital (%)					
(misst die Liquidität /die Cash Generierung pro Kapital Euro)	Zähler	Jahresüberschuss bzw. Jahresfehlbetrag	-4,50	222,30	3,60
		+ Abschreibungen	441,00	358,20	423,00
		= Cash Flow	436,50	580,50	426,60
(Ist ein klares Indiz für die Renditestärke)	Nenner	Bilanzsumme	11.484,90	10.011,60	11.411,10
	Ergebnis	*Division x 100*	3,80%	5,80%	3,74%

117   Die Kennzahl berechnet damit, wie viel Einzahlungsüberschuss nach Steuern pro Bilanz-Euro im jeweiligen Jahr erwirtschaftet wurde. Als Ergebnis finden wir in den 3 Perioden Werte zwischen 3,8% und 5,8%, was für ein produzierendes Unternehmen und auch für unsere Mischunternehmung GH Mobile einfach zu niedrig ist. Aber verwundert können wir an dieser Stelle ja nicht sein. Wir wissen bereits, dass in allen 3 betrachteten Perioden die Jahresüberschüsse sehr schlecht, einmal sogar negativ waren und die Abschreibungen aufgrund des geringen Sachanlagevermögens auch nicht hoch sein können. Wo soll also ein attraktiver Cash Flow herkommen?

Pro Umsatz-Euro sieht die Situation auch nicht besser aus.

> **Beispiel**

Cash-Flow-Umsatzrate (%) (misst die Liquidität /die Cash Generierung pro Umsatz Euro) (Ist ein klares Indiz für die Renditestärke)	Zähler	Cash Flow	436,50	580,50	426,60
	Nenner	Gesamterlöse	22.168,10	22.718,10	19.150,20
	Ergebnis	*Division x 100*	1,97%	2,56%	2,23%

2,0% bis 2,6 % gerundet sind ebenfalls sehr *mager*. Auch dies haben wir schon wissen müssen, da wir uns mit dem Gesamtkapitalumschlag (1. Kennzahl bei den Vermögenskennzahlen: Umsatz dividiert durch die Bilanzsumme) bereits beschäftigt haben.

Bei Umschlägen von 1,7 bis 2,3 (Umsatz also ca. das Doppelte der Bilanzsumme) ist es mathematisch nur logisch, dass der Cash Flow (bei den geringen Abschreibungen) zu Umsatz ca. die Hälfte ausmacht wie der Cash Flow zur Bilanzsumme.

Wir hatten bei der Berechnung der Kennzahl Kapitalumschlag auch schon gesehen, dass eine Relation (Umsatz zu Bilanzsumme) von 2 nicht gerade ein Traumergebnis ist. Schauen Sie einfach noch einmal in die MS Excel-Berechnungen, ohne den Text dazu zu lesen und fangen Sie im Kopf noch einmal an:

- Was ist die Bedeutung dieser Kennzahl?
- Wie berechnet sich diese Kennzahl?
- Was genau geht in den Zähler ein?
- Was genau geht in den Nenner ein?
- Wie lautet die mathematische Formel?
- Was leiten Sie aus dem Ergebnis allgemein ab?
- Was leiten Sie aus dem Ergebnis der GH Mobile spezifisch ab?

Die in den letzten Zeilen unterhalb der Cash Flow Umsatzrate beschriebenen Zusammenhänge sind wichtig, wenn es darum geht, Bilanzen zu verstehen. Und hier müssen Sie persönlichen Ehrgeiz entwickeln.

Sie müssen o.g. Relationen mathematisch nachvollziehen und dann logisch selbst herleiten sowie Erkenntnisse ableiten können!

Wir wollen Ihnen jetzt sofort auch zeigen, dass sie mit dem Verständnis um Relationen dann auch selbst Fragen beantworten können.

Wo liegen für die beiden Kennzahlen erstrebenswerte Zielbereiche?

Wir wissen, dass bei einem Kapitalumschlag von 2,5 und mehr eine gute Rotations- und Reproduktionsgeschwindigkeit des Kapitals erreicht ist. Ein Jahresüberschuss von 3% bis 5 % nach Steuern zu Umsatz sollte schon erreicht werden und das Anlagevermögen sollte bei einem produzierenden Gewerbe idealerweise ca. 40%-60% betragen. Bitte beachten Sie, dass diese 40%-60% keine Allgemeingültigkeit haben, daher auch nicht für jedes Unternehmen im produzierenden Gewerbe angesetzt werden können. 40%-60% haben sich dennoch als gute Bandbreite profiliert.

An dieser Stelle müssen wir jetzt kurz innehalten und Sie um Verzeihung bitten. Es ist Ihnen wahrscheinlich nicht aufgefallen, aber wir haben bei der ersten Kennzahlengruppe, den Vermögenskennzahlen, bei der Anlageintensität nicht ganz die Wahrheit gesagt. Dort heißt es nämlich in unseren Ausführungen:

122   „Während bei der der ersten Kennzahl *Gesamtkapitalumschlag* eine Eingruppierung in eine Bewertungsskala möglich ist, kann hier (bei der Anlagenintensität) nur immer abhängig von der Branche und Industriezweig argumentiert werden. Allgemeingültige Aussagen oder auch eine Begrenzung der Skalierung nur auf das produzierende Gewerbe sind nicht möglich."

Dies ist ja eigentlich falsch, was Ihnen jetzt auch auffallen müsste, denn wir sind bei logischen Annahmen – und die haben wir getroffen – sehr wohl in der Lage, entsprechende Zielkorridore für die Anlagenintensität zu definieren. Das Wort *allgemeingültig* ist aber sicherlich richtig und rettet uns daher.

123   Nennen wir es eine Notlüge, denn wir glauben, dass es bei der Diskussion der Kennzahl Anlagenintensität noch zu früh war, Größenordnungen zu nennen, die dann erst später in Betrachtungen von logischen Bilanzrelationen eine Rolle spielen.

Bei der GH Mobile wollen wir jetzt einmal mit 60% (Anlagenintensität) rechnen. Wir wollen auch wieder annehmen, dass die Sachanlagegüter über 10 Jahre abgeschrieben werden.

124   Lassen Sie uns jetzt anhand der letzten Perioden, also mit den Zahlen von 2008 arbeiten, wobei immer gerundete Werte genutzt werden.

- Bilanzsumme 2008:   11.411
- Zielkapitalumschlag: 2,5

Damit müsste eine Ziel-Umsatzgröße in Höhe von 28.527 erreicht werden, mitunter also 49%(!) mehr als in 2008.

125   Nehmen wir eine Körperschaft (z.B. GmbH) an mit (je nach Hebesatz) in 2008 26%[4] Gesamtsteuerbelastung und einem Ziel Jahresüberschuss von 4%, so müsste unser Ziel-Jahresüberschuss 2007 lauten:

0,04 x 28.527 = 1.141 (ein Ergebnis vor Steuern also von [1.141 / (1-0,26) =] 1.542).

Bei 60% Anlagevermögen zu Bilanzsumme (Anlagenintensität) müssten in der Bilanz

11.411 x 0,6 = 6.847 ausgewiesen sein, bei einer AfA von 10% p.a. also periodische Abschreibungen von 685.

Berechnung Cash Flow

Jahresüberschuss: 1.141
+ AfA   <u>685</u>
= Cash Flow   1.825

126   Daraus folgt:

- Ziel Cash Flow/Gesamtkapital: 1.542 / 11.411 = 13,5%
- Ziel Cash Flow/Umsatzrate: 1.542 / 28.527 =   5,4%
- bei einem Gesamtkapitalumschlag von 2,5 (Probe):   5,4% x 2,5   = 13,5%

Sie sehen, eine wenig Logik und das Verständnis für die Zusammenhänge versetzt uns in die Lage, neue Wege zu gehen.

Wahrscheinlich haben Sie aber innerlich schon aufgeschrieen, als Sie die notwendigen 49% Steigerung beim Umsatz gesehen haben, um auf einen Kapitalumschlag von 2,5 zu kommen. Wie soll die GH Mobile kurzfristig den Umsatz um 49% steigern können?

---

4   Zum 01.01.2008 wurde die Körperschaftsteuer von 25% auf 25% gesenkt. Einschließlich Gewerbeertrag und Solidaritätszuschlag errechnet sich durchschnittlich für 2008 eine Belastung von Körperschaften in Höhe von 25 bis 27%. Wir arbeiten hier mit 26%.

Und Recht haben Sie mit Ihren Störgefühlen. Aber es gibt ja noch einen zweiten Weg, einen Kapitalumschlag von 2,5 zu erreichen und der ist in unserem Fall auch der einfachere und sicherlich auch der zunächst näher liegende Weg. **127**

Wir haben bereits gesehen, dass die Bilanz massive Probleme aufweist. So sind ja z.B. die Vorräte viel zu hoch. Viel zu hoch heißt aber auch, dass die Bilanz der GH Mobile zu viel Kapital hat und damit sind wir auch beim zweiten Weg.

Kapitalreduktion bei konstantem Umsatz, bis ein Kapitalumschlag von 2,5, erreicht ist.

Also rechnen wir wieder, auch in diesem Fall mit gerundeten Zahlen: **128**

- Umsatzerlöse 2008: 19.150
- Zielkapitalumschlag: 2,5

Damit müsste eine Ziel-Bilanzsumme in Höhe von 7.660 erreicht werden, mitunter also eine Reduktion von 33% [1 - (7.660 / 11.411)] oder 3.751 im Vergleich zu 2008.

Bei 60% Anlagevermögen zu Bilanzsumme müssten in der Bilanz

7.660 x 0,6 = 4.596 ausgewiesen sein, bei einer AfA von 10% p.a. also periodische Abschreibungen von 460.

Berechnung Jahresüberschuss:

0,04 x 19.150 = 766 (ein Ergebnis vor Steuern also von [766 / (1-0,26) =] 1.035).

Berechnung Cash Flow

Jahresüberschuss:	766
+ AfA	<u>460</u>
= Cash Flow	1.226

Daraus folgt: **129**

- Ziel Cash Flow/Gesamtkapital: 1.035 / 7.660 = 13,5%
- Ziel Cash Flow-Umsatzrate: 1.035 / 19.150 = 5,4%
- bei einem Gesamtkapitalumschlag von 2,5 (Probe): 6,4% x 2,5 = 13,5%

Die Ergebnisse stimmen wieder überein – mathematische Logik und Bilanzverständnis!

Jetzt werden Sie sagen und fragen: Ist ja alles (mathematisch und vom Bilanzverständnis) her schön, aber geht denn eine Bilanzverkürzung so einfach.

Lassen Sie uns dies anhand eines Beispiels durcharbeiten. **130**

Wir wissen, dass die GH Mobile in letzter Periode über einen Vorratsbestand in Umsatztagen (365 Tage) von 130 Tagen verfügte. Wir haben es *Reichweite Bestände (Tage)* genannt.

Diese 130 Tage entsprechen einer absoluten Größe von 6.827 Tsd. Euro. Damit wissen wir auch, dass jeder Tag für 52,5 Tsd. Euro zählt.

Angenommen, wir könnten nach eingehender Analyse der Vorratsunterpositionen

- Roh-, Hilfs- und Betriebsstoffe
- unfertige Erzeugnisse, unfertige Leistungen
- fertige Erzeugnisse und Waren
- Handelswaren
- geleistete Anzahlungen

eine Reduktion der Bestände auf 50 Tage Reichweite, also eine Bestandsreduktion von 80 Tagen (Differenz zu ursprünglichen 130 Tagen) erreichen. Diesen Restbestand von 50 Tagen multipliziert mit 52,5 Tsd. Euro, ergibt dann einen neuen Bestand in Höhe von 2.625, mitunter also eine Kürzung um 62% oder 4.202 Tsd. Euro.

131 Um einen Kapitalumschlag von 2,5 bei konstantem Umsatz zu erreichen, würde uns aber bereits eine Kürzung der Bilanzsumme um 3.751 Tsd. Euro genügen, also 71,5 Tage. (3.751 x 52,2)

Schauen wir uns die Vorgänge einmal genauer an, dann sehen wir, dass wir mit einer solchen Reduktion doppelt positiv arbeiten. Die Umsatzsteuer lassen wir bei unseren Betrachtungen einfach einmal außen vor.

Wir reduzieren die Bestände, indem wir weniger kaufen und in dem wir durch Abverkäufe die Lager leeren.

132 Beim Abverkauf werden abgehende Vorräte zunächst in der Regel zu Forderungen, es sei denn, es handelt sich um Barverkäufe, was aber in den Größenordnung eher auszuschließen ist.

Die Forderungen sind gestiegen, die Vorräte gefallen. Damit haben wir zunächst nur einen Aktiv-Tausch bei konstanter Bilanzsumme (Umsatzsteuer bleibt außen vor).

Beim Geldeingang haben wir einen erneuten Aktiv-Tausch. Der Bankbestand geht im gleichen Verhältnis hoch, wie sich die Forderungen reduzieren. Wir gehen natürlich von keinen Forderungsausfällen aus.

Buchungssatz: *Bank an Forderungen*

Die Bilanzsumme ist nach wie vor konstant.

Jetzt sind neue liquide Mittel entstanden, die dazu eingesetzt werden können, Verbindlichkeiten zu bedienen. Wir haben ja schon gesehen, dass die GH Mobile zwar über bereits hohe liquide Mittel verfügt, aber dennoch durch die Verbindlichkeiten gegen verbundene Unternehmen mit Problemen konfrontiert ist.

Buchungssatz: *Verbindlichkeiten gegen verbundene Unternehmen an Bank*

Die Rückführung dieser Verbindlichkeiten durch die neue Liquidität durch Bestand-Abverkauf reduziert die Bilanzsumme in der Tatt. Gleichzeitig werden aber noch viel mehr Hebel positiv in Gang gesetzt.

133 Nicht nur Kapitalumschlag, Rotationsgeschwindigkeit (Umschlag) des Umlaufvermögen, Bestandsreichweite werden besser, sondern auch Eigenkapitalquote und die Liquiditätskennzahlen. Durch den Abverkauf wird auch in der Zeit des Abverkaufes der Jahresüberschuss und damit der Cash Flow und die damit in Verbindung stehenden oben genannten Kennzahlen positiv verändert. Damit ergibt sich bei Umschlagskennzahlen sogar ein doppelter Hebel, der Zähler wird größer und der Nenner wird kleiner. Bei Ergebniskennzahlen, in denen z.B. der Jahresüberschuss im Zähler stehen, erwachsen auch relativ schnell positive Hebel, damit auch bei den Cash Flow orientierten Kennzahlen.

Ist diese Reduktion auch legal? Ja, warum denn nicht!

134 Ist diese Reduktion kurzfristig machbar? Ja, warum denn nicht, denn wir ,Bilanzer' definieren *kurzfristig* als innerhalb von 12 Monaten und in dieser Zeit ist sehr viel möglich, wenn man nur will.

Und denken Sie bitte daran – bisher haben wir nur eine Bilanzposition für mögliche Reduktionen angesprochen.

Alternativ zu Rückführung von Verbindlichkeiten wäre auch eine anteilige Nutzung der neuen Liquidität zur Anschaffung neuer Wirtschaftsgüter möglich. Wir haben ja gesehen, dass die GH Mobile nur noch geringe Restwerte in Büchern stehen hat. Die Aktivierung ist zwar Bilanz verlängernd und damit kontraproduktiv zum unserem Ziel, aber wir haben ja bewusst von einer *teilweisen* Nutzung für Neuinvestitionen gesprochen. Die neuen Aktivierungen haben nämlich beim Cash Flow wiederum positive Effekte, da hier die neuen Abschreibungen zum Jahresüberschuss addiert werden. Damit entstehen temporär sogar doppelte Hebel beim Cash Flow.

Der Jahresüberschuss steigt temporär, die Abschreibungen langfristig – in den ersten Monaten treten aber beide Effekte parallel auf. 135

Genau diese möglichen Optimierungen und die daraus entstehenden Auswirkungen werden wir im letzten Kapitel des Buches an jeder Kennzahl darstellen und untersuchen.

Wir haben schon mehrfach darauf hingewiesen, dass das Verständnis der bilanziellen Logik und für die Zusammenhänge von Relationen von entscheidender Bedeutung ist.

Unser Postulat: „*Sie müssen o.g. Relationen mathematisch nachvollziehen und dann logisch selbst herleiten, sowie Erkenntnisse ableiten können*" wird damit noch wichtiger.

Wie kommen Sie dahin? 136

Erster Schritt:

Wir wiederholen uns wieder. Sie müssen die Kennzahlen einordnen und würdigen können und damit sind wir auch wieder bei den bereits bekannten Checkpunkten

- ◼ Was ist die Bedeutung dieser Kennzahl?
- ◼ Wie berechnet sich diese Kennzahl?
- ◼ Was genau geht in den Zähler ein?
- ◼ Was genau geht in den Nenner ein?
- ◼ Wie lautet die mathematische Formel?
- ◼ Was leiten Sie aus dem Ergebnis allgemein ab?
- ◼ Was leiten Sie aus dem Ergebnis GH Mobile spezifisch ab?

Zweiter Schritt:

Nehmen Sie sich die Kennzahlen einzeln im Buch vor oder machen Sie einen Ausdruck aus dem MS Excel Tool und dann gehen Sie im Kopf jede einzelne Kennzahl durch und überlegen bzw. rechnen, welche Auswirkung eine Veränderung eines Ausgangsparameters der GuV und/oder Bilanz auf jede einzelne Kennzahl hat.

Ja – das ist umfangreich!

Nein – das ist nicht langweilig, denn schon nach kurzer Zeit entwickeln Sie dieses *gewisse Bilanzgespür* und dann fängt es an, richtig Spaß zu machen.

Ja – ein Grundverständnis bei Buchungssätzen hilft ungemein.

Wenn Sie im Kopf für einen Vorgang den richtigen Buchungssatz (lassen Sie die Umsatz- und Vorsteuer gerne außen vor) bilden können, dann wissen Sie auch, ob Bilanzpositionen steigen oder fallen und damit haben einen ganz wichtigen Schlüssel, um Ihren Zielen näher zu kommen. Sie müssen vor Ihrem geistigen Auge geradezu einen Aktiv- und Passivtausch, eine Bilanzverlängerung und –verkürzung durch die Buchungssätze sehen, dann werden auch die Auswirkungen auf Kennzahlen deutlich und Sie sind tief in der bilanziellen Logik. 137

Dann viel Mut – der Erfolg und Spaß kommt ganz von alleine! Und dann wollen Sie gar nicht mehr aufhören!

Anlagendeckung

138 Bei den Kennzahlen zur Anlagendeckung betrachten wir, wie viel des Anlagevermögens durch Eigenkapital oder langfristig zur Verfügung stehender Mittel gedeckt ist.

Der Hintergrund ist, dass langfristige Wirtschaftsgüter (Aktiva) auch langfristig und sicher (mit Eigenkapital) finanziert sein sollen. Diese Kennzahlen kennen Sie sicherlich, zumindest haben Sie die zweiten Bezeichnungen schon gehört: *Goldene und silberne Finanzierungsregel.*

6. Anlagendeckung I (auch Anlagendeckung A genannt)

139 Dies ist die *Goldene Finanzierungsregel.* Langfristige Wirtschaftsgüter sollen zu einem großen Anteil auch sicher mit (langfristigem) Eigenkapital finanziert sein.

Somit dividieren wir das Eigenkapital durch das Anlagevermögen, welches wir aber noch um die Finanzanlagen reduzieren. Dies geschieht, weil Finanzanlagen sehr häufig aus überschüssiger Liquidität gebildet werden, damit höhere Zinserträge erwirtschaftet werden können.

> **Beispiel**

Anlagendeckung I (%) (Wie viel % der Aktiva sind mit Eigenkapital (nach HGB Definition) finanziert?) ("Goldene Finanzierungsregel") (Gibt Auskunft über die Solidität der Finanzierung und über die Anlagen-) werte zu Buch)	Zähler	Eigenkapital nach HGB Definition	1.128,50	1.350,80	1.357,10
	Nenner	Summe Anlagevermögen - Finanzanlagen	1.251,60 235,40 1.016,20	893,40 235,40 658,00	470,40 235,40 235,00
	Ergebnis	*Division x 100*	111,05%	205,29%	577,49%

Wir sehen von 111% auf 577% stark ansteigende Ergebnisse.

140 Generell gibt es hier 2 Auffassungen in Bezug auf eine Ergebniswürdigung. Die Literatur hat lange Zeit gesagt, dass auf jeden Fall die „eins", also 100% erreicht werden soll. Davon ist man aber in den letzten Jahren abgegangen und man hat die Zielquote auf 50% bis 70% für das produzierende Gewerbe gesenkt.

Wie dem auch sei. Die Zahlen von GH Mobile sind mit Ausnahme der Periode -1 viel zu hoch. Wundert uns das? Nein, denn wir wissen ja schon, dass die Sachanlagegüter sehr niedrig sind. Wir hätten auch mit den anderen bereits bekannten Eigenkapitalgrößen arbeiten können, aber dann wären die Ergebnisse beim Ansatz des wirtschaftlichen Eigenkapitals geradezu in die Höhe geschossen.

Bitte verwechseln Sie diese Kennzahl nicht mit der Anlagenintensität, bei der im Zähler das Anlagevermögen und im Nenner die komplette Bilanzsumme steht. Die Anlagenintensität haben wir bei den Vermögenskennzahlen auch schon gerechnet und besprochen.

7. Anlagendeckung II (auch Anlagendeckung B genannt)

141 Bei der Anlagendeckung II wird im Zähler zum Eigenkapital auch noch das langfristige Fremdkapital hinzuaddiert. Damit werden die Ergebnisse natürlich größer.

Ansonsten bleibt es bei der gleichen mathematischen Transaktion wie bei der Anlagendeckung I. Das Anlagevermögen (langfristig) wird zum gesamten langfristigen Kapital, manchmal hört man auch das Wort *eigene Mittel*, ins Verhältnis gesetzt.

> Beispiel

Anlagendeckung II (%) (Wie viel % der Aktiva sind mit langfristigem Kapital finanziert?) ("Silberne Finanzierungsregel")	Zähler	Eigenkapital + Summe langfristiges Fremdkapital	1.128,50 7.676,90 8.805,40	1.350,80 4.837,80 6.188,60	1.357,10 4.679,10 6.036,20
(Gibt Auskunft über die Solidität der Finanzierung und über die Anlagen-) werte zu Buch)	Nenner	Summe Anlagevermögen - Finanzanlagen	1.251,60 235,40 1.016,20	893,40 235,40 658,00	470,40 235,40 235,00
	Ergebnis	Division x 100	866,50%	940,52%	2568,60%

Hier sollen als Ergebnis Werte deutlich über 100% stehen, in der Regel sagt man 130% bis maximal 170%. Unsere Ergebnisse liegen weit über genannte 100% bis 130%, aber damit viel zu hoch und wieder schlecht. **142**

Dies ist erneut ein deutliches Indiz dafür, dass die Kapitalstruktur der GH Mobile einfach nicht passt. Das Umlaufvermögen, kurz- bis mittelfristige Perspektive, ist bedingt durch Vorräte und Kasse/Bank viel zu lang, die langfristige Struktur (Verhältnis Eigenkapital bzw. eigene Mittel) falsch aufgesetzt. Insgesamt ist eine deutlich Fehlentwicklung über die letzten Jahre nicht nur am Ursprungsdatenmaterial (Bilanz), sondern auch den daraus abgeleiteten Kennzahlen zu erkennen.

8. Dynamische Verschuldung

Verlassen wir die Betrachtung der langfristigen Bilanz- und Finanzierungsstrukturen und wenden uns einer neuen Frage zu. **143**

Wie viele Jahre dauert es, bis die GH Mobile aus dem Cash Flow heraus ihre Verschuldung auf Null herunter gefahren hat.

Dabei ist der Cash Flow nach Steuern anzusetzen, da Tilgungsleistungen von der Finanzverwaltung nicht als Aufwand anerkannt werden. Außerdem gehen wir davon aus, dass alle anderen Bilanz- und GuV Parameter gleich bleiben – wir sprechen in einem solchen Fall von ‚ceteris paribus'.

Bei der Verschuldung werden wir auch noch spezifischer und berechnen die so genannte Effektivverschuldung. Dabei kürzen wir die gesamte Verschuldung um liquide Mittel (flüssige Mittel, d.h. Kasse/Bank aus der Struktur GuV, also Positionen, die adhoc zur Tilgung zur Verfügung stünden) und den Forderungen, da wir die Verbindlichkeiten aus Lieferungen und Leistungen passivisch ja auch eingerechnet haben.

Da wir beim langfristigen Fremdkapital aber auch langfristige Rückstellungen eingerechnet haben, müssen wir auch diese subtrahieren, da es hier nur um die Tilgungsdauer von Krediten bei gleich bleibenden Verhältnissen geht. **144**

> Beispiel

(Dyn. Verschuldung) Kredittilgungsdauer (Jahre) (Wie lange dauert es, bis aus dem CF nach Steuern die Effektiv- verschuldung getilgt werden kann?)	Zähler	Langfristiges Fremdkapital - langfristige Rückstellungen + Summe kurzfristiges Fremdkapital - Forderungen - Flüssige Mittel = Effektivverschuldung	7.676,90 547,90 2.679,50 1.008,80 3.012,70 5.787,00	4.837,80 689,60 3.823,00 653,30 3.222,40 4.095,50	4.679,10 710,00 5.374,90 1.433,60 2.679,70 5.230,70
(Dynamischer Verschuldungsgrad) (Gibt Auskunft über die Kreditwürdigkeit und Bonität)	Nenner	Cash Flow	436,50	580,50	426,60
	Ergebnis	Division	13,26	7,06	12,26

7 bis 13 Jahre sind Ergebnisse, die wir als schlecht würdigen müssen.

Wenn wir wieder eine Benotung mit Schulnoten andenken, dann gilt für das produzierende Gewerbe folgende Skala:

Größenordnung	Schulnote
<= 3 Jahre	sehr gut
4 Jahre	gut
5 Jahre	befriedigend
6 Jahre	ausreichend
>=7 Jahre	mangelhaft

5 145 In Fall der GH Mobile ist ein Sachverhalt ganz besonders negativ zu betrachten. Selbst im besten der 3 dargestellten Jahre (2006) ist die Dynamische Verschuldung nur mit mangelhaft anzusetzen!

An dieser Stelle können wir jetzt wieder mit unseren Denkübungen anfangen. Eine Reduktion z.B. der Vorräte hätte welche Konsequenzen? Wir stellen einen doppelten Hebel fest. Der Zähler wird bei einer Reduktion der Verbindlichkeiten (ob mit 100% oder nur einem Teil der Abverkaufserlöse) auf jeden Fall kleiner. Im Nenner steigt der Jahresüberschuss und eventuell auch die Abschreibungen und somit der Cash Flow nach Steuern. Was kann uns bzw. GH Mobile besseres passieren. Damit reduziert sich automatisch die Anzahl der Tilgungsjahre!

9. Investitionsquoten

146 Im Folgenden wollen wir uns mit der Investitionspolitik beschäftigen. Wir haben bereits bei der ersten Einschau festgehalten, dass kaum noch Buchwerte beim Anlagevermögen vorhanden sind und daher auch in den letzten Jahren keine Investitionen getätigt wurden.

Zunächst wollen wir berechnen, wie viel Prozent des Umsatzes als Anlagevermögen in der Bilanz steht (Investitionsquote I). Darauf aufbauend können wir dann nämlich ermitteln, wie viel Prozent des Umsatzes periodisch wieder reinvestiert wurde und eigentlich hätte investiert werden sollen (Investitionsquote II). Und zum Schluss werden wir berechnen, ob die periodischen Investitionen ausreich(t)en, um den Buchwert der Anlagen konstant zu halten (Investitionsquote III).

10. Investitionsquote I

147 Die sich hier stellende Frage ist: Wie hoch ist bzw. sollte das Anlagevermögen im Vergleich zum Umsatz sein?

Dazu bauen wir folgende Kennzahl auf:

 Beispiel

Investitionsquote I (%) (Wie viel % des jährlichen Umsatzes ist im Anlagevermögen aktiviert?) (Substanzkennzahl, um Reinvestitionsquoten berechnen zu können, siehe auch folgende Investitionskennzahlen)	Zähler	Anlagevermögen (ohne Finanzanlagen)	1.016,20	658,00	235,00
	Nenner	Gesamterlöse	22.168,10	22.718,10	19.150,20
	Ergebnis	Division x 100	4,6%	2,9%	1,2%

Beim genaueren Hinsehen haben Sie sicherlich auch schon erkannt, dass wir auch die immateriellen 148
Vermögensgegenstände mitgezogen haben. Sind diese käuflich erworben worden, können sie derzeit (und nur dann) nach HGB auch aktiviert werden. Hier wird es aber auch zu Änderungen[5] mit
dem BilMoG kommen. Diese Änderungen haben aber für die Analytik nur eingeschränkte Relevanz.
Patente und Lizenzen stellen Werte dar, die eng mit den Sachanlagevermögen verbunden sind. Das
Finanzanlagevermögen haben wir jedoch nicht eingerechnet. Es zählt zwar zum Anlagevermögen,
jedoch interessiert uns das operativ eingesetzte Anlagevermögen.

In unserem Fall sehen wir, dass die Quote von 5,6% auf 2,5% fällt. Bei fallenden Umsätzen bedeutet
dies aber, dass die Investitionen schneller als die Umsätze reduziert worden sind. Dies hatten wir bei
der ersten Einschau aber auch schon gesehen. Und genau diese Investitionen in den gegebenen Perioden wollen wir uns jetzt im nächsten Schritt mit der Investitionsquote II ermitteln.

11.   Investitionsquote II

Zur Berechnung der Investitionsquote II brauchen wir die getätigten Brutto-Investitionen, die wir 149
eigentlich im Anlagespiegel finden. Aber diesen haben wir nicht und daher müssen wir wieder den
bereits bekannten Weg der indirekten Ermittlung gehen.

  Sachanlagevermögen Periode t

– Sachanlagevermögen Periode t-1

+ Abschreibungen Periode t

Und genau diese Rechnung finden wir im Zähler im MS Excel Tool bei der Kennzahl Investitions- 150
quote II. Die erste Periode, also das Jahr 2006, stellt uns allerdings vor ein Problem, denn wir kennen
das Sachanlagevermögen des Jahres 2005 nicht. Manchmal müssen wir dies hinnehmen und halt nur
die rechenbaren Perioden analysieren. In unserem Fall sehen Sie eine gelbe Markierung und wir haben ganz zu Anfang bereits darauf hingewiesen, dass dies das Zeichen für *manuelle Eingabe* ist. Haben wir die Möglichkeit, das entsprechende Sachanlagevermögen von 2005 zu erfragen, dann können wir es an dieser Stelle manuell eingeben und „k.A." (keine Angaben) ersetzen.

---

5   Auch wenn diese Änderungen schon einmal dargestellt wurden, haben wir uns entschlossen, diese nochmals hier
    abzubilden, damit ein Nachschlagen für den interessierten Leser unterbleiben kann.
    Bisher: Aktivierungsverbot (Aufwand).
    Künftig: Aktivierungspflicht für die in der Entwicklungsphase anfallenden Herstellungskosten (u.a. in Verbindung mit
    der Anwendung von Forschungsergebnissen).
    Aktivierungsverbot für die auf die Forschungsphase entfallenden Herstellungskosten (keine Aussagen über technische
    Verwertbarkeit und wirtschaftliche Erfolgsaussichten in diesem Stadium möglich); darüber hinaus dürfen
    ■ Marken,
    ■ Drucktitel,
    ■ Verlagsrechte,
    ■ Kundenlisten ôder
    ■ vergleichbare immaterielle Vermögensgegenstände des Anlagevermögens, die nicht entgeltlich erworben wurden,
       nicht aktiviert werden.
    Einführung einer Ausschüttungssperre für Erträge aus der Aktivierung (§ 268 Abs. 8 HGB-E).
    Verpflichtung, den Gesamtbetrag der Forschungs- und Entwicklungskosten sowie den davon auf die selbst geschaffenen
    immateriellen Vermögensgegenstände des Anlagevermögens entfallenden Teil im Anhang anzugeben - jeweils
    aufgegliedert in Forschungs- und Entwicklungskosten (§ 285 Satz 1 Nr. 22, § 314 Abs. 1 Nr. 14 HGB-E).
    Übergangsregelung: Nur (voraussichtlich erst) nach dem 1.1.2010 begonnene Entwicklungsaufwendungen dürfen als
    Anschaffungs-/Herstellungskosten aktiviert werden (Art. 66 Abs. 3 EGHGB-E).
    Steuerbilanz: In der Regel weiterhin steuerliche Abzugsfähigkeit dieser Aufwendungen (§ 5 Abs. 2 EStG). Allerdings
    sind beispielsweise die Kosten der Implementierung von ERP-Software – auch diejenigen, welche durch eigenes Personal
    verursacht worden sind – als Anschaffungsnebenkosten zu aktivieren (vgl. BMF-Schreiben vom 18.11.2005, IV B 2 – S
    2172 – 37/05, BStBl. 2005 Teil I, S. 1025); hierbei sind geringfügige Ausnahmen zu beachten, z.B. bei Pilot-Tests, Kosten
    der Datenmigration.

151 In unserem Fall sehen wir in den Jahren 2007 und 2008 (Jahr 2006 ist ohne Eingabe im gelben Feld falsch) eine Null bereits im Zählerergebnis - es wurden damit keine weiteren Investitionen getätigt, - damit kann als prozentuale Reinvestitionsquote zum Umsatz natürlich auch nur eine Null als Ergebnis stehen.

Auch dies ist nicht überraschend für uns, denn wir hatten schon bei der ersten Einschau festgestellt, dass in den jeweiligen Perioden keine weiteren Investitionen erfolgt sind.

> **Beispiel**

Investitionsquote II (%) (Wie viel % vom Umsatz wird wieder reinvestiert?)	Zähler	Veränderung Anlagevermögen (Immmat & SAV) + Abschreibungen auf Sachanlagevermögen = Periodische Investitionen	k.A. 441,00 #WERT!	-358,20 358,20 0,00	-423,00 423,00 0,00
(Gibt Auskunft über die Investitionstätig- keit bzw. den Substanzerhalt)	Nenner	Gesamterlöse	22.168,10	22.718,10	19.150,20
	Ergebnis	Division x 100	#WERT!	0,00%	0,00%

152 Wo sollten die Werte liegen? Dies ist abhängig von der Branche und sicherlich auch von der Geschwindigkeit des technologischen Forschritts in dieser Branche. Dennoch hilft uns hier wieder Mathematik, gesunder Menschenverstand und Logik.

Außerdem müssen wir noch einmal bei bereits besprochenen Kennzahlen nachschauen:

- Anlagenintensität
- Ziel Cash Flow/Gesamtkapital
- Ziel Cash Flow/Umsatzrate:

Bei der Diskussion der Kennzahl Anlagenintensität hatten wir bereits einen Korridor 40% bis 60% für das produzierende Gewerbe als ideal angeführt, gleichwohl darauf hingewiesen, dass dies keine Allgemeingültigkeit besitzt. Außerdem hatten wir bei den Ziel Cash Flow Relationen mit 60% Anlagenquote (synonym mit Anlagenintensität) gerechnet und diese wollen wir auch jetzt beibehalten. Lassen Sie uns versuchen, eine Ziel-Investitionsquote zu Umsatz auf der Basis des Jahres 2008 zu errechnen. Bei den Cash Flow Verhältnissen haben wir außerdem 2 Varianten gerechnet, aber generell auf der Basis eines Gesamtkapitalumschlags von 2,5.

153 Was wissen wir von diesen beiden Ziel Cash Flow Varianten mit 2,5 als Kapitalumschlag und 60% Anlagenquote?

	Variante 1	Variante 2
(Ziel)-Umsatz	28.257	19.150
(Ziel)-Bilanzsumme	11.411	7.660

Damit haben wir doch die Ausgangsbasis, um auf der Basis der bekannten 60% Ziel-Anlagenquote eine Ziel Investitionsquote zu Umsatz berechnen zu können. Wir finden wieder unsere bekannten Werte:

60% Anlagevermögen zu Bilanzsumme	6.847	4.596

154 Jetzt müssen wir diese Größen noch durch den Umsatz dividieren und erhalten die gesuchte

Ziel Investitionsquote I	24%	24%

Mit soeben logisch abgeleiteter und mathematisch richtig berechneter Ziel-Investitionsquote haben wir auch das Wissen erweitern, wie viel % des Umsatzes reinvestiert werden müssten, um eine Konstanz bei der Anlagenintensität von 60% zu gewährleisten. Bei konstantem Umsatz und Bilanzkapital müsste demnach 24% der Umsatzerlöse aktiviert sein.

Wenn wir jetzt noch einmal die Ergebnisse der Kennzahl *Investitionsquote I* für das Jahr 2008 in Höhe von 1,2% im Vergleich betrachten, dann sehen wir aber auch sehr schön, wie weit die GH Mobile von einer gesunden Relation GuV zu Bilanz unter den von uns gemachten Ziel-Annahmen (Gesamtkapitalumschlag 2,5 und Anlagequote 60%) entfernt ist. Das muss man nicht weiter kommentieren. 155

Wo hätte aber das Geld auch herkommen sollen? Über die Liquiditäten haben wir bereits gesprochen und die gemachten Fehler haben wir schon mehrfach angesprochen, kurz- bis mittelfristiges Handeln Ergebnis mäßig dann auch aufgezeigt.

Sie sehen, der Kreis schließt sich immer wieder und wenn man das erkennt, dann macht die GuV und Bilanz analytisch so richtig Spaß. 156

Die jetzt anstehende nächste Frage lautet: Welcher Betrag vom Umsatz muss jedoch *jedes Jahr* reinvestiert werden, um diese Quote von 60% Anlageintensität zu erhalten, wenn 60% erreicht sind?

Auch hier müssen wir wieder auf unsere(logischen) Annahmen aus der Ziel Cash Flow Berechnung zurückgreifen, denn dort haben wir analog der Finanzierung die Abschreibungsdauer auf 10 Jahre, also eine lineare AfA von 10% p.a. angesetzt.

Damit kennen wir automatisch die periodisch notwendige Reinvestitionsquote zu Umsatz, 10% von 6.847 bzw. 4.596, also 685 oder 460. Dies entspricht 2,4% vom Umsatz. Bei der Ziel Investitionsquote I sehen wir für die Jahre 2007 und 2008 jeweils eine Null (2006 ist aufgrund der fehlenden vorperiodischen Angaben nicht eindeutig zu rechnen), wo wir aber für 2008 mindestens 2,4% sehen sollten. Der Jahresüberschuss der GH Mobile weist aber für 2008 lediglich 3,60 aus, was allerdings einer Umsatzrendite nach Steuern (dies werden wir uns später noch im Detail anschauen) von gerundet 0% entspricht. Wir wollen aber nochmals darauf hinweisen, dass diese Anlagenintensität von 60% zur Bilanzsumme bzw. 24% zu den Umsatzerlösen (Bezug Jahr 2008) erst einmal aufgebaut werden müssen. Dann können wir in den Folgejahren mit lediglich 2,4% vom Umsatz (24% Ziel Investitionsquote bei durchschnittlich 10 Jahren AfA) die Anlagenintensität konstant halten. (Achtung: es gilt natürlich wieder ‚ceteris paribus'.) 157

Aber Achtung: Damit ist nur ein bilanzieller Substanzerhalt (Erhalt der Buchwerte) gewährleistet, i.d.R. jedoch hat die GH Mobile noch keinen technologischen Fortschritt und keinen weiteren Ausbau der Gesellschaft abgedeckt.

12. (Re)Investitionsquote III

Jetzt folgt im Anschluss die Investitionsquote III, in der wir die periodischen Bruttoinvestitionen mit den Abschreibungen vergleichen. Denn mit dieser Kennzahl kann genau ein Substanzauf- bzw. -abbau aufgedeckt werden. 158

Damit stehen die Investitionsquoten I, II und III in einer ‚brutalen' Logik zueinander. Es geht darum zu ermitteln, ob die periodischen Investitionen ausreich(t)en, um die Buchwerte der Anlagen konstant zu halten (Investitionsquote III).

> Beispiel

(Re)Investitionsquote III (%) (Berechnet eine Substanzsteigerung oder Substanzreduktion)	Zähler	Periodische Investitionen	#WERT!	0,00	0,00
(Managementkennzahl, in Verbindung mit Kapitalumschlag (Kap-U), Kapitalrendite (ROI) und Umsatzrendite (ROS))	Nenner	Abschreibungen auf AV	441,00	358,20	423,00
	Ergebnis	Division	#WERT!	0,00%	0,00%

159 Bitte erschrecken Sie nicht, dass in 2006 wieder die Fehlermeldung „Wert" ausgewiesen wird. Da wir keine Veränderungen zur Vorperiode berechnen können (wir haben keine Werte für 2005), erscheint erneut die Fehlermeldung im MS Excel Datenblatt.

An dieser Stelle muss allerdings noch eine Kommentierung gemacht werden. Selbst eine hohe Reinvestitionsquote III muss mit Vorsicht gewürdigt werden, denn bei bereits geringen Abschreibungen, bedingt durch niedrige Buchwerte der Sachanlagen, ist es selbstverständlich, dass bereits niedrige Investitionsvolumina zu einer positiven Reinvestitionquote III führen können. Damit ist diese Reinvestitionquote III eigentlich nur dann aussagekräftig, wenn die Anlagenintensität in der Bilanz und damit auch die periodischen Abschreibungen ein vernünftiges Niveau erreicht haben, wenn also die Investitionsquoten I und II gut sind.

160 Bitte gehen Sie an dieser Stelle jetzt noch einmal alle 3 Investitionsquoten im Kopf durch und versuchen Sie, diese noch einmal hinsichtlich

- Aufbau
- Aussage
- Logische Reihenfolge
- Logische Relationen (unter Annahmen)
- Würdigung der Ergebnisse

zu durchdenken. Wir sind sicher, Sie werden wieder motivierende Aha-Erlebnisse haben!

Trotzdem möchten wir noch einmal auf die Investitionsquote III zu sprechen kommen. Selbst wenn das Verhältnis von periodischen Bruttoinvestitionen zu Abschreibungen gleich eins ist, müssen wir vorsichtig mit übertriebener Euphorie umgehen. Dies sagt zwar aus, dass die Buchwerte der Anlagen gleich geblieben sind und damit ein Substanzerhalt erzielt wurde (bedenken Sie noch einmal, dass Investitionen einem Substanzaufbau, Abschreibungen einem Substanzabbau entsprechen). Wir müssen allerdings auch bedenken, dass Anlagegüter aufgrund von Inflation und technischem Fortschritt bei der Neuanschaffung (meist) immer teurer werden. Die historischen Anschaffungskosten sind Geschichte! (Dies trifft nicht in allen Branchen zu; Telekommunition und Informatik sind die besten Beispiele, wie immer höhere Leistung zu konstanten oder sogar fallenden Preisen zu haben sind) Allerdings im Maschinenbau und bei Kraftfahrzeugen, also dem Umfeld der GH Mobile, sehen die Vorzeichen anders aus. Hier kann eine Investitionsquote III in Höhe von eins zu wenig sein.

161 Bitte schauen Sie bei Ihren Analysen immer auf Zeitreihen. Hohe über eins liegende Redinvestitionsquoten in den Vorperioden rechtfertigen durchaus fallende und auch temporäre Quoten unter eins in den Folgeperioden. Wachstum muss auch *verdaut* werden, wir sprechen dann von *Konsolidierungsphasen*. (Das Wort konsolidieren hat in diesem Zusammenhang natürlich nichts mit der Erstellung von Konzernabschlüssen zu tun.)

Die idealen Investitionsquoten I, II und III müssen wir immer im Kontext des zu analysierenden Unternehmens, der Branche und natürlich den Zielen fixieren und würdigen. Aber je mehr man darüber nachdenkt, desto mehr wird der Weg deutlich, auch Investitions- und Anlagefragen eindeutig zu beantworten.

13. (Operative) Selbstfinanzierungsquote

162 Diese Kennzahl ist eher selten zu finden und wir nutzen auch nur in Fällen, in denen wir Fehlentwicklungen deutlich darstellen wollen. Sie ist aber gefährlich, und dies kann man hier an dieser Kennzahl sehr schön zeigen.

Normalerweise berechnen wir die (operative) Selbstfinanzierungsquote, um aufzuzeigen, dass der Cash Flow möglicherweise gar nicht mehr in der Lage ist, das operative Sachanlagevermögen (Grundstücke und Gebäude sowie Betriebs- und Geschäftsausstattung) dauerhaft auf einem Zielniveau zu halten. Dies ist dann auch der Nachweis, dass es manchmal Zeit ist, weiteres langes Kämpfen einzustellen, besonders dann, wenn keine Aussichten auf höhere Erlöse und Ergebnisse gegeben sind.

Bei der GH Mobile sieht diese Kennzahl mit 43% steigend auf 182% aber extrem positiv aus.   163

> Beispiel

Selbstfinanzierungsquote (%) (Wie viel % des Sachanlagevermögens kann aus dem Cash Flow nach Steuern periodisch wieder angeschafft werden?)	Zähler	Jahresüberschuss bzw. Jahresfehlbetrag + Abschreibungen	-4,50 441,00 436,50	222,30 358,20 580,50	3,60 423,00 426,60
(Gibt Auskunft über die Substanzerhaltungsmöglichkeiten, aber Achtung: wenn SAV niedrig (Buchwerte), dann fehlerhafte Deutung möglich)	Nenner	Grundstücke und Gebäude + Betriebs- und Geschäftsausstattung	0,00 1.016,20 1.016,20	0,00 658,00 658,00	0,00 235,00 235,00
	Ergebnis	*Division x 100*	42,95%	88,22%	181,53%

Aber darin liegt auch die Gefahr dieser und aller Kennzahlen. Warum werden denn hier sehr gute   164 Werte ausgewiesen? Ganz einfach, weil Zähler und Nenner selbst schon extrem schlechte Werte sind. Würden wir in den Nenner die Ziel Größe (in unserem Fall: 60% der Bilanzsumme abzüglich Korrekturen, weil nur Grundstücke und Gebäude sowie Betriebs- und Geschäftsausstattung einfließen sollen), dann würden wir das ganze Dilemma sofort wieder sehen.

Wir haben uns ja auch schon mit den Ziel Cash Flows beschäftigt, von daher wollen wir hier die Thematik nicht (erneut) vertiefen.

14. Zusammenfassung der Kennzahlen zur Liquidität und Finanzkraft

Während wir uns bei den ersten beiden Kennzahlengruppen (Vermögens- und Kapitalstruktur) mit   165 eher langfristigen Analyseperspektiven beschäftig haben, sind hier kurzfristige Betrachtungswinkel im Vordergrund gestanden. Nach wie vor bezogen sich (fast) alle Auswertungen aber auf die Bilanz.

Wir haben ermittelt, wie hoch die Liquidität (aus drei verschiedenen Winkeln) ist, wie sich der Cash Flow zusammensetzt, haben Anlagerelationen im Verhältnis zum Gesamtkapitalumschlag bestimmt und Investitionsverhalten und – notwendigkeiten sowie Tilgungsdauern berechnet.

Aber alle Analysen hatten eines gemeinsam: die schlechten Ergebnisse. Die Struktur der Bilanz, unabhängig von kurz- und/oder langfristigen Relationen, ist einfach schlecht und der Weg in akzeptable Strukturen sehr weit.

IV. Erfolgskennzahlen

Bisher haben wir uns also intensiv mit Analysen zur Vermögens- und Kapitalstruktur sowie zur Liquidi-   166 tät und Finanzkraft beschäftigt, mitunter Auswertungen mit Fokus auf die Bilanz. Wir haben sehr deutlich und immer wieder aus neuen Blickwinkeln gesehen, dass vieles in/an unserer Bilanz nicht passt.

Jetzt wollen wir bei den nächsten Kennzahlen den Fokus auf die Gewinn- und Verlustrechnung legen. In unserer ersten Einschau haben wir auch dazu schon gesprochen und Anmerkungen gemacht. Wir wissen, dass das Ergebnis (Jahresüberschuss- bzw. Jahresfehlbetrag) der GH Mobile sehr problematisch ist.

Jetzt wollen wir aber die Strukturen innerhalb der GuV näher beleuchten und Ursachenforschung betreiben.

167 Können wir eindeutig analysieren, warum die Ergebnisse so schwach sind?

Zunächst wollen wirt aber wieder die kommenden Erfolgskennzahlen im Überblick darstellen.

Definitionen von Kennzahlen zur Erfolgsstruktur					
Erfolgsstruktur			2006 -2	2007 -1	2008 0
Bruttoertragsquote (in %) (Wie hoch ist die Wertschöpfung in % von den Erlösen?) (Gibt Auskunft darüber, welche Mehrwerte aus Verkauf & Service generiert werden)	Zähler	Bruttoertrag	5.232,60	4.981,50	4.377,60
	Nenner	Gesamterlöse	22.168,10	22.718,10	19.150,20
	Ergebnis	*Division x 100*	23,60%	21,93%	22,86%
Personalkostenintensität I (in %) (Wie viel der Gesamterlöse müssen für Personalkosten aufgewendet werden?) (GF wird rausgerechnet, da eventuell kalkulatorischer Unternehmerlohn)	Zähler	Personalkosten - ... davon Geschäftsführergehalt	2.358,90 911,70 1.447,20	2.028,60 613,00 1.415,60	1.690,20 311,40 1.378,80
(Gibt Auskunft über die Kostenstruktur)	Nenner	Gesamterlöse	22.168,10	22.718,10	19.150,20
	Ergebnis	*Division x 100*	6,53%	6,23%	7,20%
Personalkostenintensität II (in %) (Wie viel der Gesamterlöse müssen für Personalkosten aufgewendet werden?)	Zähler	Personalkosten	2.358,90	2.028,60	1.690,20
	Nenner	Gesamterlöse	22.168,10	22.718,10	19.150,20
(Gibt Auskunft über die Kostenstruktur)	Ergebnis	*Division x 100*	10,64%	8,93%	8,83%
Abschreibungsintensität (in %) (Wie viel der Gesamterlöse müssen für Abschreibungen aufgewendet werden?) (AfA ist Aufwand, keine Auszahlung)	Zähler	Abschreibungen	441,00	358,20	423,00
	Nenner	Gesamterlöse	22.168,10	22.718,10	19.150,20
(Gibt Auskunft über Substanzabbau und Cash Mittel neben Ergebnis)	Ergebnis	*Division x 100*	1,99%	1,58%	2,21%
Mietaufwandsquote (in %) (Wie viel % der Gesamterlöse müssen für Miete und Leasing aufgewendet werden?)	Zähler	Miet- und Leasingaufwendungen	718,20	718,20	717,30
	Nenner	Gesamterlöse	22.168,10	22.718,10	19.150,20
(Gibt Auskunft darüber, ob ev. luxuriöse Strukturen vorliegen)	Ergebnis	*Division x 100*	3,24%	3,16%	3,75%
Zinsintensität (in %) (Wie viel % der Erlöse müssen für Finanzierungskosten aufgewendet werden?)	Zähler	Zinsaufwendungen	269,10	256,50	225,90
	Nenner	Gesamterlöse	22.168,10	22.718,10	19.150,20
(Gibt Auskunft darüber, wie teuer die Struktur ist)	Ergebnis	*Division x 100*	1,21%	1,13%	1,18%
Zins- und Miet-Intensität (in %) (Wie viel % der Gesamterlöse müssen für Mieten, Leasing und Zinsen aufgewendet werden?)	Zähler	Miet- und Leasingaufwendungen + Zinsaufwendungen	718,20 269,10 987,30	718,20 256,50 974,70	717,30 225,90 943,20
(Gibt Auskunft über die Kostenstruktur und die Effizienz des Managements)	Nenner	Gesamterlöse	22.168,10	22.718,10	19.150,20
	Ergebnis	*Division x 100*	4,45%	4,29%	4,93%
Zinsdeckung (Faktor) (Wie häufig deckt das Betriebsergebnis die Zinsforderungen der FK-Geber?)	Zähler	Betriebsergebnis	234,00	567,00	211,50
	Nenner	Zinsen	269,10	256,50	225,90
(Gibt Auskunft über die Zinszahlungsfähigkeit der periodischen Zins-) aufwendungen	Ergebnis	*Division*	0,9	2,2	0,9

Fangen wir oben in der GuV an und arbeiten uns sukzessiv nach unten.

1.   Betriebsleistung

Obwohl laut HGB Gliederung nicht separat ausgewiesen, haben wir in der GH Mobile GuV diesen Saldo/diese Kennzahl sowohl absolut als auch prozentual zu den Gesamterlösen ausgewiesen. In der ersten Einschau haben wir auch schon intensiver darüber gesprochen und deshalb wollen wir die Betriebsleistung und die Berechnung jetzt zwar kurz noch einmal einblenden, dann aber auch sofort weitergehen.

168

⟫ Beispiel

1.	**Gesamterlöse/Umsatzerlöse**	**22.168,10**	**100%**	**22.718,10**	**100%**	**19.150,20**	**100%**
1.1	*... davon Umsatzerlöse Sparte I*	*10.347,50*	*47%*	*9.696,00*	*43%*	*8.316,00*	*43%*
1.2	*... davon Umsatzerlöse Sparte II*	*6.390,00*	*29%*	*8.073,00*	*36%*	*6.526,80*	*34%*
1.3	*... davon Umsatzerlöse Sparte III*	*2.760,30*	*12%*	*2.653,20*	*12%*	*2.277,00*	*12%*
1.4	*... davon Umsatzerlöse Sparte IV*	*2.485,80*	*11%*	*2.162,70*	*10%*	*1.899,00*	*10%*
1.5	*... davon Umsatzerlöse Sparte V*	*184,50*	*1%*	*133,20*	*1%*	*131,40*	*1%*
2.	Bestandsveränderungen (Erhöhung +; Verminderung -)	610,00	3%	-963,30	-4%	1.584,90	8%
3.	Andere aktivierte Eigenleistungen	0,00	0%	0,00	0%	0,00	0%
4.	Sonstige betriebliche Erträge	0,00	0%	0,00	0%	0,00	0%
	Betriebsleistung	**22.778,10**	**103%**	**21.754,80**	**96%**	**20.735,10**	**108%**

2.   Bruttoertragsquote

Mit dieser Kennzahl wollen wir berechnen, wie hoch die Wertschöpfung eines Unternehmens ist, d.h. wie viel Prozent des Umsatzes nicht durch Zukäufe von Materialien und Services, sondern intern durch Einsatz von Maschinen und durch die Mitarbeiter selbst erwirtschaftet wird.

169

Dazu subtrahieren wir von der Betriebsleistung die Positionen Material und bezogene Leistungen und rechnen dann einen neuen Saldo. Dies ist dann der Bruttoertrag, der auch als Rohertrag und eben genannte Wertschöpfung bezeichnet wird.

⟫ Beispiel

	Betriebsleistung	**22.778,10**	**103%**	**21.754,80**	**96%**	**20.735,10**	**108%**
5.	Materialaufwand	17.545,50	79%	16.773,30	74%	16.357,50	85%
5.1	*... für Roh-, Hilfs- und Betriebsstoffe und bezogenen Waren*	*15.545,50*	*70%*	*14.573,30*	*64%*	*14.057,50*	*73%*
5.2	*... für bezogene Leistungen*	*2.000,00*	*9%*	*2.200,00*	*10%*	*2.300,00*	*12%*
	Bruttoertrag/Rohertrag/Wertschöpfung	**5.232,60**	**24%**	**4.981,50**	**22%**	**4.377,60**	**23%**

Bei der GH Mobile, und auch dies ist uns bereits bei der ersten Einschau aufgefallen, sind die Zukäufe extrem hoch, was aber typisch für diese Branche ist. Damit verbleiben auch nur noch geringe Bruttoerträge in Höhe von 22% bis 24%. Die prozentualen Größen erhält man durch Division der errechneten Größen durch die Gesamterlöse. Wir haben zwar schon in der GuV den Rohertrag absolut und prozentual ausgewiesen, was nach HGB Gliederung eigentlich nicht gemacht wird, dennoch berechnen wir den Bruttoertrag in % nochmals bei den Erfolgskennzahlen, um auf einen Blick alle wesentlichen GuV Größen und Relationen zusammen zu haben.

170

5

❯ Beispiel

Bruttoertragsquote (in %) (Wie hoch ist die Wertschöpfung in % von den Erlösen?) (Gibt Auskunft darüber, welche Mehrwerte aus Verkauf & Service generiert werden)	Zähler	Bruttoertrag	5.232,60	4.981,50	4.377,60
	Nenner	Gesamterlöse	22.168,10	22.718,10	19.150,20
	Ergebnis	*Division x 100*	23,60%	21,93%	22,86%

171   Wie wir bereits wissen, ist damit auch die Handlungsbreite der GH Mobile massiv eingeschränkt, denn nur im Rahmen der Wertschöpfungskette können durch gutes Management Kostenvorteile erwirtschaftet werden. Leider ist ein Automobilhändler mit Werkstatt auch nur bedingt in der Lage, seine Einkaufskonditionen durch geschicktes Handeln und Ausloten von alternativen Lieferanten zu optimieren. Damit sind in unserem Fall 76% bis 78% der GuV kostenmäßig quasi nicht beeinflussbar. Wir wissen aber auch, dass die Bestände zu hoch sind.

Umso wichtiger, und auch dies haben wir bereits gesehen, ist bei geringen Roherträgen und damit sehr häufig verbundenen geringen (Jahres)Überschüssen die Bilanzübersicht und –kontrolle. Damit erhalten die bereits durchgeführten, das Bilanzkapital berührenden Analysen, eine noch größere Dimension.

172   Das Dramatische bei der GH Mobile ist aber folgender Zusammenhang:

- Sinkende Gesamterlöse
- bei positiven Bestandsveränderungen
- auf bereits hohem Vorratsniveau
- mit weiter steigenden Einstandskosten bzw. weiter fallenden Roherträgen
- wobei die Einstandskosten nicht beeinflussbar,
- aber 75% bis 80% der gesamten Kostenstruktur ausmachen (damit sind natürlich nur 20% bis 25% der Kosten beeinflussbar)
- und dies bei einer Umsatzrendite nach Steuern von ca. 1%

Diese Zeilen und Zusammenhänge sind ein Abgesang auf einen Untergang, quasi ein Requiem ante mortem!

Schauen wir in die weiteren Positionen der GuV und beschäftigen und mit der nächsten GuV Position, den Personalkosten.

3.   Personalkostenintensitäten

173   Hier werden wir zwei Intensitäten berechnen, die sich nur im Punkt der Einrechnung der Geschäftführergehälter unterscheiden.

4.   Personalkostenintensität I

174   Wir stellen uns die Frage, wie viel vom Umsatz für Personalkosten ausgegeben werden oder umgekehrt wie viel vom Ergebnis für Personalkosten bereitgestellt werden muss.

Dabei rechnen wir aber die Aufwendungen für die Geschäftsführung heraus. Dies erfolgt, weil wir die kostenmäßige Struktur des Betriebes besser verstehen wollen. Die GF Gehälter sind aber sehr unterschiedlich je nach Betrieb, Anzahl der Geschäftsführer und Eigentümerstruktur. Geschäftsführende Gesellschafter, also Eigentümer, die auch als Geschäftsführer fungieren, neigen natürlich dazu, sich höhere Gehälter zu zahlen. Haben diese geschäftsführenden Gesellschafter aber noch weitere Einnahmequellen, so kann das Bild sich plötzlich komplett umdrehen, unabhängig vom wirtschaftlichen Erfolg der Gesellschaft.

Sie sehen, die Geschäftsführer sind ein Problem, weil deren Bezüge nicht den Leistungen und nicht der Logik folgen müssen. Kommt Ihnen das bekannt vor? 175

> Beispiel

Personalkostenintensität I (in %) (Wie viel der Gesamterlöse müssen für Personalkosten aufgewendet werden?) (GF wird rausgerechnet, da eventuell kalkulatorischer Unternehmerlohn) (Gibt Auskunft über die Kostenstruktur)	Zähler	Personalkosten - ... davon Geschäftsführergehalt	2.358,90 911,70 1.447,20	2.028,60 613,00 1.415,60	1.690,20 311,40 1.378,80
	Nenner	Gesamterlöse	22.168,10	22.718,10	19.150,20
	Ergebnis	Division x 100	6,53%	6,23%	7,20%

Wir erkennen eine Intensität, auch Quote genannt, von 6,2% bis 7,2% vor GF Gehältern. Da brauchen wir aber für eine Würdigung nicht lange nachdenken. Das ist sehr niedrig. Produzierende Gewerbe haben häufig Quoten zwischen 30% und 40%. Selbst unter Einrechnung der GF Bezüge bleiben die Ergebnisse immer noch sehr gering. 176

5. Personalkostenintensität II

> Beispiel

Personalkostenintensität II (in %) (Wie viel der Gesamterlöse müssen für Personalkosten aufgewendet werden?) (Gibt Auskunft über die Kostenstruktur)	Zähler	Personalkosten	2.358,90	2.028,60	1.690,20
	Nenner	Gesamterlöse	22.168,10	22.718,10	19.150,20
	Ergebnis	Division x 100	10,64%	8,93%	8,83%

Hier fällt allerdings auf, dass die Quote fällt. Zur Erklärung muss man sich aber nur einmal die absoluten GF Bezüge der Jahre 2006 und 2007 anschauen und dann ist es der Neid, der uns Probleme macht. Zur Rettung der Situation muss allerdings gesagt werden, dass wir nicht wissen wie viele Geschäftsführer die GH Mobile hatte bzw. in 2008 noch hat. Bei den erwirtschafteten Jahresüberschüssen kann man jedoch auch festhalten und dies ist nicht neidbedingt, dass die ausgewiesenen Bezüge für eine oder auch mehrere Personen in keiner Weise moralisch gerechtfertigt waren. 177

Die Reduktion war nur konsequent. Einerseits hätte der Betrieb sich diese *alten* Bezüge in 2008 gar nicht leisten können und Leistung hat etwas mit Ergebnis zu tun und da kann man ja wirklich nicht stolz drauf sein oder etwaige Ansprüche basieren.

Trotz der hohen GF Positionen in den Jahren 2006 und 2007 ist auch im Vergleich mit anderen Firmen die Personalkostenintensität II (gemeint ist die prozentuale Größe) klasse.

178   Jetzt muss man aber auch ein wenig vorsichtig sein, denn Geiz bei den Mitarbeitern kann auch zu Resignation und besonders zu hohen Fluktuationen führen. Dass dann die besten Mitarbeiter immer zuerst gehen, versteht sich von alleine, denn die bekommen meist überall schnell eine Alternative geboten. Das zweite Problem bei diesen auf den ersten Blick niedrigen Personalkostenintensitäten ist die Anzahl der Mitarbeiter. Geringe Quoten können auch ein Indiz für unzureichende Belegschaft sein. Bei GH Mobile wäre sogar in diesem Zusammenhang eine Aussage richtig: Wir können uns weitere Mitarbeiter nicht leisten! (Klar, bei den GF Bezügen). Die entscheidende Frage hingegen ist, ob wegen zu hoher GF Bezüge keine weiteren Mitarbeiter eingestellt werden konnten, daher schon gute Mitarbeiter abgewandert sind und deshalb auch die Umsatzeinbrüche zu erklären sind. Dies wäre dann natürlich doppelt fatal. Leider haben wir keine Gelegenheit, ohne weitere Informationen diese Frage zu beantworten. Eine Blick in Zahlen eines Wettbewerbers könnte uns zwar Aufschluss über adäquate Personalkostenintensitäten liefern, aber hinsichtlich der Qualität der Mitarbeiter und der geleisteten Arbeiten können wir uns nur mit GuV und Bilanz kein Urteil erlauben.

‚Sorry', das stimmt ja gar nicht. Die Qualität der Geschäftsführung können wir sehr wohl beurteilen und auf der Basis unserer bisherigen Analysen fällt das Urteil katastrophal aus. Wir brauchen auch die Ergebnisse der weiteren Kennzahlen nicht abwarten. Es reicht schon, was wir bisher gesehen haben!

6.   Abschreibungsintensität

179   Wir steigen weiter die GuV Gliederung hinab und stoßen auf die Abschreibungen. Damit haben wir uns ja im Rahmen der Cash Flow Kennzahlen bereits beschäftigt. Ähnlich wie beim Brutto- bzw. Rohertrag wollen wir alle wichtigen Erfolgskennzahlen noch einmal auf einen Blick haben

> **Beispiel**

Abschreibungsintensität (in %) (Wie viel % der Gesamterlöse müssen für Abschreibungen aufgewendet werden?) (AfA ist Aufwand, keine Auszahlung) (Gibt Auskunft über Substanzabbau und Cash Mittel neben Ergebnis)	Zähler	Abschreibungen	441,00	358,20	423,00
	Nenner	Gesamterlöse	22.168,10	22.718,10	19.150,20
	Ergebnis	*Division x 100*	1,99%	1,58%	2,21%

180   Unsere Quote bei der GH Mobile zeigt 1,6% bis 2,2% und wir haben bereits nachgewiesen, dass dies zu niedrig ist. Das Problem der niedrigen Abschreibungen ist aber nur die Konsequenz des niedrigen Anlagevermögens. Rechnet man die Finanzanlagen heraus, die ja mit 235 auch nicht üppig bemessen sind, dann ist im Folgejahr 2009 ohne weitere Investitionen und die sind bei der jetzigen finanziellen Lage nicht absehbar, Schluss. Dann fällt der Buchwert der Sachanlagen und immateriellen Vermögenswerte am Periodenende auf Null und damit die Abschreibungen in 2009 ebenfalls.

Jetzt könnten Sie an dieser Stelle stutzig werden und fragen: „Sind die Abschreibungen in Höhe von absolut 423 bzw. 2,2% zum Umsatz in 2008 wirklich so schlecht? Wir haben doch bei der Investitionsquote II einmal über 2,4% vom Umsatz als Ziel geredet!"

181   Gute Frage, denn es zeigt zweierlei: Sie sind auf dem richtigen Weg und fangen an, mit Relationen zu arbeiten. Andererseits ist gedanklich bei Ihnen ein ganz wichtiger und sogar kursiv geschriebener Satz bei unseren Ausführungen zur Investitionsquote II nicht im Gedächtnis geblieben.

Diese Werte (Anmerkung: 2,4% AfA zu Umsatz in 2008, ‚ceteris paribus' bei 2,5 Ziel-Gesamtkapitalumschlag, 60% Ziel-Anlagenintensität und 10% AfA p.a.) sind aber nur richtig, wenn diese Anlagenintensität von 60%, also 6,847 bzw. 4.596 in der Bilanz bereits wieder erreicht ist!

Das große Problem finanzieller und zeitlicher Art wird sein, das Anlagevermögen in der Bilanz wieder auf 60%, also auf bekannte 6.847 bzw. 4.596 zu bringen. Bedenken Sie in diesem Zusammenhang bitte auch, dass periodisch immer nur 10% des Anlagevermögens in unserem Beispiel in der GuV in Form von Abschreibungen wirksam werden. | 182

> Generell gilt, dass von Neu- bzw. Reinvestitionen bei gegebenen 10 Jahren Abschreibungsdauer nur 1/10 zuzüglich des Wertes der durchschnittlichen Abschreibungsdauer der Restbuchwerte des bestehenden Anlagevermögens in der GuV auftaucht – es dauert damit selbst bei größeren Einzelinvestitionen sehr lange, bis die Abschreibungen wieder merklich ansteigen! Bei einem Restbuchwert des Sachanlagevermögens der GH Mobile von 235 (die immateriellen Wirtschaftsgüter standen immer schon auf Null) und der Annahme, dass diese in 2008 komplett abgeschrieben werden, müssten zur Aufrecherhaltung des Abschreibungsvolumens von 2008 in Höhe von 423 in 2009 kurzfristig 1.880 investiert werden. (10% AfA von 1.880 = 188, zuzüglich 235 = 423). „SEHEN SIE DIESE SUMME IRGENDWO"?

> Um auf 2,4% des Umsatzes zu kommen (Basis: GuV und Bilanz von 2007) müssten wir Abschreibungen von 460 andenken. Das entspricht bei 235 Abschreibungen auf Restanlagevermögen in 2008 einer weiteren kurzfristigen Investition von 2.250. In der Folgeperiode 2010 stehen dann durch gerade gerechneten Investitionen in 2009 weitere 225 Abschreibungen an. Um allerdings wiederum Abschreibungen in Höhe von 460 zu erreichen, müssten erneut 2.350 in das Anlagevermögen investiert werden, da die Vermögenswerte zu Periodenende 2007 bereits zu 100% in 2008 abgeschrieben wurden. Daher wieder die gleiche Frage, dieses Mal aber im Plural: „SEHEN SIE DIESE SUMMEN IRGENDWO"?

Um also die Ziel-AfA-zu-Umsatz-Quote von 2,4% nachhaltig zu erreichen, müssten in den Folgeperioden 2009 und 2010 insgesamt 4.230 investiert werden! | 183

Jetzt sehen Sie, wie schwer es ist, Abschreibungen kurzfristig in ihrer Größe zu beeinflussen. Und bitte denken Sie dabei an unsere Annahme ‚ceteris paribus'. Verändern sich GuV und Bilanz, dann können die Zahlen noch dramatischer sein.

7.   Mietaufwandsquote (Mietintensität)

Wir wandern weiter in der GH Mobile GuV nach unten. Bei den sonstigen betrieblichen Aufwendungen finden wir auch die Mieten. Seltsamerweise spricht man hier häufiger von der Quote. Wenn Sie jetzt bereits in die MS Excel Tabellen geschaut haben, dann sehen Sie, dass wir auch die Leasingaufwendungen mit eingerechnet haben. | 184

Generell untersuchen wir mit den nächsten 3 Kennzahlen, ob die GH Mobile sich eine luxuriöse Struktur (Betriebsgebäude und Anlagen, die nicht im eigenen Besitz sind) leistet.

8.   Exkurs Leasing

185   Leasing ist eine Finanzierungsart, bei denen i.d.R. die Anlagegüter nicht in meiner Bilanz, sondern beim Leasinggeber aktiviert sind. Eigentümer ist damit auch der Leasinggeber, denn für die Nutzung des Leasinggutes zahlen wir meist monatlich eine Leasinggebühr. Das hat den ersten Vorteil, dass der Leasingnehmer das Wirtschaftsgut nicht kaufen muss und damit eine große Auszahlung vor sich hat, sondern für die Nutzung ‚pro rata temporis' eine Gebühr zahlt. Die Finanzverwaltung erkennt diese Gebühr als Aufwand und damit abzugsfähig an, solange das Wirtschaftsgut natürlich betrieblich genutzt wird. Damit ist Leasing vom Verständnis her eine Art Miete und dies ist der Grund, warum wir Leasing als Teil des Mietaufwands verstehen und auch rechnen.

Leasing hat aber noch einen anderen Vorteil. Da ich das Leasinggut nutzen kann, ohne dass es in meinen Büchern steht und damit mit Eigen- und/oder Fremdkapital finanziert wurde (Aktiv- und Passivseite der Bilanz müssen ja immer parallel zu und/oder abnehmen), hat es auch Auswirkungen auf die passivische Struktur der Bilanz. Leasing ist eigentlich eine andere Art von Fremdfinanzierung, denn Dritte kaufen das Anlagegut für mich (aus meiner Sicht mit fremdem Kapital). Hätte ich es selbst kaufen müssen, dann hatte ich selbst Kapital aufwenden müssen. Damit können wir argumentieren, dass Leasing eine Art der Fremdkapitalfinanzierung ist. Lease ich Anlagegüter, die ich nutzen kann, aber nicht finanziert habe, führt dies zu einer Erhöhung der Eigenkapitalquote, denn alternativ bei Aktivierung hätte ich (wahrscheinlich) Fremdkapital einsetzen müssen, welches zu einer Reduktion der Eigenkapitalquote geführt hätte.

186   Allerdings gibt es natürlich auch einen Haken. Der Leasinggeber verrechnet mir eine Gebühr, die auch seine Verwaltungskosten, Finanzierungskosten und einen Gewinnaufschlag beinhaltet und damit höher ist, als reine Finanzierungskosten, wenn ich selbst Zinsen für einen Kredit zur Anschaffung des Wirtschaftsgutes zahlen muss.

Exkurs Ende

Somit dividieren wir diesen Mietaufwand durch die Gesamterlöse und erhalten wieder eine Quote, die uns sagt, wie groß der Anteil vom Umsatz und auch vom Ergebnis ist, den wir für Mieten und Leasing zahlen müssen.

> **Beispiel**

Mietaufwandsquote (in %) (Wie viel % der Gesamterlöse müssen für Miete und Leasing aufgewendet werden?)	Zähler	Miet- und Leasingaufwendungen	718,20	718,20	717,30
	Nenner	Gesamterlöse	22.168,10	22.718,10	19.150,20
(Gibt Auskunft darüber, ob ev. luxuriöse Strukturen vorliegen)	Ergebnis	Division x 100	3,24%	3,16%	3,75%

187   Wir sehen eine Quote von 3,2% bis 3,8% und wahrscheinlich sagt Ihnen Ihr Gefühl schon die richtige Antwort: Das ist nicht viel!

Wir können ohne weitere Fragemöglichkeiten keine Aussage dazu machen, was im Einzelfall gemietet und/oder geleast wurde. In der Bilanz der GH Mobile stehen keine (Rest)Buchwerte bei den Grundstücken und Gebäuden, damit kommen wir auch nicht weiter.

Ähnlich wie bei der folgenden Kennzahl Zinsintensität ist die Mietaufwandsquote auch von der Firmenphilosophie abhängig. Sind Gebäude im Eigentum der Gesellschaft oder hat man sich aus Flexibilitäts- und/oder Kostengründen dafür entschieden, Räumlichkeiten anzumieten, dann entstehen je nach eingeschlagenem Weg andere Kenngrößen. Sind Gebäude im eigenen Besitz, dann kann die Mietaufwandsquote sehr gering, hingegen die Zinsbelastung wegen Fremdfinanzierung und die Abschreibung sehr hoch sein. Daher muss man diese Mietaufwandsquote auf jeden Fall immer im Zusammenhang mit einer Zinskennzahl sehen. Diese werden wir daher auch im Anschluss an die Besprechung der Kenngröße Mietaufwandsquote betrachten und berechnen.

Zurück zur GH Mobile. Es ist bezeichnend, dass die Mietaufwendungen zuletzt im Jahr 2008 höher als das Anlagevermögen sind, aber mit oben errechneten Werten kann man durchaus das Wort „sparsam" einwerfen. 188

9. Zinsintensität

Die Zinsintensität berechnet ebenfalls Kosten der Struktur. 189

 Beispiel

Zinsintensität (in %) (Wie viel % der Erlöse müssen für Finanzierungskosten aufgewendet werden?)	Zähler	Zinsaufwendungen	269,10	256,50	225,90
	Nenner	Gesamterlöse	22.168,10	22.718,10	19.150,20
(Gibt Auskunft darüber, wie teuer die Struktur ist)	Ergebnis	*Division x 100*	1,21%	1,13%	1,18%

Die ausgewiesenen 1,1% bis 1,2% sind absolut unbedenklich (Achtung: diese Würdigung erfolgt für die Relation Zinsaufwand zu Umsatz. Wir werden später noch sehen, dass *unbedenklich* hier aus Bankensicht durchaus *bedenklich* ist).

Jetzt werden Sie wieder fragen, welche Größen denn in Ordnung sind und ab wo graue Risikowolken aufziehen. Zunächst eine pauschale Antwort: Je höher die Umsatzrendite, also das Verhältnis Jahresüberschuss zu Gesamterlösen, desto mehr kann man sich beim Miet- und Zinsaufwand auch erlauben. Über die Umsatzrendite werden wir noch im Detail bei der nächsten Analysegruppe *Renditekennzahlen* sprechen.

Wir bevorzugen vielmehr eine andere Betrachtung 190

 Beispiel

Zins-und Miet-Intensität (in %) (Wie viel % der Gesamterlöse müssen für Mieten, Leasing und Zinsen aufgewendet werden?)	Zähler	Miet- und Leasingaufwendungen + Zinsaufwendungen	718,20 269,10 987,30	718,20 256,50 974,70	717,30 225,90 943,20
	Nenner	Gesamterlöse	22.168,10	22.718,10	19.150,20
(Gibt Auskunft über die Kostenstruktur und die Effizienz des Managements)	Ergebnis	*Division x 100*	4,45%	4,29%	4,93%

Addieren wir die Zählergrößen aus den Kennzahlen Mietaufwandsquote und Zinsintensität, so erhalten wir die Zins- und Miet-Intensität. In unserem Fall sehen wir Werte 4,3% bis 4,9%. Zur Probe können Sie ja die vorab berechneten Kenngrößen Mietaufwandsquote und Zinsintensität noch einmal additiv überprüfen.

191   Wenn beide bisherigen „Struktur" Kennzahlen gut waren, muss folglich diese Kennzahl auch gut sein. Diese Kenngröße hat den Charme, dass unabhängig von der Aktivierung/Kauf oder Miete/Leasing von Gebäuden und Anlagegütern die jeweiligen GuV Gegenpositionen hier erfasst sind (außer Abschreibungen, diese sind aber dann beim Cash Flow eingerechnet).

Bevor wir uns damit beschäftigen, wann die Zins- und Miet-Intensität bedenklich wird, müssen wir noch eine weitere Analyse machen.

Bei der Zinsintensität hatten wir gesagt, dass die errechneten 1,1% bis 1,2% unbedenklich sind, gleichzeitig aber darauf hingewiesen, dass wir den Zinsaufwand noch aus einer anderen Perspektive betrachten müssen. Es ist nämlich möglich, dass trotz guter Zinsintensität eine schlechte Würdigung generell im Rahmen der Finanzierung und Strukturkosten anzustellen ist.

10.   Zinsdeckungsquote

192   Die Zinsdeckungsquote berechnet, wie sicher Zinszahlungen an die Banken sind. Auch wenn nur geringe Zahlungen anstehen, so kann erst dann ein gutes Votum ausgestellt werden, wenn diese auch geleistet werden können.

Dazu wird das Betriebsergebnis in den Zähler und die Zinsaufwendungen in den Nenner gestellt. Damit analysiert die Zinsdeckungsquote, um wie viel höher das Betriebsergebnis als der Zinsaufwand ist. Die Größe wird als Prozentsatz oder – und dies sieht man häufiger – als Faktor ausgewiesen.

> **Beispiel**

Zinsdeckung (Faktor) (Wie häufig deckt das Betriebsergebnis die Zinsforderungen der FK-Geber?)	Zähler	Betriebsergebnis	234,00	567,00	211,50
	Nenner	Zinsen	269,10	256,50	225,90
(Gibt Auskunft über die Zinszahlungs-fähigkeit der periodischen Zins-) aufwendungen	Ergebnis	Division	0,9	2,2	0,9

193   In unserem Fall sehen wir Faktoren von 0,9 bzw. 2,2. Und genau hier liegt das Problem besonders für die Jahre 2006 und 2008, wenngleich 2007 auch nicht gut ist. Der Zinsaufwand kann nicht aus dem Betriebergebnis gedeckt werden. Wir hatten zwar eine sehr niedrige und damit gute Zinsintensität, aber nicht einmal diese niedrigen Zinsaufwendungen können vom operativen Ergebnis erbracht werden.

Schauen Sie bitte noch einmal in die GuV. Sie sehen, das Betriebsergebnis steht direkt über dem Sammler Finanzergebnis. Und innerhalb des Finanzergebnisses finden Sie die für uns relevante Position *Zinsen und ähnliche Aufwendungen*. Dieser Aufwandsposten muss also vom in der Gliederung darüber stehenden Saldo gedeckt werden. Man, damit sind besonders die Banken gemeint, ist hier sogar sehr rigide. Es wird nicht der Einzahlungsüberschuss (Cash Flow), also Betriebsergebnis plus Abschreibungen genommen (Sie erinnern sich, Abschreibungen sind Aufwand, aber nicht auszahlungswirksam, stehen damit zur Finanzierung eigentlich zur Verfügung), sondern das operative Ergebnis (Betriebsergebnis) selbst. Es werden auch die Zinserträge nicht gegen gerechnet, da diese ja in den Folgeperioden ausfallen, die Kreditverträge unverändert aber weiter laufen könnten.

Ähnlich der dynamischen Verschuldung steht auch hier eine Schulnotenskala zur Verfügung, aber genau umgehrt. Für das produzierende Gewerbe gilt damit: 194

Größenordnung	Schulnote
<= 3 Jahre	mangelhaft
4 Jahre	ausreichend
5 Jahre	befriedigend
6 Jahre	gut
>=7 Jahre	sehr gut

Und was sehen wir, auch im 2. Jahr sieht es aus dieser Bewertungssicht für die GH Mobile sehr schlecht aus…trotz guter Zinsintensitäten. 195

Jetzt zurück zur Würdigung der Zins- und Miet-Intensität.

Die berechneten Intensitäten von 4,3% bis 4,9% sind eigentlich klasse, denn wir können daraus folgern, dass sich die GH Mobile keinen Luxus leistet. GH Mobile arbeitet mit sehr geringen fixen Strukturkosten. *Aber*, trotz dieser geringen Strukturkosten, reichen die erwirtschafteten operativen Überschüsse in 2 von 3 Jahren nicht aus, die Zinsen bedienen zu können und im Jahr 2007 ist der Faktor mit *mangelhaft* zu würdigen.

Unsere Empfehlung zur Einschätzung der Zins- und Miet-Intensität ist folgende: 196

Kumulierte Zinsen und Mieten bis zu 15% vom Umsatz sind zu rechtfertigen, wenn entsprechende positive Jahresüberschüsse (Renditen) ausgewiesen werden. Dies kann bei 15% Zins- und Mietintensität aber nur der Fall sein, wenn die operativen GuV Positionen Material und bezogene Leistungen, Personalkosten, Abschreibungen und sonstige betriebliche Aufwendungen unter Kontrolle sind. Im Fall der GH Mobile stellen aber Materialkosten und bezogene Leistungen ca. 80% vom Umsatz dar und sind außerdem auch nur sehr eingeschränkt beeinflussbar.

Daher wandelt sich eine auf den ersten Blick zwar sehr gute Zins- und Miet-Intensität bei Betrachtung der Zinsdeckung in eine schlechte Relation um.

Wir können an dieser Stelle aber keine Skala anbieten, denn dafür gibt es zu viele Abhängigkeiten, wie wir gerade gesehen haben.

11.   Zusammenfassung der Kennzahlen zur Erfolgsstruktur

Bei dieser Gruppe von Kennzahlen haben wir uns auf die GuV konzentriert und erneut Trauriges gesehen. Sehr gute Intensitäten müssen „abgewertet" werden, weil die GuV aufgrund sehr hoher Material- und zugekaufter Leistungspositionen keine relevanten Ergebnisse ausweisen kann. 197

Einen Lichtblick hat die Interpretation der Erfolgskennzahlen jedoch. Wir können jetzt mit Sicherheit sagen, dass die Probleme der GH Mobile in der Bilanz und nicht in der GuV liegen. Sicherlich, wir haben die sehr guten Intensitäten nach Analyse der Zinsdeckung relativieren müssen, aber dies ändert noch nichts an der Feststellung, dass die Probleme der GH Mobile nicht mit einem luxuriösen Leben, also mit hohen Strukturkosten, zusammen hängen. Wir haben nämlich geringe bis sehr geringe Personalkosten, Mieten und Zinsen analysiert. Material und bezogene Leistungen sind sehr hoch und leider kaum beeinflussbar. Dies ist aber ein generelles Problem der gegebenen Kfz-Branche. Unser Problem heißt jedoch *Bilanz*. Die Bilanz ist zu *fett* und damit der Gesamtkapitalumschlag zu gering. Dieser geringe Umschlag führt dann zu nicht ausreichenden Ergebnissen (Renditen), die auch sparsame Strukturen aus Kennzahlensicht wieder zu Nichte machen können.

V. Renditekennzahlen

198 Die letzte Gruppe von Kennzahlen, der wir uns widmen müssen, sind die Rendite- oder Rentabilitätskennzahlen. Und bei genauerem Hinsehen werden Sie erkennen, dass wir uns eigentlich schon damit beschäftigt haben, ohne es zu wissen.

Wir werden außerdem sehen, dass es wieder sehr interessante Abhängigkeiten untereinander gibt und uns bisher besprochene Relationen und Zusammenhänge noch klarer werden.

Zunächst wollen wir uns aber wieder den überblick betrachten:

Definitionen von Kennzahlen zur Rentabilität					
Rentabilität			2006 -2	2007 -1	2008 0
Umsatzrentabilität (%) (Wie viel % Ergebnis vor Steuern wird pro Umsatz-Euro erzeugt?) (ROS - Return on Sales)	Zähler	Ergebnis vor Steuern	-4,50	344,70	9,00
	Nenner	Gesamterlöse	22.168,10	22.718,10	19.150,20
(Gibt Auskunft über die Rückflüsse/ Gewinne und damit die Ertragskraft) (Fokus: Handel & Service)	Ergebnis	Division x 100	-0,02%	1,52%	0,05%
Gesamtkapitalrentabilität I (%) (Wie viel % Ergebnis **vor** Steuern wird pro Kapital-Euro erzeugt?) (ROC - Return on Capital)	Zähler	Ergebnis vor Steuern	-4,50	344,70	9,00
	Nenner	Bilanzsumme	11.484,90	10.011,60	11.411,10
(Gibt Auskunft über die Rückflüsse/ Gewinne und damit die Ertragskraft pro Investiv-Euro)	Ergebnis	Division x 100	-0,04%	3,44%	0,08%
Gesamtkapitalrentabilität II (%) (Wie viel % Ergebnis vor Steuern wird pro Kapital-Euro erzeugt?) ("echter" ROC - Return on Capital)	Zähler	Ergebnis vor Steuern + Zinsaufwendungen	-4,50 269,10 264,60	344,70 256,50 601,20	9,00 225,90 234,90
(Gibt Auskunft über die Rückflüsse/ Gewinne und damit die Ertragskraft)	Nenner	Bilanzsumme	11.484,90	10.011,60	11.411,10
(Fokus: produzierende Unternehmen)	Ergebnis	Division x 100	2,30%	6,01%	2,06%
Eigenkapitalrentabilität (HGB) (%) (Wie viel % Ergebnis vor Steuern wird pro Eigenkapital-Euro erzeugt?) (ROE - Return on Equity before taxes)	Zähler	Ergebnis vor Steuern	-4,50	344,70	9,00
	Nenner	Eigenkapital (nach HGB Gliederung)	1.128,50	1.350,80	1.357,10
(Gibt Auskunft über die Rückflüsse/ Gewinne und damit die Ertragskraft auf das eingesetzt Eigenkapital)	Ergebnis	Division x 100	-0,40%	25,52%	0,66%
Eigenkapitalrentabilität (H-EK) (%) (Haftendes Eigenkapital)	Zähler	Ergebnis vor Steuern	-4,50	344,70	9,00
(Wie viel % Ergebnis vor Steuern wird pro Eigenkapital-Euro erzeugt?) (ROE - Return on Equity before taxes)	Nenner	Haftendes Eigenkapital	1.128,50	1.350,80	1.357,10
	Ergebnis	Division x 100	-0,40%	25,52%	0,66%
Eigenkapitalrentabilität (W-EK) (%) (Wirtschaftliches Eigenkapital)	Zähler	Ergebnis vor Steuern	-4,50	344,70	9,00
(Wie viel % Ergebnis vor Steuern wird pro Eigenkapital-Euro (W-EK) erzeugt?) (ROE - Return on Equity before taxes)	Nenner	Wirtschaftliches Eigenkapital	4.732,05	5.018,90	5.035,40
	Ergebnis	Division x 100	-0,10%	6,87%	0,18%
N. St. Eigenkapitalrentabilität (HGB) (%) (Wie viel Ergebnis (%) nach Steuern wird pro Eigenkapital-Euro erzeugt?) (ROE - Return on Equity after taxes)	Zähler	Jahresüberschuss/Jahresfehlbetrag	-4,50	222,30	3,60
	Nenner	Eigenkapital (nach HGB Gliederung)	1.128,50	1.350,80	1.357,10
	Ergebnis	Division x 100	-0,40%	16,46%	0,27%
N. St. Eigenkapitalrentabilität (H-EK) (%) (Haftendes Eigenkapital)	Zähler	Jahresüberschuss/Jahresfehlbetrag	-4,50	222,30	3,60
(Wie viel Ergebnis (%) nach Steuern wird pro Eigenkapital-Euro erzeugt?) (ROE - Return on Equity after taxes)	Nenner	Haftendes Eigenkapital	1.128,50	1.350,80	1.357,10
	Ergebnis	Division x 100	-0,40%	16,46%	0,27%
N. St. Eigenkapitalrentabilität (W-EK) (%) (Wirtschaftliches Eigenkapital)	Zähler	Jahresüberschuss/Jahresfehlbetrag	-4,50	222,30	3,60
(Wie viel Ergebnis (%) nach Steuern wird pro Eigenkapital-Euro (W-EK) erzeugt?) (ROE - Return on Equity after taxes)	Nenner	Wirtschaftliches Eigenkapital	4.732,05	5.018,90	5.035,40
	Ergebnis	Division x 100	-0,10%	4,43%	0,07%

Definitionen von Kennzahlen zur Rentabilität (Fortsetzung)

Rentabilität			2006 -2	2007 -1	2008 0
Eigenkapitalumschlag (Faktor) (Wie häufig wird das Eigenkapital auf Basis der Erlöse umgeschlagen?) oder (Wie hoch ist die Rotations- bzw. Reproduktionsgeschwindigkeit des eingesetzten Eigenkapitals?)	Zähler	Gesamterlöse	22.168,10	22.718,10	19.150,20
	Nenner	Eigenkapital (nach HGB Gliederung)	1.128,50	1.350,80	1.357,10
	Ergebnis	*Division*	19,64	16,82	14,11
Betriebsergebnis/Betriebskapital (%) Operative Rentabilität in % (Wie hoch ist die Rendite, der Rückfluss auf Basis des operativen Ergebnisses in %, gemessen an Sachanlagen und Umlaufvermögen, bereinigt um Ergebnisse aus verbundenen Unternehmen?)	Zähler	Bruttoertrag - Personalkosten - Miet- und Leasingaufwendungen - Vertriebskosten - Verwaltungskosten - Sonstige - Abschreibungen = Betriebsergebnis	5.232,60 2.358,90 718,20 542,70 937,80 0,00 441,00 234,00	4.981,50 2.028,60 718,20 389,70 919,80 0,00 358,20 567,00	4.377,60 1.690,20 717,30 496,80 838,80 0,00 423,00 211,50
(Operative Kapitalrendite) (Gibt Auskunft über die Effizienz des eigentlichen operativen Geschäftsbetriebes) (Ähnlich dem ROC, aber nur auf der Basis der Operations)	Nenner	Bilanzsumme - Ausstehende Einlagen - Immaterielle Wirtschaftsgüter - Finanzanlagen - Forderungen geg. verb. Untern./Ges. - Forderungen geg. Beteiligungen	11.484,90 0,00 0,00 235,40 0,00 0,00 11.249,50	10.011,60 0,00 0,00 235,40 0,00 0,00 9.776,20	11.411,10 0,00 0,00 235,40 0,00 0,00 11.175,70
	Ergebnis	*Division x 100*	2,08%	5,80%	1,89%
Fremdkapitalrentabilität (in %) (Wie hoch sind die gesamten Finanzierungskosten?)	Zähler	Zinsaufwendungen	269,10	256,50	225,90
(Gibt Auskunft über die Fremdkapitalkosten bzw. Verhandlungsgeschick bei Kreditverhandlungen)	Nenner	Summe langfristiges Fremdkapital + Summe kurzfristiges Fremdkapital	7.676,90 2.679,50 10.356,40	4.837,80 3.823,00 8.660,80	4.679,10 5.374,90 10.054,00
	Ergebnis	*Division x 100*	2,60%	2,96%	2,25%

1. Umsatzrentabilität

Die Umsatzrentabilität misst, wie viel Ergebnis pro Umsatz-Euro in gegebener Periode erwirtschaftet wird. In der Regel wird das Ergebnis als prozentuale Größe dargestellt. Diese Kennzahl ist besonders beim Handel und bei Dienstleistern sehr populär, da diese beiden Gruppen sehr umsatzbezogen denken. Beim produzierenden Gewerbe hingegen überwiegt ein kapitalorientiertes Denken, dazu aber später mehr.

199

Generell können Sie die Bezeichnungen Rendite und Rentabilität gleichsetzten und ob Sie *Umsatzrentabilität* oder *Umsatzrendite* sagen, ist eigentlich egal.

Vielleicht haben Sie diese Kennzahl auch schon einmal mit ihrem englischen Begriff gehört, denn sehr häufig weicht man auch bei uns auf die angelsächsische Bezeichnung aus. Dort sagt man *Return on Sales*, oder abgekürzt *ROS*. Während wir bisher in diesem Buch auf englische Begriffe weitestgehend verzichtet haben (manchmal ging es aber trotzdem nicht, siehe *Cash Flow*) haben wir bewusst oben auch den *Return on Sales* aufgeführt, weil es sich dabei bereits um eine quasi „eingedeutschte Größe" handelt. Wir werden auch noch eine zweite englische Rentabilitätskennzahl aufführen, da sich diese auch schon eingebürgert hat. Dazu aber wie schon oben der Verweis auf später.

200   Bei der Berechnung ist es übrigens unerheblich, ob im Zähler vor oder nach Steuern gearbeitet wird. Wir empfehlen allerdings die vor Steuer Berechnung, da somit Sondereffekte bei der Besteuerung nicht berücksichtigt werden. Dies hat vor allem dann Sinn, wenn z.B. Verlustvorträge verwertet werden können oder die Abschlüsse von Gesellschaften in unterschiedlichen Ländern miteinander verglichen werden.

> **Beispiel**

Umsatzrentabilität (%)	Zähler	Ergebnis vor Steuern	-4,50	344,70	9,00
(Wie viel % Ergebnis vor Steuern wird pro Umsatz-Euro erzeugt?) (ROS - Return on Sales)	Nenner	Gesamterlöse	22.168,10	22.718,10	19.150,20
(Gibt Auskunft über die Rückflüsse/ Gewinne und damit die Ertragskraft) (Fokus: Handel & Service)	Ergebnis	*Division x 100*	-0,02%	1,52%	0,05%

201   Bei der GH Mobile sehen wir Umsatzrentabilitäten von -0,02% bis 1,52%.

Dies kann schon gefühlsmäßig besonders in den Jahren 2006 und 2008 als schlecht bezeichnet werden, denn Sie können das % Zeichen auch durch *Cents* ersetzen. Eine Umsatzrentabilität von 1% würde einem Ergebnis von 1 Cent pro Umsatz-Euro entsprechen. Die GH Mobile verdient aber in 2008 gerade einmal 0,05 Cents vor Steuern pro Umsatz-Euro. Das Jahr 2006 mit einem negativen Ergebnis brauchen wir gar nicht weiter betrachten. Lediglich das Jahr 2007 zeigt einen etwas höheren Wert von 1,52%.

Aber ist dies ausreichend oder wo sollten die Werte liegen? Dazu haben wir schon bei den Cash Flow Kennzahlen Anhaltswerte gegeben. Erinnern Sie sich? Wir sagten, dass der Jahresüberschuss ca. 4% vom Umsatz ausmachen sollte. Der von uns in den bisherigen Rechnungen gewählte Steuersatz lag bei 38%, damit bräuchten wir ein Ergebnis vor Steuern von 6,45% bzw. [0,04 / (1 – 0,26) = 0,0541, also 5,41%].

202   Von diesen Werten liegt die GH Mobile aber weit entfernt.

Wir hatten bereits gesagt, dass das produzierende Gewerbe häufig eine andere Perspektive bevorzugt. Während Handelsunternehmen und Dienstleister häufig nicht so kapitalintensiv sind, müssen beim produzierenden Gewerbe Maschinen und Anlagen gekauft werden. Daher ist hier auch logischerweise der Fokus mehr auf die (Gesamt)Kapitalrentabilität gerichtet.

2.   Gesamtkapitalrentabilitäten

203   Ähnlich den Cash Flow Betrachtungen und Kennzahlen berechnen wir die Rentabilität nicht nur auf der Basis des Umsatzes, sondern auch auf der Basis des (Gesamt)Kapitals.

Zunächst müssen wir darauf hinweisen, dass die Gesamtkapitalrentabilität nicht mit dem Gesamtkapitalumschlag (1. Kennzahl bei den Vermögensstrukturkennzahlen) zu verwechseln ist. Beide messen zwar Umschlagswerte, während aber der Gesamtkapitalumschlag die Rotations- und damit die Reproduktionsgeschwindigkeit des eingesetzten Gesamtkapitals misst, errechnet die Gesamtkapitalrentabilität, ähnlich der Umsatzrentabilität, einen Rückfluss pro eingesetztem Euro.

204   Hier gibt es dann noch alternative Bezeichnungen, wenngleich in der Literatur teilweise sehr genau differenziert wird. Neben Gesamtkapitalrentabilität hört man auch

■ Gesamtkapitalrendite

■ Kapitalrentabilität

■ Kapitalrendite

- Return on Capital - ROC
- Return on Investment - ROI

ROC - Return on Capital ist die englische Bezeichnung.

Return on Investment – ROI hört man ebenfalls häufiger, wobei dann *Investment* gleich *Kapital* gesetzt wird. Dies ist ja auch richtig, wenn man die Bilanz anschaut. Auf der passivischen Seite finden wir ja auch die *Kapitalherkunft*, also das Investment. Trotzdem ist der Begriff *Return on Investment* eigentlich mit dem Controlling von Investitionen in Verbindung zu bringen. Dort fragt man, ob sich die Investition auch rechnet, also ob die zu erzielenden Renditen ausreichend sind.

Wir verwenden diese Begriffe in der Regel synonym, beschränken uns aber in der Wortwahl in diesem Buch auf Gesamtkapitalrendite.   205

Hier setzen wir eine Ergebnisgröße aus der GuV in den Zähler und das Gesamtkapital, also die Bilanzsumme, in den Nenner und berechnen uns dann eine prozentuale Ergebnisgröße. Die Frage lautet dabei: Wie viel Ergebnis erwirtschaftet ein Euro Kapital (Bilanzsumme)?

Bei der GH Mobile werden wir jetzt zwei leicht unterschiedliche Gesamtkapitalrenditen berechnen. Diese Differenzierung findet man auch sehr häufig in der Literatur, weil man einmal vor und einmal nach Finanzierungskosten rechnet.

3.   Gesamtkapitalrentabilität I

Die Gesamtkapitalrentabilität I ist die Betrachtung nach Finanzierungskosten.   206

Aber bevor wir rechnen, lassen Sie uns wieder denken. Müssten wir die Ergebnisse nicht schon kennen?

Wie war das noch bei den Cash Flow Kennzahlen. Wir wussten, dass der Gesamtkapitalumschlag bei ca. 2 lag, also der Umsatz ungefähr das Doppelte zur Bilanzsumme ausmacht. Auf dieser Basis können wir doch auch schon im Kopf ungefähr die Gesamtkapitalrentabilität voraus sagen, solange wir im Zähler wieder die gleiche Größe wie bei der Umsatzrentabilität, also das Ergebnis vor Steuern, einsetzen.

Wir müssen also bei der Gesamtkapitalrentabilität ungefähr doppelt so hohe Werte wie bei der Umsatzrentabilität erhalten, also ca. -0,04%, 3,0% und 1,0%. Dann lassen Sie uns dies rechnerisch sauber überprüfen.   207

> Beispiel

Gesamtkapitalrentabilität I (%) (Wie viel % Ergebnis **vor** Steuern wird pro Kapital-Euro erzeugt?) (ROC - Return on Capital) (Gibt Auskunft über die Rückflüsse/ Gewinne und damit die Ertragskraft pro Investiv-Euro)					
	Zähler	Ergebnis vor Steuern	-4,50	344,70	9,00
	Nenner	Bilanzsumme	11.484,90	10.011,60	11.411,10
	Ergebnis	*Division x 100*	-0,04%	3,44%	0,08%

Bei der GH Mobile sehen wir Ergebnisse von -0,04%, 3,44% und 0,08%, also ziemlich gut im Vergleich mit unseren Kopfrechnungen.   208

Häufig wird aber vor Finanzierungskosten gerechnet.

4. Gesamtkapitalrentabilität II

> **Beispiel**

Gesamtkapitalrentabilität II (%)	Zähler	Ergebnis vor Steuern	-4,50	344,70	9,00
(Wie viel % Ergebnis vor Steuern wird pro Kapital-Euro erzeugt?) ("echter" ROC - Return on Capital)		+ Zinsaufwendungen	269,10	256,50	225,90
			264,60	601,20	234,90
(Gibt Auskunft über die Rückflüsse/ Gewinne und damit die Ertragskraft)	Nenner	Bilanzsumme	11.484,90	10.011,60	11.411,10
(Fokus: produzierende Unternehmen)	Ergebnis	*Division x 100*	2,30%	6,01%	2,06%

5

209 Diese Gesamtkapitalrentabilität II, die man in der Literatur manchmal auch als ,*echter Return on Capital*' bezeichnet, hat durchaus seine Berechtigung. Man möchte die Art der Finanzierung und –struktur und die daraus resultierenden Finanzierungskosten rausrechnen.

Ein Unternehmer mit ausreichendem Privatvermögen kann ja durchaus sagen, dass er seine Gesellschaft mit 100% Eigenkapital ausstatten und betreiben möchte. Das ist aus Sicherheitsüberlegungen sicherlich gut, aus betriebswirtschaftlichem Winkel aber nur eingeschränkt klug, da die Kosten für Fremdkapital (Kredite) als steuerlich abzugsfähige Kosten (Aufwand) in der GuV von der Finanzverwaltung anerkannt werden. Die effektiven Fremdkapitalkosten werden dadurch um den Faktor (1 - individueller Steuersatz) gekürzt. Dies ist aber bei Eigenkapitalkosten (Dividenden) nicht der Fall, denn Eigenkapitalkosten finden wir gar nicht im GuV Gliederungsschema. Sie sind aus dem versteuerten Jahresüberschuss zu bedienen.

210 Je nach passivischer Struktur fallen also unterschiedliche Finanzierungskosten an, die dann unmittelbaren Einfluss auf die Rentabilitätskennzahl haben. Diese *Verzerrungen* werden in der Gesamtkapitalrentabilität II eliminiert. Die zweite Erläuterung für die Berechnung vor Finanzierungskosten ist, dass jedes Unternehmen finanziert werden muss und diese ,*Ursprungskosten*' außen vor bleiben sollen, so dass eine ,*Totalrentabilität*' gemessen werden kann. (Die Begriffe ,*Ursprungskosten* und ,*Totalrentabilität*' sind unsere eigenen Bezeichnungen und finden Sie nicht in der Literatur)

Wir wollen uns bei der Würdigung der Gesamtkapitalrentabilitäten nur auf die Gesamtkapitalrentabilität I beschränken. Der Grund dafür wird Ihnen auf den folgenden Seiten klar werden.

211 Wo sollen die Werte liegen? Auch hier können wir wieder mit dem Kapitalumschlag argumentieren. Bei der Umsatzrendite hatten wir gesagt, dass der Jahresüberschuss, also das Ergebnis nach Steuern, ca. 4 % vom Umsatz erreichen sollte. Vor Steuer belief sich der Wert bei 26% Steuersatz auf 5,4%. Setzen wir wieder den Gesamtkapitalumschlag von ca. 2,5 an, so müsste die GH Mobile auf jeden Fall vor Steuern eine Gesamtkapitalrentabilität von gerundet ca. 13,5% erreichen, das entspricht nach Steuern bei wiederum 26% Steuerbelastung ca. 10%.

Wir wissen aber auch, dass der Kapitalumschlag von 2,5 eigentlich auch noch zu niedrig für ein wirklich gutes Unternehmen dieser Branche ist. Jetzt können Sie selbst ja einmal Zielumsatz und Zielgesamtkapitalrenditen, analog zu den Cash Flow Rechnungen, auf der Basis eines höheren Ziel Kapitalumschlagfaktors bestimmen.

Viel Spaß.

212 Lassen Sie uns hier an dieser Stelle also erst einmal inne halten und zwar aus folgenden Gründen:

Einerseits wollen wir Ihnen für die Berechnung der Zielumsatzrentabilitäten und Zielgesamtkapitalrentabilitäten auf der Basis eines optimierten Gesamtkapitalumschlages Zeit geben, andererseits müssen wir wieder DENKEN und Logik walten lassen.

5.   Der *Du Pont* Baum

Wir haben auf der Basis von zwei Kennzahlen   213

- Gesamtkapitalumschlag
- Umsatzrentabilität
- eine dritte Kennzahl
- Gesamtkapitalrendite

herleiten können, ohne diese direkt aus der GuV abzuleiten. Die Überprüfung direkt aus der GuV und Bilanz, wie oben in den MS Excel basierten Berechnungen gemacht, zeigt uns, dass unsere Überlegungen richtig sind.

Dann stellt sich jetzt die Frage: Warum ist das so?

Dazu müssen wir die drei Kennzahlen einmal noch genauer betrachten und zwar zerlegt in ihre mathematischen Einzelteile. Stellen wir die drei Größen einmal direkt neben einander und zerlegen Sie darunter in die Einzelelemente   214

$$\frac{\text{Gesamtkapitalumschlag}}{} \qquad \frac{\text{Umsatzrentabilität}}{} \qquad \frac{\text{Gesamtkapitalrentabilität}}{}$$

$$\frac{\text{Umsatz}}{\text{Gesamtkapital}} \qquad \frac{\text{Ergebnis vor Steuern}}{\text{Umsatz}} \qquad \frac{\text{Ergebnis vor Steuern}}{\text{Gesamtkapital}}$$

Jetzt müssten Sie eventuell bereits den Zusammenhang erkennen. Multiplizieren Sie nämlich den Gesamtkapitalumschlag mit der Umsatzrentabilität, denn kürzt sich der Umsatz raus und Sie erhalten die Gesamtkapitalrentabilität.

Machen wir es noch einmal deutlich:

$$\text{Gesamtkapitalumschlag} \quad x \quad \text{Umsatzrentabilität} \qquad = \qquad \text{Gesamtkapitalrentabilität}$$

$$\frac{\textbf{Umsatz}}{\text{Gesamtkapital}} \quad {}_x\frac{\text{Ergebnis vor Steuern}}{\textbf{Umsatz}} \quad = \quad \frac{\text{Ergebnis vor Steuern}}{\text{Gesamtkapital}}$$

Daraus ergeben sich dann folgende drei Relationen   215

Gesamtkapitalumschlag	x	Umsatzrentabilität	=	Gesamtkapitalrentabilität
Gesamtkapitalrentabilität	/	Umsatzrentabilität	=	Gesamtkapitalrentabilität
Gesamtkapitalrentabilität	/	Gesamtkapitalumschlag	=	Umsatzrentabilität

Jetzt wird Ihnen wahrscheinlich einiges klarer:

Rechnen wir die Kennzahlen Umsatzrentabilität und Gesamtkapitalrentabilität auf der Basis Jahresüberschuss, also nach Steuern anstatt vor Steuern und addieren die Abschreibungen, dann haben wir gemeinsam mit dem Gesamtkapitalumschlag auch die berechneten Cash Flow Analysen und die analysierten Zielumsatz- und Zielgesamtkapitalrenditen.   216

Diese Zusammenhänge sind jetzt nicht neu, sondern bereits über 100 Jahre bekannt unter dem Namen ‚*Du Pont Baum*‘ oder ‚*Schema*‘.

Schauen wir nochmals bei www.wikipedia.de (09.01.2009) nach. Dort finden wir folgende Erläuterungen.

„Das **Du-Pont-Schema** oder **Du-Pont-Kennzahlsystem** (im Original: *DuPont System of Financial Control*) ist das älteste Kennzahlsystem der Welt und bis heute eines der bekanntesten. Das an rein monetären Größen orientierte System von Unternehmenskennzahlen zur Bilanzanalyse und der Unternehmenssteuerung wurde bereits 1919 von dem amerikanischen Chemie-Konzern Du Pont de Nemours and Co. entwickelt und wird dort noch heute verwendet. Auch in anderen Unternehmen ist das System in verschiedenen Versionen und Ergänzungen als Steuerungs- oder Planungs- und Kontrollinstrument verbreitet.

217   Im Mittelpunkt des Kennzahlensystems steht die Gesamtkapitalrendite (auch Return on Investment oder kurz: ROI), also die Ertragsrate des eingesetzten Kapitals. Oberstes Ziel der Unternehmensführung ist somit nicht die Gewinnmaximierung, sondern die Maximierung des Ergebnisses pro eingesetzte Kapitaleinheit…

… Die Motivation zur Entwicklung des Kennzahlensystems war der Wunsch nach einem geschlossenen Modell von sich gegenseitig bedingenden Zielgrößen. Damit sollen Abgängigkeiten und Wechselwirkungen analysierbar gemacht werden. Mit dem formalen System wendete man sich von bloßen Sammlungen isolierter Kennzahlen ab, da diese bezüglich der Analyseergebnisse häufig zu Inkonsistenzen führen.

Das Du-Pont-Kennzahlensystem hat den formalen Aufbau eines Rechensystems, in Gestalt einer Kennzahlen-Pyramide. Der ROI wird aus dem Produkt der Kennzahlen Umsatzrentabilität und Kapitalumschlag ermittelt.

218   Die Spitzenkennzahl ROI wird dabei in einer Baumstruktur zunächst in Umsatzrendite und Umschlagshäufigkeit des betriebsnotwendigen Kapitals aufgeteilt."

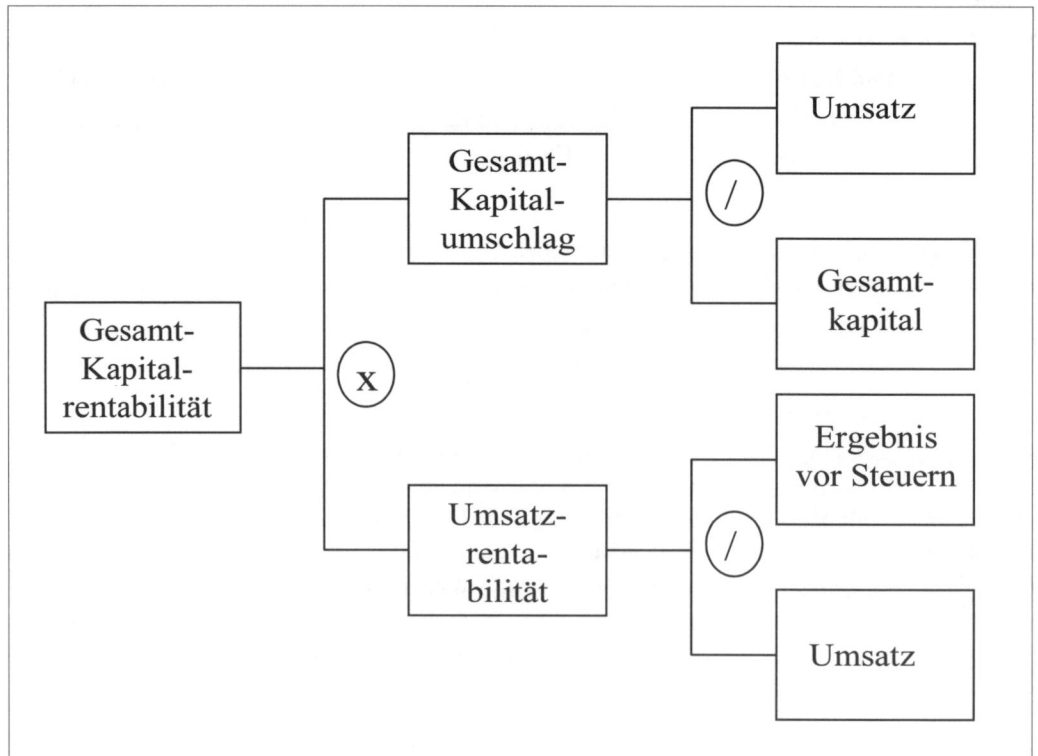

Jetzt könnten wir natürlich rechts noch weiter die GuV und Bilanzgrößen einarbeiten, so dass ein ganz *großer Baum* entsteht. Diese würde aber zunächst beeindrucken, dann aber verwirren, da wir ja die Bilanz und GuV gerade erst im Detail kennen lernen.

Füllen wir aber den Baum einmal mit Zahlen, damit Sie die bereits berechneten und daher bekannten Werte wieder finden. Dabei beschränken wir uns aber auf die Werte des Jahres 2007, um den Überblick nicht zu verlieren. 219

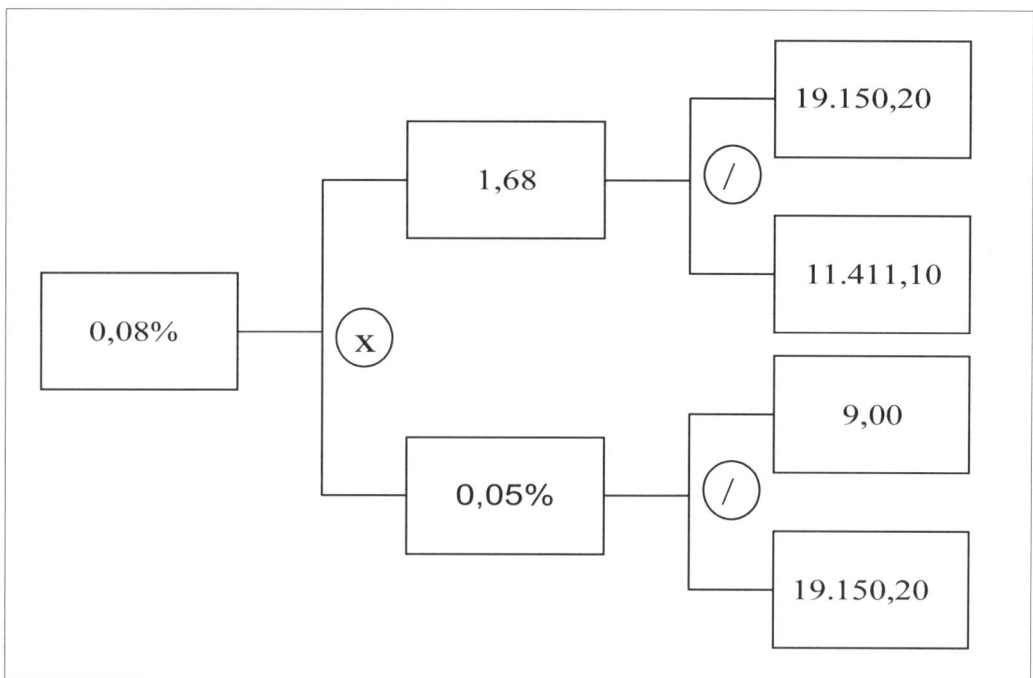

Decken Sie doch jetzt bitte das Schema mit den Feldbezeichungen ab und leiten Sie einmal die Größen selbst im Kopf wieder her. Dabei versuchen Sie bitte auch, die Wechselbeziehungen im Kopf abzubilden und die abgebildeten und errechneten Werte nachzuvollziehen. 220

Als nächstes schauen Sie sich noch einmal die drei mathematisch möglichen Ableitungen an, also

Gesamtkapitalumschlag	x	Umsatzrentabilität	=	Gesamtkapitalrentabilität
Gesamtkapitalrentabilität	/	Umsatzrentabilität	=	Gesamtkapitalrentabilität
Gesamtkapitalrentabilität	/	Gesamtkapitalumschlag	=	Umsatzrentabilität

und berechnen sich ohne Rückgriff auf die MS Excel Tabelle die Werte, tragen diese und die Bezeichnungen der berechneten Werte in die Blanko Felder ein und füllen bitte auch die Umrandungen mit den mathematischen Operanden.

Dafür stellen wir Ihnen noch 2 weitere Blanko-Bäume hier zur Verfügung. Wählen sich ein Jahr und auf geht's. 221

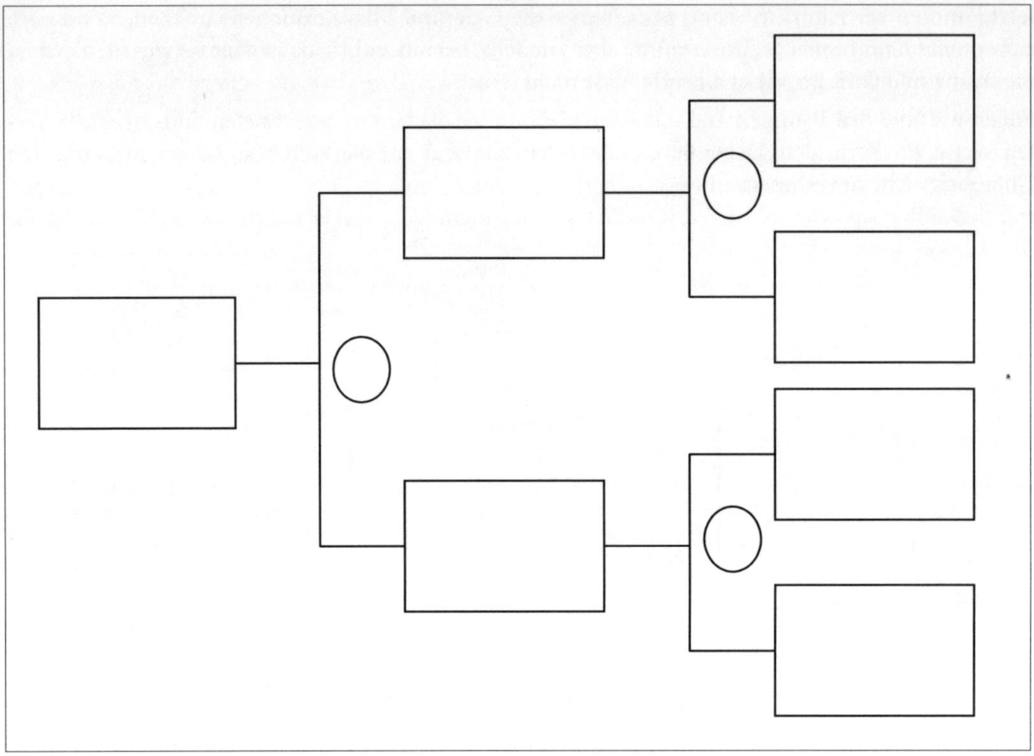

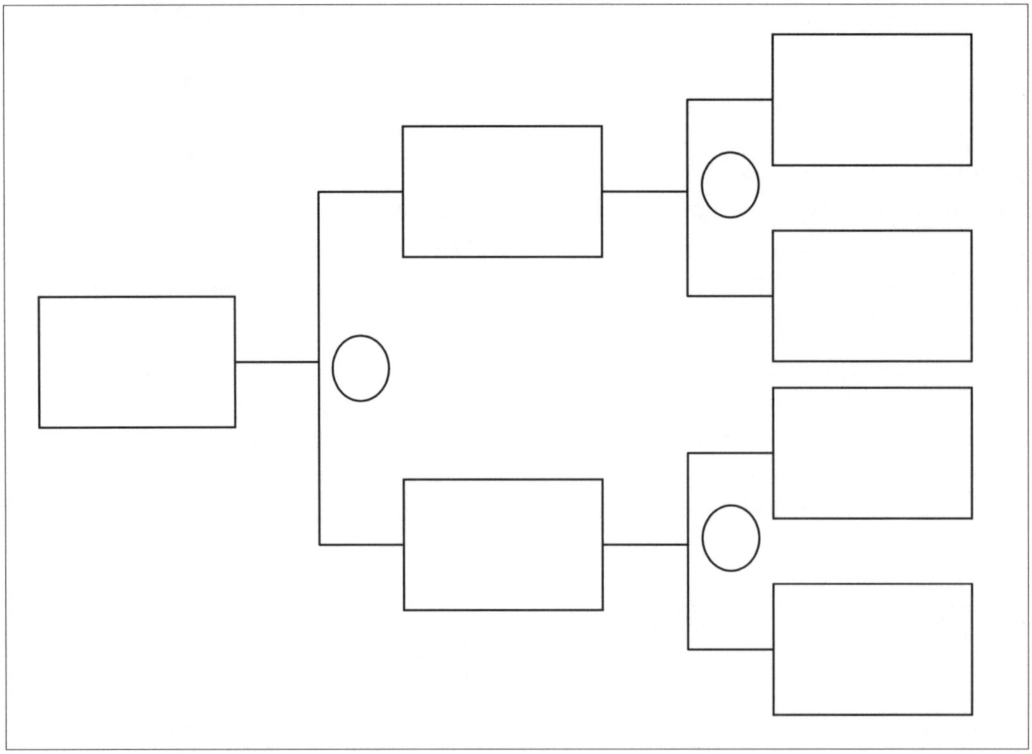

Ja, da muss man schon ein wenig nachdenken, aber wenn Sie die Relationen verstanden und auch 222 selbst abbilden können, dann kommt auch wieder dieses Gefühl auf, das die bilanzielle Analyse schon spannend macht. Es ist eigentlich gar nicht so schwer, dafür bringt es enorm an Aussagekraft, Verständnis und Freude.

Dieses Buch soll aber Zusammenhänge aufdecken und nicht Rätsel aufgeben. Es ist trotzdem unser Anliegen, jetzt, wo wir uns dem Ende nähern, Sie zum eigenen Denken und Analysieren (aus Begeisterung und aus gewonnenem Verständnis heraus) anzuregen. Daher haben wir auch zunächst die *Blanko-Bäume* ohne Berechnungen geliefert.

Auch wenn Sie jetzt nicht gerechnet haben, bauen wir darauf, dass Sie verstanden haben und dann können wir auch die drei *Du Pont Relationen* mathematisch mit Zahlen noch nachliefern.

❯ Beispiel

(Probe) Gesamtkapitalrentabilität I (%)	Zähler	Gesamtkapitalumschlag	1,93	2,27	1,68
	Nenner	Umsatzrentabilität (in %)	-0,02%	1,52%	0,05%
	Ergebnis	*Multiplikation x 100*	-0,04%	3,44%	0,08%
(Probe) Gesamtkapitalumschlag (Faktor)	Zähler	Gesamtkapitalrentabilität I (in %)	-0,04%	3,44%	0,08%
	Nenner	Umsatzrentabilität (in %)	-0,02%	1,52%	0,05%
	Ergebnis	*Division*	1,93	2,27	1,68
(Probe) Umsatzrentabilität I (%)	Zähler	Gesamtkapitalrentabilität I (in %)	0,00	0,03	0,00
	Nenner	Gesamtkapitalumschlag	1,93	2,27	1,68
	Ergebnis	*Division x 100*	-0,02%	1,52%	0,05%

Wenn Sie an dieser Stelle bitte einmal unterbrechen und die MS Excel Analysen zur Hand nehmen 223 oder im Rechner auf diese klicken, dann werden Sie den Du Pont Baum auch noch einmal komplett abgebildet in den Datenblättern *Du Pont Baum I-a* (das sind die Jahre 2006 bis 2008) und *Du Pont Baum I-b* (das sind die Jahre 2009 bis 2011) finden, natürlich mit allen relevanten Beschriftungen und Zahlen bzw. Saldi.

Folgend ist nur der *Du Pont Baum* für die Jahre 2006 bis 2008 abgebildet, also für die von uns bisher im Detail betrachteten Perioden.

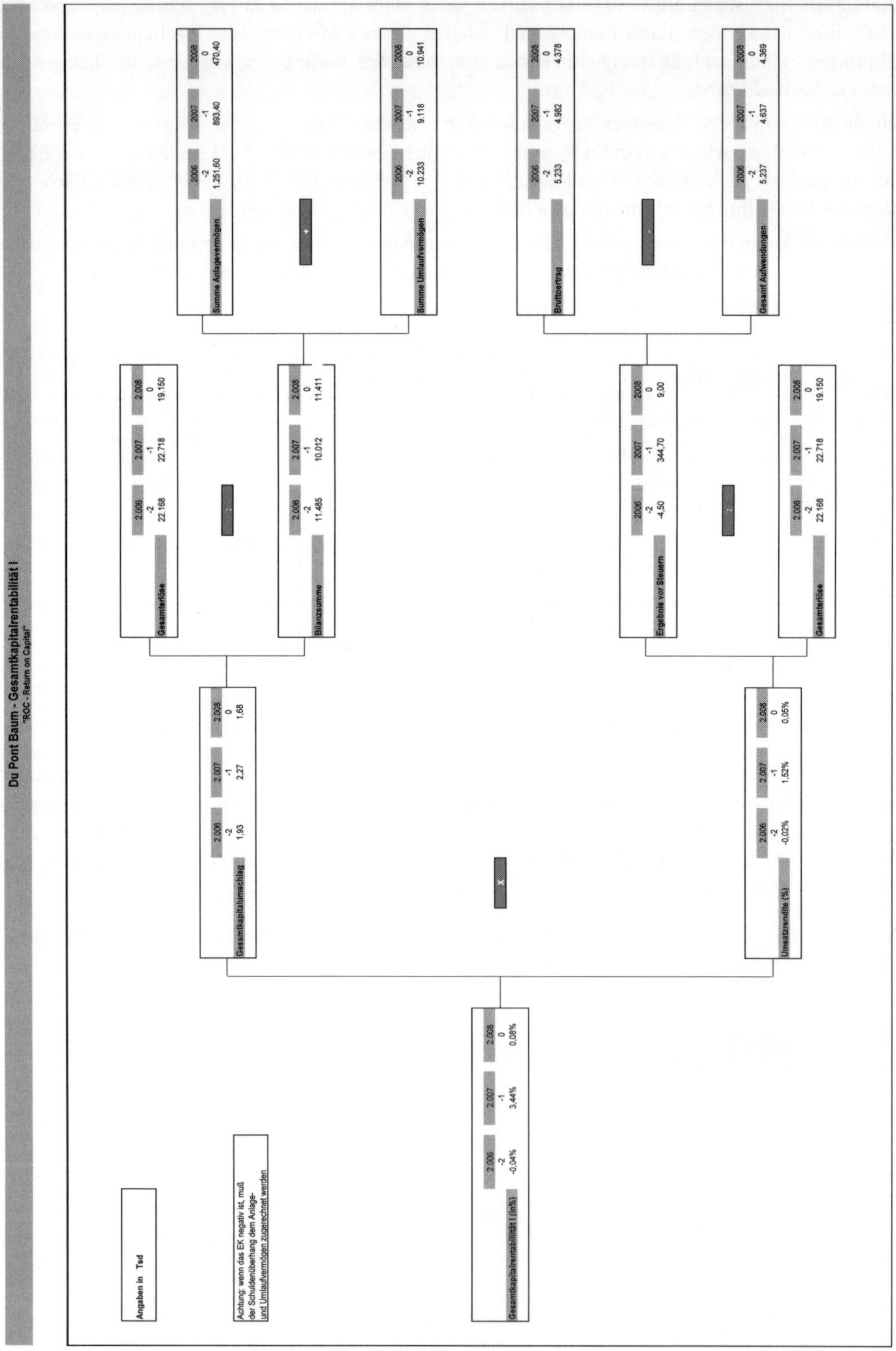

Du Pont Baum - Gesamtkapitalrentabilität I
"ROC - "Return on Capital"

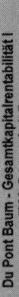

Angaben in Tsd

Achtung: wenn das EK negativ ist, muß
der Schuldenüberhang dem Anlage-
und Umlaufvermögen zugerechnet werden

Summe Anlagevermögen	2006 -2 1.251,60	2007 -1 893,40	2008 0 470,40
Summe Umlaufvermögen	2006 -2 10.233	2007 -1 9.118	2008 0 10.941
Bruttoertrag	2006 -2 5.233	2007 -1 4.982	2008 0 4.378
Gesamt Aufwendungen	2006 -2 5.237	2007 -1 4.637	2008 0 4.369

Gesamterlöse	2006 -2 22.168	2007 -1 22.718	2008 0 19.150
Bilanzsumme	2006 -2 11.485	2007 -1 10.012	2008 0 11.411
Ergebnis vor Steuern	2006 -2 -4,50	2007 -1 344,70	2008 0 9,00
Gesamterlöse	2006 -2 22.168	2007 -1 22.718	2008 0 19.150

| Gesamtkapitalumschlag | 2006 -2 1,93 | 2007 -1 2,27 | 2008 0 1,68 |
| Umsatzrendite (%) | 2006 -2 -0,02% | 2007 -1 1,52% | 2008 0 0,05% |

| Gesamtkapitalrentabilität I (in%) | 2006 -2 -0,04% | 2007 -1 3,44% | 2008 0 0,08% |

Jetzt haben wir bisher unsere Analysen immer auf das Gesamtkapital bezogen. Man kann diese Basis Gesamtkapital auch durch Eigenkapital ersetzen, wobei wir dann von Eigenkapitalrentabilität und Eigenkapitalumschlag sprechen. Dies ist manchmal bei der Betrachtung der Auswirkungen von ,Leverage'-Finanzierungen von Bedeutung, bei denen man versucht, durch verstärkten Einsatz von günstigem und auf der Kostenseite auch steuerlich abzugsfähigem Fremdkapital die Eigenkapitalrendite zu steigern. Dies sind typische Eigentümer- bzw. Kapitalmarktbetrachtungen. In diesen Rahmen fallen auch die Diskussionen um die *Heuschrecken* bei den Unternehmensakquisitionen.   224

Da diese Thematik zurzeit sehr intensiv diskutiert wird, werfen wir auch auf die Eigenkapitalrentabilitäten noch einen Blick.

6.   Eigenkapitalrentabilitäten

Sie sehen auch hier den Begriff im Plural, also werden wir uns wieder mehrere Berechnungen anschauen. Wir haben uns ja schon mit dem Eigenkapital nach HGB, dem haftenden und dem wirtschaftlichen Eigenkapital beschäftigt.   225

Genau diese Definitionen, die Sie im MS Excel Tabellenblatt *Def. Kennzahlen-Sonstiges* finden, wollen wir wieder nutzen, damit zumindest in unseren Berechnungen Kontinuität und Transparenz herrscht. Damit haben wir aber auch zwischen den Zeilen gesagt, dass Sie genau nachfragen müssen, welche Bestandteile im Zähler und im Nenner verwendet werden, wenn man Ihnen eine Eigenkapitalrentabilität schriftlich oder mündlich präsentiert.

Häufig findet man die Eigenkapitalrentabilität nach Steuern berechnet, da die Gesellschaft die Überschüsse erst versteuern muss, bevor sie sie dem Aktionär, also dem Eigentümer, auszahlen kann. Je nach Steuersystem hat dann zwar der Aktionär auch gewisse Vorteile, aber auf die steuerlichen Auswirkungen bei Eigentümer wollen wir nicht weiter eingehen.

Trotzdem haben wir uns entschlossen, im MS Excel Tool sowohl eine Vor- als auch eine Nach-Steuer Berechnung durchzuführen, damit die Kennzahlen auch je nach Perspektive vollständig sind. In unseren folgenden Ausführungen werden wir jedoch nur auf die Vor-Steuer Ergebnisse eingehen. Dies halten wir für richtig, weil wir auch bei den Gesamt- und Umsatzrentabilitäten immer eine Vor-Steuer Perspektive diskutiert haben.   226

Bei der Berechnung der Eigenkapitalrentabilitäten gehen wir analog zur Berechnung der Gesamtkapitalrentabilität I vor. Wir dividieren eine Ertrags- durch eine Kapitalgröße, also eine GuV- durch eine Bilanzgröße. Damit steht im Zähler immer das Ergebnis vor Steuern (genau wie bei der Gesamtkapitalrendite I) und im Nenner ersetzen wir das Gesamtkapital (Bilanzsumme) durch die drei verschiedenen Eigenkapitalgrößen.

7.   Eigenkapitalrentabilität (Basis HGB Definition)

Hier beginnen wir die Berechnung auf Basis des Eigenkapitals nach HGB Gliederungsschema.   227

> Beispiel

Eigenkapitalrentabilität (HGB) (%)	Zähler	Ergebnis vor Steuern	-4,50	344,70	9,00
(Wie viel % Ergebnis vor Steuern wird pro Eigenkapital-Euro erzeugt?) (ROE - Return on Equity before taxes)	Nenner	Eigenkapital (nach HGB Gliederung)	1.128,50	1.350,80	1.357,10
(Gibt Auskunft über die Rückflüsse/ Gewinne und damit die Ertragskraft auf das eingesetzt Eigenkapital)	Ergebnis	*Division x 100*	-0,40%	25,52%	0,66%

228 Bis auf Periode zwei sehen wir ausgesprochen schwache Eigenkapitalrentabilitäten – das Jahr 2006 weist aufgrund des negativen Ergebnisses vor Steuern sogar eine negative Rendite aus.

Bei gerechneten Eigenkapitalquoten (ebenfalls Basis HGB) von 9,83%, 13,49% und 11,89% (siehe *Kennzahlen zur Kapitalstruktur*), die ja auch zu niedrig waren, erzielt die GH Mobile also auch noch schwache Eigenkapitalrentabilitäten in Höhe von -0,05%, 25,52% und 0,66%. Natürlich, Sie haben ja Recht, das zweite Jahr mit 25,52% sieht sogar ganz gut aus. In der Tat, eine Eigenkapitalrentabilität von gerundet 26% vor Steuern ist mächtig gut. Sie erinnern sich vielleicht. Herr Ackermann (Vorstand Deutsche Bank AG) hat einmal 25% als Ziel formuliert. Allerdings verfügt die deutsche Bank auch über viel mehr Eigenkapital. Damit muss die Deutsche Bank auch einen viel höheren Jahresüberschuss erwirtschaften, um auf die Eigenkapitalrentabilität von 25% vor Steuern zu gelangen.

229 Bei der GH Mobile ist die Eigenkapitalrentabilität nur deshalb so hoch, weil die Eigenkapitalquote so niedrig ist. Hätte die GH Mobile eine Eigenkapitalquote von 25% bis 30%, was ein wirklich guter Wert ist, dann würde die Eigenkapitalrendite bei einem Ergebnis vor Steuern in Höhe von 344,70 in 2008 sofort mächtig in den Keller wandern. Bei gegebener Bilanzsumme in 2008 von 10.011,60 würden 25% bis 30% Eigenkapitalquote ein absolutes Eigenkapital von gerundet 2.503 bzw. 3.003 bedeuten, damit die Eigenkapitalrentabilität auf 14% bzw. 11%, ebenfalls gerundet, fallen. Und diese Werte sind aus Eigentümersicht gar nicht mehr so toll, zumal sie auch bisher vor Steuern gerechnet sind.

Sie sehen, auch hier gilt wieder, dass eine Kennzahl alleine sehr irreführend sein kann und daher nur im Kontext einer umfassenden Betrachtung gesehen werden kann!

Jetzt wollen wir den Nenner verändern und zunächst auf der Basis des haftenden, dann des wirtschaftlichen Eigenkapitals rechnen, denn auch hier gibt es wieder Interessantes zu erkennen.

8. Eigenkapitalrentabilität (Basis haftendes Eigenkapital)

230 Das haftende Eigenkapital ist bei der GH Mobile identisch mit der Eigenkapitaldefinition nach HGB, weil keine Reduktionen

- bei den Sonderposten mit Rücklageanteil (SOPOS)[6]
- aufgrund ausstehender Einlagen
- wegen immaterieller Wirtschaftsgüter

und auch keine Zurechnung wegen

- subordinierter (nachrangiger) Darlehen

vorzunehmen sind.

Damit ändert sich auch die auch die Eigenkapitalrentabilität nicht.

 **Beispiel**

Eigenkapitalrentabilität (H-EK) (%) (Haftendes Eigenkapital)	Zähler	Ergebnis vor Steuern	-4,50	344,70	9,00
(Wie viel % Ergebnis vor Steuern wird pro Eigenkapital-Euro erzeugt?) (ROE - Return on Equity before taxes)	Nenner	Haftendes Eigenkapital	1.128,50	1.350,80	1.357,10
	Ergebnis	*Division x 100*	-0,40%	25,52%	0,66%

231 Wir betonen aber, dass diese Ergebnisidentität kein generelles Phänomen ist, sondern GH Mobile spezifisch.

Daher springen wir sofort zur Eigenkapitalrentabilität auf Basis des wirtschaftlichen Eigenkapitals.

---

6 Über die Veränderungen in diesem nach Inkrafttreten des BilMoG haben wir bereits genügende gesprochen.

9.   Eigenkapitalrentabilität (Basis wirtschaftliches Eigenkapital)

Wie wir bereits wissen, werden hier zunächst zum haftenden Eigenkapital die folgenden Positionen   232

- Beteiligungen, auch an verbundene Unternehmen/Gesellschaften
- Forderungen gegen verbundene Unternehmen/Gesellschaften
- nicht durchgeführte Wertberichtigung

herausgerechnet, dann

- 50% der langfristige Rückstellungen
- Verbindlichkeiten gegen verbundene Unternehmen/Gesellschaften
- Stille Reserven (Anlagevermögen)

addiert. Der Zähler bleibt wie bei allen anderen Eigenkapitalrentabilitäten identisch.

> Beispiel

Eigenkapitalrentabilität (W-EK) (%) (Wirtschaftliches Eigenkapital)	Zähler	Ergebnis vor Steuern	-4,50	344,70	9,00
(Wie viel % Ergebnis vor Steuern wird pro Eigenkapital-Euro (W-EK) erzeugt?) (ROE - Return on Equity before taxes)	Nenner	Wirtschaftliches Eigenkapital	4.732,05	5.018,90	5.035,40
	Ergebnis	Division x 100	-0,10%	6,87%	0,18%

Wo liegt jetzt das Interessante daran? Wir wissen, dass die Wahrnehmung der Ergebnisse in unserem   233
Fall durchaus positiv beeinflusst werden kann, wenn die Eigenkapitalquote nicht auf Basis der HGB
Gliederung, sondern auf Basis des wirtschaftlichen Eigenkapitals erfolgt. Werden die Ergebnisse sogar nur präsentiert und der Zuhörer hat keinen weiteren Zugriff auf die Ursprungszahlen oder glaubt
dem Vortragenden ohne Rückfragen, dann kann *schein und sein* sehr weit auseinander liegen.

Wird dann aber auch die Eigenkapitalrentabilität auf der Basis des wirtschaftlichen Eigenkapitals be-
richtet, dann fällt die Rendite, wie wir hier sehen, abrupt ab.

	2005	2006	2007
Eigenkapitalrentabilität (HGB Definition)	-0,40%	25,52%	0,66%
Eigenkapitalrentabilität (wirtschaftliches EK)	-0,10%	6,87%	0,18%

Damit kann die Präsentation der Ergebnisse bei Nutzung der identischen Basen durchaus einen Bu-   234
merang-Effekt haben. Deswegen findet man was sehr häufig bei vorgelegten Auswertungen? Genau
– man wechselt halt die Basis, wie man sie gerade braucht. Ist das legal? Ja natürlich, es handelt sich
ja um interne Analysen des berichtenden Unternehmens und hier gelten halt pro Kennzahl unterschiedliche Nennerdefinitionen.

Also bitte Vorsicht und zwar in zweierlei Hinsicht: 235

- Seien Sie sich bewusst, dass eine Verschiebung der Eigenkapitalgröße von HGB Gliederung zu
  wirtschaftlichem Eigenkapital sehr wohl positive Effekte bei der Eigenkapitalquote nach sich ziehen kann. Diese Verschiebung kann dann aber bei der Eigenkapitalrentabilität durchaus negative
  Effekte haben! Also machen Sie es bei der Präsentation ihrer Zahlen genauso. Ändern Sie den
  Nenner, wenn es opportun ist. Belegt mit einer kleinen Fußnote, haben Sie sogar darauf hingewiesen! Aber Achtung: Die Kennzahlen können Sie in ihrer Definition ändern, aber bitte ‚Tunen'
  Sie nicht die GuV und/oder Bilanz!

- Seien Sie sich bewusst, dass Andere diese Problematik schon lange erkannt haben und Sie bereits seit langer Zeit eigentlich falsche Kennzahlen vorgelegt bekommen. Also fragen Sie nach den Details. Sie glauben uns nicht? Dann steigen Sie doch einmal ins Internet ein, laden sich GuV, Bilanzen und dann besonders die Kommentierungen mittels Kennzahlen auf Ihren Rechner: Wir geben Ihnen 5 Minuten, bis Sie kopfschüttelnd vor dem Bildschirm sitzen....alles legal...weil interne Definitionen und Analysen!

236 Übrigens: die *Du Pont Relationen* sind auch auf Basis reiner Eigenkapitalbetrachtungen möglich. Schauen wir noch einmal rein, dieses Mal aber mit Eigenkapitalgrößen, wobei wir uns hier auf die Definition nach HGB konzentrieren. Zuvor müssen wir allerdings den Eigenkapitalumschlag berechnen

10. Eigenkapitalumschlag

237 Ähnlich dem Gesamtkapitalumschlag misst der Eigenkapitalumschlag die Rotations- und damit Reproduktionsgeschwindigkeit des eingesetzten Eigenkapitals. Gehen Sie doch noch einmal zurück und lesen Sie bei der ersten von uns behandelten Kennzahl (bei den *Kennzahlen zur Vermögensstruktur*) nach. Die Aussagen sind eins zu eins auf den Eigenkapitalumschlag übertragbar.

In der Praxis ist der Eigenkapitalumschlag als Kennzahl aber nur selten anzutreffen, es sei denn, wir setzen sie in Relation zur Eigenkapital- und/oder Umsatzrentabilität. Dazu aber wieder später, wenn wir das *Du Pont* Modell erneut aufgreifen werden, dieses Mal jedoch auf Basis des Eigenkapitals.

> **Beispiel**

Eigenkapitalumschlag (Faktor) (Wie häufig wird das Eigenkapital auf Basis der Erlöse umgeschlagen?) oder (Wie hoch ist die Rotations- bzw. Reproduktionsgeschwindigkeit des eingesetzten Eigenkapitals?)	Zähler	Gesamterlöse	22.168,10	22.718,10	19.150,20
	Nenner	Eigenkapital (nach HGB Gliederung)	1.128,50	1.350,80	1.357,10
	Ergebnis	*Division*	19,64	16,82	14,11

238 Im Zähler stehen wieder die Gesamterlöse, der Nenner ist kapitalseitig auf das Eigenkapital (in unserem Fall nach HGB Definition) reduziert. Wir könnten natürlich auch das haftende und/oder das wirtschaftliche Eigenkapital ansetzen, aber wir hatten einleitend zur erneuten Besprechung des *Du Pont* Schemas schon gesagt, dass wir uns jetzt auf die Eigenkapitaldefinition nach HGB konzentrieren.

Können wir einen guten Umschlagsfaktor benennen?

Dieses Mal möchten wir Sie ein wenig alleine lassen und nur Hilfestellungen geben, aber so viel sei gesagt: mit Ihrem Wissen ist dies ganz leicht möglich.

239 Wie war das noch beim Gesamtkapitalumschlag? Für das produzierende Gewerbe nehmen wir folgende Bewertungsskala in der Regel als Maßstab

- < 1:   mangelhaft – Schulnote 5
- $1 < x < 1,5$:   ausreichend – Schulnote 4
- $1,5 < x < 2,0$: befriedigend – Schulnote 3
- $2,0 < x < 2,5$: gut – Schulnote 2
- > 2,5   sehr gut – Schulnote 1

Jetzt wissen wir auch, dass ein gutes Unternehmen 25% bis 30% Eigenkapital ausweisen sollte. Somit ergibt sich (was?) ... ein Ziel Eigenkapitalumschlag von ... Sie müssen multiplizieren.

Jetzt müssten Sie es aber haben und vergleichen Sie bitte Soll und Ist und würdigen Sie die Ergebnisse der GH Mobile selbst.

Dann schauen wir uns auch die *Du Pont* Relationen noch einmal genauer an, dieses Mal allerdings auf der Basis des Eigenkapitals.   240

$$\text{Eigenkapitalumschlag} \quad x \quad \text{Umsatzrentabilität} \quad = \quad \text{Eigenkapitalrentabilität}$$

$$\frac{Umsatz}{\text{Eigenkapital}} \quad x \quad \frac{\underline{\text{Ergebnis vor Steuern}}}{Umsatz} \quad = \quad \frac{\underline{\text{Ergebnis vor Steuern}}}{\text{Eigenkapital}}$$

Daraus ergeben sich dann folgende drei Relationen   241

Eigenkapitalumschlag   x Umsatzrentabilität   = Eigenkapitalrentabilität
Eigenkapitalrentabilität / Umsatzrentabilität   = Eigenkapitalrentabilität
Eigenkapitalrentabilität / Eigenkapitalumschlag = Umsatzrentabilität

Jetzt sind Sie wieder an der Reihe, rechnen Sie selbst, wobei eine Periode ja ausreicht. Damit es ein-   242
facher ist und Sie die Struktur des *Du Pont* Schemas verinnerlichen, nehmen Sie doch gleich unsere Grafik und kalkulieren die Kennzahlen auf der Basis des Ergebnisses vor Steuern und des Eigenkapitals nach HGB Gliederung.

Das notwenige Blanko-Formular stellen wir Ihnen natürlich zur Verfügung. Bitte jetzt nicht weiter blinzeln, denn es versteht sich ja von alleine, dass wir ihnen die ausgefüllte Version auch wieder zur Verfügung stellen.

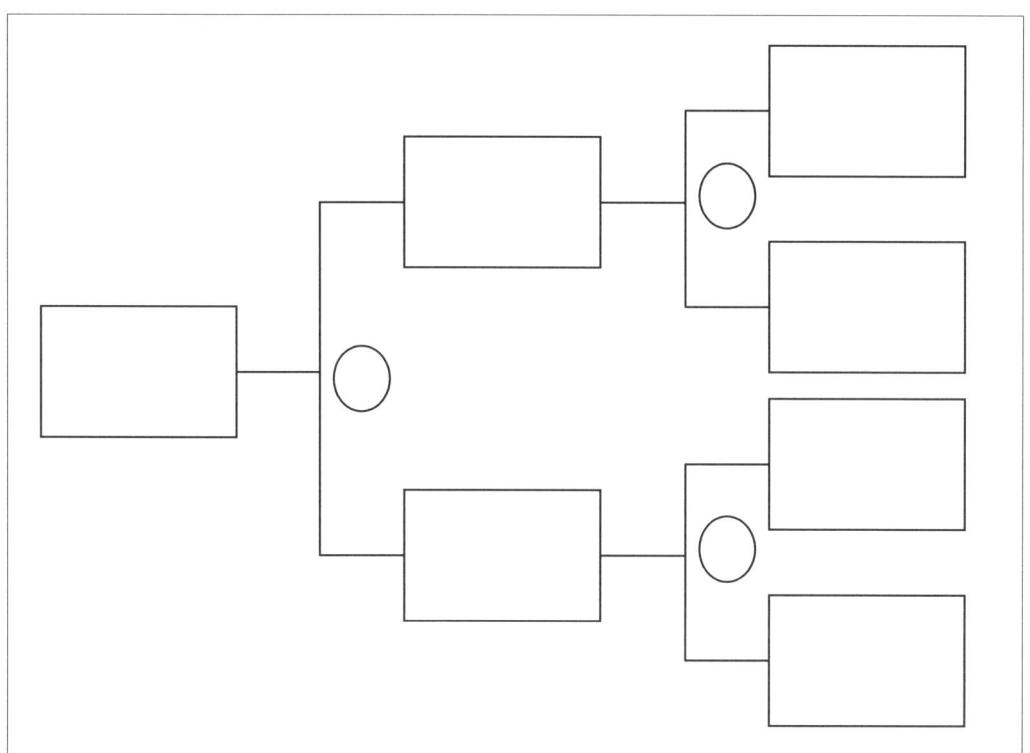

243 Und so hätte Ihre Grafik ohne Zahlen aussehen müssen. Sie sehen, eigentlich war ja nur das Wort ‚Gesamt' jeweils durch ‚Eigen' zu ersetzen, wenn man die innere Struktur des Schemas noch im Kopf hat. Wenn nicht, macht auch nichts, spätestens in wenigen Tagen, wenn die Lust auf Analyse so richtig von Ihnen Besitz ergriffen hat, werden Sie den Baum ganz locker herleiten.

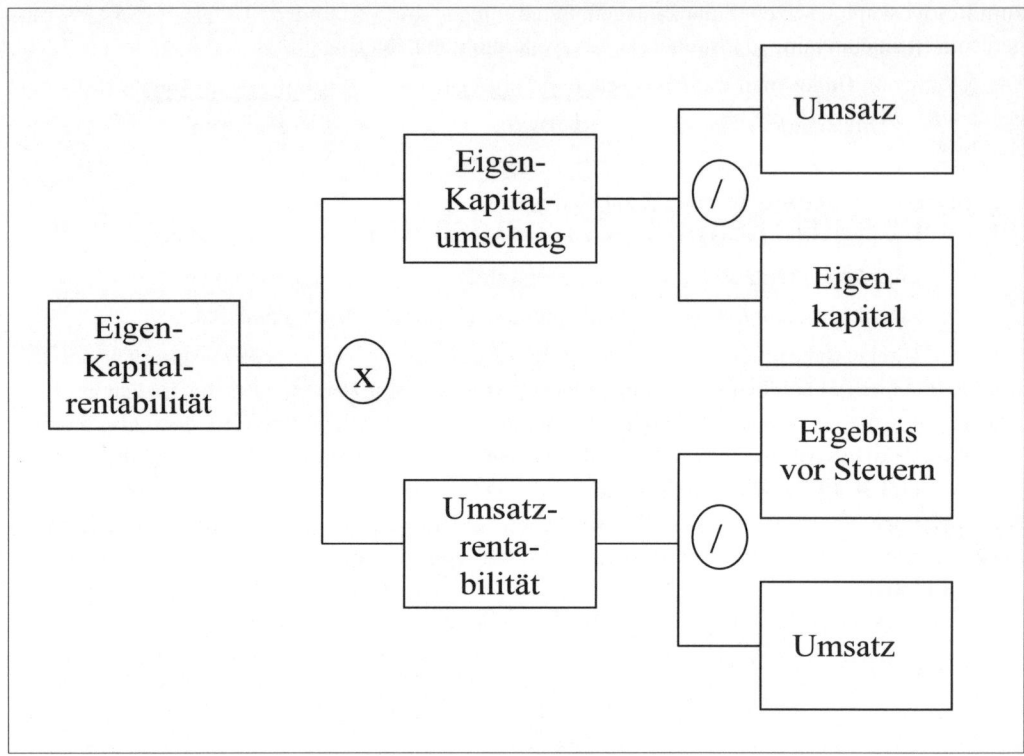

244 Jetzt wollen wir aber rechnerisch für alle Perioden noch die Richtigkeit unsere Aussagen beweisen. Natürlich finden Sie auch diese Kennzahlen wieder in unseren MS Excel Auswertungen.

> **Beispiel**

(Probe) Eigenkapitalrentabilität (%)	Zähler	Eigenkapitalumschlag	19,64	16,82	14,11
	Nenner	Umsatzrentabilität (in %)	-0,02%	1,52%	0,05%
	Ergebnis	*Multiplikation x 100*	-0,40%	25,52%	0,66%
(Probe) Eigenkapitalumschlag (Faktor)	Zähler	Eigenkapitalrentabilität I (in %)	-0,40%	25,52%	0,66%
	Nenner	Umsatzrentabilität (in %)	-0,02%	1,52%	0,05%
	Ergebnis	*Division x 100*	19,64	16,82	14,11
(Probe) Umsatzrentabilität (%)	Zähler	Eigenkapitalrentabilität I (in %)	0,00	0,26	0,01
	Nenner	Eigenkapitalumschlag	19,64	16,82	14,11
	Ergebnis	*Division x 100*	-0,02%	1,52%	0,05%

Und siehe da – es passt wieder.

Aber wir wollen noch einen Blick auf zwei weitere Rentabilitäten werfen. Zunächst wollen wir das   245
Gesamtkapital durch das Betriebskapital ersetzen.

Dann im Folgenden wollen wir einmal nur das Betriebsergebnis ins Verhältnis zum operativen, also
zum Betriebskapital setzen. Finanzanlagen, Beteiligungen und verbundene Unternehmen sind raus-
gerechnet, um eine reine und saubere operative Rentabilität zu erhalten.

Diese Kennzahl findet man zwar nur selten, ist aber gar nicht so uninteressant, sagt sie uns doch
etwas über die Verzinsung rein aus ‚Operations‘ und rein auf der Basis des betrieblich notwendigen
Kapitals.

11.   Operative Rentabilität – Betriebsergebnis zu Betriebskapital   5

Dazu müssen wir erst einmal einige Bereinigungen durchführen. Während der Zähler, das Betriebs-   246
ergebnis, direkt aus der GuV entnommen werden kann, ist, da Finanzierungspositionen von der
Gliederung her erst darunter aufgeführt werden, müssen wir die Nennergröße erst herleiten, in dem
wir alle nicht betrieblich bedingten und/oder notwendigen Bilanzposition herausrechnen.

Zum besseren Verständnis haben wir aber auch noch einmal das Betriebsergebnis im Zähler sauber,
aber in einer strukturierten Form, hergeleitet.

> **Beispiel**

Betriebsergebnis/Betriebskapital (%) Operative Rentabilität in %	Zähler				
(Wie hoch ist die Rendite, der Rückfluss auf Basis des operativen Ergebnisses in %, gemessen an Sachanlagen und Umlaufvermögen, bereinigt um Ergebnisse aus verbundenen Unternehmen?)		Bruttoertrag	5.232,60	4.981,50	4.377,60
		- Personalkosten	2.358,90	2.028,60	1.690,20
		- Miet- und Leasingaufwendungen	718,20	718,20	717,30
		- Vertriebskosten	542,70	389,70	496,80
		- Verwaltungskosten	937,80	919,80	838,80
		- Sonstige	0,00	0,00	0,00
		- Abschreibungen	441,00	358,20	423,00
		= Betriebsergebnis	234,00	567,00	211,50
(Operative Kapitalrendite)	Nenner	Bilanzsumme	11.484,90	10.011,60	11.411,10
(Gibt Auskunft über die Effizienz des eigentlichen operativen Geschäftsbetriebes)		- Ausstehende Einlagen	0,00	0,00	0,00
		- Immaterielle Wirtschaftsgüter	0,00	0,00	0,00
		- Finanzanlagen	235,40	235,40	235,40
(Ähnlich dem ROC, aber nur auf der Basis der Operations)		- Forderungen geg. verb. Untern./Ges.	0,00	0,00	0,00
		- Forderungen geg. Beteiligungen	0,00	0,00	0,00
			11.249,50	9.776,20	11.175,70
	Ergebnis	*Division x 100*	2,08%	5,80%	1,89%

Die Berechnungen weisen Ergebnisse zwischen 1,9% und 5,8% aus. Zunächst müssen wir darauf   247
hinweisen, dass es sich dabei um vor Steuer Ergebnisse handelt. Die fiktive Berechnung eines Nach-
Steuer Betriebsergebnisses (übrigens berechnet man diesen Wert wirklich immer bei Unterneh-
mensbewertungen, deren Betrachtung aber nicht Gegenstand dieses Buches ist und daher auch nicht
weiter vertieft wird) ergibt 1,2% bzw. 3,6%.

Was haben wir damit gewonnen?

Wir wissen, was wirklich für den eigentlichen Betrieb an Kapital eingesetzt wird und wie viel dieses
Kapital erwirtschaftet. Die analysierten Werte sind aber wieder als sehr schwach einzustufen.

Zur Begründung müssen wir uns die GuV Struktur und die bisherigen Aussagen zur Gesamtkapitalrentabilität anschauen.

248 In der GuV finden wir das Betriebsergebnis vor dem Finanzergebnis, das u.a. die Zinsen und damit die Finanzierungskosten umfasst. Diese Position *Zinsen und ähnliche Aufwendungen* ist in der Regel auch die bedeutendste Größe innerhalb des Finanzergebnisses und dies sowohl wertmäßig als auch für die analytische Relevanz.

Wenn aber aus der Sicht der GuV Gliederung unterhalb des Betriebsergebnisses noch Aufwendungen in Größenordnung auf das Ergebnis vor Steuern negativ einwirken, dann muss eine Rendite *Betriebsergebnis zu Betriebskapital* doch auf jeden Fall besser sein, als eine Gesamtkapitalrentabilität I, die auf der Basis des Ergebnisses vor Steuern misst.

Allenfalls könnte diese operative Rendite gleich sein mit der Gesamtkapitalrentabilität II, in der ja vor Finanzierungskosten gerechnet wurde.

249 Jetzt werden Sie einwerfen, dass die Nennerposition natürlich auch von entscheidender Bedeutung ist, denn, wenn diese signifikant kleiner ist als das Gesamtkapital, kann auch ein guter Wert als operative Rendite herauskommen, obwohl das Betriebsergebnis gar nicht so gut ist.

Das ist richtig, und wenn Sie im Kopf so gedacht haben, dann sind Sie genau da, wo wir Sie mit diesem Buch hinführen wollen. Begeisterung für die bilanzielle Analytik und daraus abgeleitet Verständnis für die Zusammenhänge.

Schauen wir uns doch zunächst einmal die Ergebnisse genauer an und vergleichen diese mit den Gesamtkapitalrentabilitäten, wobei wir die vor Steuer Werte ansetzen, da wir bei der Gesamtkapitalrentabilität II bisher keine nach Steuer Werte berechnet hatten.

	2006	2007	2008
Operative Rentabilität	2,08%	5,80%	1,89%
Gesamtkapitalrentabilität I	-0,04%	3,44%	0,08%
Gesamtkapitalrentabilität II	2,30%	6,01%	2,06%

250 Beim Vergleich der operativen mit der Gesamtrentabilität II fällt genau auf, was wir oben angesprochen haben. Hier herrscht ungefährer Gleichstand mit der operativen Rentabilität. Die Gesamtkapitalrentabilität II ist ein wenig besser, weil im Finanzergebnis in der GuV auch *Sonstige Zinsen und Erträge* zu finden sind, außerdem fallen im außerordentlichen Ergebnis einige Werte an.

Beim Vergleich der operativen mit der Gesamtkapitalrentabilität I fällt aber ein großes Delta auf. Natürlich ist klar, dass die operative Rentabilität besser sein muss als die Gesamtkapitalrentabilität I, aber ist dieses Delta nicht zu klein?

Können wir diesen Zusammenhang deutlicher analysieren? Ja und deswegen folgt auch gleich die nächste Kennzahl.

12. Fremdkapitalrentabilität

251 Für die, die sich schon ein wenig mehr mit Bilanzen beschäftigt haben, mag diese Kennzahl jetzt Erstaunen in das Gesicht schreiben und folgenden Kommentar entlocken: „Die habe ich ja noch nie gehört oder gelesen – macht es Sinn, eine Rentabilität des Fremdkapitals zu berechnen?"

Zunächst, Ihr Erstaunen und Ihr Kommentar sind vollkommen richtig. Denn eigentlich müsste man dieser Kennzahl einen anderen Namen geben: Die Finanzierungs- oder Fremd(kapital)kostenquote. Sie können auch ganz einfach fragen „Wie hoch sind die gesamten Finanzierungskosten?"

252 Schauen wir uns die Berechnung im Detail an.

> **Beispiel**

Fremdkapitalrentabilität (in %) (Wie hoch sind die gesamten Finanzierungskosten?) (Gibt Auskunft über die Fremdkapitalkosten bzw. Verhandlungsgeschick bei Kreditverhandlungen)	Zähler	Zinsaufwendungen	269,10	256,50	225,90
	Nenner	Summe langfristiges Fremdkapital + Summe kurzfristiges Fremdkapital	7.676,90 2.679,50 10.356,40	4.837,80 3.823,00 8.660,80	4.679,10 5.374,90 10.054,00
	Ergebnis	*Division x 100*	2,60%	2,96%	2,25%

Im Zähler sind alle Kosten der Finanzierung, also Zinsaufwendungen aufgeführt, im Nenner das gesamte Fremdkapital, unabhängig von der Fristigkeit. Per Division erhalten wir einen Wert, der als prozentuale Größe die Gesamtkosten des Fremdkapitals ausdrückt.

Die Werte 2,60%, 2,96% und 2,25% sind klasse, denn Sie wissen ja selbst, was fremdes Geld sonst kostet. Und vergessen wir eines nicht, Zinsen und ähnliche Aufwendungen sind anerkannte Betriebsausgaben, die steuerlich abzugsfähig[7] sind. Damit reduzieren sich die gesamten Fremdkapitalkosten (nach Anerkennung des Abschlusses durch die Finanzverwaltung) nach Steuern auf 1,92%, 1,36% und 1,67% (jeweils der Vor-Steuer Wert multipliziert mit dem ‚tax shield' (1- Steuersatz), in unserem Fall bei einem Steuersatz von 26% multipliziert jeweils mit 0,74).

Das sind Werte unterhalb der jährlichen Inflation - einfach klasse!

Woher kommen diese guten Werte? Ganz einfach, weil die GH Mobile sehr große (zinsfreie) Verbindlichkeiten aus Lieferungen und Leistungen und ebenfalls hohe Verbindlichkeiten gegen verbundene Unternehmen hat, wo mit Sicherheit nur sehr geringe, wenn überhaupt, Finanzierungskosten anfallen.

Jetzt aber zurück zum Vergleich der operativen und der Gesamtkapitalrentabilität II. Gerade weil die Finanzierung so günstig ist, ist die Gesamtkapitalrentabilität II höher als die operative Rentabilität. Daraus folgt aber auch eines. Hätte die GH Mobile nicht eine (von uns kritisierte) Finanzierungsstruktur wie in 2008 aufgebaut, dann wäre die Gesamtkapitalrentabilität I noch schlechter.

Dies müssen wir jetzt auflösen: Wir kritisieren die Höhe des Gesamt- und damit des Fremdkapitals und die Tatsache, dass ein großer Teil des kurzfristigen Fremdkapitals nicht mit Aktiva gedeckt ist. Die Finanzierungsstruktur – günstige bzw. kostenfreie Finanzierung zu Lasten Dritter – ist sehr wohl geschickt, ansonsten sähen die Ergebnisse noch schlechter aus. Aber das Finanzierungsvolumen ist zu hoch. Und jetzt stehen wir erneut vor der Frage, was man tun könnte. Die Antworten kennen Sie aber schon: Kapital (Aktiva) reduzieren und Passiva abbauen, also auch reduzieren – die GH Mobile braucht ein Verkürzung der Bilanz!

Eine Verkürzung der Bilanz führt natürlich auch zu einem höheren Gesamtkapitalumschlag. Damit verändern sich Umsatz- und Gesamtkapitalrentabilität natürlich sofort. Denken Sie an dieser Stelle doch noch einmal die Auswirkungen der Bestandsreduktion auf die drei ‚Du Pont' Kennzahlen durch. Sie werden sehen, *„da geht dann plötzlich was"*!

Jetzt vergleichen wir aber noch einmal direkt die operative mit der Fremdkapitalrentabilität.

	2006	2007	2008
Operative Rentabilität	2,08%	5,80%	1,89%
Fremdkapitalrentabilität	2,60%	2,96%	2,25%

---

7   Bei der Berechnung der Gewerbesteuer gibt es allerdings Einschränkungen bei den Zinsen. Dies ist aber hier nicht Gegenstand der Betrachtungen.

256   Bis auf das letzte Jahr ist die operative kleiner als die Fremdkapitalrentabilität. Die GH Mobile erwirtschaftet also aus operativen Geschäften eine geringere Rendite als sie zur Finanzierung des Fremdkapitals aufbringen muss. Das ist tragisch. Man kann sich auch fragen, warum die Eigentümer der GH Mobile ihr Geschäft überhaupt noch betreiben. Die Rückflüsse sind sowieso schon äußerst bescheiden und dann können wir auch noch nachweisen, dass die Renditen des operativen Geschäftes geringer als die Finanzierungskosten sind.

Dies bedeutet aber auch, dass jeder finanzierte operative €uro mehr kostet, als er erwirtschaftet. Und dies ist nicht mehr traurig, sondern fatal! Denn wären die Fremdkapitalkosten jetzt auch (markttypisch) höher, sähen wir sofort eine durchgehend defizitäre GH Mobile.

13.   Zusammenfassung der Kennzahlen zur Rentabilität

257   Bei den Rentabilitäten schauen wir aus verschiedenen Perspektiven auf die Rückflüsse pro gewählter ‚Basiseinheit'. Die kann 1 Euro Umsatz oder 1 Euro Kapital sein. Bis auf die Umsatzrentabilität werden auch immer eine GuV (Zähler) mit einer Bilanzgröße (Nenner) verglichen.

Setzen wir dann auch noch die errechneten Rentabilitäten in einen direkten Vergleich, so sind wir in der Lage, noch tiefer einzusteigen, und Teilrentabilitäten zu ermitteln.

Wir haben außerdem mit dem Du Pont Schema die bereits bei den Cash Flow Analysen, also Kennzahlen aus dem Gebiet der Liquidität und Finanzkraft, gemachten Umrechnungen transparenter dargestellt.

Vom Ergebnis her hat sich unser Bild bezüglich der GH Mobile aber noch weiter (negativ) gefestigt. Auch die Renditen sind allesamt (mit Ausnahme der Fremdkapitalrendite) sehr schlecht, wobei wir die Gründe und die Möglichkeiten zur Optimierung kennen und auch simulieren können.

258   Die GH Mobile leidet unter der eigenen Bilanz – die GuV ist gar nicht mal so schlecht, wenn da nicht die hohen Einstandskosten (Material und bezogene Leistungen), die auch noch kaum beeinflussbar sind, wären. Daher resultieren die niedrigen Überschüsse und daraus folgend die zu geringen Rentabilitäten. Die GuV kann bei gegebenem Umsatz die eigentlich sehr guten, weil niedrigen Strukturkosten (Personal, Mieten, Leasing, Zinsen) trotzdem nicht auffangen und aufgrund der zu ‚fetten' Bilanz bleibt die Rotations- und Reproduktionsgeschwindigkeit, gemeint ist der Gesamtkapitalumschlag, ebenfalls zu niedrig. Bei der aus den hohen Einstandskosten resultierenden schwachen Umsatzrentabilität ist eine ebenfalls schwache Gesamtkapitalrentabilität nur die logische mathematische Konsequenz (Du Pont Schema) und damit drehen wir uns im Kreis.

Dies sogar doppelt:

■   Wir kommen immer wieder auf die notwendige Kürzung der Bilanz mit den positiven Effekten für sehr viele Kennzahlen, beginnend mit dem Gesamtkapitalumschlag, heraus und

■   wir sind mit der *Treibergröße* Gesamtkapitalumschlag auch wieder am Beginn der Kennzahlenanalyse angekommen, denn der Gesamtkapitalumschlag war unsere erste Kennzahl, die wir besprochen haben.

259   Jetzt ist es an Ihnen, weitere Zusammenhänge zwischen GuV und Bilanz zu ergründen und zu verinnerlichen. Nehmen Sie sich doch eine Veränderung an der GuV bzw. Bilanz im Kopf oder sogar im MS Excel Tool vor und dann gehen Sie jeden Tag 3 bis 5 Kennzahlen immer wieder durch. Sie werden sehen, je mehr Sie nachdenken und einsteigen, desto mehr werden die bilanziellen Abhängigkeiten für Sie verständlich.

Die Bilanz und GuV kann man nicht durch Lesen verstehen – man muss sie sich erdenken, erarbeiten und ‚erüben'.

Bevor Sie mit dem Erdenken, Erarbeiten und Erüben fortfahren, schauen wir uns alle Kennzahlen noch einmal im Überblick an. Diese finden Sie im MS Excel Tool im Datenblatt *Kennzahlenübersicht*, wobei hier aber alle Erläuterungen ausgelassen wurden.

Vermögensstruktur	2006 -2	2007 -1	2008 0
Gesamtkapitalumschlag (Faktor)	1,93	2,27	1,68
Anlagenintensität (%)	10,90%	8,92%	4,12%
Vorratsumschlag (Faktor)	3,57	4,33	2,80
Vorräte zu Umsatz (%)	28%	23%	36%
Reichweite Bestände (Tage)	102,28	84,23	130,13
Reichweite Bestände (Tage, JÜ als Basis)	-503.846,00	8.607,79	692.222,50
Reichweite Bestände (Jahre, JÜ als Basis)	-1.380,40	23,58	1.896,50
Umschlagsdauer Umlaufvermögen (Tage)	168,49	146,50	208,53
Debitorenziel (Tage)	14,32	8,82	22,96
Kreditorenziel (Tage)	#WERT!	30,13	58,01
Reichweite Liquide Mittel (Tage)	49,60	51,77	51,07

Kapitalstruktur	2006	2007	2008
Eigenkapitalquote (%) (HGB Gliederung)	9,83%	13,49%	11,89%
Eigenkapitalquote (%) (Basis: haftendes Eigekapital)	9,83%	13,49%	11,89%
Eigenkapitalquote (%) (Basis: wirtschaftliches Eigenkapital)	41,20%	50,13%	44,13%
Verbindlichkeiten aus L&L Quote (%)	10,00%	17,48%	33,75%
Kurzfristiges Fremdkapital Quote (in %)	23,33%	38,19%	47,10%

Liquidität und Finanzkraft	2006	2007	2008
Liquidität I (%)	112,44%	84,29%	49,86%
Liquidität II (%)	150,08%	101,38%	76,53%
Liquidität III (%)	381,91%	238,51%	203,55%
Cash Flow/Gesamtkapital (%)	3,80%	5,80%	3,74%
Cash-Flow-Umsatzrate (%)	1,97%	2,56%	2,23%
Anlagendeckung I (%)	111,05%	205,29%	577,49%
Anlagendeckung II (%)	866,50%	940,52%	2568,60%
(Dynamische Verschuldung) Kredittilgungsdauer (Jahre)	13,26	7,06	12,26
Investitionsquote I (%)	4,58%	2,90%	1,23%
Investitionsquote II (%)	#WERT!	0,00%	0,00%
(Re)Investitionsquote III (%)	#WERT!	0,00%	0,00%
Selbstfinanzierungsquote (%)	42,95%	88,22%	181,53%

Erfolgsstruktur	2006	2007	2008
Bruttoertragsquote (5)	23,60%	21,93%	22,86%
Personalkostenintensität I (in %)	6,53%	6,23%	7,20%
Personalkostenintensität II (%)	10,64%	8,93%	8,83%
Abschreibungsintensität (%)	1,99%	1,58%	2,21%
Mietaufwandsquote (%)	3,24%	3,16%	3,75%
Zinsintensität (%)	1,21%	1,13%	1,18%
Zins-und Miet-Intensität (in %)	4,45%	4,29%	4,93%
Zinsdeckung (Faktor)	0,87	2,21	0,94

Rentabilität	2006	2007	2008
Umsatzrentabilität (%)	-0,02%	1,52%	0,05%
Gesamtkapitalrentabilität I (%)	-0,04%	3,44%	0,08%
Gesamtkapitalrentabilität II (%)	2,30%	6,01%	2,06%
Eigenkapitalrentabilität (HGB Gliederung) (%)	-0,40%	25,52%	0,66%
Eigenkapitalrentabilität (haftendes EK) (%)	-0,40%	25,52%	0,66%
Eigenkapitalrentabilität (wirtschaftliches EK) (%)	-0,10%	6,87%	0,18%
Nach Steuer Eigenkapitalrentabilität (HGB Gliederung) (%)	-0,40%	16,46%	0,27%
Nach Steuer Eigenkapitalrentabilität (haftendes EK) (%)	-0,40%	16,46%	0,27%
Nach Steuer Eigenkapitalrentabilität (wirtschaftliches EK) (%)	-0,10%	4,43%	0,07%
Eigenkapitalumschlag (Faktor)	19,64	16,82	14,11
Betriebsergebnis/Betriebskapital (%)	2,08%	5,80%	1,89%
Fremdkapitalrentabilität (%)	2,60%	2,96%	2,25%

Du Pont Schema	2006	2007	2008
(Probe) Gesamtkapitalrentabilität I (%)	-0,04%	3,44%	0,08%
(Probe) Gesamtkapitalumschlag (Faktor)	1,93	2,27	1,68
(Probe) Umsatzrentabilität I (%)	-0,02%	1,52%	0,05%
(Probe) Eigenkapitalrentabilität I (%)	-0,40%	25,52%	0,66%
(Probe) Eigenkapitalumschlag (Faktor)	19,64	16,82	14,11
(Probe) Umsatzrentabilität I (%)	-0,02%	1,52%	0,05%

Es ist an Ihnen, die Kennzahlen mit Ihren Detailberechnungen und Aussagen zu verinnerlichen. Dafür empfehlen wir wieder die bekannte Analysevorgabe: 260

- Was ist die Bedeutung dieser Kennzahl?
- Wie berechnet sich diese Kennzahl?
- Was genau geht in den Zähler ein?
- Was genau geht in den Nenner ein?
- Wie lautet die mathematische Formel?
- Was leiten Sie aus dem Ergebnis allgemein ab?
- Was leiten Sie aus dem Ergebnis GH Mobile spezifisch ab?

Uns bleibt nur noch ein Wunsch an Sie:

Viel Spaß!

§ 6 Die Analyse des optimierten Zahlenwerkes

A. Schrittweise Optimierung – Definition der Annahmen

1 Nachdem wir sehr intensiv analysiert und immer wieder Probleme aufgezeigt haben, wollen wir anhand einer Bilanzkürzung die Resultate aufzeigen.

Wir wissen ja, dass die GH Mobile zu viel Kapital im Einsatz hat, wobei die Vorräte hier ein erster schneller Einsteig für entsprechende Reduktionen darstellen. Also gehen wir genau da ran!

2 Nach intensiven Besprechungen innerhalb der GH Mobile wird folgende Maxime für das Jahr 2009, also 2 Jahre später, ausgegeben und auch mit dem Automobilhersteller abgesprochen[1]:

- 60 Tage, also 2 Monate, Bestandsreichweite, somit mehr als eine Halbierung des Wertes des Jahres 2008

- 20% der aus dem Abbau der Vorräte gewonnen Liquidität werden in 2010 reinvestiert, die anderen 80% werden eingesetzt, um Verbindlichkeiten abzubauen.

3 Jetzt müssen wir erst einmal rechnen, um Basisgrößen für die GuV und Bilanz zu erhalten. Dabei arbeiten wir mit gerundeten Zahlen:

Vorräte 2007[2]:	6.827
Vorratsreichweite:	130[3]

Daraus ergibt sich ein

Vorratsbestand pro Kalendertag von	52,52
Die Zielgröße in Tagen wurde definiert mit	60,00

Somit ergibt sich per Multiplikation der 60,00 Zieltage mit dem Vorratsbestand pro Kalendertag in Höhe von 52,52 die neue Zielgröße für die Bestände in Höhe von 3.151,20.

4 Die Zusammensetzung der Vorräte ist für uns bei dieser Beispielbetrachtung nicht weiter von Interesse[4]. Die neuen Vorräte könnten dann folgendermaßen aussehen:

		2.008		2.010	
I.	Vorräte	6.827,40	60%	3.151,20	40%
	... davon Roh-, Hilfs- und Betriebsstoffe	2.278,40	20%	1.078,40	14%
	....davon unfertige Erzeugnisse, unfertige Leistungen	759,60	7%	772,80	10%
	... davon fertige Erzeugnisse und Waren	2.318,70	20%	1.000,00	13%
	... davon Handelswaren	1.470,70	13%	300,00	4%
	... davon geleistete Anzahlungen	0,00	0%	0,00	0%

1 Wir wollen ganz bewusst das Jahr 2009 nicht betrachten, da die GuV in dieser Periode durch den Vorratsabbau (Abverkauf und/oder reduzierte Einkäufe) beim Umsatz und beim Materialeinsatz Einmaleffekte aufweist. Betrachten wir hingegen das Jahr 2010, dann erhalten wir eine vergleichbare Periode zu 2008 ohne Einmaleffekte durch Abverkauf und reduzierte Beschaffung – wir vergleichen damit besser vorher/nachher! Für das Jahr 2009 gehen wir der Einfachheit halber in allen anderen Punkten von ‚ceteris paribus' aus. Die Veränderung des Eigenkapitals als Folge des veränderten Jahresüberschusses in 2009 (aufgrund des Bestandsabbaus) wird ebenfalls nicht betrachtet.
2 Für die folgenden Rechnungen ist es nicht relevant, diese Position weiter in die 4 Untergruppierungen aufzubrechen, da es um die Technik der Optimierung und die Darstellung von Veränderungen geht.
3 Zur Erinnerung, wir haben auf der Basis von 365 Tagen gerechnet, damit entsprechen Umsatz- den Kalendertagen.
4 Die Kürzungen bei den Einzelpositionen sind von uns willkürlich gemacht worden.

Insgesamt wurden damit die Bestände (gerundet) gekürzt um 3.676.

Für die kommenden Optimierungen und anschließenden Auswertungen soll folgendes gelten. Wir   5
gehen davon aus, dass bis auf die von uns oben gemachten Änderungen alle anderen Parameter
gleich bleiben, wir sprechen von der ‚ceteris paribus' Annahme.

Jetzt müssen wir die Einsparungen aufteilen in 20% und 80%. Daraus ergibt sich:

> 20% für Investitionen entsprechend einer Summe in Höhe von 736
>
> 80% für Abbau von Verbindlichkeiten, also 2.940[5]

Wenn wir in technische Anlagen und Maschinen investieren, steigen die Positionen Anlagevermögen und Abschreibungen. Da beim Anlagevermögen nur noch die Position technische Anlagen und
Maschinen Vermögenswerte ausweist, können wir auch direkt vom Anlagevermögen sprechen. Unter der Annahme einer Abschreibungsdauer können wir auch die periodischen Steigerungen bei
den Absetzungen für Abnutzung (AfA) berechnen. Gehen wir von einer Abschreibungsdauer von
10 Jahren und linearem Ansatz aus, so errechnen sich periodisch dann um 74 Geldeinheiten (gerundet) steigende Abschreibungen.

Da in der Bilanz immer Nettowerte (abzüglich Abschreibungen der laufenden Periode) beim Anlagevermögen ausgewiesen werden, muss das Anlagevermögen separat berechnet werden.

Bei einem ‚ceteris paribus' Ansatz für 2009[6] und 2010[7] ergibt sich dann als Anlagevermögen für das   6
Jahr 2009 ein Buchwert von 465

Anlagevermögen zu Periodenbeginn 2010:	235
Zuzüglich Neuinvestitionen:	736
	971
Abzüglich AfA ‚alte Anlagen':	432
	539
Abzüglich AfA ‚Neuinvestition':	74
Anlagevermögen zu Periodenende 2010:	465

Dann sind noch die Fremdkapitalzinsen zu berücksichtigen. Wenn wir die Kredite um einen Betrag
in Höhe von 2.940 reduzieren, dann sinken natürlich auch die Zinskosten.

Die Zinskosten der GH Mobile kennen wir bereits – in 2008 betrugen sie 225,90, das entspricht   7
einem Kostensatz von 2,25% auf der Basis gesamten Fremdkapitals.

Fremdkapitalrentabilität (in %) (Wie hoch sind die gesamten Finanzierungskosten?) (Gibt Auskunft über die Fremdkapitalkosten bzw. Verhandlungsgeschick bei Kreditverhandlungen)	Zähler	Zinsaufwendungen	269,10	256,50	225,90
	Nenner	Summe langfristiges Fremdkapital + Summe kurzfristiges Fremdkapital	7.676,90 2.679,50 10.356,40	4.837,80 3.823,00 8.660,80	4.679,10 5.374,90 10.054,00
	Ergebnis	Division x 100	2,60%	2,96%	2,25%

Kürzen wir das gesamte Fremdkapital um eben jene 2.940, so hätten wir in der Folgeperiode 2009
noch einen Betrag in Höhe von 7.114. Bei einem Kostensatz von durchschnittlich 2,25% ergibt sich
somit ein ‚neuer' Fremdkapitalaufwand von 160,07.

---

5   Wir gehen davon aus, dass Kredittilgungen ohne Vorfälligkeitsgebühren möglich sind.
6   Die bedeutet auch, dass das Anlagevermögen in 2009 im Vergleich zu 2008 konstant geblieben ist.
7   ‚Ceteris paribus' Ansatz gilt in 2009 nur für die Werte, die aufgrund der Bestands- und Kreditreduktion sowie der
    Neuinvestition nicht betroffen sind.

8   Diese lineare Kürzung der Kosten ist sicherlich nicht ganz richtig, da wir nicht zwischen Kosten für lang- und kurzfristige Verbindlichkeiten differenzieren, aber wir halten diesen Ansatz für durchaus akzeptabel, solange wir keine weiteren Informationen haben.

Außerdem ist es bei den jetzt dargestellten Optimierungen und Berechnungen nicht unser Ziel, möglichst exakt zu rechnen, sondern legale und kurzfristig mögliche Veränderungen aufzuzeigen und die Auswirkungen sichtbar zu machen. Haben Sie die Möglichkeit, detaillierte Fragen zu den Krediten und den Kosten zu stellen, dann können wir auch genauer rechnen.

Durch die Eingriffe in die GuV ändern sich natürlich das Betriebsergebnis (die Abschreibungen stehen ja oberhalb dieses operativen Saldos) und alle folgenden Zwischensaldi mit Ausnahme des AO-Ergebnisses. Der Jahresüberschuss ist aber auf jeden Fall betroffen, damit auch wiederum die Bilanz, da ja der finale Überschuss der GuV in das Eigenkapital (Bilanz – Passiva) abschließend gebucht wird, um die GuV wieder auf Null ‚stellen' zu können.

Im Folgenden werden wir jetzt immer nur die Jahre 2008 und 2010 darstellen, damit der direkte Vergleich besser möglich ist.

B.   Ergebnisse der Optimierung

9   Somit könnte die Bilanz in 2010 unter den getroffenen Annahmen folgendermaßen aussehen. Werfen wir zunächst einen Blick in die Aktiva:

(Kalender) Jahr Periode	Tsd. EUR 2008		Tsd. EUR 2010	
Aktiva				
Ausstehende Einlagen	0,00	0%	0,00	0%
I. Immaterielle Wirtschaftsgüter	0,00	0%	0,00	0%
... davon Konzessionen, Schutzrechte, Lizenzen	0,00	0%	0,00	0%
... davon Geschäfts- und Firmenwert	0,00	0%	0,00	0%
... davon geleistete Anzahlungen	0,00	0%	0,00	0%
II. Sachanlagen	235,00	2%	474,00	6%
... davon Grundstücke und Gebäude	0,00	0%	0,00	0%
... davon technische Anlagen & Maschinen	235,00	2%	474,00	6%
... davon andere Anlage, Betriebs- Geschäftsausstattung	0,00	0%	0,00	0%
... davon geleistete Anzahlungen und Anlagen im Bau	0,00	0%	0,00	0%
III. Finanzanlagen	235,40	2%	235,40	3%
... davon Anteile an verbundenen Unternehmen	230,00	2%	230,00	3%
... davon Ausleihungen an verbundene Unternehmen	0,00	0%	0,00	0%
... davon Beteiligungen	0,00	0%	0,00	0%
... davon Ausleihungen an Unternehmen, mit den ein Beteiligungsv	0,00	0%	0,00	0%
... davon Wertpapiere des Anlagevermögens	0,00	0%	0,00	0%
... davon Sonstige Ausleihungen	5,40	0%	5,40	0%
A **Summe Anlagevermögen**	**470,40**	**4%**	**709,40**	**8%**
I. Vorräte	6.827,40	60%	3.151,20	37%
... davon Roh-, Hilfs- und Betriebsstoffe	2.278,40	20%	1.078,40	13%
....davon unfertige Erzeugnisse, unfertige Leistungen	759,60	7%	772,80	9%
... davon fertige Erzeugnisse und Waren	2.318,70	20%	1.000,00	12%
... davon Handelswaren	1.470,70	13%	300,00	4%
... davon geleistete Anzahlungen	0,00	0%	0,00	0%
II. Forderungen und sonstige Vermögensgegenstände	1.433,60	13%	1.433,60	17%
... davon Forderungen aus Lieferungen und Leistungen	1.430,50	13%	1.430,50	17%
... davon Forderungen gegen verbundene Unternehmen	0,00	0%	0,00	0%
... davon gegen Unternehmen, mit denen ein Beteiligungsverhältni:	0,00	0%	0,00	0%
... davon sonstige Vermögensgegenstände	3,10	0%	3,10	0%
...davon eingeforderte Einlagen	0,00	0%	0,00	0%
III. Wertpapiere	0,00	0%	0,00	0%
... davon Anteile an verbundenen Unternehmen	0,00	0%	0,00	0%
... davon eigene Anteile	0,00	0%	0,00	0%
... davon sonstige Wertpapiere	0,00	0%	0,00	0%
IV Kasse, Bank und Schecks	2.679,70	23%	3.194,53	38%
B **Summe Umlaufvermögen**	**10.940,70**	**96%**	**7.779,33**	**92%**
C **Rechnungsabgrenzungsposten**	**0,00**	**0%**	**0,00**	**0%**
"D" Nicht durch Eigenkapital gedeckter Fehlbetrag	0,00	0%	0,00	0%
Summe Aktiva	**11.411,10**	**100%**	**8.488,73**	**100%**

Auf der Passivseite ergeben sich folgende Veränderungen. Wenn Sie jetzt Ihren Blick auf die Passiva schweifen lassen, hören wir Sie schon kritisieren: Wie soll man denn hier sofort einerseits seit 2008 und andererseits in 2010 aktivisch und passivisch die Veränderungen erkennen?

11   Und wir müssen Ihnen erneut recht geben – dies ist nicht oder nur schwer möglich. Aus diesem Grund haben wir ja schon zu Beginn der Analysen darauf hingewiesen, dass strukturierte Darstellungen wirklich Sinn machen, um

- die Zahlenlage besser zu verstehen und

- wie jetzt gemacht, Änderungen schneller erkennen und herausarbeiten zu können.

Trotzdem zeigen wir Ihnen zunächst die Vollformate, um dann ganz sukzessiv wieder in Vereinfachungen und Analytik einzusteigen.

Passiva					
	Nicht eingeforderte offene Einlagen	0,00	0%	0,00	0%
I.	Gezeichnetes Kapital	552,60	5%	552,60	7%
II.	Kapitalrücklage	0,00	0%	0,00	0%
III.	Gewinnrücklagen	195,30	2%	417,60	5%
	... davon gesetzliche Rücklage	0,00	0%	0,00	0%
	... davon Rücklage für eigene Anteile	0,00	0%	0,00	0%
	... davon satzungsgemäße Rücklagen	0,00	0%	0,00	0%
	... davon andere Gewinnrücklagen	195,30	2%	417,60	5%
IV.	Gewinnvortrag/Verlustvortrag	222,30	2%	3,60	0%
V.	Jahresüberschuss/Jahresfehlbetrag	3,60	0%	17,63	0%
VI.	Sonderposten mit Rücklagenanteil	383,30	3%	383,30	5%
A	**Eigenkapital**	**1.357,10**	**12%**	**1.374,73**	**16%**
I.	Rückstellungen für Pensionen & ähnliche Verpflichtungen	710,00	6%	710,00	8%
II.	Steuerrückstellungen	310,80	3%	310,80	4%
III.	Sonstige Rückstellungen	608,40	5%	608,40	7%
B	**Rückstellungen**	**1.629,20**	**14%**	**1.629,20**	**19%**
	... davon Anleihen, davon konvertibel	0,00	0%	0,00	0%
	... davon Verbindlichkeiten gegenüber Kreditinstituten	415,80	4%	415,80	5%
	... davon erhaltene Anzahlungen auf Bestellungen	1.062,00	9%	1.062,00	13%
	... davon Verbindlichkeiten aus Lieferungen & Leistungen	3.393,70	30%	3.393,70	40%
	... davon Verbindlichkeiten aus der Annahme gezogener/Ausstellu	0,00	0%	0,00	0%
	... davon Verbindlichkeiten gegen verbundene Unternehmen	3.553,30	31%	613,30	7%
	... davon Verbindlichkeiten gegenüber Unternehmen, mit denen eir	0,00	0%	0,00	0%
	... davon sonstige Verbindlichkeiten	0,00	0%	0,00	0%
	a) aus Steuern	0,00	0%	0,00	0%
	b) davon im Rahmen der sozialen Sicherheit	0,00	0%	0,00	0%
C	**Verbindlichkeiten**	**8.424,80**	**74%**	**5.484,80**	**65%**
D	**Rechnungsabgrenzungsposten**	**0,00**	**0%**	**0,00**	**0%**
Summe Passiva		**11.411,10**	**100%**	**8.488,73**	**100%**

12   Die dazugehörende GuV folgt auch sofort:

(Kalender) Jahr Periode	Tsd. EUR 2008		Tsd. EUR 2010	
1. Gesamterlöse/Umsatzerlöse	19.150,20	100%	19.150,20	84%
1.1 ... davon Umsatzerlöse Sparte I	8.316,00	43%	8.316,00	37%
1.2 ... davon Umsatzerlöse Sparte II	6.526,80	34%	6.526,80	29%
1.3 ... davon Umsatzerlöse Sparte III	2.277,00	12%	2.277,00	10%
1.4 ... davon Umsatzerlöse Sparte IV	1.899,00	10%	1.899,00	8%
1.5 ... davon Umsatzerlöse Sparte V	131,40	1%	131,40	1%
2. Bestandsveränderungen (Erhöhung +; Verminderung -)	1.584,90	8%	1.584,90	7%
3. Andere aktivierte Eigenleistungen	0,00	0%	0,00	0%
4. Sonstige betriebliche Erträge	0,00	0%	0,00	0%
Betriebsleistung	**20.735,10**	**108%**	**20.735,10**	**91%**
5. Materialaufwand	16.357,50	85%	16.357,50	72%
5.1 ... für Roh-, Hilfs- und Betriebsstoffe und bezogenen Waren	14.057,50	73%	14.057,50	62%
5.2 ... für bezogene Leistungen	2.300,00	12%	2.300,00	10%
Bruttoertrag/Rohertrag/Wertschöpfung	**4.377,60**	**23%**	**4.377,60**	**19%**
6. Personalkosten	1.690,20	9%	1.690,20	7%
6.1 ... davon Geschäftsführergehalt	311,40	2%	311,40	1%
6.2 ... davon Löhne & Gehälter	1.078,80	6%	1.078,80	5%
6.3 ... davon soziale Abgaben/Aufwendungen für Altersverversorgung	300,00	2%	300,00	1%
7. Abschreibungen	423,00	2%	474,00	2%
7.1 ... davon auf Vermögensgegenstände des Anlagevermögens	423,00	2%	474,00	2%
7.2 ... davon auf Vermögensgegenstände des Umlaufvermögens	0,00	0%	0,00	0%
8. Sonstige betriebliche Aufwendungen	2.052,90	11%	2.052,90	9%
8.1 ... davon Miet- und Leasingaufwendungen	717,30	4%	717,30	3%
8.2 ... davon Vertriebskosten	496,80	3%	496,80	2%
8.3 ... davon Verwaltungskosten	838,80	4%	838,80	4%
8.4 ... davon Sonstige	0,00	0%	0,00	0%
Gesamtaufwand (ohne Material und bezogene Waren/Leistungen)	**4.166,10**	**22%**	**4.217,10**	**19%**
Betriebsergebnis	**211,50**	**1%**	**160,50**	**1%**
9. Erträge aus Beteiligungen	0,00	0%	0,00	0%
9.1 ...davon aus verbundenen Unternehmen	0,00	0%	0,00	0%
10. Erträge aus Wertpapieren und Ausleihungen des Finanz-AV	0,00	0%	0,00	0%
10.1 ...davon aus verbundenen Unternehmen	0,00	0%	0,00	0%
11. Sonstige Zinsen und Erträge	27,00	0%	27,00	0%
11.1 ...davon aus verbundenen Unternehmen	0,00	0%	0,00	0%
12. Abschreibungen auf Finanzanlagen/Wertpapiere des UV	0,00	0%	0,00	0%
13. Zinsen und ähnliche Aufwendungen	225,90	1%	160,07	1%
13.1 ...davon an verbundene Unternehmen	0,00	0%	0,00	0%
Finanzergebnis	**-198,90**	**-1%**	**-133,07**	**-1%**
14. **Ergebnis der gewöhnlichen Geschäftstätigkeit (EGT)**	**12,60**	**0%**	**27,43**	**0%**
15. Außerordentliche Erträge	690,30	4%	690,30	3%
16. Außerordentliche Aufwendungen	693,90	4%	693,90	3%
17. **Außerordentliche Ergebnis**	**-3,60**	**0%**	**-3,60**	**0%**
Ergebnis vor Steuern	**9,00**	**0%**	**23,83**	**0%**
18. Steuern vom Einkommen und Ertrag	5,40	0%	6,20	0%
19. Sonstige Steuern	0,00	0%	0,00	0%
10. **Jahresüberschuss/Jahresfehlbetrag**	**3,60**	**0%**	**17,63**	**0%**

13   In der Tat, das macht keinen Spaß. Also her mit den strukturierten Darstellungen. In diesen sehen die Bilanz und die Gewinn- und Verlustrechnung schon viel einfacher aus und der periodische Vergleich (2008 und 2010) fällt auch leichter.

Schauen wir uns zunächst wieder die Bilanz an:

(Kalender) Jahr Periode			Tsd. EUR 2008		Tsd. EUR 2010	
Aktiva						
Ausstehende Einlagen			0,00	0%	0,00	0%
I. Immaterielle Wirtschaftsgüter und Finanzanlagen			235,40	2%	235,40	3%
II. Sachanlagen			235,00	2%	474,00	6%
A *Summe Anlagevermögen*			*470,40*	*4%*	*709,40*	*8%*
I. Vorräte			6.827,40	60%	3.151,20	37%
II. Forderungen und sonstige Vermögensgegenstände	(inkl. RAP)		1.433,60	13%	1.433,60	17%
III. Kasse, Bank, Schecks und Wertpapiere			2.679,70	23%	3.194,53	38%
B *Summe Umlaufvermögen*			*10.940,70*	*96%*	*7.779,33*	*92%*
Nicht durch Eigenkapital gedeckter Fehlbetrag			0,00	0%	0,00	0%
Summe Aktiva			**11.411,10**	**100%**	**8.488,73**	**100%**
Passiva						
A *Eigenkapital*			1.357,10	12%	1.374,73	16%
B *Rückstellungen (langfristig)*			710,00	6%	710,00	8%
C *Verbindlichkeiten*			9.344,00	82%	6.404,00	75%
davon langfristig	(Kl, Anleihen, Bet., verb. U.)		3.969,10	35%	1.029,10	12%
davon kurzfristig (inkl. kfr. Rückstellungen)	(L&L, Wechsel, Sonst., RAP, kfr. Rückst.)		5.374,90	47%	5.374,90	63%
Summe Passiva			**11.411,10**	**100%**	**8.488,73**	**100%**

14   Hier können wir jetzt vergleichen und Sie sehen, die strukturierten Darstellungen machen wirklich Sinn.

Also was sehen wir unter den von uns gemachten Annahmen?

- Die Bilanzsumme fällt von 11.411,10 auf 8.488,73.

- Entscheidenden Einfluss daran haben die reduzierten Vorräte – der neue Wert lautet 3.151,20, mitunter also der oben berechnete Zielwert.

- Die liquiden Mittel sind von 2.679,70 auf 3.194,53 gestiegen, obwohl der Jahresüberschuss nur wenig erhöht ist. Dies liegt auch an den Abschreibungen[8], die ja Aufwand, aber nicht auszahlungswirksam sind.

- Das Eigenkapital steigt leicht um 17,63 Geldeinheiten von 1.357,10 auf 1.374,73 durch den erhöhten Jahresüberschuss.

- Die Verbindlichkeiten fallen von 9.344,00 auf 6.404,00 sehr stark.

Damit haben wir genau unser Ziel erreicht – Die Reduktion des Kapitals durch Abbau der Bestände.

15   Dann schauen wir auch sofort in die Struktur-GuV:

---

8   Wir werden ganz am Ende des Buches auf die Abschreibungen noch einmal detaillierter eingehen.

(Kalender) Jahr Periode	Tsd. EUR 2008		Tsd. EUR 2010	
Gesamterlöse/Umsatzerlöse	19.150,20	100%	19.150,20	100%
Betriebsleistung	20.735,10	108%	20.735,10	108%
Bruttoertrag/Rohertrag/Wertschöpfung	4.377,60	23%	4.377,60	23%
Gesamtaufwand (ohne Material und bezogene Waren/Leistungen)	4.166,10	22%	4.217,10	22%
Betriebsergebnis	211,50	1%	160,50	1%
Finanzergebnis	-198,90	-1%	-133,07	-1%
Ergebnis der gewöhnlichen Geschäftstätigkeit (EGT)	12,60	0%	27,43	0%
Außerordentliche Ergebnis	-3,60	0%	-3,60	0%
Ergebnis vor Steuern	9,00	0%	23,83	0%
Steuern	5,40	0%	6,20	0%
Jahresüberschuss/Jahresfehlbetrag	3,60	0%	17,63	0%

Hier sehen wir folgendes:

16

Aufgrund der höheren (474,- in 2010 nach 223,- in 2008) Abschreibungen[9] (hier nicht ausgewiesen) fällt das Betriebsergebnis.

Diese Reduktion wird aber überkompensiert durch die niedrigeren Zinsaufwendungen nach Reduktion der Verbindlichkeiten.

Es wird ein leicht verbessertes Ergebnis vor Steuern ausgewiesen.

Bei einem angenommenen Steuersatz von 26% (nicht identisch mit Jahr 2008) ergibt dies einen Jahresüberschuss von 17,63%.

Dieser Jahresüberschuss ist gemessen am Umsatz aber immer noch schwach.

Warum klingen unsere Ausführungen dann aber doch positiv und leicht euphorisch? Weil wir mit nur einer Maßnahme viel mehr erreicht haben, als wir zum jetzigen Zeitpunkt sehen.

Dafür müssen wir nämlich wieder tiefer in die Analysen nach Bereichen einsteigen. Also machen wir dies.

C. Kennzahlen zum Vermögen und zur Vermögensstruktur nach Optimierung

Fangen wir wieder mit den Kennzahlen zum Vermögen und zur Vermögensstruktur an und gehen sukzessiv vor. Da wir bei der ursprünglichen Kennzahlenanalyse bereits sehr detailliert jede Kennzahl betrachtet haben, werden wir jetzt nach Optimierung (und bitte lassen Sie uns immer daran denken, dass wir nur *eine* Position abgebaut haben und die daraus gewonnen Liquidität zu 20% für Investitionen und zu 80% für den Abbau von Verbindlichkeiten eingesetzt haben) nur die Ergebnisse noch einmal zusammenfassen. Bitte scheuen Sie sich nicht, vorne nochmals Details nachzulesen.

17

---

9 Die Abschreibungen werden wir noch genauer betrachten.

Definitionen von Kennzahlen zur Vermögenstruktur

Vermögensstruktur			2008	2010
Gesamtkapitalumschlag (Faktor) (Wie häufig wird das Kapital auf Basis der Erlöse umgeschlagen?) oder (Wie hoch ist die Rotations- bzw. Reproduktionsgeschwindigkeit des eingesetzten Kapitals?)	Zähler	Gesamterlöse	19.150,20	19.150,20
	Nenner	Bilanzsumme	11.411,10	8.488,73
	Ergebnis	*Division*	1,68	2,26
Anlagenintensität (%) (Wie viel % der Bilanzsumme steckt im Anlagevermögen ?) (Gibt einen Hinweis auf die Investitionstätigkeit und Flexibilität)	Zähler	Summe Anlagevermögen	470,40	709,40
	Nenner	Bilanzsumme	11.411,10	8.488,73
	Ergebnis	*Division x 100*	4,12%	8,36%
Vorratsumschlag (Faktor) (Wie häufig werden die Bestände auf Basis der Erlöse umgeschlagen?) (Je höher der Bestandsumschlag, desto besser, da wenig gebundenes Kapital)	Zähler	Gesamterlöse	19.150,20	19.150,20
	Nenner	Summe Vorräte	6.827,40	3.151,20
	Ergebnis	*Division*	2,80	6,08
Vorräte zu Umsatz (%) (Kehrwert zum Vorratsumschlag in %) Wie viel Prozent des Umsatzes machen die Vorräte aus?	Zähler	Summe Vorräte	6.827,40	3.151,20
	Nenner	Gesamterlöse	19.150,20	19.150,20
	Ergebnis	*Division x 100*	35,7%	16,5%
Reichweite Bestände (Tage) Berechnungsalternative 1: Für wie viele Tage reichen die Bestände, gemessen an Umsatz/Kalendertagen?	Zähler	Tage	365	365
	Nenner	Vorratsumschlag	2,80	6,08
	Ergebnis	*Division*	130,13	60,06
Berechnungsalternative 2:	Zähler	Tage * Summe Vorräte	2.492.001,00	1.150.188,00
	Nenner	Gesamterlöse	19.150,20	19.150,20
	Ergebnis	*Division*	130,13	60,06
Reichweite Bestände (Jahresüberschuss als Basis) (Tage und Jahre) (Für wie viele Tage reichen die Bestände, gemessen an Ergebnistagen nach Steuern d.h. Jahresüberschuss?)	Zähler	Tage * Summe Vorräte	2.492.001,00	1.150.188,00
	Nenner	Jahresüberschuss	3,60	17,63
	Ergebnis	*Division* (Tage) Jahre	692.222,50 1.896,50	65.240,39 178,74

Definitionen von Kennzahlen zur Vermögenstruktur

Vermögensstruktur			2008	2010
Umschlagsdauer Umlaufvermögen (Tage)	Zähler	Summe Umlaufvermögen	10.940,70	7.779,33
(Wie lange dauert es, bis das kurzfristig gebundene Kapital durch Erlöse umgeschlagen bzw. reproduziert wird?)	Nenner	Gesamterlöse	19.150,20	19.150,20
(Gibt Auskunft über die Kapitalrentabilität und das NUV Management)	Ergebnis	*Division x Tage*	208,53	148,27
Debitorenziel (Tage)	Zähler	Forderungen	1.433,60	1.433,60
(Wie viele Tage dauert es im Schnitt, bis Forderungen eingehen?)	Nenner	Gesamterlöse	19.150,20	19.150,20
(Gibt Auskunft über die Effizienz des Forderungsmanagements)		Gesamterlöse erhöht um Mwst.	22.788,74	22.788,74
		korrigiert um Exportquote	22.788,74	22.788,74
	Ergebnis	*Division x Tage*	22,96	22,96
Kreditorenziel (Tage)	Zähler	Verbindlichkeiten aus L&L	3.393,70	3.393,70
(Wie viele Tage dauert es im Schnitt, bis Verbindlichkeiten gezahlt werden?)	Nenner	Material & bez. Leistungen	16.357,50	16.357,50
		Bestandsveränderungen RHBs	527,60	-1.200,00
		Handelswaren	1.057,30	-1.170,70
		Gesamt	17.942,40	13.986,80
(Gibt Auskunft über die Effizienz der Skontoziehung und der Zahlungssaldi)		erhöht um Vorsteuer	21.351,46	16.644,29
		korrigiert um Beschaffungen im Ausland	21.351,46	16.644,29
	Ergebnis	*Division x Tage*	58,01	74,42
Reichweite Liquide Mittel (Tage)	Zähler	Liquide Mittel	2.679,70	3.194,53
(Für wie viele Tage reichen die liquiden Mittel?)	Nenner	Umsatzerlöse	19.150,20	19.150,20
(Gibt Auskunft über die Zahlungsfähigkeit)	Ergebnis	*Division x Tage*	51,07	60,89
Cash Zyklus	Zähler	Kreditorenziel	58,01	74,42
(wie sieht der Kreislauf liquiden Mittel?	Nenner	Debitorenziel	22,96	22,96
(Gibt Auskunft über die Zahlungsfähigkeit)	Ergebnis	Kassenreichweite	51,07	60,89
	Cash Zyklus	*Kreditorenz. - Debetorenz.+ Kassenreichweite*	86,13	112,35

I.   Gesamtkapitalumschlag (Faktor)

Der Gesamtkapitalumschlag steigt von 1,68 auf 2,26. Damit erhöhen sich die Rotationsgeschwindigkeit des eingesetzten Kapitals und damit die Reproduktionsgeschwindigkeit signifikant.   18

Gesamtkapitalumschlag (Faktor) (Wie häufig wird das Kapital auf Basis der Erlöse umgeschlagen?) oder (Wie hoch ist die Rotations- bzw. Re-produktionsgeschwindigkeit des ein-gesetzten Kapitals?)	Zähler	Gesamterlöse	19.150,20	19.150,20
	Nenner	Bilanzsumme	11.411,10	8.488,73
	Ergebnis	*Division*	1,68	2,26

Rufen wir uns wieder die Bewertungsskala in den Kopf:

Größenordnung	Schulnote

- ■ < 1: schlecht – Schulnote 5
- ■ 1 < x < 1,5: ausreichend – Schulnote 4
- ■ 1,5 < x < 2,0: befriedigend – Schulnote 3
- ■ 2,0 < x < 2,5: gut – Schulnote 2
- ■ > 2,5: sehr gut – Schulnote 1

Mit Schulnoten gesprochen steigen wir von einem „Ausreichend" in die Klasse „Befriedigend" auf.

II.   Anlagenintensität (%)

19   Bedingt durch die Neuinvestitionen steigt die Quote um 100% an. Dies ist natürlich bei einem Ausgangswert von 4, 12% nicht schwierig – mit jetzt 8,36% ist sie aber immer noch sehr bzw. zu niedrig.

Anlagenintensität (%) (Wie viel % der Bilanzsumme steckt im Anlagevermögen ?) (Gibt einen Hinweis auf die Investitionstätigkeit und Flexibilität)	Zähler	Summe Anlagevermögen	470,40	709,40
	Nenner	Bilanzsumme	11.411,10	8.488,73
	Ergebnis	*Division x 100*	4,12%	8,36%

III.   Vorratsumschlag (Faktor)

20   Hier kommen wir jetzt zu den wirklich erfreulichen Resultaten. Allerdings haben wir gerade hier natürlich auch entsprechende positive Auswirkungen erwarten dürfen. Mit einer Reduktion der Bestände auf von 6.827,40 auf 3.151,20 steigern wir den Umschlag von 2,80 auf 6,08.

Vorratsumschlag (Faktor) (Wie häufig werden die Bestände auf Basis der Erlöse umgeschlagen?) (Je höher der Bestandsumschlag, desto besser, da wenig gebundenes Kapital)	Zähler	Gesamterlöse	19.150,20	19.150,20
	Nenner	Summe Vorräte	6.827,40	3.151,20
	Ergebnis	*Division*	2,80	6,08

Wieder die Schulnoten in Erinnerung rufend…   21

- <=3:   mangelhaft – Schulnote 5
- 4:   ausreichend – Schulnote 4
- 5:   befriedigend – Schulnote 3
- 6:   gut – Schulnote 2
- >=7   sehr gut – Schulnote 1

… können wir eine Notenverbesserung von „Mangelhaft" auf „Gut" feststellen. Klasse – wir können sogar die Tendenz zum „Sehr Gut" festhalten!

Das gleiche Bild zeigt sich bei der folgenden Kennzahl.

IV.   Vorräte zu Umsatz (%)

Wir hatten bereits vorne bei der Detailbesprechung festgehalten, dass es natürlich einen mathema-   22
tischen Zusammenhang zwischen Vorratsumschlag und dieser Kennzahl gibt und analog der oben ausgewiesenen Schulnotenskala für den Umschlag eine alternative Eingruppierung der Ergebnisse für die Kennzahl Vorräte zu Umsatz vorgestellt.

Vorräte zu Umsatz (%) (Kehrwert zum Vorratsumschlag in %)	Zähler	Summe Vorräte	6.827,40	3.151,20
Wie viel Prozent des Umsatzes machen die Vorräte aus?	Nenner	Gesamterlöse	19.150,20	19.150,20
	Ergebnis	*Division x 100*	35,7%	16,5%

- Ca. 33% und größer: mangelhaft – Schulnote 5
- Ca. 25%:   ausreichend – Schulnote 4
- Ca. 20%:   befriedigend – Schulnote 3
- Ca. 17%:   gut – Schulnote 2
- Ca. 14% und kleiner: sehr gut – Schulnote 1

Wir lagen zunächst bei 35,7% und haben uns auf 16,5% gesteigert – ergo analog zu oben wieder eine Verbesserung von „Mangelhaft" zu „Gut".

V.   Reichweite Bestände (Tage)

Dies war die Ausgangsbasis für unsere Optimierungen bei der GH Mobile: Eine Reduktion von 130   23
auf 60 Tage und diese haben wir in der Tat erreicht. Die Konsequenzen haben wir bereits gesehen und weitere werde folgen. Hier aber zunächst noch einmal beide Alternativen der Berechnung.

Reichweite Bestände (Tage) Berechnungsalternative 1:	Zähler	Tage	365	365
Für wie viele Tage reichen die Bestände, gemessen an Umsatz/Kalendertagen?	Nenner	Vorratsumschlag	2,80	6,08
	Ergebnis	*Division*	130,13	60,06
Berechnungsalternative 2:	Zähler	Tage * Summe Vorräte	2.492.001,00	1.150.188,00
	Nenner	Gesamterlöse	19.150,20	19.150,20
	Ergebnis	*Division*	130,13	60,06

Reichweite Bestände (gemessen an Ergebnistagen – Jahresüberschuss als Basis)

24   Hier hatten wir zuvor ein geradezu erschreckendes Ergebnis gesehen: Zum Wiederaufbau der Bestände aus versteuerten Überschüssen hätte es 692.222 Tage oder 1.897 Jahre gebraucht. Jetzt sind wir bei 65.240 Tagen bzw. 179 Jahren.

Reichweite Bestände (Jahresüberschuss als Basis) (Tage und Jahre)	Zähler	Tage * Summe Vorräte		2.492.001,00	1.150.188,00
(Für wie viele Tage reichen die Bestände, gemessen an Ergebnistagen nach Steuern d.h. Jahresüberschuss?)	Nenner	Jahresüberschuss		3,60	17,63
	Ergebnis	*Division*	(Tage) Jahre	692.222,50 1.896,50	65.240,39 178,74

25   Wie alt werden wir in der Regel?

Ist diese Veränderung dann eine wirkliche Verbesserung?

Ja und nein:

- Ja weil wir es wirklich geschafft haben, die Fristen entscheidend zu reduzieren.
- Nein, weil wir nach wie vor einen schwachen Jahresüberschuss haben. Unser Ergebnis ist von den neuen Abschreibungen belastet (Sie erinnern sich – wir hatten 20% der Bestandsreduktionen in neue Anlagegüter investiert). Hätten wir dies nicht getan, hätten wir unseren Jahresüberschuss gesteigert und damit die oben errechneten Tage und Jahre nochmals drastisch reduziert. Auf der anderen Seite muss die GH Mobile investieren, weil bereits alles abgeschrieben und die Anlagen mit großer Sicherheit extrem alt sind. Die jetzt anfallenden und uns hier belastenden höheren Abschreibungen werden uns dann bei der Cash Flow Betrachtung Vorteile gewähren. Denken wir bitte auch daran, dass wir demonstrativ nur eine Maßnahme durchgeführt haben.

Sie können ja an dieser Stelle unterbrechen und einmal diese letzte Kennzahl händisch (Überschlagsrechnung) unter der Annahme kalkulieren, dass die GH Mobile die gesamten Bestandsreduktionen zum Abbau der Verbindlichkeiten genutzt hätte.

VI.   Umschlagsdauer Umlaufvermögen (Tage)

26   Durch die Kürzung der Bestände (zunächst war dies über mehrere Schritte nichts anderes als ein Aktivtausch, da die liquiden Mittel gestiegen sind, als die Vorräte abgebaut wurden) wurde Liquidität gewonnen, die dann zu einer teilweisen Bilanzkürzung führte (ein Teil der Liquidität wurde ja wieder reinvestiert, mitunter die Bilanz wieder verlängert). Der Saldo aus Zu- und Abnahme war aber

negativ, somit trat eine Bilanzverkürzung ein. Die Kürzung an sich hat sich aber auf der Aktivseite der Bilanz vorwiegend im kurz- bis mittelfristigen Bereich, also im Umlaufvermögen abgespielt. Somit muss auch eine Abnahme der Umschlagsdauer eintreten.

Dies tut es auch: Die Umschlagsdauer des Umlaufvermögens verbessert sich von 208,53 auf 148,27 Tage.

Umschlagsdauer Umlaufvermögen (Tage) (Wie lange dauert es, bis das kurzfristig gebundene Kapital durch Erlöse umgeschlagen bzw. reproduziert wird?) (Gibt Auskunft über die Kapitalrentabilität und das NUV Management)	Zähler	Summe Umlaufvermögen	10.940,70	7.779,33
	Nenner	Gesamterlöse	19.150,20	19.150,20
	Ergebnis	*Division x Tage*	208,53	148,27

Zur Aussage dieses Faktors lesen Sie bitte vorne oder hier in diesem Kapitel (nach Optimierung) bei der Kennzahl *Gesamtkapitalumschlag* nochmals nach.   27

Es geht wieder um die Frage der Rotations- bzw. Reproduktionsgeschwindigkeit des eingesetzten Kapitals!

VII.   Debitorenziel (Tage)

Zum ersten Mal in unseren Kennzahlen sehen wir vorher und nachher den gleichen und damit einen 28
unveränderten Wert.

Debitorenziel (Tage) (Wie viele Tage dauert es im Schnitt, bis Forderungen eingehen?) (Gibt Auskunft über die Effizienz des Forderungsmanagements)	Zähler	Forderungen	1.433,60	1.433,60
	Nenner	Gesamterlöse	19.150,20	19.150,20
		Gesamterlöse erhöht um Mwst.	22.788,74	22.788,74
		korrigiert um Exportquote	22.788,74	22.788,74
	Ergebnis	*Division x Tage*	22,96	22,96

Aber dies ist ja auch logisch: Wir haben doch bei den Forderungen (Debitoren) gar nichts verändert.

VIII.   Kreditorenziel (Tage)

Diese Kennzahl müssen wir aus unseren Betrachtungen eigentlich ausschließen. Eine ‚ceteris paribus' Annahme unterstellt, kommt es zu keinen Veränderungen bei den Verbindlichkeiten aus Lieferungen und Leistungen und auch zu keinen Bestandsveränderungen bei den RHBs und den Handelswaren. Damit kann auch bei einer konstanten Materialimportquote und identischem Umatz- bzw. Vorsteuersatz keine Veränderung bei der Kennzahl eintreten. Und trotzdem zeigt die Berechnung eine gestiegene Größe. Dies hängt aber mit den periodischen Veränderungen (zum Vorjahr) zusammen. Das Excel Tool greift ja auch die jeweilige (hier zwar ausgeblendete, aber dennoch vorhandene) Vorperiode zu. Die Veränderungen von 2008 zu 2007 und dann von 2010 zu 2009 müssten bei der getroffenen Annahme aber identisch sein. Betrachten Sie sich die Kennzahl nochmals …   29

Kreditorenziel (Tage) (Wie viele Tage dauert es im Schnitt, bis Verbindlichkeiten gezahlt werden?)	Zähler	Verbindlichkeiten aus L&L		3.393,70	3.393,70
	Nenner	Material & bez. Leistungen Bestandsveränderungen RHBs Handelswaren Gesamt		16.357,50 527,60 1.057,30 17.942,40	16.357,50 -1.200,00 -1.170,70 13.986,80
(Gibt Auskunft über die Effizienz der Skontoziehung und der Zahlungssaldi)		erhöht um Vorsteuer		21.351,46	16.644,29
		korrigiert um Beschaffungen im Ausland		21.351,46	16.644,29
	Ergebnis	Division x Tage		58,01	74,42

... und setzen Sie im Kopf die Veränderungen bei den RHBs und Handelswaren im Jahr 2010 identisch an wie im Jahr 2008. Dann würden wir in beiden hier verglichenen Perioden auch identische Werte sehen und die Ergebnisse wären natürlich auch gleich.

Machen wir es doch einmal kurz:

Kreditorenziel (Tage) (Wie viele Tage dauert es im Schnitt, bis Verbindlichkeiten gezahlt werden?)	Zähler	Verbindlichkeiten aus L&L		3.393,70	3.393,70
	Nenner	Material & bez. Leistungen Bestandsveränderungen RHBs Handelswaren Gesamt		16.357,50 527,60 1.057,30 17.942,40	16.357,50 527,60 1.057,30 17.942,40
(Gibt Auskunft über die Effizienz der Skontoziehung und der Zahlungssaldi)		erhöht um Vorsteuer		21.351,46	21.351,46
		korrigiert um Beschaffungen im Ausland		21.351,46	21.351,46
	Ergebnis	Division x Tage		58,01	58,01

30   Sie sehen, die beiden Zahlen sind identisch.

Hätten wir allerdings auch die kurzfristigen Verbindlichkeiten (anstatt nur die langfristigen Verbindlichkeiten) in unserer Simulation verändert, d.h. reduziert, würden wir beim Kreditorenziel natürlich trotz ‚ceteris paribus' Annahme auch Veränderungen sehen.

Somit können wir abschließend zum Debitoren- und Kreditorenziel sagen: Beide ändern sich nicht. Wichtig ist aber der Zusatz: bei einer singulären Aktion – Absenkung der Vorräte und Teilnutzung der frei werdenden Liquidität zu weiteren Investitionen in das Anlagevermögen (20%) und Reduktion der langfristigen Verbindlichkeiten (80%).

IX.   Reichweite Liquide Mittel (Tage)

31   Wir hatten bei der Betrachtung der Bilanz im Jahr 2010 bereits festgehalten, dass die Liquidität von 2.679,70 auf 3.194,31 angestiegen ist. Somit versteht sich auch der Anstieg der Reichweite von gerundet 51 auf 61 Tage.

Reichweite Liquide Mittel (Tage) (Für wie viele Tage reichen die liquiden Mittel?) (Gibt Auskunft über die Zahlungsfähigkeit)	Zähler	Liquide Mittel	2.679,70	3.194,53
	Nenner	Umsatzerlöse	19.150,20	19.150,20
	Ergebnis	Division x Tage	51,07	60,89

X. Cash Zyklus

Wenn debitorisches und Kreditorisches Ziel gleich bleiben (‚ceteris paribus' Annahme), die Cash Reichweite aber ansteigt, dann ist eine Zunahme des Cash Zyklus auch nur logisch.

32

Cash Zyklus (wie sieht der Kreislauf liquiden Mittel?) (Gibt Auskunft über die Zahlungs-fähigkeit)	Zähler	Kreditorenziel	58,01	58,01
	Nenner	Debitorenziel	22,96	22,96
	Ergebnis	Kassenreichweite	51,07	60,89
	Cash Zyklus	*Kreditorenz. - Debetorenz.+ Kassenreichweite*	86,13	95,94

XI. Zusammenfassung der Kennzahlen zum Vermögen und zur Vermögensstruktur nach Optimierung

Bis auf das Debitoren- und Kreditorenziel haben sich alle Kennzahlen (teilweise in Größenordnung) positiv verändert. Beim Kreditorenziel hätten wir bei entsprechender Liquiditätsnutzung ebenfalls Veränderungen sehen können.

33

Die Veränderungen auf einen Blick

Vermögensstruktur	2008	2010
Gesamtkapitalumschlag (Faktor)	1,68	2,26
Anlagenintensität (%)	4,12%	8,36%
Vorratsumschlag (Faktor)	2,80	6,08
Vorräte zu Umsatz (%)	36%	16%
Reichweite Bestände (Tage)	130,13	60,06
Reichweite Bestände (Tage, JÜ als Basis)	692.222,50	65.240,39
Reichweite Bestände (Jahre, JÜ als Basis)	1.896,50	178,74
Umschlagsdauer Umlaufvermögen (Tage)	208,53	148,27
Debitorenziel (Tage)	22,96	22,96
Kreditorenziel (Tage)	58,01	58,01
Reichweite Liquide Mittel (Tage)	51,07	60,89

34   Wir sehen aber, dass wir mit Wenig bereits Viel erreichen können. Wäre es uns gelungen, durch weitere Maßnahmen auch die Ergebnisse in der GuV zu optimieren, dann hätten wir hier noch weitergehende Verbesserungen gesehen. Aber dies können Sie ja nach Beendigung der Lektüre dieses Buches selbst einmal simulieren.

D.   Kennzahlen zum Kapital und zur Kapitalstruktur nach Optimierung

35   Jetzt wollen wir schauen, ob auch bei den Kennzahlen zum Kapital und zur Kapitalstruktur entsprechende Verbesserungen sichtbar werden. Wir werden wieder sukzessiv vorgehen und die Veränderungen dann kommentieren.

Definitionen von Kennzahlen zur Kapitalstruktur				
Kapitalstruktur			**2008**	**2010**
Eigenkapitalquote (%) nach HGB Basis Eigenkapital nach HGB	Zähler	Eigenkapital nach HGB	1.357,10	1.374,73
(Wie viel Prozent der Bilanzsumme/ des Kapitals wird von Eigenkapital gestellt?)	Nenner	Bilanzsumme	11.411,10	8.488,73
(Gibt Auskunft über die Solidität der Kapitalbasis - "Krisenkapital")	Ergebnis	Division x 100	11,89%	16,19%
EK-Quote haftendes Eigenkapital (%) (Wie viel % der Bilanzsumme kann	Zähler	Haftendes Eigenkapital	1.357,10	1.374,73
als Sicherheit / Haftungskapital gelten, da Eigenkapital?)	Nenner	Bilanzsumme	11.411,10	8.488,73
(Gibt Auskunft über die Solidität der Kapitalbasis - "erweitertes Krisenkapital")	Ergebnis	Division x 100	11,89%	16,19%
EK-Quote wirtschaftliches Eigenkapital (%) Basis wirtschaftliches Eigenkapital	Zähler	Wirtschaftliches Eigenkapital	5.035,40	2.113,03
(Wie viel Prozent der Bilanzsumme/ des Kapitals wird von Eigenkapital, das adhoc zur Verfügung steht, gestellt?)	Nenner	Bilanzsumme	11.411,10	8.488,73
(Gibt Auskunft über die Solidität der Kapitalbasis - "Krisenkapital")	Ergebnis	Division x 100	44,13%	24,89%
Verb. aus L&L Quote (%) (Wie viel % des Fremdkapitals stammt von Lieferanten und Sonstigen, ist daher kurzfristig und ist damit in naher Zukunft fällig?)	Zähler	Verbindlichkeiten aus L. & L.	3.393,70	3.393,70
(Gibt Auskunft über die anstehenden Zahlungsverpflichtungen, Liquiditätsbedarf einerseits und die kostenfreie Finanzierung über Lieferanten andererseits)	Nenner	Langfristiges Fremdkapital + Kurzfristiges Fremdkapital	4.679,10 5.374,90 10.054,00	1.739,10 5.374,90 7.114,00
	Ergebnis	Division x 100	33,75%	47,70%
Kurzfristiges Fremdkapital Quote (%) (Wie viel % der Bilanzsumme ist mit Fremdkapital und dieses auch noch kurzfristig finanziert?)	Zähler	Summe kurzfristiges Fremdkapital	5.374,90	5.374,90
	Nenner	Bilanzsumme	11.411,10	8.488,73
(Gibt Auskunft über die Solidität der Fremdkapitalfinanzierung bzw. über anstehende Zahlungsverpflichtungen)	Ergebnis	Division x 100	47,10%	63,32%

Überfliegen Sie doch nur ganz kurz einmal die jeweiligen Ergebniszeilen – alle Kennzahlen haben sich verändert!

Dann fangen wir wieder an.

I.   Eigenkapitalquote (%) nach HGB

Da wir auf der Basis ‚ceteris paribus' einen etwas höheren Jahresüberschuss haben (die Vorperiode 2009   36
haben wir aus dargestellten Gründen nicht berücksichtigt) ändert sich auch das Eigenkapital. Diese Veränderung ist zwar geringer Natur, aber der Treiber bei dieser Kennzahl liegt ja auch im Nenner.

Die Bilanzsumme fällt von 11.411,10 aufgrund der eingeleitenden Maßnahme signifikant auf 8.488,73. Damit bekommen wir auch hier ein besseres Ergebnis bzw. eine bessere Quote.

Die Eigenkapitalquote steigt von 11,89% auf 16,19%! Und dies ist eigentlich vollständig auf die Bestandsreduktion mit entsprechender Nutzung der freigesetzten Liquidität zurück zu führen, da die (auch positive) Veränderung des Zählers (absolutes Eigenkapital) zu vernachlässigen ist.

II.   Eigenkapitalquote – haftendes Eigenkapital (%)

Wenn wir uns noch einmal die verschiedenen Definitionen von Eigenkapital anschauen (im Kapitel   37
„Kennzahlen zur Kapitalstruktur" bzw. im MS Excel Tabellenblatt „Def. Kennzahlen – Sonstige"),

- Eigenkapital nach HGB
- Haftendes Eigenkapital
- Wirtschaftliches Eigenkapital

die wie eine Pyramide aufeinander aufbauen, dann wird auch klar, warum die Zahlen beim haftenden Eigenkapital identisch mit der zuvor berechneten Kennzahl – auch nach Optimierung sind.

Im Fall der GH Mobile sind alle weiteren bei der Ermittlung des haftenden Eigenkapitals zu berück-   38
sichtigen Elemente

- nicht anrechenbarer Anteil der Sonderposten[10]
- Ausstehende Einlagen
- Immaterielle Wirtschaftsgüter
- Subordinierte Darlehen

jeweils *Null*.

Haftendes Eigenkapital (Summe)			
	Summe Eigenkapital	1.357,10	1.374,73
	- nicht anrechenbarer Anteil der Sonderposten	0,00	
(Ist ein 'korrigiertes und damit	- Ausstehende Einlagen	0,00	0,00
im Schadensfall 'belastbares'	- Immaterielle Wirtschaftsgüter	0,00	0,00
Eigenkapital)	+ Subordinierte Darlehen	0,00	0,00
		1.357,10	1.374,73

Von daher sind im Fall der GH Mobile das haftende und das Eigenkapital nach HGB Gliederungsschema identisch. Die Veränderung durch Bestandsabbau setzt sich somit auch 1:1 fort.

Damit brauchen wir die Ergebnisse nicht weiter zu kommentieren – wir verweisen auf die erste Eigenkapital-Kennzahl.

---

10   Entfällt dann mit dem BilMoG, da nicht mehr ausgewiesen. Hier brauchen wir dann zukünftig entsprechende Zusatzangaben.

III. Eigenkapitalquote – wirtschaftliches Eigenkapital (%)

Wirtschaftliches Eigenkapital (Summe)			
(Ist ein korrigiertes Eigenkapital, das häufig bei Kreditvergaben zu Grunde gelegt wird)	Summe haftendes Eigenkapital	1.357,10	1.374,73
	- Beteiligungen, auch an verb. Untern./Ges	230,00	230,00
	- Forderungen geg. verb. Untern./Ges.	0,00	0,00
	- nicht durchgeführte Wertberichtigung	0,00	0,00
	+ 50% der langfristige Rückstellungen	355,00	355,00
	+ Verbindlichkeiten geg. verb. Untern./Ges	3.553,30	613,30
	+ Stille Reserven AV	0,00	0,00
		5.035,40	2.113,03

EK-Quote wirtschaftliches Eigenkapital (%) Basis wirtschaftliches Eigenkapital				
(Wie viel Prozent der Bilanzsumme/ des Kapitals wird von Eigenkapital, das adhoc zur Verfügung steht, gestellt?)	Zähler	Wirtschaftliches Eigenkapital	5.035,40	2.113,03
	Nenner	Bilanzsumme	11.411,10	8.488,73
(Gibt Auskunft über die Solidität der Kapitalbasis - "Krisenkapital")	Ergebnis	*Division x 100*	44,13%	24,89%

39 Hier sehen wir auch wieder eine Veränderung, aber erstmals eine Verschlechterung; die Quote fällt von 44,13% auf 24,89%.

Warum auf einmal diese Verschlechterung?

Hier müssen wir ähnlich der Erklärung des haftenden Eigenkapitals wieder die Details anschauen.

Zusätzlich zum haftenden Eigenkapital werden hier noch weitere Positionen in die Berechnung integriert, nämlich die

■ Beteiligungen, auch an verbundene Unternehmen/Gesellschaften

■ Forderungen gegen verbundene Unternehmen/Gesellschaften

■ nicht durchgeführte Wertberichtigung

■ 50% der langfristige Rückstellungen

■ Verbindlichkeiten gegen verbundene Unternehmen/Gesellschaften

■ Stille Reserven AV.

Eine Position sind dabei die Verbindlichkeiten gegen verbundene Unternehmen bzw. Gesellschaften. Die Position wird aus dem haftenden Eigenkapital herausgerechnet. Da wir die Liquidität aus Bestandsabbau dafür genutzt haben, Verbindlichkeiten abzubauen und Bankverbindlichkeiten nur in geringem Maß vorhanden waren, fällt diese Position und damit die Eigenkapitalquote auf Basis Wirtschaftliches Eigenkapital.

40 Aber Achtung, der Abbau der Verbindlichkeiten ist ja zunächst einmal etwas Positives. Die Kennzahl Wirtschaftliches Eigenkapital hat auch Verbindlichkeiten als quasi *eigene Mittel* eingerechnet, da bei verbundenen Unternehmen davon ausgegangen wird, dass Kapital, gerade in schlechteren Zeiten, nicht einfach abgezogen wird. Manchmal kann man es auch gar nicht abziehen. Wir verweisen in diesem Zusammenhang auf unsere Ausführungen bei der ersten Grobanalyse bzw. den Kennzahlen-Detailbeschreibungen.

Wenn wir einmal ehrlich sind, dann ist doch das wirtschaftliche Eigenkapital sowieso eine Kennzahl mit kosmetischem ,Touch'. Durch unsere Maßnahme wird diese Eigenkapitalquote eigentlich doch wieder ,ehrlicher'.

IV.   Verbindlichkeiten aus Lieferungen und Leistungen (Quote %)

Die Kreditoren haben wir ja nicht verändert. Dies hatten wir ja bereits bei der Kennzahl Kreditoren-   41
ziel gesehen. Dennoch verschlechtert sich die Quote jetzt von 33,75% auf 47,70%, da ja im Nenner
das gesamte Fremdkapital in dieser Kennzahl steht.

Verb. aus L&L Quote (%) (Wie viel % des Fremdkapitals stammt von Lieferanten und Sonstigen, ist daher kurzfristig und ist damit in naher Zukunft fällig?) (Gibt Auskunft über die anstehenden Zahlungsverpflichtungen, Liquiditätsbedarf einerseits und die kostenfreie Finanzierung über Lieferanten andererseits)	Zähler	Verbindlichkeiten aus L. & L.	3.393,70	3.393,70
	Nenner	Langfristiges Fremdkapital + Kurzfristiges Fremdkapital	4.679,10 5.374,90 10.054,00	1.739,10 5.374,90 7.114,00
	Ergebnis	*Division x 100*	33,75%	47,70%

Dieses gesamte Fremdkapital beinhaltet in 2010 aber auch die reduzierten langfristigen Verbindlichkeiten und somit muss das Ergebnis schlechter werden.

Wir haben bei den Kreditoren bereits darauf hingewiesen, dass es bei der Nutzung der durch Bestandsabbau zur Verfügung stehenden Liquidität auch die Alternative gegeben hätte, bei den Kreditoren entsprechend zunächst vollumfänglich oder teilweise zu intervenieren. Wir haben ebenfalls dargestellt, dass jetzt mit wenig langfristigem Kapital und reduziertem Risiko eventuell die
Möglichkeit einer Umschichtung von Kurz- auf Mittel- bis Langfristfinanzierungen besteht. Aber
wir haben ja ganz bewusst nur eine Veränderung herbeigeführt, um die Ausschläge in den Kennzahlen bei nur einer Maßnahme aufzeigen zu können

Sie können ja in der Periode 2011 einmal selbst eine Umschichtung bei der Finanzierung vorneh-   42
men, in dem Sie die Kreditoren in gleichem Maß verringern, wie Sie Bankverbindlichkeiten hochfahren. Aber Achtung, Sie müssen dann auch die ‚Zinsaufwendungen‘ in der GuV anpassen. Damit
ändern sich das Ergebnis vor und nach Steuern, somit wieder das Eigenkapital und der Kassenbestand in der Bilanz.

Wir müssen aber auf jeden Fall festhalten, dass die Verschlechterung von 33,75% auf 47,70% so nicht
stehen bleiben darf. Fast 50% des Fremdkapitals sind damit kurzfristig und dies ist nach wie vor keine
gesunde wirtschaftliche Basis. Die Möglichkeit zur weitern Optimierung besteht aber einerseits in einer Umschichtung der Passiva, andererseits in der Nutzung der Bank und Kassengelder, die durch den
Abbau der Bestände und der Verbindlichkeiten von ihrer Bindung als Risikopuffer befreit wurden.

Damit könnten wir   43

■ auch eine weitere Kürzung der Bilanz durchsetzen, in dem wir die Liquidität in der Bank/Kasse
nutzen, um die Kreditoren abzubauen.

■ alternativ nur teilweise eine weitere Bilanzkürzung andenken, aber gleichzeitig das Anlagevermögen weiter stärken, so dass wir eine Kürzung der Bilanz bei gleichzeitigem Aktivtausch
(Buchung(ssatz)[11]: Anlagevermögen an Bank) umsetzen. Dabei müssen wir allerdings beachten, dass die reduzierten Zinsaufwendungen die dann erhöhten Abschreibungen nicht auffangen
können und das Ergebnis der GH Mobile negativ wird.

Aber rechnen und simulieren Sie doch selbst. Sie haben das Wissen und das Handwerkszeug!

---

11 Ohne Berücksichtigung der Umsatzsteuer.

V.   Kurzfristiges Fremdkapital (Quote %)

44   Hier sehen wir, analog zur Kennzahl Verbindlichkeiten aus Lieferungen und Leistungen (Quote %), eine (noch massivere) Verschlechterung, dieses Mal von 47,10% auf 63,32%.

Kurzfristiges Fremdkapital Quote (%) (Wie viel % der Bilanzsumme ist mit Fremdkapital und dieses auch noch kurzfristig finanziert?)	Zähler	Summe kurzfristiges Fremdkapital	5.374,90	5.374,90
	Nenner	Bilanzsumme	11.411,10	8.488,73
(Gibt Auskunft über die Solidität der Fremdkapitalfinanzierung bzw. über anstehende Zahlungsverpflichtungen)	Ergebnis	Division x 100	47,10%	63,32%

Da hier im Nenner nicht das gesamte Fremdkapital, sondern die Bilanzsumme steht (beide haben sich ja reduziert), ist die Entwicklung nur logisch.

45   Damit können wir auf die Ausführung zur letzten Kennzahl Verbindlichkeiten aus Lieferungen und Leistungen (Quote %) verweisen, denn wir hätten ja auch andere Möglichkeiten gehabt, bzw. uns stehen ja auch weitere Möglichkeit der Optimierung jetzt offen.

Halten wir aber auch hier deutlich fest, dass ein Wert von 63,32% so nicht stehen bleiben darf – das ist nicht gesund und eine Bank hätte sicherlich keine Freude daran.

Also wiederholen wir uns noch einmal: Simulieren und optimieren Sie weiter. Die Möglichkeiten (alleine aus der Bilanz heraus) sind bereits aufgezeigt.

VI.   Zusammenfassung der Kennzahlen zum Kapital und zur Kapitalstruktur nach Optimierung

46   Wir sehen Verbesserungen als auch Verschlechterungen. Die Eigenkapitalquote nach HGB Gliederung und dies ist bei ehrlicher Betrachtung auch die erste der Eigenkapitalkennzahlen, die von Dritten betrachtet wird, ist gestiegen.

Die Kennzahlen mit kurzfristigem Fremdkapital im Zähler verschlechtern sich. Dies ist aber nur logisch, weil wir die neue Liquidität einseitig für den Abbau der langfristigen Positionen angesetzt haben. Dies darf so natürlich nicht stehen bleiben, deshalb müssen Sie ja hier auch tätig werden.

Kapitalstruktur	2008	2010
Eigenkapitalquote (%) (HGB Gliederung)	11,89%	16,19%
Eigenkapitalquote (%) (Basis: haftendes Eigekapital)	11,89%	16,19%
Eigenkapitalquote (%) (Basis: wirtschaftliches Eigenkapital)	44,13%	24,89%
Verbindlichkeiten aus L&L Quote (%)	33,75%	47,70%
Kurzfristiges Fremdkapital Quote (in %)	47,10%	63,32%

Und Sie werden sehen, auch die Kennzahlen des Vermögens werden dann weitere Verbesserungen erfahren!

E.   Kennzahlen zur Liquidität und Finanzkraft nach Optimierung

Schreiten wir weiter fort und beschäftigen uns mit den Auswirkungen auf die Liquidität und die Finanzkraft.   47

47

Definitionen von Kennzahlen zur Liquidität und Finanzkraft				
Liquidität & Finanzkraft			**2008**	**2010**
Liquidität I (%) (In welcher Relation stehen prozentual flüssige Mittel zum kurzfristigen Fremdkapital?)	Zähler	Flüssige Mittel	2.679,70	3.194,53
	Nenner	Summe kurzfristiges Fremdkapital	5.374,90	5.374,90
(Gibt Auskunft über die adhoc Zahlungsfähigkeit)	Ergebnis	*Division x 100*	49,86%	59,43%
Liquidität II (%) (In welcher Relation stehen prozentual Forderungen und flüssige Mittel zum kurzfristigen Fremdkapital?)	Zähler	Forderungen aus L. & L. + Sonstige Vermögensgegenstände + Flüssige Mittel	1.430,50 3,10 2.679,70 4.113,30	1.430,50 3,10 3.194,53 4.628,13
	Nenner	Summe kurzfristiges Fremdkapital	5.374,90	5.374,90
(Gibt Auskunft über die Solidität der kurz- bis mittelfristigen Finanzposition)	Ergebnis	*Division x 100*	76,53%	86,11%
Liquidität III (%) (In welcher Relation steht prozentual das Umlaufvermögen - Bestände, Forderungen und flüssige Mittel - zum kurzfristigen Fremdkapital?)	Zähler	Summe Umlaufvermögen	10.940,70	7.779,33
	Nenner	Summe kurzfristiges Fremdkapital	5.374,90	5.374,90
(Gibt Auskunft über die Solidität der kurz- bis mittelfristigen Finanz-) position)	Ergebnis	*Division x 100*	203,55%	144,73%
Cash Flow/Gesamtkapital (%) (misst die Liquidität /die Cash Generierung pro Kapital Euro)	Zähler	Jahresüberschuss bzw. Jahresfehlbetrag + Abschreibungen = Cash Flow	3,60 423,00 426,60	17,63 474,00 491,63
(Ist ein klares Indiz für die Renditestärke)	Nenner	Bilanzsumme	11.411,10	8.488,73
	Ergebnis	*Division x 100*	3,74%	5,79%
Cash-Flow-Umsatzrate (%) (misst die Liquidität /die Cash Generierung pro Umsatz Euro)	Zähler	Cash Flow	426,60	491,63
	Nenner	Gesamterlöse	19.150,20	19.150,20
(Ist ein klares Indiz für die Renditestärke)	Ergebnis	*Division x 100*	2,23%	2,57%
Anlagendeckung I (%) (Wie viel % der Aktiva sind mit Eigenkapital (nach HGB Definition) finanziert?) ("Goldene Finanzierungsregel")	Zähler	Eigenkapital nach HGB Definition	1.357,10	1.374,73
	Nenner	Summe Anlagevermögen - Finanzanlagen	470,40 235,40 235,00	709,40 235,40 474,00
(Gibt Auskunft über die Solidität der Finanzierung und über die Anlagen-) werte zu Buch)	Ergebnis	*Division x 100*	577,49%	290,03%

Definitionen von Kennzahlen zur Liquidität und Finanzkraft

Liquidität & Finanzkraft			2008	2010
Anlagendeckung II (%) (Wie viel % der Aktiva sind mit langfristigem Kapital finanziert?) ("Silberne Finanzierungsregel")	Zähler	Eigenkapital + Summe langfristiges Fremdkapital	1.357,10 4.679,10 6.036,20	1.374,73 1.739,10 3.113,83
(Gibt Auskunft über die Solidität der Finanzierung und über die Anlagen-) werte zu Buch)	Nenner	Summe Anlagevermögen - Finanzanlagen	470,40 235,40 235,00	709,40 235,40 474,00
	Ergebnis	*Division x 100*	2568,60%	656,93%
(Dyn. Verschuldung) Kredittilgungsdauer (Jahre) (Wie lange dauert es, bis aus dem CF nach Steuern die Effektiv- verschuldung getilgt werden kann?)	Zähler	Langfristiges Fremdkapital - langfristige Rückstellungen + Summe kurzfristiges Fremdkapital - Forderungen - Flüssige Mittel = Effektivverschuldung	4.679,10 710,00 5.374,90 1.433,60 2.679,70 5.230,70	1.739,10 710,00 5.374,90 1.433,60 3.194,53 1.775,87
(Dynamischer Verschuldungsgrad) (Gibt Auskunft über die Kreditwürdigkeit und Bonität)	Nenner	Cash Flow	426,60	491,63
	Ergebnis	*Division*	12,26	3,61
Investitionsquote I (%) (Wie viel % des jährlchen Umsatzes ist im Anlagevermögen aktiviert?)	Zähler	Anlagevermögen (ohne Finanzanlagen)	235,00	474,00
(Substanzkennzahl, um Reinvestitionsquoten berechnen zu können, siehe auch folgende Investitionskennzahlen)	Nenner	Gesamterlöse	19.150,20	19.150,20
	Ergebnis	Division x 100	1,2%	2,5%
Investitionsquote II (%) (Wie viel % vom Umsatz wird wieder reinvestiert?)	Zähler	Veränderung Anlagevermögen (Immmat & SAV) + Abschreibungen auf Sachanlagevermögen = Periodische Investitionen	-423,00 423,00 0,00	239,00 474,00 713,00
(Gibt Auskunft über die Investitionstätig- keit bzw. den Substanzerhalt)	Nenner	Gesamterlöse	19.150,20	19.150,20
	Ergebnis	*Division x 100*	0,00%	3,72%
(Re)Investitionsquote III (%) (Berechnet eine Substanzsteigerung oder Substanzreduktion)	Zähler	Periodische Investitionen	0,00	713,00
(Managementkennzahl, in Verbindung mit Kapitalumschlag (Kap-U), Kapitalrendite (ROI) und Umsatzrendite (ROS)	Nenner	Abschreibungen auf AV	423,00	474,00
	Ergebnis	Division	0,00%	150,42%
Selbstfinanzierungsquote (%) (Wie viel % des Sachanlagevermögens kann aus dem Cash Flow nach Steuern periodisch wieder angeschafft werden?)	Zähler	Jahresüberschuss bzw. Jahresfehlbetrag + Abschreibungen	3,60 423,00 426,60	17,63 474,00 491,63
(Gibt Auskunft über die Substanzer- haltungsmöglichkeiten, aber Achtung: wenn SAV niedrig (Buchwerte), dann fehlerhafte Deutung möglich)	Nenner	Grundstücke und Gebäude + Betriebs- und Geschäftsausstattung	0,00 235,00 235,00	0,00 474,00 474,00
	Ergebnis	*Division x 100*	181,53%	103,72%

I.   Liquidität I (%)

Die Liquidität I, auch 1. Grades oder 1. Ordnung genannt, steigt von 49,86% auf 59,43%, da die flüs- 48
sigen Mittel im Zähler der Kennzahl bei konstantem Nenner (kurzfristiges Fremdkapital) gestiegen
sind. Wir hatten aber bereits festgehalten, dass diese Berechnung der ‚adhoc' Liquidität sicherlich
nicht zu den wichtigsten Kennzahlen gehört.

Liquidität I (%) (In welcher Relation stehen prozentual flüssige Mittel zum kurzfristigen Fremdkapital?) (Gibt Auskunft über die adhoc Zahlungsfähigkeit)	Zähler	Flüssige Mittel	2.679,70	3.194,53
	Nenner	Summe kurzfristiges Fremdkapital	5.374,90	5.374,90
	Ergebnis	*Division x 100*	49,86%	59,43%

Trotzdem halten wir fest: wir sehen eine Verbesserung.

II.   Liquidität II (%)

Die Liquidität 2. Grades hat da schon bei weitem mehr Bedeutung. Generell besagt sie, ob ein Unter- 49
nehmen im unteren Teil der Bilanz *ausbalanciert finanziert* ist, da den Ist Bank- und Kassenbestand-
teilen und den zukünftigen Eingängen, also den Forderungen, die kurzfristigen Verbindlichkeiten
gegenüber gestellt werden.

Liquidität II (%) (In welcher Relation stehen prozentual Forderungen und flüssige Mittel zum kurzfristigen Fremdkapital?) (Gibt Auskunft über die Solidität der kurz- bis mittelfristigen Finanzposition)	Zähler	Forderungen aus L. & L. + Sonstige Vermögensgegenstände + Flüssige Mittel	1.430,50 3,10 2.679,70 4.113,30	1.430,50 3,10 3.194,53 4.628,13
	Nenner	Summe kurzfristiges Fremdkapital	5.374,90	5.374,90
	Ergebnis	*Division x 100*	76,53%	86,11%

Wir sehen eine Steigerung und damit Verbesserung von 76,53% auf 86,11%, damit eine Optimierung
der Situation. Generell sagt man, dass eine Liquidität II bei 90% bis 110% ideal ist und – mogeln wir
ein wenig – aufgerundet haben wir 90% erreicht.

III.   Liquidität III (%)

Bei der Liquidität III hatten wir bei unseren Analysen gesehen, dass wir aufgrund der großen Be- 50
stände viel zu hoch lagen. Jetzt nach Bestandsabbau und Zunahme bei den liquiden Mitteln sieht die
Situation schon anders aus. Die GH Mobile haben die Liquidität III von 203,55% auf 144,73% reduziert und dies ist ein klasse Ergebnis.

Liquidität III (%) (In welcher Relation steht prozentual das Umlaufvermögen - Bestände, Forderungen und flüssige Mittel - zum kurzfristigen Fremdkapital?) (Gibt Auskunft über die Solidität der kurz- bis mittelfristigen Finanz-) position)	Zähler	Summe Umlaufvermögen	10.940,70	7.779,33
	Nenner	Summe kurzfristiges Fremdkapital	5.374,90	5.374,90
	Ergebnis	*Division x 100*	203,55%	144,73%

51   Sie erinnern sich noch an das Bewertungsraster?

Größenordnung	Schulnote
■ <= 130%	sehr gut
■ ca. 140%	gut
■ ca. 150%	befriedigend
■ ca. 160%	ausreichend
■ <= 170%	mangelhaft

Wir kommen also von einer mangelhaften Position und bekommen jetzt (knapp) die Note „Gut". Und jetzt stellen Sie sich vor, wir könnten die Forderungen auch noch ein wenig abbauen.

52   Der Abbau der Kassenposition zugunsten der kurzfristigen Verbindlichkeiten (Bilanzverkürzung) bringt uns allerdings nicht weiter, denn damit würde sich der Nenner ja auch verkleinern. Hier müssen wir aus Kennzahlensicht bei gewissen Konstellationen sogar ein wenig vorsichtig sein. Ein kleines Beispiel soll dieses verdeutlichen.

Umlaufvermögen:	150 Geldeinheiten
davon Kasse/Bank:	40 Geldeinheiten
Kurzfristige Verbindlichkeiten:	100 Geldeinheiten

Daraus ergibt sich eine Liquidität III von 150 / 100 = 1,5 also 150%

Jetzt reduzieren wir mit 30 Geldeinheiten aus der Kasse/Bank die kurzfristigen Verbindlichkeiten und haben folgende neue Situation:

Umlaufvermögen:	120 Geldeinheiten
davon Kasse/Bank:	10 Geldeinheiten
Kurzfristige Verbindlichkeiten:	70 Geldeinheiten

Daraus ergibt sich eine Liquidität III von 120 / 70 = 1,71 also 171%, es kommt somit zu einer Zunahme, aus Wertungssicht zu einer Verschlechterung der Liquidität III, weil dann zu hoch.

IV.   Cash Flow zu Gesamtkapital (%)

53   Hier sehen wir eine Zunahme von 3,74% auf 5,79%.

Cash Flow/Gesamtkapital (%) (misst die Liquidität /die Cash Generierung pro Kapital Euro)	Zähler	Jahresüberschuss bzw. Jahresfehlbetrag + Abschreibungen = Cash Flow	3,60 423,00 426,60	17,63 474,00 491,63
(Ist ein klares Indiz für die Renditestärke)	Nenner	Bilanzsumme	11.411,10	8.488,73
	Ergebnis	*Division x 100*	3,74%	5,79%

Beide Elemente der Kennzahl werden sogar positiv beeinflusst. Im Zähler steigt der Cash Flow aufgrund des leicht verbesserten Ergebnisses und der erhöhten Abschreibungen – Sie erinnern sich, wir hatten 20% der gewonnenen Liquidität in das Anlagevermögen investiert – und im Nenner steht die Bilanzsumme, deren Absenkung wir schon mehrfach bewundert haben.

Was sollen wir noch mehr dazu sagen – wir sehen eine klasse Verbesserung durch eine einfache, logisch und natürlich legale Maßnahme.

V.   Cash Flow-Umsatzrate (%)

Auch bei dieser Kennzahl fällt eine Verbesserung auf, die aber nicht ganz so deutlich ausfällt als beim
Cash Flow im Verhältnis zur Bilanzsumme. Die Cash Flow-Umsatzrate steigt von 2,23% auf 2,57%.   54

Cash-Flow-Umsatzrate (%) (misst die Liquidität /die Cash Generierung pro Umsatz Euro) (Ist ein klares Indiz für die Renditestärke)	Zähler	Cash Flow	426,60	491,63
	Nenner	Gesamterlöse	19.150,20	19.150,20
	Ergebnis	*Division x 100*	2,23%	2,57%

Hier kann nur der Zähler (erhöhter Cash Flow, siehe oben) Ergebnis verbessernd wirken, der Nenner (Umsatz) bleibt jedoch konstant.

Hätten wir die Periode 2009 betrachtet, in der wir den Bestandsabbau vorangetrieben haben und hier Abverkaufserlöse gesehen, dann wäre die Cash Flow-Umsatzrate jedoch mehr angestiegen, es sei denn, es wäre unter Einstandspreisen verkauft worden. Wir haben aber bewusst für 2010 plädiert, da die Abverkaufserfolge Einmalcharakter haben und wir ein „sauberes vorher – nachher" vergleichen wollen.

VI.   Anlagendeckung I (%)

Hier sehen wir zunächst eine fallende Deckung, von 577,49% auf 290,03%. Das soll uns aber begeistern, denn 577,49% war ja viel zu hoch. Die jetzt errechneten 290,03% sind zwar auch immer noch viel zu hoch, ideal wären 50% bis 70%, aber zumindest ist dies ein erster Schritt in die richtige Richtung.   55

Anlagendeckung I (%) (Wie viel % der Aktiva sind mit Eigenkapital (nach HGB Definition) finanziert?) ("Goldene Finanzierungsregel") (Gibt Auskunft über die Solidität der Finanzierung und über die Anlagen-) werte zu Buch)	Zähler	Eigenkapital nach HGB Definition	1.357,10	1.374,73
	Nenner	Summe Anlagevermögen - Finanzanlagen	470,40 235,40 235,00	709,40 235,40 474,00
	Ergebnis	*Division x 100*	577,49%	290,03%

Die hohen Anlagendeckungen besagen ja, dass entweder viel zu viel Eigenkapital vorhanden ist, was aber bei der GH Mobile nicht der Fall ist, oder das Anlagevermögen bei weitem zu niedrig ist. Und das trifft bei uns ja zu, wie wir ja wissen.

Die neuen Investitionen (20% der gewonnenen Liquidität aus dem Bestandsabbau) führen uns also   56
auch hier auf den Weg zu gesunden Strukturen, allerdings sind wir vom Ziel noch weit entfernt. Denken Sie jetzt wieder an die nächsten Schritte, wie der weiteren und besseren Nutzung der Kassen- und Bankbestände. Würden hieraus auch wieder (zumindest teilweise) Investitionen vorangetrieben, würde die Anlagendeckung auch weiter fallen, wir würden also den Weg zum Ziel in der richtigen Richtung weiter gehen.

VII. Anlagendeckung II (%)

57 Entsprechend der Anlagendeckung I fällt auch hier das Ergebnis – in diesem Fall von 2.568,60% auf 656,93%.

Anlagendeckung II (%) (Wie viel % der Aktiva sind mit langfristigem Kapital finanziert?) ("Silberne Finanzierungsregel") (Gibt Auskunft über die Solidität der Finanzierung und über die Anlagen-) werte zu Buch)	Zähler	Eigenkapital + Summe langfristiges Fremdkapital	1.357,10 4.679,10 6.036,20	1.374,73 1.739,10 3.113,83
	Nenner	Summe Anlagevermögen - Finanzanlagen	470,40 235,40 235,00	709,40 235,40 474,00
	Ergebnis	Division x 100	2568,60%	656,93%

Bei einem Zielkorridor von 130% bis 170% müssen wir zwar noch viel Geld in die Hand nehmen, aber vergessen wir nicht unsere Position Kasse und Bank. Da liegen doch in 2008 und 2010 nette Summen.

IV Kasse, Bank und Schecks	2.679,70	23%	3.194,53	38%

Und nachdem durch den Bestandsabbau nicht nur die Verbindlichkeiten, sondern auch die damit verbundenen Risiken reduziert wurden, sind diese Kassen- und Bankbestände ja jetzt auch nutzbar und müssen nicht mehr als Risikopuffer dienen.

58 Spielen dann die Banken bei einer Umschichtung der Verbindlichkeiten (weg von Kurzfrist-, hin zu Mittel- und Langfristpositionen) noch mit, dann können die genannten liquiden Mittel auch sehr weit investiv genutzt werden, so dass zwar die Bilanzsumme zunächst wieder steigt und damit Rotations- bzw. Reproduktionsgeschwindigkeiten abnehmen, gleichzeitig aber Cash Flow und Anlagenintensitäten deutlich besser werden. Zusätzliche Erlöse bzw. Kostensenkungen durch höhere Produktivität als Resultat neuer Investitionen sind dabei noch gar nicht betrachtet.

VIII. Dynamische Verschuldung/Kredittilgungsdauer (Jahre)

59 Hier kommt bei der Betrachtung wieder richtig Freude auf. Da wir die gewonnene Liquidität zur Tilgung von langfristigem Fremdkapital eingesetzt haben, verbessert sich die dynamische Verschuldung ‚katapultartig'. Wir sehen eine Reduktion der Tilgungsdauer[12] aus versteuertem Cash Flow von 12,26 auf 3,61 Jahre!

(Dyn. Verschuldung) Kredittilgungsdauer (Jahre) (Wie lange dauert es, bis aus dem CF nach Steuern die Effektiv-verschuldung getilgt werden kann?) (Dynamischer Verschuldungsgrad) (Gibt Auskunft über die Kreditwürdigkeit und Bonität)	Zähler	Langfristiges Fremdkapital - langfristige Rückstellungen + Summe kurzfristiges Fremdkapital - Forderungen - Flüssige Mittel = Effektivverschuldung	4.679,10 710,00 5.374,90 1.433,60 2.679,70 5.230,70	1.739,10 710,00 5.374,90 1.433,60 3.194,53 1.775,87
	Nenner	Cash Flow	426,60	491,63
	Ergebnis	Division	12,26	3,61

---

12 Es gilt natürlich ‚ceteris paribus'.

Erinnern wir uns wieder an unsere Wertungsskala für diese Kennzahl.   60

Größenordnung	Schulnote
■ <= 3 Jahre	sehr gut
■ 4 Jahre	gut
■ 5 Jahre	befriedigend
■ 6 Jahre	ausreichend
■ >= 7 Jahre	mangelhaft

Auf dieser Basis können wir festhalten, dass wir aus Schulnotensicht unser „Ungenügend" (auch wenn dies in unserer Skala gar nicht aufscheint) in ein „Gut" bis „Sehr Gut" umgewandelt haben.

Die ‚Banker' lieben diese Zahl!

IX.   Investitionsquote I (%)   **6**

Wir sehen eine Verbesserung von 1,2% auf 2,5%.   61

Investitionsquote I (%) (Wie viel % des jährlichen Umsatzes ist im Anlagevermögen aktiviert?) (Substanzkennzahl, um Reinvestitionsquoten berechnen zu können, siehe auch folgende Investitionskennzahlen)	Zähler	Anlagevermögen (ohne Finanzanlagen)	235,00	474,00
	Nenner	Gesamterlöse	19.150,20	19.150,20
	Ergebnis	Division x 100	1,2%	2,5%

Im Zähler steht das in 2010 durch die neuen Investitionen gesteigerte Anlagevermögen, die Erlöse im Nenner sind konstant. Bei den Anlageintensitäten haben wir gesehen, dass wir noch einen langen Weg vor uns haben, aber der Start zumindest geglückt ist.

Diese Interpretation können wir hier 1:1 übertragen. Die Kennzahlen ergänzen sich, stellen die Erfolge nur aus einem anderen Blickwinkel dar.

X.   Investitionsquote II (%)

Hier stellen wir die Bruttoinvestitionen der Periode den Umsatzerlösen gegenüber. Wir wissen ja bereits aus unserer Liquiditätsnutzung (nach Bestandsabbau), dass wir bei GH Mobile   62

> 20% für Investitionen, entsprechend einer Summe in Höhe von 736 und
>
> 80% für Abbau von Verbindlichkeiten, also 2.940

angesetzt haben. Hier finden wir jetzt ein Bruttoinvestitionsvolumen in Höhe von 713 im Zähler wieder.[13]

Investitionsquote II (%) (Wie viel % vom Umsatz wird wieder reinvestiert?) (Gibt Auskunft über die Investitionstätig- keit bzw. den Substanzerhalt)	Zähler	Veränderung Anlagevermögen (Immat & SAV) + Abschreibungen auf Sachanlagevermögen = Periodische Investitionen	-423,00 423,00 0,00	239,00 474,00 713,00
	Nenner	Gesamterlöse	19.150,20	19.150,20
	Ergebnis	Division x 100	0,00%	3,72%

---

13 Eigentlich sollten dort doch 736 stehen (20% der Bestandreduktion), wir sehen aber nur 713. Diese Differenz werden wir noch aufklären.

63 Wir setzen diese Bruttoinvestitionen im Zähler den Erlösen im Nenner gegenüber und erhalten eine Steigerung von 0% auf 3,7% des Umsatzes. In 2010 hat die GH Mobile also erstmals wieder investiert und dies in einer Größenordnung von 3,7% vom Umsatz.

Dies ist wieder als geglückter Start zu werten – erst die Nachhaltigkeit, also weitere Investitionen werden uns ans Ziel bringen. Wir haben auch gesehen, dass dies jetzt aus der bilanziellen Liquidität möglich ist

Wir können auch die 3,7% noch genauer werten und würdigen.

Wir wissen für 2009:

- Bilanzsumme: 8.490,08

- Umsatzerlöse 19.150,20

Damit haben wir einen Gesamtkapitalumschlag von 2,26. Diese Kennzahl ist übrigens die erste der Vermögenskennzahlen.

Gesamtkapitalumschlag (Faktor) (Wie häufig wird das Kapital auf Basis der Erlöse umgeschlagen?) oder (Wie hoch ist die Rotations- bzw. Reproduktionsgeschwindigkeit des eingesetzten Kapitals?)	Zähler	Gesamterlöse	19.150,20	19.150,20
	Nenner	Bilanzsumme	11.411,10	8.488,73
	Ergebnis	*Division*	1,68	2,26

64 Wir wissen, dass diese 2,26 als „Gut" eingestuft werden können. Lassen wir sie damit auch als Zielgröße stehen.

Nehmen wir jetzt wieder die Zielgröße für das Anlagevermögen aus unseren bisherigen Untersuchungen in Höhe von 60% an. Daraus ergibt sich dann ein Ziel-Anlagevermögen von 5.094.05. Unterstellen wir jetzt auch wieder die 10 Jahre als durchschnittliche Nutzungsdauer, so ergibt sich ein periodischer Reinvestitionsbedarf von 509 oder 2,67% vom Umsatz. Wir liegen mit unseren 3,7% vom Umsatz in 2010 darüber.

Allerdings bezieht sich die Berechnung der 2,67% auf eine *bereits geschaffte* Anlagenquote von 60%. Davon sind wir ja noch weit entfernt.

Aber halten wir doch das Gute auch fest: Die GH Mobile investiert ca. 35% mehr als zur Aufrechterhaltung einer Anlagenquote von (zukünftig) 60% zur Bilanzsumme notwendig wäre. Sie sehen, man kann durch entsprechende Formulierungen dazu beitragen, das Unternehmen positiv zu betrachten. Dies zeigt uns aber auch, dass wir immer auf der Hut sein müssen, wenn wir Positives lesen.

XI.   (Re)Investitionsquote III (%)

65 Jetzt stellen wir die periodischen Investitionen und die Abschreibungen direkt ins Verhältnis zueinander.

Der Quotient steigert sich somit von 0% auf 150,42%.

(Re)Investitionsquote III (%) (Berechnet eine Substanzsteigerung oder Substanzreduktion) (Managementkennzahl, in Verbindung mit Kapitalumschlag (Kap-U), Kapitalrendite (ROI) und Umsatzrendite (ROS)	Zähler	Periodische Investitionen	0,00	713,00
	Nenner	Abschreibungen auf AV	423,00	474,00
	Ergebnis	Division	0,00%	150,42%

Hätten wir eine Quote von 100%, dann hieße dies, dass die Substanz des Unternehmens (Bilanzsumme) konstant[14] geblieben ist, da der Substanzaufbau (Investitionen) identisch mit dem Substanzabbau (Abschreibungen) ist. Dies berücksichtigt allerdings keinen Aufschlag für Teuerung und technischen Fortschritt.

In unserem Fall betragen die Investition aber 150% der periodischen Abschreibungen, die Substanz wurde (wieder) aufgebaut, was wir ja auch schon an den vorhergehenden Kennzahlen und deren Entwicklung haben ablesen können.

66

Die Steigerung von 0% auf 150% ist in diesem Zusammenhang gar nicht so wichtig. Vielmehr zählen die Größe selbst und natürlich die Tatsache, dass wir oberhalb der 100% Marke liegen.

XII. Selbstfinanzierungsquote (%)

Schauen wir uns jetzt wieder die Selbstfinanzierungsquote an. Hier sehen wir aber eine Reduktion von 181,53%auf 103,72%. Allerdings haben wir ja Einmaleffekte aus dem Abverkauf (höhere Ergebnisse) nicht eingerechnet (das war ja der Grund, warum wir uns in unserer Optimierung für das Jahr 2010 und nicht für 2009 entschieden hatten)

67

Selbstfinanzierungsquote (%) (Wie viel % des Sachanlagevermögens kann aus dem Cash Flow nach Steuern periodisch wieder angeschafft werden?) (Gibt Auskunft über die Substanzerhaltungsmöglichkeiten, aber Achtung: wenn SAV niedrig (Buchwerte), dann fehlerhafte Deutung möglich)	Zähler	Jahresüberschuss bzw. Jahresfehlbetrag + Abschreibungen	3,60 423,00 426,60	17,63 474,00 491,63
	Nenner	Grundstücke und Gebäude + Betriebs- und Geschäftsausstattung	0,00 235,00 235,00	0,00 474,00 474,00
	Ergebnis	Division x 100	181,53%	103,72%

Diese Selbstfinanzierungsquote berechnet ja, ob und in welcher Höhe das operative Anlagevermögen (Finanzanlagen sowie Immaterielle Wirtschaftsgüter sind ausgeschlossen) aus dem periodischen Cash Flow wieder neu angeschafft werden könnte. Sind von der Unternehmensleitung in der Planung Vorgaben zum zukünftigen Investitionsvolumen und/oder zur Höhe des Sachanlagevermögens gemacht worden, so kann hier durchaus Interessantes abgelesen werden.

Nehmen wir wieder das Beispiel aus der Kennzahl *Investitionsquote II*.

68

Die GH Mobile hat ein Ziel-Anlagevermögen von 5.093.24 erreicht (Annahme). Auf der Basis der angenommenen 10 jährigen Nutzung ergibt sich daraus (ohne Aufschlag für Teuerung und technischen Fortschritt) ein jährlicher Reinvestitionsbedarf in Höhe von 509.

Die GH Mobile liegt im Cash Flow noch knapp darunter, allerdings haben wir ja auch nur eine Maßnahme hier simuliert und berechnet.

XIII. Zusammenfassung der Kennzahlen zur Liquidität und Finanzkraft nach Optimierung

Hier werden genau wie bei den vorhergehenden zwei Kennzahlenfeldern die Optimierungsergebnisse sehr deutlich. In diesem Fall können wir sogar ausdrücklich festhalten, dass die meisten Kennzahlen sich verbessern, manche sogar *katapultartig*.

69

---

14 Es gilt wiederum ‚ceteris paribus'.

Liquidität und Finanzkraft	2008	2010
Liquidität I (%)	49,86%	59,43%
Liquidität II (%)	76,53%	86,11%
Liquidität III (%)	203,55%	144,73%
Cash Flow/Gesamtkapital (%)	3,74%	5,79%
Cash-Flow-Umsatzrate (%)	2,23%	2,57%
Anlagendeckung I (%)	577,49%	290,03%
Anlagendeckung II (%)	2568,60%	656,93%
(Dynamische Verschuldung) Kredittilgungsdauer (Jahre)	12,26	3,61
Investitionsquote I (%)	1,23%	2,48%
Investitionsquote II (%)	0,00%	3,72%
(Re)Investitionsquote III (%)	0,00%	150,42%
Selbstfinanzierungsquote (%)	181,53%	103,72%

70   Außerdem haben wir gesehen, dass auch noch weitergehendes Potenzial aus der jetzt bestehenden Bilanzsituation gegeben ist. Hier ist es an Ihnen, jetzt weiter zu simulieren und zu analysieren. Sie haben ja noch eine Spalte Platz in Ihrem MS Excel Tool.

F.   Kennzahlen zur Erfolgsstruktur nach Optimierung

71   Wenn Sie vorne im Buch die im Detail vorgestellten Kennzahlen zum Erfolg im Kopf noch einmal Revue passieren lassen, dann müssten Sie jetzt schon eine Ahnung haben, welche Auswirkungen unsere ,Single Step' Optimierung auf die Erfolgskennzahlen haben muss.

Die Erfolgskennzahlen haben bis auf die Zinsdeckungsquote immer die Gesamterlöse im Nenner. Diese haben wir aber gar nicht geändert. Die jeweiligen Zählergrößen kommen auch alle aus der GuV und haben damit auch nur geringe Änderungen erfahren.

Ergo werden wir zwar Änderungen sehen, aber nicht in dem Ausmaß wie bei den Vermögens-Kapitalstruktur- und Liquiditätskennzahlen. Bei manchen Kennzahlen wird auch gar keine Reaktion hervorgerufen.

72   Aber schauen wir sie uns wieder sukzessiv an.

Definitionen von Kennzahlen zur Erfolgsstruktur

Erfolgsstruktur			2008	2010
Bruttoertragsquote (in %) (Wie hoch ist die Wertschöpfung in % von den Erlösen?) (Gibt Auskunft darüber, welche Mehrwerte aus Verkauf & Service generiert werden)	Zähler	Bruttoertrag	4.377,60	4.377,60
	Nenner	Gesamterlöse	19.150,20	19.150,20
	Ergebnis	*Division x 100*	22,86%	22,86%
Personalkostenintensität I (in %) (Wie viel der Gesamterlöse müssen für Personalkosten aufgewendet werden?) (GF wird rausgerechnet, da eventuell kalkulatorischer Unternehmerlohn)	Zähler	Personalkosten - ... davon Geschäftsführergehalt	1.690,20 <u>311,40</u> 1.378,80	1.690,20 <u>311,40</u> 1.378,80
	Nenner	Gesamterlöse	19.150,20	19.150,20
(Gibt Auskunft über die Kosten- struktur)	Ergebnis	*Division x 100*	7,20%	7,20%
Personalkostenintensität II (in %) (Wie viel der Gesamterlöse müssen für Personalkosten aufgewendet werden?)	Zähler	Personalkosten	1.690,20	1.690,20
	Nenner	Gesamterlöse	19.150,20	19.150,20
(Gibt Auskunft über die Kosten- struktur)	Ergebnis	*Division x 100*	8,83%	8,83%
Abschreibungsintensität (in %) (Wie viel % der Gesamterlöse müssen für Abschreibungen aufgewendet werden?) (AfA ist Aufwand, keine Auszahlung) (Gibt Auskunft über Substanzabbau und Cash Mittel neben Ergebnis)	Zähler	Abschreibungen	423,00	474,00
	Nenner	Gesamterlöse	19.150,20	19.150,20
	Ergebnis	*Division x 100*	2,21%	2,48%
Mietaufwandsquote (in %) (Wie viel % der Gesamterlöse müssen für Miete und Leasing aufgewendet werden?) (Gibt Auskunft darüber, ob ev. luxuriöse Strukturen vorliegen)	Zähler	Miet- und Leasingaufwendungen	717,30	717,30
	Nenner	Gesamterlöse	19.150,20	19.150,20
	Ergebnis	*Division x 100*	3,75%	3,75%
Zinsintensität (in %) (Wie viel % der Erlöse müssen für Finanzierungskosten aufgewendet werden?) (Gibt Auskunft darüber, wie teuer die Struktur ist)	Zähler	Zinsaufwendungen	225,90	160,07
	Nenner	Gesamterlöse	19.150,20	19.150,20
	Ergebnis	*Division x 100*	1,18%	0,84%
Zins-und Miet-Intensität (in %) (Wie viel % der Gesamterlöse müssen für Mieten, Leasing und Zinsen aufgewendet werden?)	Zähler	Miet- und Leasingaufwendungen + Zinsaufwendungen	717,30 <u>225,90</u> 943,20	717,30 <u>160,07</u> 877,37
	Nenner	Gesamterlöse	19.150,20	19.150,20
(Gibt Auskunft über die Kosten- struktur und die Effizienz des Managements)	Ergebnis	*Division x 100*	4,93%	4,58%
Zinsdeckung (Faktor) (Wie häufig deckt das Betriebsergebnis die Zinsforderungen der FK-Geber?)	Zähler	Betriebsergebnis	211,50	160,50
	Nenner	Zinsen	225,90	160,07
(Gibt Auskunft über die Zinszahlungs- fähigkeit der periodischen Zins-) aufwendungen	Ergebnis	Division	0,9	1,0

I.   Bruttoertragsquote (%)

73   In beiden Jahren sehen wir 22,86%, denn wir haben weder den Umsatz noch die Einstandkosten verändert.

Bruttoertragsquote (in %) (Wie hoch ist die Wertschöpfung in % von den Erlösen?) (Gibt Auskunft darüber, welche Mehrwerte aus Verkauf & Service generiert werden)	Zähler	Bruttoertrag	4.377,60	4.377,60
	Nenner	Gesamterlöse	19.150,20	19.150,20
	Ergebnis	*Division x 100*	22,86%	22,86%

74   Sie können aber gerne einmal für sich das Jahr 2008 herleiten, in den wir per (u.a.) Abverkauf (Annahme) Vorräte reduziert haben.

Wir lassen Sie aber in Ruhe rechnen. Wenn Sie dann 2008 simuliert haben, lesen Sie hier weiter bei der

II.   Personalkostenintensität I (%) und Personalkostenintensität II (%)

75   Wieder ändert sich nichts. Die Intensitäten sind nach wie vor mit 7,20% bzw. 8,83% sehr niedrig.

Personalkostenintensität I (in %) (Wie viel der Gesamterlöse müssen für Personalkosten aufgewendet werden?) (GF wird rausgerechnet, da eventuell kalkulatorischer Unternehmerlohn) (Gibt Auskunft über die Kostenstruktur)	Zähler	Personalkosten - ... davon Geschäftsführergehalt	1.690,20 311,40 1.378,80	1.690,20 311,40 1.378,80
	Nenner	Gesamterlöse	19.150,20	19.150,20
	Ergebnis	*Division x 100*	7,20%	7,20%
Personalkostenintensität II (in %) (Wie viel der Gesamterlöse müssen für Personalkosten aufgewendet werden?) (Gibt Auskunft über die Kostenstruktur)	Zähler	Personalkosten	1.690,20	1.690,20
	Nenner	Gesamterlöse	19.150,20	19.150,20
	Ergebnis	*Division x 100*	8,83%	8,83%

76   In den Detailerklärungen zu diesen Kennzahlen haben wir schon zum Ausdruck gebracht, dass diese niedrigen Intensitäten zwar gut, aber auch Ausdruck von abwandernden Mitarbeitern sein können.

Gut kann in diesem Fall auch heißen *Nicht Gut*!

III.   Abschreibungsintensität (%)

77   Na also, es tut sich doch noch etwas bei den Erfolgskennzahlen. Die erhöhten Investitionen führen zu erhöhten Abschreibungen und damit steigt die Intensität von 2,21% auf 2,48%.

Abschreibungsintensität (in %) (Wie viel % der Gesamterlöse müssen für Abschreibungen aufgewendet werden?) (AfA ist Aufwand, keine Auszahlung) (Gibt Auskunft über Substanzabbau und Cash Mittel neben Ergebnis)	Zähler	Abschreibungen	423,00	474,00
	Nenner	Gesamterlöse	19.150,20	19.150,20
	Ergebnis	*Division x 100*	2,21%	2,48%

Können wir etwas zur Größenordnung sagen?

Im Jahr 2010 könnte die GH Mobile eine Intensität bis 2,6% verkraften, ohne einen Verlust einzufahren. Wie haben wir dies gerechnet?   78

Die laufenden Abschreibungen in 2010 betragen 474,00 bei einem Ergebnis vor Steuern von 23,83. Addiert man diese beiden Positionen, erhält man 497,83, was einer Abschreibungsintensität von 2,60% entspricht.

Somit würde ab einer Intensität von beginnend bei 2,61%[15] ein negatives Ergebnis erwirtschaftet.

Können wir auch etwas zur Ziel-Abschreibungsintensität sagen, um die Substanz aufrecht zu erhalten? Selbstverständlich, auch diese Rechnung ist sehr leicht und wir sind sicher, dass Sie sie auch ohne uns machen könnten.

Wir basieren unsere Berechnung wieder auf den (zukünftigen) Status quo, in dem eine Anlagequote von 60% zur Bilanzsumme erreicht ist. Unter der weiteren Annahme, dass die Erlöse immer noch 19.150,20 und die Bilanzsumme 8.490,08 betragen, sähe die Rechnung folgendermaßen aus: 79

- Anlagevermögen 60% zu Bilanzsumme: (bekannte)   5.093,24
- Periodische AfA (bei bekannten 10 Jahre Nutzung)   509,41
- Division durch den Umsatz 19.150,20   2,66%[16]

Unter den getroffenen Annahmen würde bei einer Abschreibungsintensität von 2,66% die (Anlage) Substanz der Bilanz (dann in Zukunft) konstant bleiben.[17]

IV.   Mietaufwandsquote (%)

Da wir keine Veränderungen bei Pachten und Mieten durch unsere Bestandsreduktion eingebracht haben (es wäre auch vorstellbar gewesen, dass durch die Bestandsreduktion um mehr als 50% auch weniger Raum gebraucht und daher auch Mietfläche, einhergehend mit Mietaufwand, hätte reduziert werden können, aber soweit sind wir nicht gegangen), sehen wir auch bei der Kennzahl keine Reaktion.   80

Dies ist aber wieder für Sie ein zusätzliches Simulations- und Optimierungselement.

Die Mietaufwandsquote beträgt nach wie vor niedrige 3,75%.

Mietaufwandsquote (in %) (Wie viel % der Gesamterlöse müssen für Miete und Leasing aufgewendet werden?)	Zähler	Miet- und Leasingaufwendungen	717,30	717,30
	Nenner	Gesamterlöse	19.150,20	19.150,20
(Gibt Auskunft darüber, ob ev. luxuriöse Strukturen vorliegen)	Ergebnis	*Division x 100*	3,75%	3,75%

---

15 Es gilt wiederum ‚ceteris paribus'.
16 Zuschläge für Wiederbeschaffung (Teuerung und technischer Fortschritt) sind dabei nicht berücksichtigt.
17 Es gilt wiederum ‚ceteris paribus'.

V.   Zinsintensität (%)

81   Durch die Reduktion der langfristigen Verbindlichkeiten sind auch die Zinsaufwendungen von 225,90 auf 160,07 gefallen.

Zinsintensität (in %) (Wie viel % der Erlöse müssen für Finanzierungskosten aufgewendet werden?)	Zähler	Zinsaufwendungen	225,90	160,07
	Nenner	Gesamterlöse	19.150,20	19.150,20
(Gibt Auskunft darüber, wie teuer die Struktur ist)	Ergebnis	*Division x 100*	1,18%	0,84%

82   Die GH Mobile weist jetzt anstatt 1,18% nur noch 0,84% aus – mehr als Spitze!

VI.   Zins- und Mietintensität (%)

83   Dieses Ergebnis, nämlich eine von 4,93% auf 4,58% fallende Intensität, überrascht uns vor dem Hintergrund der beiden zuvor betrachteten Veränderungen nicht und daher wollen wir es zwar ebenfalls einblenden, jedoch nicht weiter kommentieren.

Zins-und Miet-Intensität (in %) (Wie viel % der Gesamterlöse müssen für Mieten, Leasing und Zinsen aufgewendet werden?)	Zähler	Miet- und Leasingaufwendungen + Zinsaufwendungen	717,30 225,90 943,20	717,30 160,07 877,37
(Gibt Auskunft über die Kostenstruktur und die Effizienz des Managements)	Nenner	Gesamterlöse	19.150,20	19.150,20
	Ergebnis	*Division x 100*	4,93%	4,58%

VII.   Zinsdeckungsquote (%)

84   Jetzt aber wird es wieder interessanter.

Die Zinsdeckungsquote steigt leicht von 0,9 auf 1,0. Damit bleibt aber die Würdigung unverändert: mangelhaft.

Zinsdeckung (Faktor) (Wie häufig deckt das Betriebsergebnis die Zinsforderungen der FK-Geber?)	Zähler	Betriebsergebnis	211,50	160,50
	Nenner	Zinsen	225,90	160,07
(Gibt Auskunft über die Zinszahlungsfähigkeit der periodischen Zins-)aufwendungen	Ergebnis	Division	0,9	1,0

Wir erinnern sich wieder an die Bewertungsskala mit Schulnoten…   85

Größenordnung	Schulnote
▦ <= 3 Jahre	mangelhaft
▦ 4 Jahre	ausreichend
▦ 5 Jahre	befriedigend
▦ 6 Jahre	gut
▦ >= 7 Jahre	sehr gut

… und sehen, dass wir sind noch weit von einem „Ausreichend" entfernt sind.

Warum ist das so? Darauf gibt es mehrere Antworten.   86

▦ Wir haben keine Änderungen beim Umsatz und nur geringfügige Änderungen bei den Aufwandspositionen vorgenommen.

▦ Innerhalb der Aufwandspositionen hatten wir mit den Abschreibungen und den Zinsaufwendungen auch noch 2 gegenläufige Positionen. Die Finanzierungskosten sind zwar gesunken, aber die Abschreibungen haben zugenommen und haben damit das Betriebsergebnis im Zähler zusätzlich belastet.

▦ Mieten, die das Betriebsergebnis wieder hätten entlasten können, sind trotz sinkender Bestände nicht abgesenkt worden.

▦ Generell hatten wir schon bei der Detailbetrachtung der Jahre 2006 bis 2008 festegestellt, dass die GuV bis auf die Positionen Material und bezogene Leistungen sehr ‚schlank' (im positiven Sinn) ist. Viel Optimierungspotenzial war somit ohnehin nicht gegeben.

▦ Die Einstandskosten sind geschäftstypisch sehr hoch und so gut wie nicht beeinflussbar. Deshalb   87
ist bereits das Betriebsergebnis in den Jahren 2006 bis 2008 sehr gering.

▦ Kostenreduktionen scheiden damit fast gänzlich als Verbesserungsquelle für das (Betriebs)Ergebnis aus.

▦ Die Stellschraube heißt bei der GH Mobile eindeutig *Umsatz*. Eine Simulation nach dem Motte „…dann steigern wir halt den Umsatz um 20%) erschien uns aber als zu simpel. Allerdings wissen wir, dass es Potenzial für Steigerungen gibt, denn die GH Mobile haben seit 2005 ja Umsatzeinbrüche gesehen. Diese Einbrüche sind dann in 2007 und 2008 in erster Linie durch den Abbau der GF Supergehälter kompensiert worden. Ein Blick auf die Personalkostenintensität I sagt uns aber, dass in 2008 mit 7,20% ein Ende der Möglichkeiten in der Belegschaft erreicht wurde. Die GF Kosten in Höhe von 311,40 könnten sicherlich noch einmal angefasst werden, erst recht in schweren Zeiten.

Hier haben Sie eine weitere Simulations- und Optimierungsmöglichkeit, zumindest, um Ihre analytischen Fähigkeiten weiter zu entwickeln. Eine Kürzung der GF Bezüge um 50% in 2009 würde das   88
Betriebsergebnis auf 316,20 ansteigen lassen und damit eine Zinsdeckungsquote von 1,98 ergeben. Immer noch schwach bzw. mangelhaft.

Einmal angenommen, dass bei den anderen Aufwandspositionen auch nicht mehr viel machbar ist (eine Umschichtung der Verbindlichkeiten zu wieder mehr Mittel- und Langfristdarlehen mit geringeren Zinsaufwendungen als Folge würde lediglich über die Nennerposition die Zinsdeckungsquote weiter positiv beeinflussen), dann gibt es außer Umsatzsteigerungen keine weiteren Möglichkeiten!

Dies ist/könnte dann der entscheidende Hinweis sein, dass der Ziel-Gesamtkapitalumschlag nochmals zu erhöhen ist, um durch noch bessere Rotations- bzw. Reproduktionsgeschwindigkeiten die Ergebnislage weiter zu optimieren. Ist aber der Umsatz nicht steigerbar, muss die Bilanzsumme weiter reduziert werden. Aber dafür gibt es ja noch genügend Möglichkeiten bei der GH Mobile.

VIII.   Zusammenfassung Kennzahlen zur Erfolgsstruktur nach Optimierung

89   Während wir uns in den vorangegangenen Kennzahlengruppen leicht getan haben, durch nur eine Maßnahme positive Veränderungen in Größenordnung aufzuzeigen, fällt uns dies bei den Erfolgskennzahlen sehr schwer.

Erfolgsstruktur	2008	2010
Bruttoertragsquote (5)	22,86%	22,86%
Personalkostenintensität I (in %)	7,20%	7,20%
Personalkostenintensität II (%)	8,83%	8,83%
Abschreibungsintensität (%)	2,21%	2,48%
Mietaufwandsquote (%)	3,75%	3,75%
Zinsintensität (%)	1,18%	0,84%
Zins-und Miet-Intensität (in %)	4,93%	4,58%
Zinsdeckung (Faktor)	0,94	1,00

90   Wir hätten zwar durch optimistischere Vorgaben, wie direkte Umschichtung der Fremdkapitalfristigkeit und Reduktion der Mietflächen, weitere positive Veränderungen sichtbar machen können, aber wir wollten auch mit Realismus herangehen. Im Fall der GH Mobile steht der Umsatz bei den Erfolgskennzahlen ganz eindeutig im Vordergrund. Da wir in den Jahren 2005 bis 2007 einen entsprechenden Umsatzrückgang zu verzeichnen hatten, scheint es so, als wenn der Markt für bessere Geschäfte da wäre.

Leider hört man bei Gesprächen zur Optimierungen der Zahlen immer wieder das Umsatzargument „…dann müssen wir halt mehr und besser verkaufen". Wir haben bewusst auf diesen populistischen Ansatz verzichtet, auch wenn er uns ebenfalls bei den Erfolgskennzahlen zum Jubeln gebracht hätte. Aber dieses erschien uns zu einfach.

G.   Kennzahlen zur Rentabilität nach Optimierung

91   Hier werden wir hoffentlich Anlass zu mehr Freude haben, denn Rentabilität hat häufig auch den Bezug zu den Kapitalgrößen Eigen-, Fremd- und Gesamtkapital.

Deshalb springen wir auch sofort erneut in diese Kennzahlengruppe.

Definitionen von Kennzahlen zur Rentabilität

Rentabilität			2008	2010
Umsatzrentabilität (%) (Wie viel % Ergebnis vor Steuern wird pro Umsatz-Euro erzeugt?) (ROS - Return on Sales)	Zähler	Ergebnis vor Steuern	9,00	23,83
	Nenner	Gesamterlöse	19.150,20	19.150,20
(Gibt Auskunft über die Rückflüsse/ Gewinne und damit die Ertragskraft) (Fokus: Handel & Service)	Ergebnis	*Division x 100*	0,05%	0,12%
Gesamtkapitalrentabilität I (%) (Wie viel % Ergebnis **vor** Steuern wird pro Kapital-Euro erzeugt?) (ROC - Return on Capital)	Zähler	Ergebnis vor Steuern	9,00	23,83
	Nenner	Bilanzsumme	11.411,10	8.488,73
(Gibt Auskunft über die Rückflüsse/ Gewinne und damit die Ertragskraft pro Investiv-Euro)	Ergebnis	*Division x 100*	0,08%	0,28%
Gesamtkapitalrentabilität II (%) (Wie viel % Ergebnis vor Steuern wird pro Kapital-Euro erzeugt?) ("echter" ROC - Return on Capital)	Zähler	Ergebnis vor Steuern + Zinsaufwendungen	9,00 225,90 234,90	23,83 160,07 183,90
(Gibt Auskunft über die Rückflüsse/ Gewinne und damit die Ertragskraft)	Nenner	Bilanzsumme	11.411,10	8.488,73
(Fokus: produzierende Unternehmen)	Ergebnis	*Division x 100*	2,06%	2,17%
Eigenkapitalrentabilität (HGB) (%) (Wie viel % Ergebnis vor Steuern wird pro Eigenkapital-Euro erzeugt?) (ROE - Return on Equity before taxes)	Zähler	Ergebnis vor Steuern	9,00	23,83
	Nenner	Eigenkapital (nach HGB Gliederung)	1.357,10	1.374,73
(Gibt Auskunft über die Rückflüsse/ Gewinne und damit die Ertragskraft auf das eingesetzte Eigenkapital)	Ergebnis	*Division x 100*	0,66%	1,73%
Eigenkapitalrentabilität (H-EK) (%) **(Haftendes Eigenkapital)**	Zähler	Ergebnis vor Steuern	9,00	23,83
(Wie viel % Ergebnis vor Steuern wird pro Eigenkapital-Euro erzeugt?) (ROE - Return on Equity before taxes)	Nenner	Haftendes Eigenkapital	1.357,10	1.374,73
	Ergebnis	*Division x 100*	0,66%	1,73%
Eigenkapitalrentabilität (W-EK) (%) **(Wirtschaftliches Eigenkapital)**	Zähler	Ergebnis vor Steuern	9,00	23,83
(Wie viel % Ergebnis vor Steuern wird pro Eigenkapital-Euro (W-EK) erzeugt?) (ROE - Return on Equity before taxes)	Nenner	Wirtschaftliches Eigenkapital	5.035,40	2.113,03
	Ergebnis	*Division x 100*	0,18%	1,13%

Definitionen von Kennzahlen zur Rentabilität

Rentabilität			2008	2010
N. St. Eigenkapitalrentabilität (HGB) (%) (Wie viel Ergebnis (%) **nach** Steuern wird pro Eigenkapital-Euro erzeugt?) (ROE - Return on Equity after taxes)	Zähler	Jahresüberschuss/Jahresfehlbetrag	3,60	17,63
	Nenner	Eigenkapital (nach HGB Gliederung)	1.357,10	1.374,73
	Ergebnis	*Division x 100*	0,27%	1,28%
N. St. Eigenkapitalrentabilität (H-EK) (%) **(Haftendes Eigenkapital)** (Wie viel Ergebnis (%) **nach** Steuern wird pro Eigenkapital-Euro erzeugt?) (ROE - Return on Equity after taxes)	Zähler	Jahresüberschuss/Jahresfehlbetrag	3,60	17,63
	Nenner	Haftendes Eigenkapital	1.357,10	1.374,73
	Ergebnis	*Division x 100*	0,27%	1,28%
N. St. Eigenkapitalrentabilität (W-EK) (%) **(Wirtschaftliches Eigenkapital)** (Wie viel Ergebnis (%) **nach** Steuern wird pro Eigenkapital-Euro (W-EK) erzeugt?) (ROE - Return on Equity after taxes)	Zähler	Jahresüberschuss/Jahresfehlbetrag	3,60	17,63
	Nenner	Wirtschaftliches Eigenkapital	5.035,40	2.113,03
	Ergebnis	*Division x 100*	0,07%	0,83%
Eigenkapitalumschlag (Faktor) (Wie häufig wird das Eigenkapital auf Basis der Erlöse umgeschlagen?) oder (Wie hoch ist die Rotations- bzw. Reproduktionsgeschwindigkeit des eingesetzten Eigenkapitals?)	Zähler	Gesamterlöse	19.150,20	19.150,20
	Nenner	Eigenkapital (nach HGB Gliederung)	1.357,10	1.374,73
	Ergebnis	*Division*	14,11	13,93
Betriebsergebnis/Betriebskapital (%) **Operative Rentabilität in %** (Wie hoch ist die Rendite, der Rückfluss auf Basis des operativen Ergebnisses in %, gemessen an Sachanlagen und Umlaufvermögen, bereinigt um Ergebnisse aus verbundenen Unternehmen?) (Operative Kapitalrendite) (Gibt Auskunft über die Effizienz des eigentlichen operativen Geschäftsbetriebes) (Ähnlich dem ROC, aber nur auf der Basis der Operations)	Zähler	Bruttoertrag - Personalkosten - Miet- und Leasingaufwendungen - Vertriebskosten - Verwaltungskosten - Sonstige - Abschreibungen = Betriebsergebnis	4.377,60 1.690,20 717,30 496,80 838,80 0,00 423,00 211,50	4.377,60 1.690,20 717,30 496,80 838,80 0,00 474,00 160,50
	Nenner	Bilanzsumme - Ausstehende Éinlagen - Immaterielle Wirtschaftsgüter - Finanzanlagen - Forderungen geg. verb. Untern./Ges. - Forderungen geg. Beteiligungen	11.411,10 0,00 0,00 235,40 0,00 0,00 11.175,70	8.488,73 0,00 0,00 235,40 0,00 0,00 8.253,33
	Ergebnis	*Division x 100*	1,89%	1,94%
Fremdkapitalrentabilität (in %) (Wie hoch sind die gesamten Finanzierungskosten?) (Gibt Auskunft über die Fremdkapitalkosten bzw. Verhandlungsgeschick bei Kreditverhandlungen)	Zähler	Zinsaufwendungen	225,90	160,07
	Nenner	Summe langfristiges Fremdkapital + Summe kurzfristiges Fremdkapital	4.679,10 5.374,90 10.054,00	1.739,10 5.374,90 7.114,00
	Ergebnis	*Division x 100*	2,25%	2,25%

I. Umsatzrentabilität (%)

Das Vor-Steuer Ergebnis hat sich von 9,00 auf 23,83 gesteigert, damit muss auch die Umsatzrendite bei konstanten Umsatzerlösen in Höhe von 19.150,20 steigen. **92**

Umsatzrentabilität (%) (Wie viel % Ergebnis vor Steuern wird pro Umsatz-Euro erzeugt?) (ROS - Return on Sales)	Zähler	Ergebnis vor Steuern	9,00	23,83
	Nenner	Gesamterlöse	19.150,20	19.150,20
(Gibt Auskunft über die Rückflüsse/ Gewinne und damit die Ertragskraft) (Fokus: Handel & Service)	Ergebnis	*Division x 100*	0,05%	0,12%

Wir können eine „ROS – Return on Sales" Steigerung von 0,05% auf 0,12% notieren. Zugegeben, das ist keine Traumsteigerung. Aber wir haben gerade bei den Erfolgskennzahlen festgehalten, dass bei den GuV Komponenten der wirklich richtige ‚Schrittmacher' der Umsatz selbst ist und den haben wir aus bekannten Gründen nicht anheben wollen. **93**

Wir wissen allerdings auch, dass diese nur geringe Steigerung durch entsprechende positive Veränderungen beim

- Kapitalumschlag und bei der
- Kapitalrendite überkompensiert werden können.

Erinnern wir uns nur an das „Du Pont Schema".

Alternativ können wir uns ja auch sofort mit der/den Kapitalrenditen beschäftigen.

II. Gesamtkapitalrentabilität I (%)

Hier ist das Bild allerdings auch nicht erfreulicher! Die Gesamtkapitalrentabilität auf der Basis des Ergebnisses vor Steuern (also nach Fremdkapitalzinsen) steigt lediglich von 0,08% auf 0,28%. **94**

Gesamtkapitalrentabilität I (%) (Wie viel % Ergebnis **vor** Steuern wird pro Kapital-Euro erzeugt?) (ROC - Return on Capital)	Zähler	Ergebnis vor Steuern	9,00	23,83
	Nenner	Bilanzsumme	11.411,10	8.488,73
(Gibt Auskunft über die Rückflüsse/ Gewinne und damit die Ertragskraft pro Investiv-Euro)	Ergebnis	*Division x 100*	0,08%	0,28%

Wie ist dies trotz signifikant gesunkener Bilanzsumme im Nenner möglich?

Tja, dies ist einfache Mathematik bzw. Ergebnis von relativen Betrachtungen. In der Tat fällt die Bilanzsumme aufgrund des reduzierten Fremdkapitals signifikant. Die Zählergröße Ergebnis vor Steuern steigt zwar um satte 250%, aber 23,82 als Ergebnis in 2010 (nach 9,00 in 2008) ist immer noch ein Wert nahe *Null* und damit kann auch der Ergebnisquotient nur nahe *Null* sein. **95**

III. Gesamtkapitalrentabilität II (%)

Da diese Berechnung eigentlich eine Kopie der Gesamtkapitalrentabilität I auf höherem Niveau ist (es werden ja lediglich aus dem Ergebnis vor Steuern auch die Zinsaufwendungen herausgerechnet, um besser vergleichen zu können), können die Ergebnisse auch nicht entscheidend von einander abweichen, es sei denn, die Zinsaufwendungen sind dramatisch gefallen. **96**

Genau dies sehen wir hier auch. Die Gesamtkapitalrentabilität II steigt von traurigen 2,06% auf 2,17%, was eigentlich nicht der Rede wert ist.

Gesamtkapitalrentabilität II (%) (Wie viel % Ergebnis vor Steuern wird pro Kapital-Euro erzeugt?) ("echter" ROC - Return on Capital)	Zähler	Ergebnis vor Steuern + Zinsaufwendungen	9,00 225,90 234,90	23,83 160,07 183,90
(Gibt Auskunft über die Rückflüsse/ Gewinne und damit die Ertragskraft)	Nenner	Bilanzsumme	11.411,10	8.488,73
(Fokus: produzierende Unternehmen)	Ergebnis	*Division x 100*	2,06%	2,17%

97 An dieser Stelle müssen wir zugeben, dass wir sogar froh sind, nicht an den Umsatz- und/oder den Kostenpositionen in der GuV gedreht zu haben, denn wir sehen hier ein ganz entscheidendes Ergebnis:

Auch wenn wir durch Bilanzkürzung viele Kennzahlen positiv beeinflussen können, spielen die „Meister-Kennzahlen" leider häufig nicht mit. Die Rendite-Kennzahlen gehören sicherlich zu den wichtigsten Kennzahlen überhaupt und hier müssen wir festhalten:

🛈 Merke:

Nur die Kombination von Erfolgs- und Kapital- und Vermögensoptimierungen verbessern die Gesamtlage eines Unternehmens entscheidend. Dies trifft umso mehr zu, wenn ein Unternehmen aus einem Tal der Tränen kommt. Ist nur ein Zahlenwerk schwach (Bilanz oder GuV) können auch signifikante Verbesserungen aus der Optimierung von nur einem Zahlenwerk erreicht werden.

IV. Eigenkapitalrentabilität (HGB) (%)

98 Da wir mit der zusätzlichen Liquidität die Verbindlichkeiten abgebaut haben, blieb das Eigenkapital zunächst konstant. Bedingt durch die geringeren Zinsaufwendungen hat sich das Ergebnis vor Steuern leicht erhöht, das am Ende der Periode in das Eigenkapital gebucht wird und somit dann doch eine leichte Steigerung des Eigenkapitals auslöste.

Eigenkapitalquote (%) nach HGB Basis Eigenkapital nach HGB (Wie viel Prozent der Bilanzsumme/ des Kapitals wird von Eigenkapital gestellt?)	Zähler	Eigenkapital nach HGB	1.357,10	1.374,73
	Nenner	Bilanzsumme	11.411,10	8.488,73
(Gibt Auskunft über die Solidität der Kapitalbasis - "Krisenkapital")	Ergebnis	*Division x 100*	11,89%	16,19%

Damit ist aber auch klar, dass wir bei nur leicht gestiegenem Zähler und Nenner auch nur eine geringe Verbesserung der Eigenkapitalrentabilität erwarten können. Ein Blick in die Zahlen bestätigt unsere Herleitung: die Eigenkapitalrentabilität nach HGB Definition steigt leicht von 0,66% auf 1,73%. Damit ist sie aber sicherlich nach wie vor mit „Mangelhaft" zu umschreiben.

Eigenkapitalrentabilität (HGB) (%) (Wie viel % Ergebnis vor Steuern wird pro Eigenkapital-Euro erzeugt?) (ROE - Return on Equity before taxes)	Zähler	Ergebnis vor Steuern	9,00	23,83
	Nenner	Eigenkapital (nach HGB Gliederung)	1.357,10	1.374,73
(Gibt Auskunft über die Rückflüsse/ Gewinne und damit die Ertragskraft auf das eingesetzt Eigenkapital)	Ergebnis	*Division x 100*	0,66%	1,73%

Allerdings dürfen wir eine Kennzahl aus dem Feld der Kapital- bzw. Kapitalstrukturkennzahlen   99
nicht vergessen: Die Eigenkapitalquote, die ist nämlich gestiegen und damit haben wir trotz nur geringer Verbesserung der Rentabilität zumindest bei der Quote durch unsere Maßnahme Gutes be-
wirkt. Schauen wir noch einmal genauer bei der Quote hin – sie stieg um fast 50% von 11,89% auf
16,21%.

Diese Verbesserung gilt auch für die nächste Eigenkapitalkennzahl.

V.   Eigenkapitalrentabilität (Haftendes Eigenkapital) (%)

Da bei der GH Mobile das haftende identisch mit Eigenkapital nach HGB Definition ist, muss auch   100
die Kennzahl identisch sein. Der Blick in die Auswertungen zeigt mit 0,66% und 1,73% die oben bereits ausgewiesenen schwachen Eigenkapitalrenditen.

Eigenkapitalrentabilität (H-EK) (%) (Haftendes Eigenkapital)	Zähler	Ergebnis vor Steuern	9,00	23,83
(Wie viel % Ergebnis vor Steuern wird pro Eigenkapital-Euro erzeugt?) (ROE - Return on Equity before taxes)	Nenner	Haftendes Eigenkapital	1.357,10	1.374,73
	Ergebnis	*Division x 100*	0,66%	1,73%

VI.   Eigenkapitalrentabilität (Wirtschaftliches Eigenkapital) (%)

Beim wirtschaftlichen Eigenkapital sehen wir Interessantes. Das wirtschaftliche Eigenkapital fällt   101
von 5.035,40 auf 2.113,03 (prozentual von 44,13% auf 24,89%) und dennoch steigt die entsprechende
Eigenkapitalrendite von 0,18% auf 1,13%.

EK-Quote wirtschaftliches Eigenkapital (%) Basis wirtschaftliches Eigenkapital	Zähler	Wirtschaftliches Eigenkapital	5.035,40	2.113,03
(Wie viel Prozent der Bilanzsumme/ des Kapitals wird von Eigenkapital, *das adhoc zur Verfügung steht*, gestellt?)	Nenner	Bilanzsumme	11.411,10	8.488,73
(Gibt Auskunft über die Solidität der Kapitalbasis - "Krisenkapital")	Ergebnis	*Division x 100*	44,13%	24,89%
Eigenkapitalrentabilität (W-EK) (%) (Wirtschaftliches Eigenkapital)	Zähler	Ergebnis vor Steuern	9,00	23,83
(Wie viel % Ergebnis vor Steuern wird pro Eigenkapital-Euro (W-EK) erzeugt?) (ROE - Return on Equity before taxes)	Nenner	Wirtschaftliches Eigenkapital	5.035,40	2.113,03
	Ergebnis	*Division x 100*	0,18%	1,13%

Damit ist die Ist-Rentabilität nach Maßnahmen sicherlich alles andere als „Gut", aber dennoch ist die   102
Entwicklung interessant. Sie fragen nach dem „Warum"? Ganz einfach, weil die Eigenkapitalquote
auf Basis des wirtschaftlichen Eigenkapitals nämlich gefallen ist und zwar fast um die Hälfte (44,13%
auf 24,89%).

Schauen wir uns jetzt noch einmal an, warum die Eigenkapitalrentabilität auf Basis des wirtschaftlichen Eigenkapitals fällt.

Wirtschaftliches Eigenkapital (Summe)	Summe haftendes Eigenkapital	1.357,10	1.374,73
	- Beteiligungen, auch an verb. Untern./Ges	230,00	230,00
(Ist ein korrigiertes Eigenkapital, das häufig bei Kreditvergaben zu Grunde gelegt wird)	- Forderungen geg. verb. Untern./Ges.	0,00	0,00
	- nicht durchgeführte Wertberichtigung	0,00	0,00
	+ 50% der langfristige Rückstellungen	355,00	355,00
	+ Verbindlichkeiten geg. verb. Untern./Ges	3.553,30	613,30
	+ Stille Reserven AV	0,00	0,00
		5.035,40	2.113,03

103   Da wir mit der zusätzlichen Liquidität die Verbindlichkeiten gegen verbundene Unternehmen/Gesellschaften reduziert haben, wird auch das wirtschaftliche Eigenkapital von 5.035,40 um 58% auf 2,113,03 gesenkt. Dies ist zunächst aus der Sicht von Kreditgebern gar nicht positiv. Allerdings wirkt dann die Steigerung des Ergebnisses vor Steuern überkompensierend, so dass die Rentabilität auf Basis des wirtschaftlichen Eigenkapitals dennoch von 0,18% auf 1,13% steigt. Es versteht sich von alleine, dass dies auch ein miserabler Wert ist, aber wir finden die Kennzahlenentwicklung dennoch unerwartet und daher einer näheren Betrachtung würdig.

Jetzt müssen wir allerdings eines herausstellen – dies ist keine generelle Entwicklung! Halten wir bitte fest, dass wir bei der GH Mobile die Verbindlichkeiten gegen verbundene Unternehmen/Gesellschaften abgebaut haben. Wir hätten uns auch anders entscheiden können und die Verbindlichkeiten aus Lieferungen und Leistungen abbauen können. Dann hätten wir allerdings hier keine Reaktion gesehen und die Rentabilität wäre lediglich von 0,18% auf 0,47% gestiegen. Trotzdem müssen wir hier dann eine andere Veränderung in den Vordergrund stellen. Rechnen Sie doch einmal die Liquidität II und III für den Fall aus, dass wir mit den zusätzlichen Mitteln die Kreditoren massiv abgebaut hätten.

104   Sie sehen, viele unserer Kennzahlen haben Wechselwirkungen und die gilt es zu kennen.

Wir haben uns hier für den Abbau der Verbindlichkeiten gegen verbundene Unternehmen entschieden, um dann mittels Umschichtung bei den Passiva auch die Kreditoren in einem 2. Schritt (hier nicht simuliert) positiv verändern, also abbauen zu können.

Sie sollten aber die Vorlieben Ihres ‚Bankers' kennen. Wissen Sie, dass Ihre Ansprechpartner einen Abbau der Kreditoren bevorzugen (weil ein Teil dieser mit einem Kontokorrent finanziert ist), um wieder (neues) Vertrauen in Ihre Gesellschaft aufzubauen, dann hätten Sie hier entsprechend anders handeln können und müssen. Banken sehen alles aus ihrer individuellen Risikobrille. Verbindlichkeiten gegen verbundene Unternehmen sind für die Bank aus ihrer Risikoperspektive zweitrangig. Mit geringem Kontokorrent und intelligent vorgetragenem (Sanierungs)Plan, wäre eine mittel- bis langfristige neue Kreditlinie eventuell eher für den Banker vorstellbar. Werden mit dieser neuen Kreditlinie dann erst die Verbindlichkeiten gegen verbundene Unternehmen abgebaut, haben wir einen erneuten Passivtausch.

105   Dann wären wir wieder bei einer Situation, die Sie eigentlich schon einmal hätten zusätzlich simulieren können. Übrigens, für die Dynamische Verschuldung ist es egal, welchen Weg Sie gehen – sie wird in beiden Fällen bei weitem besser.

Jetzt können Sie natürlich fragen, warum Sie überhaupt die Verbindlichkeiten gegen verbundene Unternehmen mit der neuen mittel- bis langfristigen Kreditlinie abbauen sollen? Wenn Sie dies nicht tun, haben Sie wieder eine Bilanzverlängerung und damit fällt der Gesamtkapitalumschlag erneut. Somit müssten Sie nach den Du Pont Schema die Umsatz- und Kapitalrentabilität entscheidend steigern können, um hier wieder Positives zu bewirken. (Wenn Sie sich nicht mehr erinnern, blättern Sie einfach noch einmal zurück). Wir wissen aber, dass gerade die Umsatzrendite nur schwer positiv beeinflussbar ist, da der Materialeinstand mit weit über 70% quasi fix ist und die anderen Kostenstrukturen bei der GH Mobile sehr gut sind.

Sollten Sie außerdem Forderungen gegen verbundene Unternehmen haben, dann ist davon auszugehen, dass diese nicht bezahlt werden, solange Sie Ihre Verbindlichkeiten nicht bezahlt haben. Dann aber bringt die Begleichung der Verbindlichkeiten gegen verbundene Unternehmen bei zeitversetztem Eingang der entsprechenden Forderungen wieder eine Bilanzverkürzung, wenn die eingehende Liquidität entsprechend genutzt wird. Alternativ gibt dies wieder Spielraum für Investitionen, die zwar zunächst bilanziell einen Aktivtausch darstellen, aber aufgrund der Abschreibungen den Cash Flow steigern. Hier müssen wir aber wieder darauf achten, dass genau diese Abschreibungen das Jahresergebnis nicht verhageln.

Sie sehen, wir müssen immer mehrstufig denken und daher ist das Wissen um die Kennzahlen und ihren Aufbau ja so wichtig!

Bei der GH Mobile sehen wir zwar keine Forderungen gegen verbundene Unternehmen, aber ein Abbau der Verbindlichkeiten würde unser Unternehmen für den geschulten Bilanzleser *autarker* und damit besser darstellen.

VII.   Die Eigenkapitalrentabilitäten nach Steuern (%)

107

Bei den Kennzahlen folgen jetzt die gerade besprochenen 3 Rentabilitäten

■ Eigenkapitalrentabilität (HGB) (%)

■ Eigenkapitalrentabilität (Haftendes Eigenkapital) (%)

■ Eigenkapitalrentabilität (Wirtschaftliches Eigenkapital) (%)

nochmals, aber dieses Mal nach Steuern. Da wir hier nur um die Steuer linear gekürzte Resultate sehen, verzichten wir auch auf eine explizite Erläuterung der Veränderungen, weil es uns nicht weiter bringt und auch eine Wiederholung wäre. Wir wollen sie daher nur kurz einblenden.

N. St. Eigenkapitalrentabilität (HGB) (%) (Wie viel Ergebnis (%) **nach** Steuern wird pro Eigenkapital-Euro erzeugt?) (ROE - Return on Equity after taxes)	Zähler	Jahresüberschuss/Jahresfehlbetrag	3,60	17,63
	Nenner	Eigenkapital (nach HGB Gliederung)	1.357,10	1.374,73
	Ergebnis	*Division x 100*	0,27%	1,28%
N. St. Eigenkapitalrentabilität (H-EK) (%) **(Haftendes Eigenkapital)**	Zähler	Jahresüberschuss/Jahresfehlbetrag	3,60	17,63
(Wie viel Ergebnis (%) **nach** Steuern wird pro Eigenkapital-Euro erzeugt?) (ROE - Return on Equity after taxes)	Nenner	Haftendes Eigenkapital	1.357,10	1.374,73
	Ergebnis	*Division x 100*	0,27%	1,28%
N. St. Eigenkapitalrentabilität (W-EK) (%) **(Wirtschaftliches Eigenkapital)**	Zähler	Jahresüberschuss/Jahresfehlbetrag	3,60	17,63
(Wie viel Ergebnis (%) **nach** Steuern wird pro Eigenkapital-Euro (W-EK) erzeugt?) (ROE - Return on Equity after taxes)	Nenner	Wirtschaftliches Eigenkapital	5.035,40	2.113,03
	Ergebnis	*Division x 100*	0,07%	0,83%

VIII.   Eigenkapitalumschlag (Faktor)

Was wissen wir und was können wir daraus folgern, bevor wir die Kennzahlenentwicklung selbst betrachten?

Im Zähler stehen die Gesamterlöse und die haben wir (trotz Verlockung) konstant gehalten. Sollten Sie die Zahl nicht mehr kennen, es waren 19.150,20. Im Nenner steht das Eigenkapital (nach HGB Gliederung). Hier wissen wir, dass es aufgrund der Überkompensation der zusätzlichen Abschreibungen durch die stärker fallenden Zinsaufwendungen zu einer leichten Steigerung im Jahresüberschuss gekommen ist, der ja Teil des Eigenkapitals ist bzw. am Ende der Periode bei Erstellung der Bilanz zu Eigenkapital wird.

109 Somit können wir schließen, dass der Eigenkapitalumschlag fallen muss, wenngleich wieder nur leicht. Und die Zahlen bestätigen natürlich unsere Überlegungen: der Eigenkapitalumschlag (nach HGB Gliederung) fällt von 14,11 unwesentlich auf 13,92.

Eigenkapitalumschlag (Faktor) (Wie häufig wird das Eigenkapital auf Basis der Erlöse umgeschlagen?) oder (Wie hoch ist die Rotations- bzw. Reproduktionsgeschwindigkeit des eingesetzten Eigenkapitals?)	Zähler	Gesamterlöse	19.150,20	19.150,20
	Nenner	Eigenkapital (nach HGB Gliederung)	1.357,10	1.374,73
	Ergebnis	Division	14,11	13,93

Die ausgewiesenen absoluten Beträge hingegen sind ja gar nicht so schlecht!

IX. Betriebsergebnis/Betriebskapital (%) – die operative Rentabilität (%)

110 Hier sehen wir etwas Neues. Zähler als auch Nenner fallen und das Ergebnis wird besser!

Betriebsergebnis/Betriebskapital (%) Operative Rentabilität in % (Wie hoch ist die Rendite, der Rückfluss auf Basis des operativen Ergebnisses in %, gemessen an Sachanlagen und Umlaufvermögen, bereinigt um Ergebnisse aus verbundenen Unternehmen?)	Zähler	Bruttoertrag - Personalkosten - Miet- und Leasingaufwendungen - Vertriebskosten - Verwaltungskosten - Sonstige - Abschreibungen = Betriebsergebnis	4.377,60 1.690,20 717,30 496,80 838,80 0,00 423,00 211,50	4.377,60 1.690,20 717,30 496,80 838,80 0,00 474,00 160,50
(Operative Kapitalrendite) (Gibt Auskunft über die Effizienz des eigentlichen operativen Geschäftsbetriebes) (Ähnlich dem ROC, aber nur auf der Basis der Operations)	Nenner	Bilanzsumme - Ausstehende Einlagen - Immaterielle Wirtschaftsgüter - Finanzanlagen - Forderungen geg. verb. Untern./Ges. - Forderungen geg. Beteiligungen	11.411,10 0,00 0,00 235,40 0,00 0,00 11.175,70	8.488,73 0,00 0,00 235,40 0,00 0,00 8.253,33
	Ergebnis	Division x 100	1,89%	1,94%

Aufgrund der höheren Abschreibungen (20% der neuen Liquidität wurden ins Anlagevermögen investiert) fällt das Betriebsergebnis von 211,50 auf 160,50 (alle anderen Zählerbestandteile sind konstant), das operative Kapital fällt ebenfalls aufgrund der abgesenkten Bilanzsumme von 11.175,70 auf 8.253,33.

111 Es zeigt aber auch, dass eine Ergebnisreduktion und eine Bilanzverkürzung durch entsprechende Maßnahmen durchaus positiv sein können. Damit meinen wir natürlich bei der GH Mobile die Entwicklung, nicht die Zahlenlage selbst.

Allerdings vergessen wir bitte nie. Wir haben hier nur einen ersten Schritt simuliert und analysiert und es war unser Ziel, die Wirkung von Einzelmaßnahmen anhand der Kennzahlen und damit die Verbesserungen, auch wenn sie bei nur einer Maßnahmen noch teilweise klein sind, aufzuzeigen. Bei der GH Mobile sind aber weitere Schritte möglich, die wir teilweise schon skizziert haben.

X.   Fremdkapitalrentabilität (%)

Da wir keine Kosten pro Kreditlinie haben, hatten wir mit Durchschnittskosten gerechnet. Reduzieren wir die Zinsaufwendungen im Zähler für die reduzierten Verbindlichkeiten im Nenner um jene Konstante, dann kann sich das Ergebnis (Quotient) nicht ändern. Genau dieses sehen wir hier. Die Fremdkapitalrentabilität bleibt konstant bei 2,25%, oder umgekehrt ausgedrückt bedeutet dies, dass die Finanzierung mit Fremdkapital durchschnittlich nach wie vor 2,25% kostet.   112

Fremdkapitalrentabilität (in %) (Wie hoch sind die gesamten Finanzierungskosten?) (Gibt Auskunft über die Fremdkapitalkosten bzw. Verhandlungsgeschick bei Kreditverhandlungen)	Zähler	Zinsaufwendungen	225,90	160,07
	Nenner	Summe langfristiges Fremdkapital + Summe kurzfristiges Fremdkapital	4.679,10 <u>5.374,90</u> 10.054,00	1.739,10 <u>5.374,90</u> 7.114,00
	Ergebnis	*Division x 100*	2,25%	2,25%

Bei einer operativen Rendite in 2010 von jetzt 1,94% ist dies weiterhin ungut. Die Kosten des Fremdkapitals sind höher als die operativ erwirtschaftete Rendite – also ein ungutes Verhältnis, da alle Überschüsse von den Zinskosten gefressen werden müssen, es sei denn, wir können weiterhin Zinserträge und/oder AO-Erträge realisieren. Aber vergessen wir nicht, dass es sich bei AO-Erträgen häufig um Erträge aus Substanzabbau (i.d.R. abgeschriebene Vermögensgegenstände) handelt. Diese sind aber nicht revolvierend, d.h. sie haben *Einmalcharakter*.   113

Mit dieser letzten Renditekennzahl (vor den *Du Pont* Kennzahlen) können wir aber auch eines deutlich sagen bzw. zusammenfassen: *Es reicht noch nicht!*   114

Dies ist zunächst entmutigend, aber wir haben ja das gesamte (Optimierungs)Pulver der GH Mobile noch nicht verschossen. Hier muss Sie jetzt der Ehrgeiz packen. Optimieren und simulieren Sie weiter!

XI.   Das Du Pont Schema mit den entsprechenden Kennzahlen nach Optimierung

Wir erinnern uns. Das *Du Pont Schema* verbindet die Kennzahlen   115

- Kapitalumschlag
- Umsatzrentabilität
- Kapitalrentabilität

auf logische Weise, da es zwischen diesen drei Kennzahlen mathematische Zusammenhänge gibt. Dabei können wir das Schema sowohl für die Berechnungen auf Basis des Gesamt- als auch auf Basis des Eigenkapitals anwenden. Schauen wir uns zunächst noch einmal die Verknüpfungen und das Ergebnis an.

116 Es gilt:

Umsatzrentabilität x Kapitalumschlag   =   Kapitalrentabilität

Aufgrund der mathematischen Zusammenhänge gilt damit auch:

Kapitalrentabilität / Umsatzrentabilität =   Kapitalumschlag

Kapitalrentabilität / Kapitalumschlag =   Umsatzrentabilität

Schauen wir uns dazu noch einmal die Grafik an:

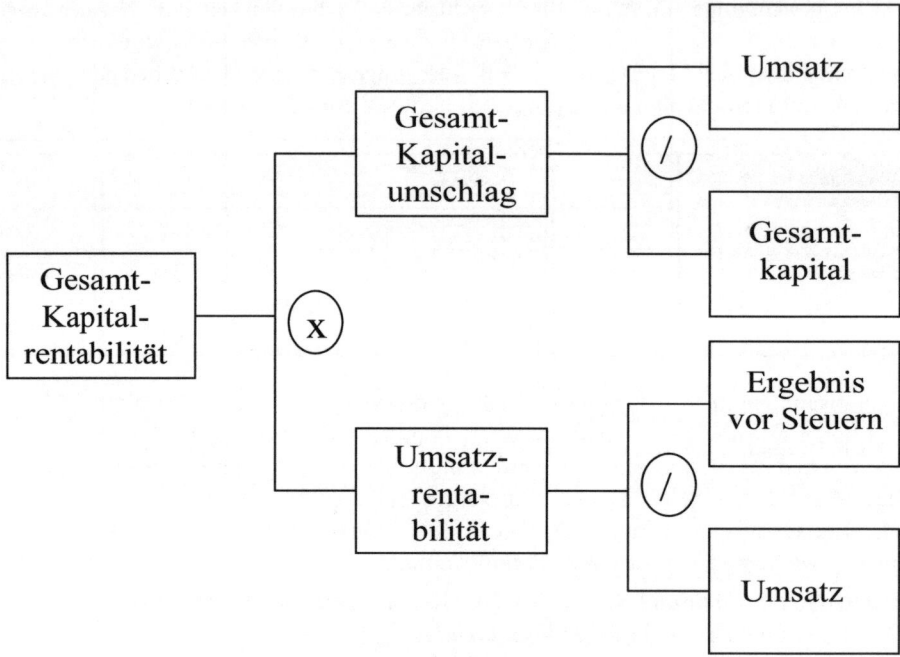

117 Jetzt zurück zu unseren Zahlen: wir sehen nach Optimierung auf der Basis des Gesamtkapitals die uns schon bekannten und kommentierten Veränderungen. Bekannt deshalb, weil dies ja keine neuen Kennzahlen sind, ja schon von uns innerhalb der einzelnen Analysefelder detailliert berechnet wurden. Hier haben wir sie aufgrund der mathematischen Zusammenhänge lediglich noch einmal zusammengestellt.

Du Pont Rechnungen			2008	2010
Gesamtkapitalrentabilität (%)	Zähler	Gesamtkapitalumschlag	1,68	2,26
	Nenner	Umsatzrentabilität (in %)	0,05%	0,12%
	Ergebnis	*Multiplikation x 100*	0,08%	0,28%
Gesamtkapitalumschlag (Faktor)	Zähler	Gesamtkapitalrentabilität I (in %)	0,08%	0,28%
	Nenner	Umsatzrentabilität (in %)	0,05%	0,12%
	Ergebnis	*Division*	1,68	2,26
Umsatzrentabilität (%)	Zähler	Gesamtkapitalrentabilität I (in %)	0,00	0,00
	Nenner	Gesamtkapitalumschlag	1,68	2,26
	Ergebnis	*Division x 100*	0,05%	0,12%

Wichtig ist aber, dass alle drei Kennzahlen steigen, damit ist nachgewiesen, dass die von uns eingeleitete Maßnahme wirklich etwas bringt. Wir wissen zwar mit der Berechnung der operativen Rendite im Vergleich zur Fremdkapitalrentabilität auch, dass es noch nicht reicht, aber es war ja auch nur der erste Schritt, weitere müssen noch folgenden und da haben Sie ja bereits begonnen.

Wir können uns diese Entwicklungen auch noch einmal im Detail im Du Pont Schema anschauen.[18]

118

---

18   Die Abbildung ist auch im Excel-Tool vorhanden.

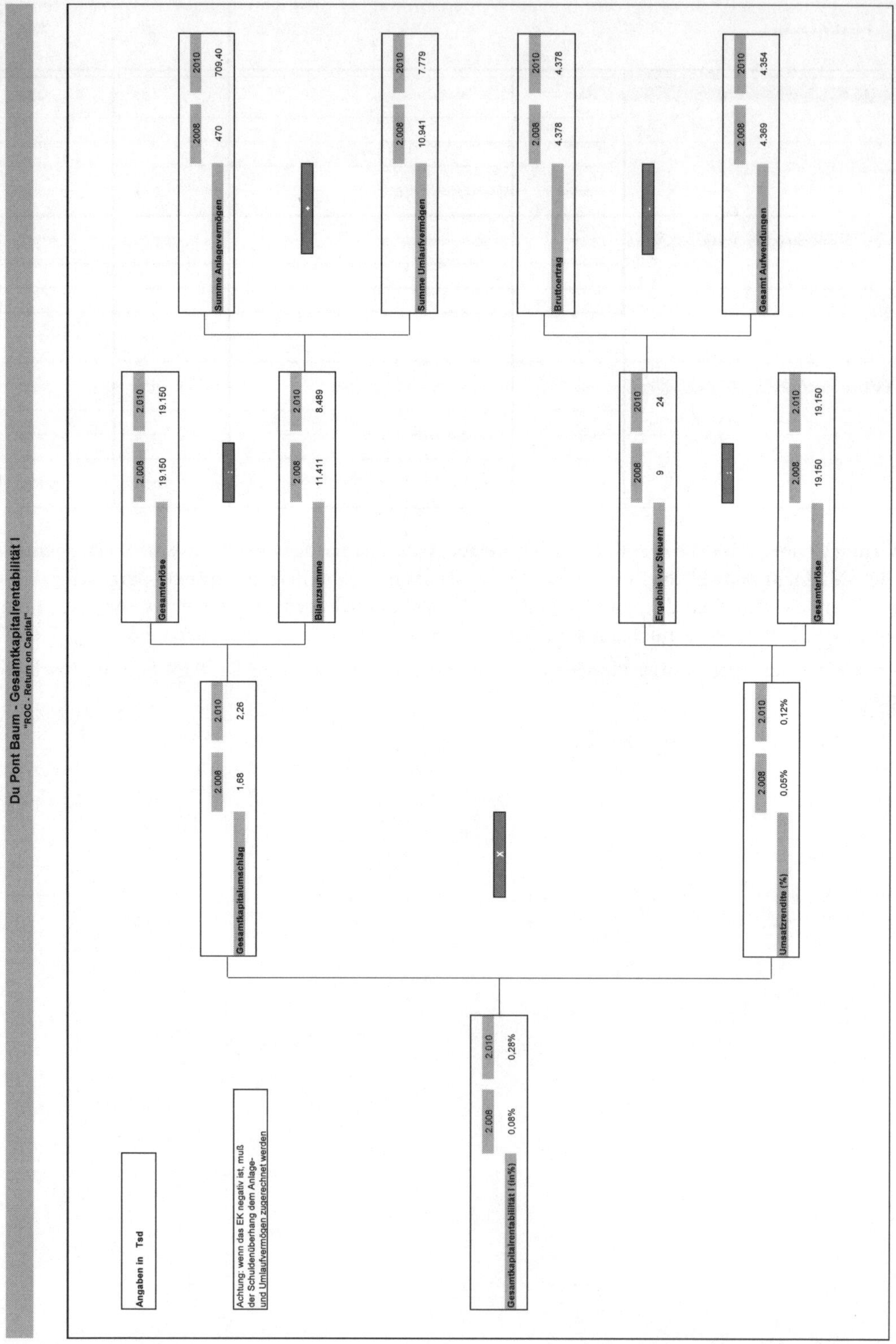

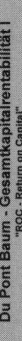

Du Pont Baum - Gesamtkapitalrentabilität I
"ROC - Return on Capital"

	2.008	2.010
Summe Anlagevermögen	470	709,40

	2.008	2010
Summe Umlaufvermögen	10.941	7.779

	2.008	2010
Bruttoertrag	4.378	4.378

	2.008	2010
Gesamt Aufwendungen	4.369	4.354

	2.008	2.010
Gesamterlöse	19.150	19.150

	2.008	2.010
Bilanzsumme	11.411	8.489

	2008	2010
Ergebnis vor Steuern	9	24

	2.008	2.010
Gesamterlöse	19.150	19.150

	2.008	2.010
Gesamtkapitalumschlag	1,68	2,26

	2.008	2.010
Umsatzrendite (%)	0,05%	0,12%

	2.008	2.010
Gesamtkapitalrentabilität I (in %)	0,08%	0,28%

Angaben in   Tsd

Achtung: wenn das EK negativ ist, muß
der Schuldenüberhang dem Anlage-
und Umlaufvermögen zugerechnet werden

Schauen wir uns jetzt diese Berechnung auch noch einmal für die Eigenkapital (HGB) basierten Du   119
Pont Kennzahlen an.

Du Pont Rechnungen			2008	2010
Eigenkapitalrentabilität (%)	Zähler	Eigenkapitalumschlag	14,11	13,93
	Nenner	Umsatzrentabilität (in %)	0,05%	0,12%
	Ergebnis	*Multiplikation x 100*	0,66%	1,73%
Eigenkapitalumschlag (Faktor)	Zähler	Eigenkapitalrentabilität I (in %)	0,66%	1,73%
	Nenner	Umsatzrentabilität (in %)	0,05%	0,12%
	Ergebnis	*Division x 100*	14,11	13,93
Umsatzrentabilität (%)	Zähler	Eigenkapitalrentabilität I (in %)	0,01	0,02
	Nenner	Eigenkapitalumschlag	14,11	13,93
	Ergebnis	*Division x 100*	0,05%	0,12%

Hier haben wir ein anderes Bild: lediglich zwei der drei Kennzahlen steigen (Umsatzrentabilität und   120
Eigenkapitalrentabilität), während der Eigenkapitalumschlag fällt.

Auch dies ist nicht schlecht – es gilt nämlich, dass zwei dieser drei Kennzahlen steigen müssen. Denken Sie bitte auch daran, dass zur Not die Berechnungen auch auf Basis haftendes und wirtschaftliches Eigenkapital gemacht werden können, wenn sich damit eventuell bei allen drei Kennzahlen
positive Entwicklungen ausweisen ließen. Man könnte zwar von Kosmetik sprechen, aber da würden
Sie sich nur in den Kreis der 95% einreihen, die dies schon lange tun. Und, solange Sie die Bilanz
nicht verändern, ist dies ja auch legal – es handelt sich um IHRE Sichtweise, die Kennzahlenanalyse
ist IHRE interne Sicht.

Damit Sie jetzt selbst wieder das Du Pont Schema befüllen können, geben wir Ihnen sofort noch ein   121
Blanko an die Hand.

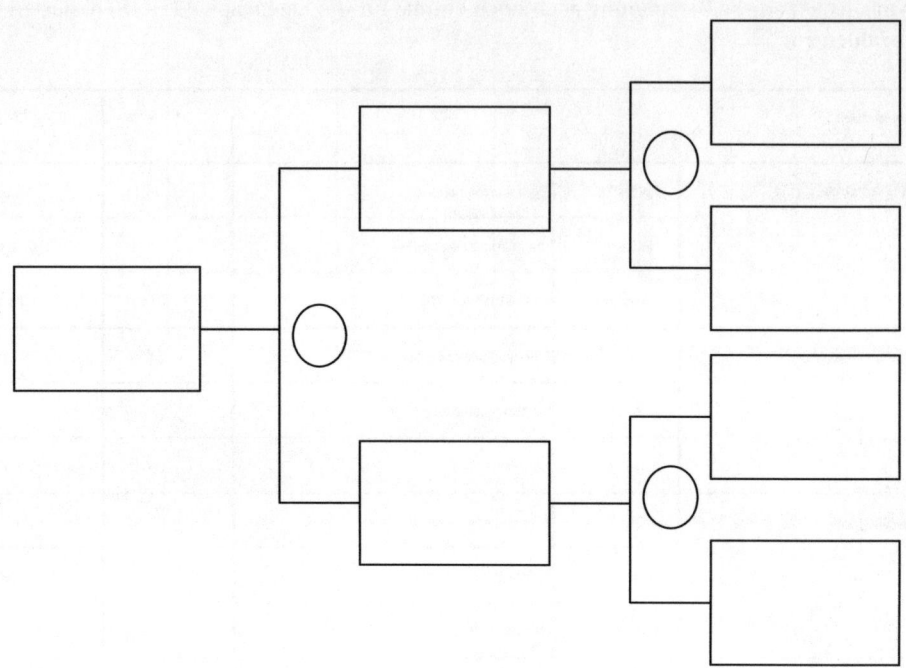

Oder wollen Sie lieber diesen Eigenkapital *Du Pont* Baum noch etwas detaillierter herleiten? Kein Problem, dann liefen wir Ihnen auch dafür das entsprechende Blanko.

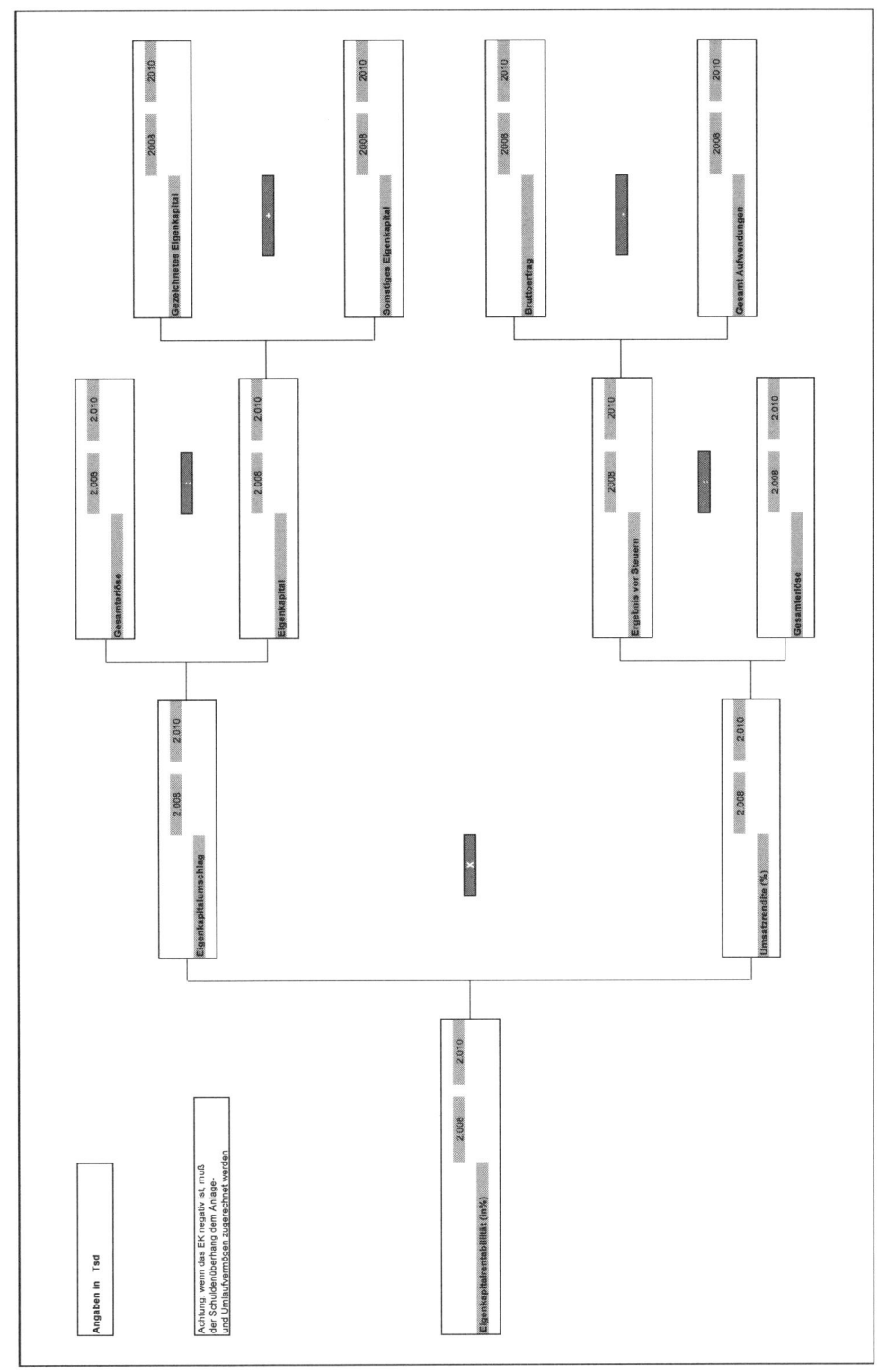

Du Pont Baum - Eigenkapitalrentabilität
"ROE - Return on Equity"

Angaben in Tsd

Achtung: wenn das EK negativ ist, muß
der Schuldenüberhang dem Anlage-
und Umlaufvermögen zugerechnet werden

Eigenkapitalrentabilität (in%)   2.008   2.010

Eigenkapitalumschlag   2.008   2.010

Umsatzrendite (%)   2.008   2.010

Gesamterlöse   2.008   2.010

Eigenkapital   2.008   2.010

Ergebnis vor Steuern   2008   2010

Gesamterlöse   2.008   2.010

Gezeichnetes Eigenkapital   2008   2010

Sonstiges Eigenkapital   2008   2010

Bruttoertrag   2008   2010

Gesamt Aufwendungen   2008   2010

122   Diese Darstellung macht natürlich nur dann Sinn, solange das Eigenkapital positiv und noch nicht aufgezehrt ist. Woran erkennen Sie dies? Dann sehen Sie auf der Aktivseite in der Position *Nicht durch Eigenkapital gedeckter Fehlbetrag* entsprechende Beträge. Aber nicht vergessen, mit Inkrafttreten des BilMoG müssen Sie aber zwingend ganz oben auf die Passivseite schauen.

XII.   Zusammenfassung der Kennzahlen zur Rentabilität und den Du Pont Berechnungen nach Optimierung

123   Bis auf die Kennzahlen Fremdkapitalrentabilität und Eigenkapitalumschlag ändern sich alle Kennzahlen hin zum Positiven.

Rentabilität	2008	2010
Umsatzrentabilität (%)	0,05%	0,12%
Gesamtkapitalrentabilität I (%)	0,08%	0,28%
Gesamtkapitalrentabilität II (%)	2,06%	2,17%
Eigenkapitalrentabilität (HGB Gliederung) (%)	0,66%	1,73%
Eigenkapitalrentabilität (haftendes EK) (%)	0,66%	1,73%
Eigenkapitalrentabilität (wirtschaftliches EK) (%)	0,18%	1,13%
Nach Steuer Eigenkapitalrentabilität (HGB Gliederung) (%)	0,27%	1,28%
Nach Steuer Eigenkapitalrentabilität (haftendes EK) (%)	0,27%	1,28%
Nach Steuer Eigenkapitalrentabilität (wirtschaftliches EK) (%)	0,07%	0,83%
Eigenkapitalumschlag (Faktor)	14,11	13,93
Betriebsergebnis/Betriebskapital (%)	1,89%	1,94%
Fremdkapitalrentabilität (%)	2,25%	2,25%

Diese Aussage trifft auch für die Kennzahlen im *Du Pont* Schema zu.

Du Pont Schema	2008	2010
(Probe) Gesamtkapitalrentabilität I (%)	0,08%	0,28%
(Probe) Gesamtkapitalumschlag (Faktor)	1,68	2,26
(Probe) Umsatzrentabilität I (%)	0,05%	0,12%
(Probe) Eigenkapitalrentabilität I (%)	0,66%	1,73%
(Probe) Eigenkapitalumschlag (Faktor)	14,11	13,93
(Probe) Umsatzrentabilität I (%)	0,05%	0,12%

Die Verbesserungen sind aber in allen Fällen sehr gering, da wir die Ertragssituation nur einseitig durch die abgesenkte Zinslast (die aber durch die erhöhten Abschreibungen teilweise wieder kompensiert wurde) verbessert haben. Wir wollten aber gerade die Veränderung auf eine einzelne Maßnahme darstellen. Auf eine Umsatzsteigerung haben wir bewusst verzichtet. **124**

Wenn Sie bereits begonnen haben oder jetzt einsteigen, weitere Schritte zu initiieren und zu simulieren, dann werden Sie sehen, dass sich die Renditekennzahlen sehr schnell ändern. Erhöhen Sie doch einfach im MS Excel Tool einmal jetzt den Umsatz auf ein Niveau von 2005 oder 2006 mit der Kostenstruktur von 2009. Dann kommt bei der GH Mobile wirklich Freude auf.

Nein, das ist Ihnen auch zu populistisch? Dann habe ich einen anderen Vorschlag für Sie. Ist Ihnen eigentlich bei den Abschreibungen etwas aufgefallen? Wir hatten auch bei Besprechung der Investitionsquoten nach Optimierung einmal darauf hingewiesen, dass wir noch eine Differenz (713 anstatt 736) bei den Bruttoinvestitionen erklären müssen. Wir hatten von 2008 auf 2010 für alle Parameter, die nicht von der Optimierung betroffen waren, ,ceteris paribus' vereinbart.

So hatten wir auch das Anlagevermögen (vgl. §6, A.) berechnet. **125**

Anlagevermögen zu Periodenbeginn 2010:	235
Zuzüglich Neuinvestitionen:	<u>736</u>
	971
Abzüglich AfA ,alte Anlagen':	<u>432</u>
	539
Abzüglich AfA ,Neuinvestition':	<u>74</u>
Anlagevermögen zu Periodenende 2010:	465
AfA ,alte Anlagen':	432
AfA ,Neuinvestition':	<u>74</u>
Gesamt AfA 2010:	506

Wenn Sie jetzt die beiden Abschreibungspositionen addieren, dann erhalten Sie 506, mitunter also 32 mehr als in der optimierten GuV mit 474 ausgewiesen. **126**

Mit diesen Abschreibungen in Höhe von 506 hätten wir das Jahr 2010 mit einem Jahresfehlbetrag (Annahme: keine Steuerzahlungen) beendet.

Außerdem haben wir in der Bilanz das Sachanlagevermögen zu Periodenende in 2010 mit 474 anstatt mit 465, wie es richtig sein müsste, dargestellt. Ein zweiter kleiner (bewusster) Fehler.

Warum haben wir aber nicht mit diesen Abschreibungen von 506 bzw. mit den korrekten Werten für das Sachanlagevermögen in Höhe 465 gearbeitet?

- Aufgrund der Kassen- und Bankbestände wäre zwar ein negatives Ergebnis aufgrund er erhöhten, aber richtigen AfA, nicht so schlimm gewesen, aber wir wollten in den Kennzahlen keine negativen Beträge ausweisen.

127
- Es war uns wichtig, einen Teil der Bestandsreduktion und damit Liquiditätszuwächse investiv zu nutzen, um Ihnen die Auswirkungen (aber mit positivem Jahresüberschuss) besser darstellen zu können. 10% erschienen uns aber aus optischen Gründen zu niedrig.

- Es geht uns in diesem Buch nicht um die größtmögliche Genauigkeit, sondern um das Verständnis und die Technik, mit Kennzahlen zu arbeiten und diese und deren Aussagekraft je nach Definition zu verstehen.

- Wir wollen aber auch Gefahren aufzeigen, die mit Planungen, besonders wenn sie von Dritten ohne Kommentierungen vorgelegt werden, verbunden sein können. Die Gefahren umfassen auch das Verständnis dafür, das bereits kleinste Änderungen dann zu (optisch) gravierenden (negativen) Ergebnissen führen können, wenn schwache Ergebnisse in der GuV ausgewiesen werden.

- *Ihnen sollte hier ganz am Ende des Buches die Gelegenheit gegeben werden, diese erweiterte oder korrigierte Variante umfänglich noch einmal selbst zu rechnen. Dabei wollten wir aber auch die Komplexität steigern und Sie jetzt teilweise über negative Kennzahlen nachdenken lassen.*

128
- Die bisherigen Kennzahlenberechnungen sind damit nicht falsch. Wir waren im Sinne der Sache nur ein wenig kreativ. Nennen wir es einfach Didaktik.

129
Schauen wir uns die GuV nach weiterer Korrektur jetzt wieder an:

GuV

(Kalender) Jahr Periode	Tsd. EUR 2008		Tsd. EUR 2010	
1. Gesamterlöse/Umsatzerlöse	19.150,20	100%	19.150,20	84%
1.1 ... davon Umsatzerlöse Sparte I	8.316,00	43%	8.316,00	37%
1.2 ... davon Umsatzerlöse Sparte II	6.526,80	34%	6.526,80	29%
1.3 ... davon Umsatzerlöse Sparte III	2.277,00	12%	2.277,00	10%
1.4 ... davon Umsatzerlöse Sparte IV	1.899,00	10%	1.899,00	8%
1.5 ... davon Umsatzerlöse Sparte V	131,40	1%	131,40	1%
2. Bestandsveränderungen (Erhöhung +; Verminderung -)	1.584,90	8%	1.584,90	7%
3. Andere aktivierte Eigenleistungen	0,00	0%	0,00	0%
4. Sonstige betriebliche Erträge	0,00	0%	0,00	0%
Betriebsleistung	**20.735,10**	108%	**20.735,10**	91%
5. Materialaufwand	16.357,50	85%	16.357,50	72%
5.1 ... für Roh-, Hilfs- und Betriebsstoffe und bezogenen Waren	14.057,50	73%	14.057,50	62%
5.2 ... für bezogene Leistungen	2.300,00	12%	2.300,00	10%
Bruttoertrag/Rohertrag/Wertschöpfung	**4.377,60**	23%	**4.377,60**	19%
6. Personalkosten	1.690,20	9%	1.690,20	7%
6.1 ... davon Geschäftsführergehalt	311,40	2%	311,40	1%
6.2 ... davon Löhne & Gehälter	1.078,80	6%	1.078,80	5%
6.3 ... davon soziale Abgaben/Aufwendungen für Altersversorgung	300,00	2%	300,00	1%
7. Abschreibungen	423,00	2%	506,00	2%
7.1 ... davon auf Vermögensgegenstände des Anlagevermögens	423,00	2%	506,00	2%
7.2 ... davon auf Vermögensgegenstände des Umlaufvermögens	0,00	0%	0,00	0%
8. Sonstige betriebliche Aufwendungen	2.052,90	11%	2.052,90	9%
8.1 ... davon Miet- und Leasingaufwendungen	717,30	4%	717,30	3%
8.2 ... davon Vertriebskosten	496,80	3%	496,80	2%
8.3 ... davon Verwaltungskosten	838,80	4%	838,80	4%
8.4 ... davon Sonstige	0,00	0%	0,00	0%
Gesamtaufwand (ohne Material und bezogene Waren/Leistungen)	**4.166,10**	22%	**4.249,10**	19%
Betriebsergebnis	**211,50**	1%	**128,50**	1%
9. Erträge aus Beteiligungen	0,00	0%	0,00	0%
9.1 ...davon aus verbundenen Unternehmen	0,00	0%	0,00	0%
10. Erträge aus Wertpapieren und Ausleihungen des Finanz-AV	0,00	0%	0,00	0%
10.1 ...davon aus verbundenen Unternehmen	0,00	0%	0,00	0%
11. Sonstige Zinsen und Erträge	27,00	0%	27,00	0%
11.1 ...davon aus verbundenen Unternehmen	0,00	0%	0,00	0%
12. Abschreibungen auf Finanzanlagen/Wertpapiere des UV	0,00	0%	0,00	0%
13. Zinsen und ähnliche Aufwendungen	225,90	1%	160,07	1%
13.1 ...davon an verbundene Unternehmen	0,00	0%	0,00	0%
Finanzergebnis	**-198,90**	-1%	**-133,07**	-1%
14. **Ergebnis der gewöhnlichen Geschäftstätigkeit (EGT)**	**12,60**	0%	**-4,57**	0%
15. Außerordentliche Erträge	690,30	4%	690,30	3%
16. Außerordentliche Aufwendungen	693,90	4%	693,90	3%
17. **Außerordentliche Ergebnis**	**-3,60**	0%	**-3,60**	0%
Ergebnis vor Steuern	**9,00**	0%	**-8,17**	0%
18. Steuern vom Einkommen und Ertrag	5,40	0%	0,00	0%
19. Sonstige Steuern	0,00	0%	0,00	0%
10. **Jahresüberschuss/Jahresfehlbetrag**	**3,60**	0%	**-8,17**	0%

130   Die strukturierte GuV hätte richtig folgendermaßen ausgesehen:

Struktur-GuV				
(Kalender) Jahr Periode	Tsd. EUR 2008		Tsd. EUR 2010	
Gesamterlöse/Umsatzerlöse	19.150,20	100%	19.150,20	100%
Betriebsleistung	*20.735,10*	*108%*	*20.735,10*	*108%*
Bruttoertrag/Rohertrag/Wertschöpfung	4.377,60	23%	4.377,60	23%
Gesamtaufwand (ohne Material und bezogene Waren/Leistungen)	*4.166,10*	*22%*	*4.249,10*	*22%*
Betriebsergebnis	211,50	1%	128,50	1%
Finanzergebnis	-198,90	-1%	-133,07	-1%
Ergebnis der gewöhnlichen Geschäftstätigkeit (EGT)	12,60	0%	-4,57	0%
Außerordentliche Ergebnis	-3,60	0%	-3,60	0%
Ergebnis vor Steuern	*9,00*	*0%*	*-8,17*	*0%*
Steuern	*5,40*	*0%*	*0,00*	*0%*
Jahresüberschuss/Jahresfehlbetrag	3,60	0%	-8,17	0%

Die Bilanz ändert sich damit auch wieder, da ja der Jahresüberschuss in das Eigenkapital gebucht wird und dieses jetzt aufgrund des Fehlbetrages reduziert. Die Gegenposition finden wir aktivisch bei der Kasse/Bank. Die Bilanzsumme ändert sich leicht 8.466,53 (2009 vorher: 8.490,08).

131   Bevor wir uns die Bilanz anschauen, noch eine weitere Anmerkung.

Wenn wir simulieren oder Planungen von Dritten vorgelegt bekommen, dann ist die Plausibilität des Plan-Zahlenwerkes von entscheidender Bedeutung.

Selbst wenn wir einiges nicht verstehen, muss die Planung nicht zwingend falsch sein. Allerdings, nur allzu häufig werden detaillierte Planungen vorgelegt, aber die Kommentierungen dazu fehlen. Und dann ist es extrem schwierig, den Finger direkt auf die zweifelhaften Positionen legen zu können.

Wie Sie bereits wissen, hatten wir diese Kosmetik ebenfalls in die Bilanz integriert, denn dort fanden Sie beim Sachanlagevermögen in 2010 auch nicht den oben berechneten Wert von 465 sondern 474. Wir haben also zweimal einen nicht ganz korrekten Planwert angesetzt, ohne dass es wahrscheinlich aufgefallen ist. Im gesamten Text haben wir auf diesen bilanziellen Fehler nie hingewiesen und wir würden wetten, dass es auch nicht aufgefallen ist.

132   Einmal Hand aufs Herz: Wer von Ihnen hat unsere kleinen Kreativitäten denn bemerkt?

Sie sehen, Plandarstellungen sind mit größter Vorsicht anzugehen. Jetzt schauen wir uns auch die Bilanz nochmals genau (mit korrekten Werten) an. Wir fangen mit den Aktiva an.

Bilanz

(Kalender) Jahr Periode	Tsd. EUR 2008		Tsd. EUR 2010	
Aktiva				
Ausstehende Einlagen	0,00	0%	0,00	0%
I. Immaterielle Wirtschaftsgüter	0,00	0%	0,00	0%
… davon Konzessionen, Schutzrechte, Lizenzen	0,00	0%	0,00	0%
… davon Geschäfts- und Firmenwert	0,00	0%	0,00	0%
… davon geleistete Anzahlungen	0,00	0%	0,00	0%
II. Sachanlagen	235,00	2%	465,00	5%
… davon Grundstücke und Gebäude	0,00	0%	0,00	0%
… davon technische Anlagen & Maschinen	235,00	2%	465,00	5%
… davon andere Anlage, Betriebs- Geschäftsausstattung	0,00	0%	0,00	0%
… davon geleistete Anzahlungen und Anlagen im Bau	0,00	0%	0,00	0%
III. Finanzanlagen	235,40	2%	235,40	3%
… davon Anteile an verbundenen Unternehmen	230,00	2%	230,00	3%
… davon Ausleihungen an verbundene Unternehmen	0,00	0%	0,00	0%
… davon Beteiligungen	0,00	0%	0,00	0%
… davon Ausleihungen an Unternehmen, mit den ein Beteiligungsv	0,00	0%	0,00	0%
… davon Wertpapiere des Anlagevermögens	0,00	0%	0,00	0%
… davon Sonstige Ausleihungen	5,40	0%	5,40	0%
A **Summe Anlagevermögen**	**470,40**	**4%**	**700,40**	**8%**
I. Vorräte	6.827,40	60%	3.151,20	37%
… davon Roh-, Hilfs- und Betriebsstoffe	2.278,40	20%	1.078,40	13%
….davon unfertige Erzeugnisse, unfertige Leistungen	759,60	7%	772,80	9%
… davon fertige Erzeugnisse und Waren	2.318,70	20%	1.000,00	12%
… davon Handelswaren	1.470,70	13%	300,00	4%
… davon geleistete Anzahlungen	0,00	0%	0,00	0%
II. Forderungen und sonstige Vermögensgegenstände	1.433,60	13%	1.433,60	17%
… davon Forderungen aus Lieferungen und Leistungen	1.430,50	13%	1.430,50	17%
… davon Forderungen gegen verbundene Unternehmen	0,00	0%	0,00	0%
… davon gegen Unternehmen, mit denen ein Beteiligungsverhältni	0,00	0%	0,00	0%
… davon sonstige Vermögensgegenstände	3,10	0%	3,10	0%
…davon eingeforderte Einlagen	0,00	0%	0,00	0%
III. Wertpapiere	0,00	0%	0,00	0%
… davon Anteile an verbundenen Unternehmen	0,00	0%	0,00	0%
… davon eigene Anteile	0,00	0%	0,00	0%
… davon sonstige Wertpapiere	0,00	0%	0,00	0%
IV Kasse, Bank und Schecks	2.679,70	23%	3.177,73	38%
B **Summe Umlaufvermögen**	**10.940,70**	**96%**	**7.762,53**	**92%**
C **Rechnungsabgrenzungsposten**	**0,00**	**0%**	**0,00**	**0%**
"D" Nicht durch Eigenkapital gedeckter Fehlbetrag	**0,00**	**0%**	**0,00**	**0%**
Summe Aktiva	**11.411,10**	**100%**	**8.462,93**	**100%**

Die Passiva, die sich ja aufgrund der höheren Abschreibungen in 2009 und des daraus resultierenden   133
Jahresfehlbetrages jetzt auch ändern, sehen folgendermaßen aus.

6

Passiva

		Nicht eingeforderte offene Einlagen	0,00	0%	0,00	0%
	I.	Gezeichnetes Kapital	552,60	5%	552,60	7%
	II.	Kapitalrücklage	0,00	0%	0,00	0%
	III.	Gewinnrücklagen	195,30	2%	417,60	5%
		... davon gesetzliche Rücklage	*0,00*	*0%*	*0,00*	*0%*
		... davon Rücklage für eigene Anteile	*0,00*	*0%*	*0,00*	*0%*
		... davon satzungsgemäße Rücklagen	*0,00*	*0%*	*0,00*	*0%*
		... davon andere Gewinnrücklagen	*195,30*	*2%*	*417,60*	*5%*
	IV.	Gewinnvortrag/Verlustvortrag	222,30	2%	3,60	0%
	V.	Jahresüberschuss/Jahresfehlbetrag	3,60	0%	-8,17	0%
	VI.	Sonderposten mit Rücklagenanteil	383,30	3%	383,30	5%
A		***Eigenkapital***	**1.357,10**	**12%**	**1.348,93**	**16%**
	I.	Rückstellungen für Pensionen & ähnliche Verpflichtungen	710,00	6%	710,00	8%
	II.	Steuerrückstellungen	310,80	3%	310,80	4%
	III.	Sonstige Rückstellungen	608,40	5%	608,40	7%
B		***Rückstellungen***	**1.629,20**	**14%**	**1.629,20**	**19%**
		... davon Anleihen, davon konvertibel	*0,00*	*0%*	*0,00*	*0%*
		... davon Verbindlichkeiten gegenüber Kreditinstituten	*415,80*	*4%*	*415,80*	*5%*
		... davon erhaltene Anzahlungen auf Bestellungen	*1.062,00*	*9%*	*1.062,00*	*13%*
		... davon Verbindlichkeiten aus Lieferungen & Leistungen	*3.393,70*	*30%*	*3.393,70*	*40%*
		... davon Verbindlichkeiten aus der Annahme gezogener/Ausstellu	*0,00*	*0%*	*0,00*	*0%*
		... davon Verbindlichkeiten gegen verbundene Unternehmen	*3.553,30*	*31%*	*613,30*	*7%*
		... davon Verbindlichkeiten gegenüber Unternehmen, mit denen ein	*0,00*	*0%*	*0,00*	*0%*
		... davon sonstige Verbindlichkeiten	*0,00*	*0%*	*0,00*	*0%*
		a) aus Steuern	*0,00*	*0%*	*0,00*	*0%*
		b) davon im Rahmen der sozialen Sicherheit	*0,00*	*0%*	*0,00*	*0%*
C		***Verbindlichkeiten***	**8.424,80**	**74%**	**5.484,80**	**65%**
D		***Rechnungsabgrenzungsposten***	**0,00**	**0%**	**0,00**	**0%**
		Summe Passiva	**11.411,10**	**100%**	**8.462,93**	**100%**

134   Auch hier folgt die strukturierte Darstellung, damit wir es besser nachvollziehen können.

Struktur-Bilanz

	Tsd. EUR 2008		Tsd. EUR 2010	
(Kalender) Jahr				
Periode				
Aktiva				
Ausstehende Einlagen	0,00	0%	0,00	0%
I. Immaterielle Wirtschaftsgüter und Finanzanlagen	235,40	2%	235,40	3%
II. Sachanlagen	235,00	2%	465,00	5%
A *Summe Anlagevermögen*	470,40	4%	700,40	8%
I. Vorräte	6.827,40	60%	3.151,20	37%
II. Forderungen und sonstige Vermögensgegenstände (inkl. RAP)	1.433,60	13%	1.433,60	17%
III. Kasse, Bank, Schecks und Wertpapiere	2.679,70	23%	3.177,73	38%
B *Summe Umlaufvermögen*	10.940,70	96%	7.762,53	92%
Nicht durch Eigenkapital gedeckter Fehlbetrag	0,00	0%	0,00	0%
Summe Aktiva	11.411,10	100%	8.462,93	100%
Passiva				
A *Eigenkapital*	1.357,10	12%	1.348,93	16%
B *Rückstellungen (langfristig)*	710,00	6%	710,00	8%
C *Verbindlichkeiten*	9.344,00	82%	6.404,00	76%
davon langfristig (KI, Anleihen, Bet., verb. U.)	3.969,10	35%	1.029,10	12%
davon kurzfristig (inkl. kfr. Rückstellungen) (L&L, Wechsel, Sonst., RAP, kfr. Rückst.)	5.374,90	47%	5.374,90	64%
Summe Passiva	11.411,10	100%	8.462,93	100%

Jetzt geht es wieder los, aber ohne uns. Wir stellen Ihnen nur die Ergebnisse zur Verfügung, alle Berechnungen und Detailinterpretationen müssen Sie selbst herleiten!   135

Vermögensstruktur	2008	2010
Gesamtkapitalumschlag (Faktor)	1,68	2,26
Anlagenintensität (%)	4,12%	8,28%
Vorratsumschlag (Faktor)	2,80	6,08
Vorräte zu Umsatz (%)	36%	16%
Reichweite Bestände (Tage)	130,13	60,06
Reichweite Bestände (Tage, JÜ als Basis)	692.222,50	-140.781,88
Reichweite Bestände (Jahre, JÜ als Basis)	1.896,50	-385,70
Umschlagsdauer Umlaufvermögen (Tage)	208,53	147,95
Debitorenziel (Tage)	22,96	22,96
Kreditorenziel (Tage)	58,01	58,01
Reichweite Liquide Mittel (Tage)	51,07	60,57

Kapitalstruktur	2008	2010
Eigenkapitalquote (%) (HGB Gliederung)	11,89%	15,94%
Eigenkapitalquote (%) (Basis: haftendes Eigekapital)	11,89%	15,94%
Eigenkapitalquote (%) (Basis: wirtschaftliches Eigenkapital)	44,13%	24,66%
Verbindlichkeiten aus L&L Quote (%)	33,75%	47,70%
Kurzfristiges Fremdkapital Quote (in %)	47,10%	63,51%

Liquidität und Finanzkraft	2008	2010
Liquidität I (%)	49,86%	59,12%
Liquidität II (%)	76,53%	85,79%
Liquidität III (%)	203,55%	144,42%
Cash Flow/Gesamtkapital (%)	3,74%	5,88%
Cash-Flow-Umsatzrate (%)	2,23%	2,60%
Anlagendeckung I (%)	577,49%	290,09%
Anlagendeckung II (%)	2568,60%	664,09%
(Dynamische Verschuldung) Kredittilgungsdauer (Jahre)	12,26	3,60
Investitionsquote I (%)	1,23%	2,43%
Investitionsquote II (%)	0,00%	3,84%
(Re)Investitionsquote III (%)	0,00%	145,45%
Selbstfinanzierungsquote (%)	181,53%	107,06%

Erfolgsstruktur	2008	2010
Bruttoertragsquote (5)	22,86%	22,86%
Personalkostenintensität I (in %)	7,20%	7,20%
Personalkostenintensität II (%)	8,83%	8,83%
Abschreibungsintensität (%)	2,21%	2,64%
Mietaufwandsquote (%)	3,75%	3,75%
Zinsintensität (%)	1,18%	0,84%
Zins-und Miet-Intensität (in %)	4,93%	4,58%
Zinsdeckung (Faktor)	0,94	0,80

Rentabilität	2008	2010
Umsatzrentabilität (%)	0,05%	-0,04%
Gesamtkapitalrentabilität I (%)	0,08%	-0,10%
Gesamtkapitalrentabilität II (%)	2,06%	1,79%
Eigenkapitalrentabilität (HGB Gliederung) (%)	0,66%	-0,61%
Eigenkapitalrentabilität (haftendes EK) (%)	0,66%	-0,61%
Eigenkapitalrentabilität (wirtschaftliches EK) (%)	0,18%	-0,39%
Nach Steuer Eigenkapitalrentabilität (HGB Gliederung) (%)	0,27%	-0,61%
Nach Steuer Eigenkapitalrentabilität (haftendes EK) (%)	0,27%	-0,61%
Nach Steuer Eigenkapitalrentabilität (wirtschaftliches EK) (%)	0,07%	-0,39%
Eigenkapitalumschlag (Faktor)	14,11	14,20
Betriebsergebnis/Betriebskapital (%)	1,89%	1,56%
Fremdkapitalrentabilität (%)	2,25%	2,25%

Du Pont Schema	2008	2010
(Probe) Gesamtkapitalrentabilität I (%)	0,08%	-0,10%
(Probe) Gesamtkapitalumschlag (Faktor)	1,68	2,26
(Probe) Umsatzrentabilität I (%)	0,05%	-0,04%
(Probe) Eigenkapitalrentabilität I (%)	0,66%	-0,61%
(Probe) Eigenkapitalumschlag (Faktor)	14,11	14,20
(Probe) Umsatzrentabilität I (%)	0,05%	-0,04%

H. Schlussbetrachtungen

136   Wenig kann Viel erreichen. Denkt man die Entwicklung der Kennzahlen durch, ist man gezwungen, immer wieder die Zusammensetzung zu hinterfragen und dann werden auch weitergehende Veränderungen sofort im Kopf klar.

Logik ist wieder das entscheidende Wort und hier sind wir wieder beim Anfang dieses Buches. Bilanzanalyse, Bilanzoptimierung und Kennzahlen sind davon abhängig, wie gut wir Sachverhalte durchdenken können.

Und dies ist nicht schwer, wenn man den Mut hat, seine häufig vorhandene Antipathie zur Gewinn- und Verlustrechnung sowie zur Bilanz einmal denkend niederzukämpfen!

Allerdings müssen wir auch sehr umsichtig sein, denn man vergisst nur allzu schnell Auswirkungen oder Anpassungen werden falsch angesetzt, ohne dass es uns auffällt (siehe Abschreibungen).

Schauen Sie sich die Kennzahlenübersicht noch einmal an. Wir haben Probleme denkend erkannt und konsequent darauf reagiert, wohl nur mit einer Maßnahme (auch wenn wir ein wenig kreativ waren), aber hier geht es um das Prinzip. SIE sind uns gefolgt und haben die GH Mobile durchleuchtet, auch wenn Sie nicht buchen können oder bisher mit Bilanzen und GuVs nur wenig zu tun hatten.

Wir wünschen Ihnen, dass die Begeisterung weiter wächst und Sie Kolleg(inn)en ebenfalls mitreißen können. Das Wichtigste ist aber, dass unsere Unternehmen von diesem Wissen und dieser Begeisterung profitieren. Dies setzt voraus, dass Sie jetzt hier weitermachen!

Viel Spaß und viel Erfolg!

Anhang

Fa. Mustermann
Musterhausen

Zeitraum
2006
-
2012
=Dateneingabe

Basis Informationen

	2006	2007	2008
Jahre	2006	2007	2008
Periode	-2	-1	0
Einheit	**Tsd. EUR**	**Tsd. EUR**	**Tsd. EUR**
Umsatz bzw. Mehrwertsteuer in %	16,0%	19,0%	19,0%
Umsatz bzw. Mehrwertsteuerfaktor	1,16	1,19	1,19
Einkaufsvolumen national	100%	100%	100%
Exportquote	0%	0%	0%
Tage p.a. (Arbeits- oder Kalendertage)	365	365	365

Sonderposten mit Rücklageanteil (unversteuerte Rücklagen) Zurechnung zu Eigenkapital mit (nach neuem Recht - BilMoG - hier immer 100% stehen lassen)	100%	100%	100%

Subordinierte Darlehen	0,00	0,00	0,00

Bilanz

(Kalender) Jahr Periode	Tsd. EUR 2006 -2		Tsd. EUR 2007 -1		Tsd. EUR 2008 0	
Aktiva						
Ausstehende Einlagen	0,00	0%	0,00	0%	0,00	0%
I. Immaterielle Wirtschaftsgüter	0,00	0%	0,00	0%	0,00	0%
... davon Konzessionen, Schutzrechte, Lizenzen	0,00	0%	0,00	0%	0,00	0%
... davon Geschäfts- und Firmenwert	0,00	0%	0,00	0%	0,00	0%
... davon geleistete Anzahlungen	0,00	0%	0,00	0%	0,00	0%
II. Sachanlagen	1.016,20	9%	658,00	7%	235,00	2%
... davon Grundstücke und Gebäude	0,00	0%	0,00	0%	0,00	0%
... davon technische Anlagen & Maschinen	1.016,20	9%	658,00	7%	235,00	2%
... davon andere Anlage, Betriebs- Geschäftsausstattung	0,00	0%	0,00	0%	0,00	0%
... davon geleistete Anzahlungen und Anlagen im Bau	0,00	0%	0,00	0%	0,00	0%
III. Finanzanlagen	235,40	2%	235,40	2%	235,40	2%
... davon Anteile an verbundenen Unternehmen	230,00	2%	230,00	2%	230,00	2%
... davon Ausleihungen an verbundene Unternehmen	0,00	0%	0,00	0%	0,00	0%
... davon Beteiligungen	0,00	0%	0,00	0%	0,00	0%
... davon Ausleihungen an Unternehmen, mit denen ein Beteiligungsverhältnis besteht	0,00	0%	0,00	0%	0,00	0%
... davon Wertpapiere des Anlagevermögens	0,00	0%	0,00	0%	0,00	0%
... davon Sonstige Ausleihungen	5,40	0%	5,40	0%	5,40	0%
A **Summe Anlagevermögen**	**1.251,60**	**11%**	**893,40**	**9%**	**470,40**	**4%**
I. Vorräte	6.211,80	54%	5.242,50	52%	6.827,40	60%
... davon Roh-, Hilfs- und Betriebsstoffe	2.491,20	22%	1.750,80	17%	2.278,40	20%
... davon unfertige Erzeugnisse, unfertige Leistungen	1.248,30	11%	1.035,70	10%	759,60	7%
... davon fertige Erzeugnisse und Waren	1.836,00	16%	2.042,60	20%	2.318,70	20%
... davon Handelswaren	636,30	6%	413,40	4%	1.470,70	13%
... davon geleistete Anzahlungen	0,00	0%	0,00	0%	0,00	0%
II. Forderungen und sonstige Vermögensgegenstände	1.008,80	9%	653,30	7%	1.433,60	13%
... davon Forderungen aus Lieferungen und Leistungen	978,10	9%	644,80	6%	1.430,50	13%
... davon Forderungen gegen verbundene Unternehmen	0,00	0%	0,00	0%	0,00	0%
... davon gegen Unternehmen, mit denen ein Beteiligungsverhältnis besteht	0,00	0%	0,00	0%	0,00	0%
... davon sonstige Vermögensgegenstände	30,70	0%	8,50	0%	3,10	0%
... davon eingeforderte Einlagen						
III. Wertpapiere	0,00	0%	0,00	0%	0,00	0%
... davon Anteile an verbundene Unternehmen	0,00	0%	0,00	0%	0,00	0%
... davon eigene Anteile	0,00	0%	0,00	0%	0,00	0%
... davon sonstige Wertpapiere	0,00	0%	0,00	0%	0,00	0%
IV Kasse, Bank und Schecks	3.012,70	26%	3.222,40	32%	2.679,70	23%
B **Summe Umlaufvermögen**	**10.233,30**	**89%**	**9.118,20**	**91%**	**10.940,70**	**96%**
C **Rechnungsabgrenzungsposten**	**0,00**	**0%**	**0,00**	**0%**	**0,00**	**0%**
"D" Nicht durch Eigenkapital gedeckter Fehlbetrag	0,00	0%	0,00	0%	0,00	0%
Summe Aktiva	**11.484,90**	**100%**	**10.011,60**	**100%**	**11.411,10**	**100%**
Passiva						
I. Gezeichnetes Kapital	552,60	5%	552,60	6%	552,60	5%
II. Kapitalrücklage	0,00	0%	0,00	0%	0,00	0%
III. Gewinnrücklagen	0,00	0%	0,00	0%	195,30	2%
... davon gesetzliche Rücklage	0,00	0%	0,00	0%	0,00	0%
... davon Rücklage für eigene Anteile	0,00	0%	0,00	0%	0,00	0%
... davon satzungsgemäße Rücklagen	0,00	0%	0,00	0%	0,00	0%
... davon andere Gewinnrücklagen	0,00	0%	0,00	0%	195,30	2%
IV. Gewinnvortrag/Verlustvortrag	199,80	2%	195,30	2%	222,30	2%
V. Jahresüberschuss/Jahresfehlbetrag	-4,50	0%	222,30	2%	3,60	0%
VI. Sonderposten mit Rücklagenanteil	380,60	3%	380,60	4%	383,30	3%
A **Eigenkapital**	**1.128,50**	**10%**	**1.350,80**	**13%**	**1.357,10**	**12%**
I. Rückstellungen für Pensionen & ähnliche Verpflichtungen	547,90	5%	689,60	7%	710,00	6%
II. Steuerrückstellungen	300,10	3%	303,10	3%	310,80	3%
III. Sonstige Rückstellungen	783,00	7%	695,70	7%	608,40	5%
B **Rückstellungen**	**1.631,00**	**14%**	**1.688,40**	**17%**	**1.629,20**	**14%**
... davon Anleihen, davon konvertibel	0,00	0%	0,00	0%	0,00	0%
... davon Verbindlichkeiten gegenüber Kreditinstituten	3.569,40	31%	594,90	6%	415,80	4%
... davon erhaltene Anzahlungen auf Bestellungen	560,50	5%	1.310,40	13%	1.062,00	9%
... davon Verbindlichkeiten aus Lieferungen & Leistungen	1.035,90	9%	1.513,80	15%	3.393,70	30%
... davon Verbindlichkeiten aus der Annahme gezogener/Ausstellung eigener Wechsel	0,00	0%	0,00	0%	0,00	0%
... davon Verbindlichkeiten gegen verbundene Unternehmen	3.559,60	31%	3.553,30	35%	3.553,30	31%
... davon Verbindlichkeiten gegenüber Unternehmen, mit denen ein Beteiligungsverhältnis besteht	0,00	0%	0,00	0%	0,00	0%
... davon sonstige Verbindlichkeiten	0,00	0%	0,00	0%	0,00	0%
a) aus Steuern	0,00	0%	0,00	0%	0,00	0%
b) davon im Rahmen der sozialen Sicherheit	0,00	0%	0,00	0%	0,00	0%
C **Verbindlichkeiten**	**8.725,40**	**76%**	**6.972,40**	**70%**	**8.424,80**	**74%**
D **Rechnungsabgrenzungsposten**	**0,00**	**0%**	**0,00**	**0%**	**0,00**	**0%**
Summe Passiva	**11.484,90**	**100%**	**10.011,60**	**100%**	**11.411,10**	**100%**

Bilanz (in %)

	% 2006	% 2007	% 2008
(Kalender) Jahr	**2006**	**2007**	**2008**
Periode	-2	-1	0
Aktiva			
Ausstehende Einlagen	0%	0%	0%
I. Immaterielle Wirtschaftsgüter	0%	0%	0%
... davon Konzessionen, Schutzrechte, Lizenzen	0%	0%	0%
... davon Geschäfts- und Firmenwert	0%	0%	0%
... davon geleistete Anzahlungen	0%	0%	0%
II. Sachanlagen	9%	7%	2%
... davon Grundstücke und Gebäude	0%	0%	0%
... davon technische Anlagen & Maschinen	9%	7%	2%
... davon andere Anlage, Betriebs- Geschäftsausstattung	0%	0%	0%
... davon geleistete Anzahlungen und Anlagen im Bau	0%	0%	0%
III. Finanzanlagen	2%	2%	2%
... davon Anteile an verbundenen Unternehmen	2%	2%	2%
... davon Ausleihungen an verbundene Unternehmen	0%	0%	0%
... davon Beteiligungen	0%	0%	0%
... davon Ausleihungen an Unternehmen, mit den ein Beteiligungsverhältnis besteht	0%	0%	0%
... davon Wertpapiere des Anlagevermögens	0%	0%	0%
... davon Sonstige Ausleihungen	0%	0%	0%
A Summe Anlagevermögen	**11%**	**9%**	**4%**
I. Vorräte	54%	52%	60%
... davon Roh-, Hilfs- und Betriebsstoffe	22%	17%	20%
...davon unfertige Erzeugnisse, unfertige Leistungen	11%	10%	7%
... davon fertige Erzeugnisse und Waren	16%	20%	20%
... davon Handelswaren	6%	4%	13%
... davon geleistete Anzahlungen	0%	0%	0%
II. Forderungen und sonstige Vermögensgegenstände	9%	7%	13%
... davon Forderungen aus Lieferungen und Leistungen	9%	6%	13%
... davon Forderungen gegen verbundene Unternehmen	0%	0%	0%
... davon gegen Unternehmen, mit denen ein Beteiligungsverhältnis besteht	0%	0%	0%
... davon sonstige Vermögensgegenstände	0%	0%	0%
...davon eingeforderte Einlagen			
III. Wertpapiere	0%	0%	0%
... davon Anteile an verbundenen Unternehmen	0%	0%	0%
... davon eigene Anteile	0%	0%	0%
... davon sonstige Wertpapiere	0%	0%	0%
IV Kasse, Bank und Schecks	26%	32%	23%
B Summe Umlaufvermögen	**89%**	**91%**	**96%**
C Rechnungsabgrenzungsposten	**0%**	**0%**	**0%**
"D" Nicht durch Eigenkapital gedeckter Fehlbetrag	**0%**	**0%**	**0%**
Summe Aktiva	**100%**	**100%**	**100%**
Passiva			
Nicht eingeforderte offene Einlagen			
I. Gezeichnetes Kapital	5%	6%	5%
II. Kapitalrücklage	0%	0%	0%
III. Gewinnrücklagen	0%	0%	2%
... davon gesetzliche Rücklage	0%	0%	0%
... davon Rücklage für eigene Anteile	0%	0%	0%
... davon satzungsgemäße Rücklagen	0%	0%	0%
... davon andere Gewinnrücklagen	0%	0%	2%
IV. Gewinnvortrag/Verlustvortrag	2%	2%	2%
V. Jahresüberschuss/Jahresfehlbetrag	0%	2%	0%
VI. Sonderposten mit Rücklagenanteil	3%	4%	3%
A Eigenkapital	**10%**	**13%**	**12%**
I. Rückstellungen für Pensionen & ähnliche Verpflichtungen	5%	7%	6%
II. Steuerrückstellungen	3%	3%	3%
III. Sonstige Rückstellungen	7%	7%	5%
B Rückstellungen	**14%**	**17%**	**14%**
... davon Anleihen, davon konvertibel	0%	0%	0%
... davon Verbindlichkeiten gegenüber Kreditinstituten	31%	6%	4%
... davon erhaltene Anzahlungen auf Bestellungen	5%	13%	9%
... davon Verbindlichkeiten aus Lieferungen & Leistungen	9%	15%	30%
... davon Verbindlichkeiten aus der Annahme gezogener/Ausstellung eigener Wechsel	0%	0%	0%
... davon Verbindlichkeiten gegenüber verbundene Unternehmen	31%	35%	31%
... davon Verbindlichkeiten gegenüber Unternehmen, mit denen ein Beteiligungsverhältnis besteht	0%	0%	0%
... davon sonstige Verbindlichkeiten	0%	0%	0%
a) aus Steuern	0%	0%	0%
b) davon im Rahmen der sozialen Sicherheit	0%	0%	0%
C Verbindlichkeiten	**76%**	**70%**	**74%**
C Rechnungsabgrenzungsposten	**0%**	**0%**	**0%**
Summe Passiva	**100%**	**100%**	**100%**

Bilanz (Veränderungen zu Vorperiode absolut)

		Tsd. EUR 2007	Tsd. EUR 2008
	(Kalender) Jahr		
	Periode	-1	0
Aktiva			
	Ausstehende Einlagen	0,00	0,00
I.	Immaterielle Wirtschaftsgüter	0,00	0,00
	... davon Konzessionen, Schutzrechte, Lizenzen	0,00	0,00
	... davon Geschäfts- und Firmenwert	0,00	0,00
	... davon geleistete Anzahlungen	0,00	0,00
II.	Sachanlagen	-358,20	-423,00
	... davon Grundstücke und Gebäude	0,00	0,00
	... davon technische Anlagen & Maschinen	-358,20	-423,00
	... davon andere Anlage, Betriebs- Geschäftsausstattung	0,00	0,00
	... davon geleistete Anzahlungen und Anlagen im Bau	0,00	0,00
III.	Finanzanlagen	0,00	0,00
	... davon Anteile an verbundenen Unternehmen	0,00	0,00
	... davon Ausleihungen an verbundene Unternehmen	0,00	0,00
	... davon Beteiligungen	0,00	0,00
	... davon Ausleihungen an Unternehmen, mit den ein Beteiligungsverhältnis besteht	0,00	0,00
	... davon Wertpapiere des Anlagevermögens	0,00	0,00
	... davon Sonstige Ausleihungen	0,00	0,00
A	**Summe Anlagevermögen**	**-358,20**	**-423,00**
I.	Vorräte	-969,30	1.584,90
	... davon Roh-, Hilfs- und Betriebsstoffe	-740,40	527,60
	...davon unfertige Erzeugnisse, unfertige Leistungen	-212,60	-276,10
	... davon fertige Erzeugnisse und Waren	206,60	276,10
	... davon Handelswaren	-222,90	1.057,30
	... davon geleistete Anzahlungen	0,00	0,00
II.	Forderungen und sonstige Vermögensgegenstände	-355,50	780,30
	... davon Forderungen aus Lieferungen und Leistungen	-333,30	785,70
	... davon Forderungen gegen verbundene Unternehmen	0,00	0,00
	... davon gegen Unternehmen, mit denen ein Beteiligungsverhältnis besteht	0,00	0,00
	... davon sonstige Vermögensgegenstände	-22,20	-5,40
	...davon eingeforderte Einlagen		
III.	Wertpapiere	0,00	0,00
	... davon Anteile an verbundene Unternehmen	0,00	0,00
	... davon eigene Anteile	0,00	0,00
	... davon sonstige Wertpapiere	0,00	0,00
IV	Kasse, Bank und Schecks	209,70	-542,70
B	**Summe Umlaufvermögen**	**-1.115,10**	**1.822,50**
C	Rechnungsabgrenzungsposten	0,00	0,00
"D"	Nicht durch Eigenkapital gedeckter Fehlbetrag	0,00	0,00
	Summe Aktiva	**-1.473,30**	**1.399,50**
Passiva			
	Nicht eingeforderte offene Einlagen		
I.	Gezeichnetes Kapital	0,00	0,00
II.	Kapitalrücklage	0,00	0,00
III.	Gewinnrücklagen	0,00	195,30
	... davon gesetzliche Rücklage	0,00	0,00
	... davon Rücklage für eigene Anteile	0,00	0,00
	... davon satzungsgemäße Rücklagen	0,00	0,00
	... davon andere Gewinnrücklagen	0,00	195,30
IV.	Gewinnvortrag/Verlustvortrag	-4,50	27,00
V.	Jahresüberschuss/Jahresfehlbetrag	226,80	-218,70
VI.	Sonderposten mit Rücklagenanteil	0,00	2,70
A	**Eigenkapital**	**222,30**	**6,30**
I.	Rückstellungen für Pensionen & ähnliche Verpflichtungen	141,70	20,40
II.	Steuerrückstellungen	3,00	7,70
III.	Sonstige Rückstellungen	-87,30	-87,30
B	**Rückstellungen**	**57,40**	**-59,20**
	... davon Anleihen, davon konvertibel	0,00	0,00
	... davon Verbindlichkeiten gegenüber Kreditinstituten	-2.974,50	-179,10
	... davon erhaltene Anzahlungen auf Bestellungen	749,90	-248,40
	... davon Verbindlichkeiten aus Lieferungen & Leistungen	477,90	1.879,90
	... davon Verbindlichkeiten aus der Annahme gezogener/Ausstellung eigener Wechsel	0,00	0,00
	... davon Verbindlichkeiten gegen verbundene Unternehmen	-6,30	0,00
	... davon Verbindlichkeiten gegenüber Unternehmen, mit denen ein Beteiligungsverhältnis besteht	0,00	0,00
	... davon sonstige Verbindlichkeiten	0,00	0,00
	a) aus Steuern	0,00	0,00
	b) davon im Rahmen der sozialen Sicherheit	0,00	0,00
C	**Verbindlichkeiten**	**-1.753,00**	**1.452,40**
C	Rechnungsabgrenzungsposten	0,00	0,00
	Summe Passiva	**-1.473,30**	**1.399,50**

Struktur-Bilanz

		Tsd. EUR 2006 -2		Tsd. EUR 2007 -1		Tsd. EUR 2008 0	
Aktiva	(Kalender) Jahr / Periode						
	Ausstehende Einlagen	0,00	0%	0,00	0%	0,00	0%
I.	Immaterielle Wirtschaftsgüter und Finanzanlagen	235,40	2%	235,40	2%	235,40	2%
II.	Sachanlagen	1.016,20	9%	658,00	7%	235,00	2%
A	**Summe Anlagevermögen**	**1.251,60**	**11%**	**893,40**	**9%**	**470,40**	**4%**
I.	Vorräte	6.211,80	54%	5.242,50	52%	6.827,40	60%
II.	Forderungen und sonstige Vermögensgegenstände (inkl. RAP)	1.008,80	9%	653,30	7%	1.433,60	13%
III.	Kasse, Bank, Schecks und Wertpapiere	3.012,70	26%	3.222,40	32%	2.679,70	23%
B	**Summe Umlaufvermögen**	**10.233,30**	**89%**	**9.118,20**	**91%**	**10.940,70**	**96%**
	Nicht durch Eigenkapital gedeckter Fehlbetrag	0,00	0%	0,00	0%	0,00	0%
	Summe Aktiva	**11.484,90**	**100%**	**10.011,60**	**100%**	**11.411,10**	**100%**
Passiva							
A	**Eigenkapital**	**1.128,50**	**10%**	**1.350,80**	**13%**	**1.357,10**	**12%**
B	**Rückstellungen (langfristig)**	**547,90**	**5%**	**689,60**	**7%**	**710,00**	**6%**
C	**Verbindlichkeiten**	**9.808,50**	**85%**	**7.971,20**	**80%**	**9.344,00**	**82%**
	davon langfristig (Kl, Anleihen, Bet., verb. U.)	7.129,00	62%	4.148,20	41%	3.969,10	35%
	davon kurzfristig (inkl. kfr. Rückstellungen) (L&L, Wechsel, Sonst., RAP, kfr. Rückst.)	2.679,50	23%	3.823,00	38%	5.374,90	47%
	Summe Passiva	**11.484,90**	**100%**	**10.011,60**	**100%**	**11.411,10**	**100%**

GuV

(Kalender) Jahr	Tsd. EUR 2006		Tsd. EUR 2007		Tsd. EUR 2008	
Periode	-2		-1		0	
1. Gesamterlöse/Umsatzerlöse	22.168,10	100%	22.718,10	100%	19.150,20	100%
1.1 ... davon Umsatzerlöse Sparte I	10.347,50	47%	9.696,00	43%	8.316,00	43%
1.2 ... davon Umsatzerlöse Sparte II	6.390,00	29%	8.073,00	36%	6.526,80	34%
1.3 ... davon Umsatzerlöse Sparte III	2.760,30	12%	2.653,20	12%	2.277,00	12%
1.4 ... davon Umsatzerlöse Sparte IV	2.485,80	11%	2.162,70	10%	1.899,00	10%
1.5 ... davon Umsatzerlöse Sparte V	184,50	1%	133,20	1%	131,40	1%
2. Bestandsveränderungen (Erhöhung +; Verminderung -)	610,00	3%	-963,30	-4%	1.584,90	8%
3. Andere aktivierte Eigenleistungen	0,00	0%	0,00	0%	0,00	0%
4. Sonstige betriebliche Erträge	0,00	0%	0,00	0%	0,00	0%
Betriebsleistung	22.778,10	103%	21.754,80	96%	20.735,10	108%
5. Materialaufwand	17.545,50	79%	16.773,30	74%	16.357,50	85%
5.1 ... für Roh-, Hilfs- und Betriebsstoffe und bezogenen Waren	15.545,50	70%	14.573,30	64%	14.057,50	73%
5.2 ... für bezogene Leistungen	2.000,00	9%	2.200,00	10%	2.300,00	12%
Bruttoertrag/Rohertrag/Wertschöpfung	5.232,60	24%	4.981,50	22%	4.377,60	23%
6. Personalkosten	2.358,90	11%	2.028,60	9%	1.690,20	9%
6.1 ... davon Geschäftsführergehalt	911,70	4%	613,00	3%	311,40	2%
6.2 ... davon Löhne & Gehälter	1.147,20	5%	1.115,60	5%	1.078,80	6%
6.3 ... davon soziale Abgaben/Aufwendungen für Altersversversorgung	300,00	1%	300,00	1%	300,00	2%
7. Abschreibungen	441,00	2%	358,20	2%	423,00	2%
7.1 ... davon auf Vermögensgegenstände des Anlagevermögens	441,00	2%	358,20	2%	423,00	2%
7.2 ... davon auf Vermögensgegenstände des Umlaufvermögens	0,00	0%	0,00	0%	0,00	0%
8. Sonstige betriebliche Aufwendungen	2.198,70	10%	2.027,70	9%	2.052,90	11%
8.1 ... davon Miet- und Leasingaufwendungen	718,40	3%	718,20	3%	717,30	4%
8.2 ... davon Vertriebskosten	542,70	2%	389,70	2%	496,80	3%
8.3 ... davon Verwaltungskosten	937,80	4%	919,80	4%	838,80	4%
8.4 ... davon Sonstige	0,00	0%	0,00	0%	0,00	0%
Gesamtaufwand (ohne Material und bezogene Waren/Leistungen)	4.998,60	23%	4.414,50	19%	4.166,10	22%
Betriebsergebnis	234,00	1%	567,00	2%	211,50	1%
9. Erträge aus Beteiligungen	0,00	0%	0,00	0%	0,00	0%
9.1 ...davon aus verbundenen Unternehmen	0,00	0%	0,00	0%	0,00	0%
10. Erträge aus Wertpapieren und Ausleihungen des Finanz-AV	0,00	0%	0,00	0%	0,00	0%
10.1 ...davon aus verbundenen Unternehmen	0,00	0%	0,00	0%	0,00	0%
11. Sonstige Zinsen und Erträge	19,80	0%	36,90	0%	27,00	0%
11.1 ...davon aus verbundenen Unternehmen	0,00	0%	0,00	0%	0,00	0%
12. Abschreibungen auf Finanzanlagen/Wertpapiere des UV	0,00	0%	0,00	0%	0,00	0%
13. Zinsen und ähnliche Aufwendungen	269,10	1%	256,50	1%	225,90	1%
13.1 ...davon an verbundene Unternehmen	0,00	0%	0,00	0%	0,00	0%
Finanzergebnis	-249,30	-1%	-219,60	-1%	-198,90	-1%
14. Ergebnis der gewöhnlichen Geschäftstätigkeit (EGT)	-15,30	0%	347,40	2%	12,60	0%
15. Außerordentliche Erträge	701,10	3%	719,10	3%	690,30	4%
16. Außerordentliche Aufwendungen	690,30	3%	721,80	3%	693,90	4%
17. Außerordentliche Ergebnis	10,80	0%	-2,70	0%	-3,60	0%
Ergebnis vor Steuern	-4,50	0%	344,70	2%	9,00	0%
18. Steuern vom Einkommen und Ertrag	0,00	0%	122,40	1%	5,40	0%
19. Sonstige Steuern	0,00	0%	0,00	0%	0,00	0%
10. Jahresüberschuss/Jahresfehlbetrag	-4,50	0%	222,30	1%	3,60	0%

GuV (in %)

(Kalender) Jahr Periode	% 2006 -2	% 2007 -1	% 2008 0
1. **Gesamterlöse/Umsatzerlöse**	100%	100%	100%
1.1 ... davon Umsatzerlöse Sparte I	47%	43%	43%
1.2 ... davon Umsatzerlöse Sparte II	29%	36%	34%
1.3 ... davon Umsatzerlöse Sparte III	12%	12%	12%
1.4 ... davon Umsatzerlöse Sparte IV	11%	10%	10%
1.5 ... davon Umsatzerlöse Sparte V	1%	1%	1%
2. Bestandsveränderungen (Erhöhung +; Verminderung -)	3%	-4%	8%
3. Andere aktivierte Eigenleistungen	0%	0%	0%
4. Sonstige betriebliche Erträge	0%	0%	0%
Betriebsleistung	103%	96%	108%
5. Materialaufwand	79%	74%	85%
5.1 ... für Roh-, Hilfs- und Betriebsstoffe und bezogenen Waren	70%	64%	73%
5.2 ... für bezogene Leistungen	9%	10%	12%
Bruttoertrag/Rohertrag/Wertschöpfung	24%	22%	23%
6. Personalkosten	11%	9%	9%
6.1 ... davon Geschäftsführergehalt	4%	3%	2%
6.2 ... davon Löhne & Gehälter	5%	5%	6%
6.3 ... davon soziale Abgaben/Aufwendungen für Altersversversorgung	1%	1%	2%
7. Abschreibungen	2%	2%	2%
7.1 ... davon auf Vermögensgegenstände des Anlagevermögens	2%	2%	2%
7.2 ... davon auf Vermögensgegenstände des Umlaufvermögens	0%	0%	0%
8. Sonstige betrieblichen Aufwendungen	10%	9%	11%
8.1 ... davon Miet- und Leasingaufwendungen	3%	3%	4%
8.2 ... davon Vertriebskosten	2%	2%	3%
8.3 ... davon Verwaltungskosten	4%	4%	4%
8.4 ... davon Sonstige	0%	0%	0%
Gesamtaufwand (ohne Material und bezogene Waren/Leistungen)	23%	19%	22%
Betriebsergebnis	1%	2%	1%
9. Erträge aus Beteiligungen	0%	0%	0%
9.1 ...davon aus verbundenen Unternehmen	0%	0%	0%
10. Erträge aus Wertpapieren und Ausleihungen des Finanz-AV	0%	0%	0%
10.1 ...davon aus verbundenen Unternehmen	0%	0%	0%
11. Sonstige Zinsen und Erträge	0%	0%	0%
11.1 ...davon aus verbundenen Unternehmen	0%	0%	0%
12. Abschreibungen auf Finanzanlagen/Wertpapiere des UV	0%	0%	0%
13. Zinsen und ähnliche Aufwendungen	1%	1%	1%
13.1 ...davon an verbundene Unternehmen	0%	0%	0%
Finanzergebnis	-1%	-1%	-1%
14. **Ergebnis der gewöhnlichen Geschäftstätigkeit (EGT)**			
15. Außerordentliche Erträge	3%	3%	4%
16. Außerordentliche Aufwendungen	3%	3%	4%
17. **Außerordentliche Ergebnis**	0%	0%	0%
Ergebnis vor Steuern	0%	2%	0%
18. Steuern vom Einkommen und Ertrag	0%	1%	0%
19. Sonstige Steuern	0%	0%	0%
10. **Jahresüberschuss/Jahresfehlbetrag**	0%	1%	0%

GuV (Veränderungen zu Vorjahr)

		Tsd. EUR	Tsd. EUR
	(Kalender) Jahr	**2007**	**2008**
	Periode	**-1**	**0**
1.	Gesamterlöse/Umsatzerlöse	**550,00**	**-3.567,90**
1.1	... davon Umsatzerlöse Sparte I	-651,50	-1.380,00
1.2	... davon Umsatzerlöse Sparte II	1.683,00	-1.546,20
1.3	... davon Umsatzerlöse Sparte III	-107,10	-376,20
1.4	... davon Umsatzerlöse Sparte IV	-323,10	-263,70
1.5	... davon Umsatzerlöse Sparte V	-51,30	-1,80
2.	Bestandsveränderungen (Erhöhung +; Verminderung -)	-1.573,30	2.548,20
3.	Andere aktivierte Eigenleistungen	0,00	0,00
4.	Sonstige betriebliche Erträge	0,00	0,00
	Betriebsleistung	**-1.023,30**	**-1.019,70**
5.	Materialaufwand	-772,20	-415,80
5.1	... für Roh-, Hilfs- und Betriebsstoffe und bezogenen Waren	-972,20	-515,80
5.2	... für bezogene Leistungen	200,00	100,00
	Bruttoertrag/Rohertrag/Wertschöpfung	**-251,10**	**-603,90**
6.	Personalkosten	-330,30	-338,40
6.1	... davon Geschäftsführergehalt	-298,70	-301,60
6.2	... davon Löhne & Gehälter	-31,60	-36,80
6.3	... davon soziale Abgaben/Aufwendungen für Altersverversorgung	0,00	0,00
7.	Abschreibungen	-82,80	64,80
7.1	... davon auf Vermögensgegenstände des Anlagevermögens	-82,80	64,80
7.2	... davon auf Vermögensgegenstände des Umlaufvermögens	0,00	0,00
8.	Sonstige betrieblichen Aufwendungen	-171,00	25,20
8.1	... davon Miet- und Leasingaufwendungen	0,00	-0,90
8.2	... davon Vertriebskosten	-153,00	107,10
8.3	... davon Verwaltungskosten	-18,00	-81,00
8.4	... davon Sonstige	0,00	0,00
	Gesamtaufwand (ohne Material und bezogene Waren/Leistungen)	**-584,10**	**-248,40**
	Betriebsergebnis	**333,00**	**-355,50**
9.	Erträge aus Beteiligungen	0,00	0,00
9.1	...davon aus verbundenen Unternehmen	0,00	0,00
10.	Erträge aus Wertpapieren und Ausleihungen des Finanz-AV	0,00	0,00
10.1	...davon aus verbundenen Unternehmen	0,00	0,00
11.	Sonstige Zinsen und Erträge	17,10	-9,90
11.1	...davon aus verbundenen Unternehmen	0,00	0,00
12.	Abschreibungen auf Finanzanlagen/Wertpapiere des UV	0,00	0,00
13.	Zinsen und ähnliche Aufwendungen	-12,60	-30,60
13.1	...davon an verbundene Unternehmen	0,00	0,00
	Finanzergebnis	**29,70**	**20,70**
14.	**Ergebnis der gewöhnlichen Geschäftstätigkeit (EGT)**		
15.	Außerordentliche Erträge	18,00	-28,80
16.	Außerordentliche Aufwendungen	31,50	-27,90
17.	**Außerordentliche Ergebnis**	**-13,50**	**-0,90**
	Ergebnis vor Steuern	**349,20**	**-335,70**
18.	Steuern vom Einkommen und Ertrag	**122,40**	**-117,00**
19.	Sonstige Steuern	**0,00**	**0,00**
10.	**Jahresüberschuss/Jahresfehlbetrag**	**226,80**	**-218,70**

Struktur-GuV

(Kalender) Jahr Periode	Tsd. EUR 2006 -2		Tsd. EUR 2007 -1		Tsd. EUR 2008 0	
Gesamterlöse/Umsatzerlöse	22.168,10	100%	22.718,10	100%	19.150,20	100%
Betriebsleistung	22.778,10	103%	21.754,80	96%	20.735,10	108%
Bruttoertrag/Rohertrag/Wertschöpfung	5.232,60	24%	4.981,50	22%	4.377,60	23%
Gesamtaufwand (ohne Material und bezogene Waren/Leistungen)	4.998,60	23%	4.414,50	19%	4.166,10	22%
Betriebsergebnis	234,00	1%	567,00	2%	211,50	1%
Finanzergebnis	-249,30	-1%	-219,60	-1%	-198,90	-1%
Ergebnis der gewöhnlichen Geschäftstätigkeit (EGT)	-15,30	0%	347,40	2%	12,60	0%
Außerordentliche Ergebnis	10,80	0%	-2,70	0%	-3,60	0%
Ergebnis vor Steuern	-4,50	0%	344,70	2%	9,00	0%
Steuern	0,00	0%	122,40	1%	5,40	0%
Jahresüberschuss/Jahresfehlbetrag	-4,50	0%	222,30	1%	3,60	0%

Definitionen von Kennzahlen zur Vermögenstruktur

Vermögensstruktur			2006 -2	2007 -1	2008 0
Gesamtkapitalumschlag (Faktor) (Wie häufig wird das Kapital auf Basis der Erlöse umgeschlagen?) oder (Wie hoch ist die Rotations- bzw. Reproduktionsgeschwindigkeit des eingesetzten Kapitals?)	Zähler	Gesamterlöse	22.168,10	22.718,10	19.150,20
	Nenner	Bilanzsumme	11.484,90	10.011,60	11.411,10
	Ergebnis	Division	1,93	2,27	1,68
Anlagenintensität (%) (Wie viel % der Bilanzsumme steckt im Anlagevermögen ?) (Gibt einen Hinweis auf die Investitionstätigkeit und Flexibilität)	Zähler	Summe Anlagevermögen	1.251,60	893,40	470,40
	Nenner	Bilanzsumme	11.484,90	10.011,60	11.411,10
	Ergebnis	Division x 100	10,90%	8,92%	4,12%
Vorratsumschlag (Faktor) (Wie häufig werden die Bestände auf Basis der Erlöse umgeschlagen?) (Je höher der Bestandsumschlag, desto besser, da wenig gebundenes Kapital)	Zähler	Gesamterlöse	22.168,10	22.718,10	19.150,20
	Nenner	Summe Vorräte	6.211,80	5.242,50	6.827,40
	Ergebnis	Division	3,57	4,33	2,80
Vorräte zu Umsatz (%) (Kehrwert zum Vorratsumschlag in %) Wie viel Prozent des Umsatzes machen die Vorräte aus?	Zähler	Summe Vorräte	6.211,80	5.242,50	6.827,40
	Nenner	Gesamterlöse	22.168,10	22.718,10	19.150,20
	Ergebnis	Division x 100	28,0%	23,1%	35,7%
Reichweite Bestände (Tage) Berechnungsalternative 1: Für wie viele Tage reichen die Bestände, gemessen an Umsatz/Kalendertagen?	Zähler	Tage	365	365	365
	Nenner	Vorratsumschlag	3,57	4,33	2,80
	Ergebnis	Division	102,28	84,23	130,13
Berechnungsalternative 2:	Zähler	Tage * Summe Vorräte	2.267.307,00	1.913.512,50	2.492.001,00
	Nenner	Gesamterlöse	22.168,10	22.718,10	19.150,20
	Ergebnis	Division	102,28	84,23	130,13
Reichweite Bestände (Jahresüberschuss als Basis) (Tage und Jahre) (Für wie viele Tage reichen die Bestände, gemessen an Ergebnistagen nach Steuern d.h. Jahresüberschuss?)	Zähler	Tage * Summe Vorräte	2.267.307,00	1.913.512,50	2.492.001,00
	Nenner	Jahresüberschuss	-4,50	222,30	3,60
	Ergebnis	Division (Tage) Jahre	-503.846,00 -1.380,40	8.607,79 23,58	692.222,50 1.896,50

Definitionen von Kennzahlen zur Vermögenstruktur - Fortsetzung

Vermögensstruktur			2006 -2	2007 -1	2008 0
Umschlagsdauer Umlaufvermögen (Tage) (Wie lange dauert es, bis das kurzfristig gebundene Kapital durch Erlöse umgeschlagen bzw. reproduziert wird?) (Gibt Auskunft über die Kapitalrentabilität und das NUV Management)	Zähler	Summe Umlaufvermögen	10.233,30	9.118,20	10.940,70
	Nenner	Gesamterlöse	22.168,10	22.718,10	19.150,20
	Ergebnis	*Division x Tage*	168,49	146,50	208,53
Debitorenziel (Tage) (Wie viele Tage dauert es im Schnitt, bis Forderungen eingehen?) (Gibt Auskunft über die Effizienz des Forderungsmanagements)	Zähler	Forderungen	1.008,80	653,30	1.433,60
	Nenner	Gesamterlöse	22.168,10	22.718,10	19.150,20
		Gesamterlöse erhöht um Mwst.	25.715,00	27.034,54	22.788,74
		korrigiert um Exportquote	25.715,00	27.034,54	22.788,74
	Ergebnis	*Division x Tage*	14,32	8,82	22,96
Kreditorenziel (Tage) (Wie viele Tage dauert es im Schnitt, bis Verbindlichkeiten gezahlt werden?) (Gibt Auskunft über die Effizienz der Skontoziehung und der Zahlungssaldi)	Zähler	Verbindlichkeiten aus L&L	1.035,90	1.513,80	3.393,70
	Nenner	Material & bez. Leistungen	17.545,50	16.773,30	16.357,50
		Bestandsveränderungen RHBs	k.A.	-740,40	527,60
		Handelswaren	k.A.	-222,90	1.057,30
		Gesamt	#WERT!	15.810,00	17.942,40
		erhöht um Vorsteuer	#WERT!	18.339,60	21.351,46
		korrigiert um Beschaffungen im Ausland	#WERT!	18.339,60	21.351,46
	Ergebnis	*Division x Tage*	#WERT!	30,13	58,01
Reichweite Liquide Mittel (Tage) (Für wie viele Tage reichen die liquiden Mittel?) (Gibt Auskunft über die Zahlungsfähigkeit)	Zähler	Liquide Mittel	3.012,70	3.222,40	2.679,70
	Nenner	Umsatzerlöse	22.168,10	22.718,10	19.150,20
	Ergebnis	*Division x Tage*	49,60	51,77	51,07
Cash Zyklus (wie sieht der Kreislauf liquiden Mittel? (Gibt Auskunft über die Zahlungsfähigkeit)	Zähler	Kreditorenziel	#WERT!	30,13	58,01
	Nenner	Debitorenziel	14,32	8,82	22,96
	Ergebnis	Kassenreichweite	49,60	51,77	51,07
	Cash Zyklus	*Kreditorenz. - Debetorenz.+ Kassenreichweite*	#WERT!	73,08	86,13

Definitionen von Kennzahlen zur Kapitalstruktur

Kapitalstruktur			2006 -2	2007 -1	2008 0
Eigenkapitalquote (%) nach HGB Basis Eigenkapital nach HGB (Wie viel Prozent der Bilanzsumme/ des Kapitals wird von Eigenkapital gestellt?) (Gibt Auskunft über die Solidität der Kapitalbasis - "Krisenkapital")	Zähler	Eigenkapital nach HGB	1.128,50	1.350,80	1.357,10
	Nenner	Bilanzsumme	11.484,90	10.011,60	11.411,10
	Ergebnis	*Division x 100*	9,83%	13,49%	11,89%
EK-Quote haftendes Eigenkapital (%) (Wie viel % der Bilanzsumme kann als Sicherheit / Haftungskapital gelten, da Eigenkapital?) (Gibt Auskunft über die Solidität der Kapitalbasis - "erweitertes Krisenkapital")	Zähler	Haftendes Eigenkapital	1.128,50	1.350,80	1.357,10
	Nenner	Bilanzsumme	11.484,90	10.011,60	11.411,10
	Ergebnis	*Division x 100*	9,83%	13,49%	11,89%
EK-Quote wirtschaftliches Eigenkapital (%) Basis wirtschaftliches Eigenkapital (Wie viel Prozent der Bilanzsumme/ des Kapitals wird von Eigenkapital, *das adhoc zur Verfügung steht* , gestellt?) (Gibt Auskunft über die Solidität der Kapitalbasis - "Krisenkapital")	Zähler	Wirtschaftliches Eigenkapital	4.732,05	5.018,90	5.035,40
	Nenner	Bilanzsumme	11.484,90	10.011,60	11.411,10
	Ergebnis	*Division x 100*	41,20%	50,13%	44,13%
Verb. aus L&L Quote (%) (Wie viel % des Fremdkapitals stammt von Lieferanten und Sonstigen, ist daher kurzfristig und ist damit in naher Zukunft fällig?)	Zähler	Verbindlichkeiten aus L. & L.	1.035,90	1.513,80	3.393,70
(Gibt Auskunft über anstehende Zahlungsverpflichtungen, Liquiditätsbedarf einerseits und die kostenfreie Finanzierung über Lieferanten andererseits)	Nenner	Langfristiges Fremdkapital + Kurzfristiges Fremdkapital	7.676,90 2.679,50 10.356,40	4.837,80 3.823,00 8.660,80	4.679,10 5.374,90 10.054,00
	Ergebnis	*Division x 100*	10,00%	17,48%	33,75%
Kurzfristiges Fremdkapital Quote (%) (Wie viel % der Bilanzsumme ist mit Fremdkapital und dieses auch noch kurzfristig finanziert?)	Zähler	Summe kurzfristiges Fremdkapital	2.679,50	3.823,00	5.374,90
	Nenner	Bilanzsumme	11.484,90	10.011,60	11.411,10
(Gibt Auskunft über die Solidität der Fremdkapitalfinanzierung bzw. über anstehende Zahlungsverpflichtungen)	Ergebnis	*Division x 100*	23,33%	38,19%	47,10%

269

Definitionen von Kennzahlen zur Liquidität und Finanzkraft

Liquidität & Finanzkraft			2006 -2	2007 -1	2008 0
Liquidität I (%) (In welcher Relation stehen prozentual flüssige Mittel zum kurzfristigen Fremdkapital?) (Gibt Auskunft über die adhoc Zahlungsfähigkeit)	Zähler	Flüssige Mittel	3.012,70	3.222,40	2.679,70
	Nenner	Summe kurzfristiges Fremdkapital	2.679,50	3.823,00	5.374,90
	Ergebnis	Division x 100	112,44%	84,29%	49,86%
Liquidität II (%) (In welcher Relation stehen prozentual Forderungen und flüssige Mittel zum kurzfristigen Fremdkapital?)	Zähler	Forderungen aus L. & L. + Sonstige Vermögensgegenstände + Flüssige Mittel	978,10 30,70 3.012,70 4.021,50	644,80 8,50 3.222,40 3.875,70	1.430,50 3,10 2.679,70 4.113,30
(Gibt Auskunft über die Solidität der kurz- bis mittelfristigen Finanzposition)	Nenner	Summe kurzfristiges Fremdkapital	2.679,50	3.823,00	5.374,90
	Ergebnis	Division x 100	150,08%	101,38%	76,53%
Liquidität III (%) (In welcher Relation steht prozentual das Umlaufvermögen - Bestände, Forderungen und flüssige Mittel - zum kurzfristigen Fremdkapital?)	Zähler	Summe Umlaufvermögen	10.233,30	9.118,20	10.940,70
(Gibt Auskunft über die Solidität der kurz- bis mittelfristigen Finanz-)	Nenner	Summe kurzfristiges Fremdkapital	2.679,50	3.823,00	5.374,90
position)	Ergebnis	Division x 100	381,91%	238,51%	203,55%
Cash Flow/Gesamtkapital (%) (misst die Liquidität /die Cash Generierung pro Kapital Euro)	Zähler	Jahresüberschuss bzw. Jahresfehlbetrag + Abschreibungen = Cash Flow	-4,50 441,00 436,50	222,30 358,20 580,50	3,60 423,00 426,60
(Ist ein klares Indiz für die Renditestärke)	Nenner	Bilanzsumme	11.484,90	10.011,60	11.411,10
	Ergebnis	Division x 100	3,80%	5,80%	3,74%
Cash-Flow-Umsatzrate (%) (misst die Liquidität /die Cash Generierung pro Umsatz Euro)	Zähler	Cash Flow	436,50	580,50	426,60
	Nenner	Gesamterlöse	22.168,10	22.718,10	19.150,20
(Ist ein klares Indiz für die Renditestärke)	Ergebnis	Division x 100	1,97%	2,56%	2,23%
Anlagendeckung I (%) (Wie viel % der Aktiva sind mit Eigenkapital (nach HGB Definition) finanziert?) ("Goldene Finanzierungsregel")	Zähler	Eigenkapital nach HGB Definition	1.128,50	1.350,80	1.357,10
(Gibt Auskunft über die Solidität der Finanzierung und über die Anlagen-) werte zu Buch)	Nenner	Summe Anlagevermögen - Finanzanlagen	1.251,60 235,40 1.016,20	893,40 235,40 658,00	470,40 235,40 235,00
	Ergebnis	Division x 100	111,05%	205,29%	577,49%
Anlagendeckung II (%) (Wie viel % der Aktiva sind mit langfristigem Kapital finanziert?) ("Silberne Finanzierungsregel")	Zähler	Eigenkapital + Summe langfristiges Fremdkapital	1.128,50 7.676,90 8.805,40	1.350,80 4.837,80 6.188,60	1.357,10 4.679,10 6.036,20
(Gibt Auskunft über die Solidität der Finanzierung und über die Anlagen-) werte zu Buch)	Nenner	Summe Anlagevermögen - Finanzanlagen	1.251,60 235,40 1.016,20	893,40 235,40 658,00	470,40 235,40 235,00
	Ergebnis	Division x 100	866,50%	940,52%	2568,60%

Definitionen von Kennzahlen zur Liquidität und Finanzkraft - Fortsetzung

Liquidität & Finanzkraft			2006 -2	2007 -1	2008 0
(Dyn. Verschuldung) Kredittilgungsdauer (Jahre) (Wie lange dauert es, bis aus dem CF nach Steuern die Effektiv- verschuldung getilgt werden kann?) (Dynamischer Verschuldungsgrad) (Gibt Auskunft über die Kreditwürdigkeit und Bonität)	Zähler	Langfristiges Fremdkapital - langfristige Rückstellungen + Summe kurzfristiges Fremdkapital - Forderungen - Flüssige Mittel = Effektivverschuldung	7.676,90 547,90 2.679,50 1.008,80 3.012,70 5.787,00	4.837,80 689,60 3.823,00 653,30 3.222,40 4.095,50	4.679,10 710,00 5.374,90 1.433,60 2.679,70 5.230,70
	Nenner	Cash Flow	436,50	580,50	426,60
	Ergebnis	Division	13,26	7,06	12,26
Investitionsquote I (%) (Wie viel % des jährlchen Umsatzes ist im Anlagevermögen aktiviert?) (Substanzkennzahl, um Reinvestitionsquoten berechnen zu können, siehe auch folgende Investitionskennzahlen)	Zähler	Anlagevermögen (ohne Finanzanlagen)	1.016,20	658,00	235,00
	Nenner	Gesamterlöse	22.168,10	22.718,10	19.150,20
	Ergebnis	Division x 100	4,6%	2,9%	1,2%
Investitionsquote II (%) (Wie viel % vom Umsatz wird wieder reinvestiert?) (Gibt Auskunft über die Investitionstätig- keit bzw. den Substanzerhalt)	Zähler	Veränderung Anlagevermögen (Immat & SAV) + Abschreibungen auf Sachlagevermögen = Periodische Investitionen	k.A. 441,00 #WERT!	-358,20 358,20 0,00	-423,00 423,00 0,00
	Nenner	Gesamterlöse	22.168,10	22.718,10	19.150,20
	Ergebnis	Division x 100	#WERT!	0,00%	0,00%
(Re)Investitionsquote III (%) (Berechnet eine Substanzsteigerung oder Substanzreduktion) (Managementkennzahl, in Verbindung mit Kapitalumschlag (Kap-U), Kapitalrendite (ROI) und Umsatzrendite (ROS)	Zähler	Periodische Investitionen	#WERT!	0,00	0,00
	Nenner	Abschreibungen auf AV	441,00	358,20	423,00
	Ergebnis	Division	#WERT!	0,00%	0,00%
Selbstfinanzierungsquote (%) (Wie viel % des Sachanlagevermögens kann aus dem Cash Flow nach Steuern periodisch wieder angeschafft werden?) (Gibt Auskunft über die Substanzer- haltungsmöglichkeiten, aber Achtung: wenn SAV niedrig (Buchwerte), dann fehlerhafte Deutung möglich)	Zähler	Jahresüberschuss bzw. Jahresfehlbetrag + Abschreibungen	-4,50 441,00 436,50	222,30 358,20 580,50	3,60 423,00 426,60
	Nenner	Grundstücke und Gebäude + Betriebs- und Geschäftsausstattung	0,00 1.016,20 1.016,20	0,00 658,00 658,00	0,00 235,00 235,00
	Ergebnis	Division x 100	42,95%	88,22%	181,53%

271

Definitionen von Kennzahlen zur Erfolgsstruktur

Erfolgsstruktur			2006 -2	2007 -1	2008 0
Bruttoertragsquote (in %) (Wie hoch ist die Wertschöpfung in % von den Erlösen?)	Zähler	Bruttoertrag	5.232,60	4.981,50	4.377,60
(Gibt Auskunft darüber, welche Mehrwerte aus Verkauf & Service generiert werden)	Nenner	Gesamterlöse	22.168,10	22.718,10	19.150,20
	Ergebnis	*Division x 100*	23,60%	21,93%	22,86%
Personalkostenintensität I (in %) (Wie viel der Gesamterlöse müssen für Personalkosten aufgewendet werden?)	Zähler	Personalkosten - ... davon Geschäftsführergehalt	2.358,90 911,70 1.447,20	2.028,60 613,00 1.415,60	1.690,20 311,40 1.378,80
(GF wird rausgerechnet, da eventuell kalkulatorischer Unternehmerlohn)	Nenner	Gesamterlöse	22.168,10	22.718,10	19.150,20
(Gibt Auskunft über die Kostenstruktur)	Ergebnis	*Division x 100*	6,53%	6,23%	7,20%
Personalkostenintensität II (in %) (Wie viel der Gesamterlöse müssen für Personalkosten aufgewendet werden?)	Zähler	Personalkosten	2.358,90	2.028,60	1.690,20
	Nenner	Gesamterlöse	22.168,10	22.718,10	19.150,20
(Gibt Auskunft über die Kostenstruktur)	Ergebnis	*Division x 100*	10,64%	8,93%	8,83%
Abschreibungsintensität (in %) (Wie viel % der Gesamterlöse müssen für Abschreibungen aufgewendet werden?)	Zähler	Abschreibungen	441,00	358,20	423,00
(AfA ist Aufwand, keine Auszahlung)	Nenner	Gesamterlöse	22.168,10	22.718,10	19.150,20
(Gibt Auskunft über Substanzabbau und Cash Mittel neben Ergebnis)	Ergebnis	*Division x 100*	1,99%	1,58%	2,21%
Mietaufwandsquote (in %) (Wie viel % der Gesamterlöse müssen für Miete und Leasing aufgewendet werden?)	Zähler	Miet- und Leasingaufwendungen	718,20	718,20	717,30
	Nenner	Gesamterlöse	22.168,10	22.718,10	19.150,20
(Gibt Auskunft darüber, ob ev. luxuriöse Strukturen vorliegen)	Ergebnis	*Division x 100*	3,24%	3,16%	3,75%
Zinsintensität (in %) (Wie viel % der Erlöse müssen für Finanzierungskosten aufgewendet werden?)	Zähler	Zinsaufwendungen	269,10	256,50	225,90
	Nenner	Gesamterlöse	22.168,10	22.718,10	19.150,20
(Gibt Auskunft darüber, wie teuer die Struktur ist)	Ergebnis	*Division x 100*	1,21%	1,13%	1,18%
Zins-und Miet-Intensität (in %) (Wie viel % der Gesamterlöse müssen für Mieten, Leasing und Zinsen aufgewendet werden?)	Zähler	Miet- und Leasingaufwendungen + Zinsaufwendungen	718,20 269,10 987,30	718,20 256,50 974,70	717,30 225,90 943,20
	Nenner	Gesamterlöse	22.168,10	22.718,10	19.150,20
(Gibt Auskunft über die Kostenstruktur und die Effizienz des Managements)	Ergebnis	*Division x 100*	4,45%	4,29%	4,93%
Zinsdeckung (Faktor) (Wie häufig deckt das Betriebsergebnis die Zinsforderungen der FK-Geber?)	Zähler	Betriebsergebnis	234,00	567,00	211,50
	Nenner	Zinsen	269,10	256,50	225,90
(Gibt Auskunft über die Zinszahlungsfähigkeit der periodischen Zins-) aufwendungen	Ergebnis	*Division*	0,9	2,2	0,9

Definitionen von Kennzahlen zur Rentabilität

Rentabilität			2006 -2	2007 -1	2008 0
Umsatzrentabilität (%) (Wie viel % Ergebnis vor Steuern wird pro Umsatz-Euro erzeugt?) (ROS - Return on Sales)	Zähler	Ergebnis vor Steuern	-4,50	344,70	9,00
	Nenner	Gesamterlöse	22.168,10	22.718,10	19.150,20
(Gibt Auskunft über die Rückflüsse/ Gewinne und damit die Ertragskraft) (Fokus: Handel & Service)	Ergebnis	Division x 100	-0,02%	1,52%	0,05%
Gesamtkapitalrentabilität I (%) (Wie viel % Ergebnis **vor** Steuern wird pro Kapital-Euro erzeugt?) (ROC - Return on Capital)	Zähler	Ergebnis vor Steuern	-4,50	344,70	9,00
	Nenner	Bilanzsumme	11.484,90	10.011,60	11.411,10
(Gibt Auskunft über die Rückflüsse/ Gewinne und damit die Ertragskraft pro Investiv-Euro)	Ergebnis	Division x 100	-0,04%	3,44%	0,08%
Gesamtkapitalrentabilität II (%) (Wie viel % Ergebnis vor Steuern wird pro Kapital-Euro erzeugt?) ("echter" ROC - Return on Capital)	Zähler	Ergebnis vor Steuern + Zinsaufwendungen	-4,50 269,10 264,60	344,70 256,50 601,20	9,00 225,90 234,90
(Gibt Auskunft über die Rückflüsse/ Gewinne und damit die Ertragskraft)	Nenner	Bilanzsumme	11.484,90	10.011,60	11.411,10
(Fokus: produzierende Unternehmen)	Ergebnis	Division x 100	2,30%	6,01%	2,06%
Eigenkapitalrentabilität (HGB) (%) (Wie viel % Ergebnis vor Steuern wird pro Eigenkapital-Euro erzeugt?) (ROE - Return on Equity before taxes)	Zähler	Ergebnis vor Steuern	-4,50	344,70	9,00
	Nenner	Eigenkapital (nach HGB Gliederung)	1.128,50	1.350,80	1.357,10
(Gibt Auskunft über die Rückflüsse/ Gewinne und damit die Ertragskraft auf das eingesetzt Eigenkapital)	Ergebnis	Division x 100	-0,40%	25,52%	0,66%
Eigenkapitalrentabilität (H-EK) (%) (Haftendes Eigenkapital)	Zähler	Ergebnis vor Steuern	-4,50	344,70	9,00
(Wie viel % Ergebnis vor Steuern wird pro Eigenkapital-Euro erzeugt?) (ROE - Return on Equity before taxes)	Nenner	Haftendes Eigenkapital	1.128,50	1.350,80	1.357,10
	Ergebnis	Division x 100	-0,40%	25,52%	0,66%
Eigenkapitalrentabilität (W-EK) (%) (Wirtschaftliches Eigenkapital)	Zähler	Ergebnis vor Steuern	-4,50	344,70	9,00
(Wie viel % Ergebnis vor Steuern wird pro Eigenkapital-Euro (W-EK) erzeugt?) (ROE - Return on Equity before taxes)	Nenner	Wirtschaftliches Eigenkapital	4.732,05	5.018,90	5.035,40
	Ergebnis	Division x 100	-0,10%	6,87%	0,18%
N. St. Eigenkapitalrentabilität (HGB) (%) (Wie viel Ergebnis (%) **nach** Steuern wird pro Eigenkapital-Euro erzeugt?) (ROE - Return on Equity after taxes)	Zähler	Jahresüberschuss/Jahresfehlbetrag	-4,50	222,30	3,60
	Nenner	Eigenkapital (nach HGB Gliederung)	1.128,50	1.350,80	1.357,10
	Ergebnis	Division x 100	-0,40%	16,46%	0,27%
N. St. Eigenkapitalrentabilität (H-EK) (%) (Haftendes Eigenkapital)	Zähler	Jahresüberschuss/Jahresfehlbetrag	-4,50	222,30	3,60
(Wie viel Ergebnis (%) **nach** Steuern wird pro Eigenkapital-Euro erzeugt?) (ROE - Return on Equity after taxes)	Nenner	Haftendes Eigenkapital	1.128,50	1.350,80	1.357,10
	Ergebnis	Division x 100	-0,40%	16,46%	0,27%
N. St. Eigenkapitalrentabilität (W-EK) (%) (Wirtschaftliches Eigenkapital)	Zähler	Jahresüberschuss/Jahresfehlbetrag	-4,50	222,30	3,60
(Wie viel Ergebnis (%) **nach** Steuern wird pro Eigenkapital-Euro (W-EK) erzeugt?) (ROE - Return on Equity after taxes)	Nenner	Wirtschaftliches Eigenkapital	4.732,05	5.018,90	5.035,40
	Ergebnis	Division x 100	-0,10%	4,43%	0,07%

273

Definitionen von Kennzahlen zur Rentabilität - Fortsetzung

Rentabilität			2006	2007	2008
			-2	-1	0
Eigenkapitalumschlag (Faktor) (Wie häufig wird das Eigenkapital auf Basis der Erlöse umgeschlagen?) oder (Wie hoch ist die Rotations- bzw. Reproduktionsgeschwindigkeit des eingesetzten Eigenkapitals?)	Zähler	Gesamterlöse	22.168,10	22.718,10	19.150,20
	Nenner	Eigenkapital (nach HGB Gliederung)	1.128,50	1.350,80	1.357,10
	Ergebnis	Division	19,64	16,82	14,11
Betriebsergebnis/Betriebskapital (%) Operative Rentabilität in % (Wie hoch ist die Rendite, der Rückfluss auf Basis des operativen Ergebnisses in %, gemessen an Sachanlagen und Umlaufvermögen, bereinigt um Ergebnisse aus verbundenen Unternehmen?)	Zähler	Bruttoertrag - Personalkosten - Miet- und Leasingaufwendungen - Vertriebskosten - Verwaltungskosten - Sonstige - Abschreibungen = Betriebsergebnis	5.232,60 2.358,90 718,20 542,70 937,80 0,00 441,00 234,00	4.981,50 2.028,60 718,20 389,70 919,80 0,00 358,20 567,00	4.377,60 1.690,20 717,30 496,80 838,80 0,00 423,00 211,50
(Operative Kapitalrendite) (Gibt Auskunft über die Effizienz des eigentlichen operativen Geschäftsbetriebes) (Ähnlich dem ROC, aber nur auf der Basis der Operations)	Nenner	Bilanzsumme - Ausstehende Éinlagen - Immaterielle Wirtschaftsgüter - Finanzanlagen - Forderungen geg. verb. Untern./Ges. - Forderungen geg. Beteiligungen	11.484,90 0,00 0,00 235,40 0,00 0,00 11.249,50	10.011,60 0,00 0,00 235,40 0,00 0,00 9.776,20	11.411,10 0,00 0,00 235,40 0,00 0,00 11.175,70
	Ergebnis	Division x 100	2,08%	5,80%	1,89%
Fremdkapitalrentabilität (in %) (Wie hoch sind die gesamten Finanzierungskosten?) (Gibt Auskunft über die Fremdkapitalkosten bzw. Verhandlungsgeschick bei Kreditverhandlungen)	Zähler	Zinsaufwendungen	269,10	256,50	225,90
	Nenner	Summe langfristiges Fremdkapital + Summe kurzfristiges Fremdkapital	7.676,90 2.679,50 10.356,40	4.837,80 3.823,00 8.660,80	4.679,10 5.374,90 10.054,00
	Ergebnis	Division x 100	2,60%	2,96%	2,25%

Du Pont Rechnungen und Proben			2006 -2	2007 -1	2008 0
(Probe) Gesamtkapitalrentabilität I (%)	Zähler	Gesamtkapitalumschlag	1,93	2,27	1,68
	Nenner	Umsatzrentabilität (in %)	-0,02%	1,52%	0,05%
	Ergebnis	Multiplikation x 100	-0,04%	3,44%	0,08%
(Probe) Gesamtkapitalumschlag (Faktor)	Zähler	Gesamtkapitalrentabilität I (in %)	-0,04%	3,44%	0,08%
	Nenner	Umsatzrentabilität (in %)	-0,02%	1,52%	0,05%
	Ergebnis	Division	1,93	2,27	1,68
(Probe) Umsatzrentabilität I (%)	Zähler	Gesamtkapitalrentabilität I (in %)	0,00	0,03	0,00
	Nenner	Gesamtkapitalumschlag	1,93	2,27	1,68
	Ergebnis	Division x 100	-0,02%	1,52%	0,05%
(Probe) Eigenkapitalrentabilität I (%)	Zähler	Eigenkapitalumschlag	19,64	16,82	14,11
	Nenner	Umsatzrentabilität (in %)	-0,02%	1,52%	0,05%
	Ergebnis	Multiplikation x 100	-0,40%	25,52%	0,66%
(Probe) Eigenkapitalumschlag (Faktor)	Zähler	Eigenkapitalrentabilität I (in %)	-0,40%	25,52%	0,66%
	Nenner	Umsatzrentabilität (in %)	-0,02%	1,52%	0,05%
	Ergebnis	Division x 100	19,64	16,82	14,11
(Probe) Umsatzrentabilität I (%)	Zähler	Eigenkapitalrentabilität I (in %)	0,00	0,26	0,01
	Nenner	Eigenkapitalumschlag	19,64	16,82	14,11
	Ergebnis	Division x 100	-0,02%	1,52%	0,05%

Definitionen von Kennzahlen - Sonstiges

Sonstiges		2006	2007	2008
		-2	-1	0
Haftendes Eigenkapital (Summe)	Summe Eigenkapital	1.128,50	1.350,80	1.357,10
	- nicht anrechenbarer Anteil der Sonderposten	0,00	0,00	0,00
	- Ausstehende Einlagen	0,00	0,00	0,00
(Ist ein 'korrigiertes und damit	- Immaterielle Wirtschaftsgüter	0,00	0,00	0,00
im Schadensfall 'belastbares'	+ Subordinierte Darlehen	0,00	0,00	0,00
Eigenkapital)		1.128,50	1.350,80	1.357,10
Wirtschaftliches Eigenkapital	Summe haftendes Eigenkapital	1.128,50	1.350,80	1.357,10
(Summe)	- Beteiligungen, auch an verb. Untern./Ges	230,00	230,00	230,00
	- Forderungen geg. verb. Untern./Ges.	0,00	0,00	0,00
(Ist ein korrigiertes Eigenkapital,	- nicht durchgeführte Wertberichtigung	0,00	0,00	0,00
das häufig bei Kreditvergaben	+ 50% der langfristige Rückstellungen	273,95	344,80	355,00
zu Grunde gelegt wird)	+ Verbindlichkeiten geg. verb. Untern./Ges	3.559,60	3.553,30	3.553,30
	+ Stille Reserven AV	0,00	0,00	0,00
		4.732,05	5.018,90	5.035,40
Summe langfristiges Fremdkapital	Langfristige Verbindlichkeiten	7.129,00	4.148,20	3.969,10
(Summe)	+ Langfristige Rückstellungen	547,90	689,60	710,00
		7.676,90	4.837,80	4.679,10
Cash Flow (Summe) - detailliert	Jahresüberschuss/Jahresfehlbetrag	-4,50	222,30	3,60
(Ist die Kennzahl für die interne Cash	+ Abschreibungen	441,00	358,20	423,00
Generierung)	+ Erhöhung/ -Verminderung Rückstellungen	0,00	57,40	-59,20
	+ Einstellung/ -Auflösung Sonderposten	0,00	0,00	2,70
(Gibt Auskunft über die	- Ausschüttungen	0,00	0,00	0,00
Innen-Finanzierungskraft n. Steuern)	+ Einlagen/-Entnahmen	0,00	0,00	0,00
		436,50	637,90	370,10

Kennzahlenübersicht

Vermögensstruktur	2006 -2	2007 -1	2008 0
Gesamtkapitalumschlag (Faktor)	1,93	2,27	1,68
Anlagenintensität (%)	10,90%	8,92%	4,12%
Vorratsumschlag (Faktor)	3,57	4,33	2,80
Vorräte zu Umsatz (%)	28%	23%	36%
Reichweite Bestände (Tage)	102,28	84,23	130,13
Reichweite Bestände (Tage, JÜ als Basis)	-503.846,00	8.607,79	692.222,50
Reichweite Bestände (Jahre, JÜ als Basis)	-1.380,40	23,58	1.896,50
Umschlagsdauer Umlaufvermögen (Tage)	168,49	146,50	208,53
Debitorenziel (Tage)	14,32	8,82	22,96
Kreditorenziel (Tage)	#WERT!	30,13	58,01
Reichweite Liquide Mittel (Tage)	49,60	51,77	51,07

Kapitalstruktur	2006	2007	2008
Eigenkapitalquote (%) (HGB Gliederung)	9,83%	13,49%	11,89%
Eigenkapitalquote (%) (Basis: haftendes Eigekapital)	9,83%	13,49%	11,89%
Eigenkapitalquote (%) (Basis: wirtschaftliches Eigenkapital)	41,20%	50,13%	44,13%
Verbindlichkeiten aus L&L Quote (%)	10,00%	17,48%	33,75%
Kurzfristiges Fremdkapital Quote (in %)	23,33%	38,19%	47,10%

Liquidität und Finanzkraft	2006	2007	2008
Liquidität I (%)	112,44%	84,29%	49,86%
Liquidität II (%)	150,08%	101,38%	76,53%
Liquidität III (%)	381,91%	238,51%	203,55%
Cash Flow/Gesamtkapital (%)	3,80%	5,80%	3,74%
Cash-Flow-Umsatzrate (%)	1,97%	2,56%	2,23%
Anlagendeckung I (%)	111,05%	205,29%	577,49%
Anlagendeckung II (%)	866,50%	940,52%	2568,60%
(Dynamische Verschuldung) Kredittilgungsdauer (Jahre)	13,26	7,06	12,26
Investitionsquote I (%)	4,58%	2,90%	1,23%
Investitionsquote II (%)	#WERT!	0,00%	0,00%
(Re)Investitionsquote III (%)	#WERT!	0,00%	0,00%
Selbstfinanzierungsquote (%)	42,95%	88,22%	181,53%

Kennzahlenübersicht - Fortsetzung

Erfolgsstruktur	2006	2007	2008
Bruttoertragsquote (5)	23,60%	21,93%	22,86%
Personalkostenintensität I (in %)	6,53%	6,23%	7,20%
Personalkostenintensität II (%)	10,64%	8,93%	8,83%
Abschreibungsintensität (%)	1,99%	1,58%	2,21%
Mietaufwandsquote (%)	3,24%	3,16%	3,75%
Zinsintensität (%)	1,21%	1,13%	1,18%
Zins-und Miet-Intensität (in %)	4,45%	4,29%	4,93%
Zinsdeckung (Faktor)	0,87	2,21	0,94

Rentabilität	2006	2007	2008
Umsatzrentabilität (%)	-0,02%	1,52%	0,05%
Gesamtkapitalrentabilität I (%)	-0,04%	3,44%	0,08%
Gesamtkapitalrentabilität II (%)	2,30%	6,01%	2,06%
Eigenkapitalrentabilität (HGB Gliederung) (%)	-0,40%	25,52%	0,66%
Eigenkapitalrentabilität (haftendes EK) (%)	-0,40%	25,52%	0,66%
Eigenkapitalrentabilität (wirtschaftliches EK) (%)	-0,10%	6,87%	0,18%
Nach Steuer Eigenkapitalrentabilität (HGB Gliederung) (%)	-0,40%	16,46%	0,27%
Nach Steuer Eigenkapitalrentabilität (haftendes EK) (%)	-0,40%	16,46%	0,27%
Nach Steuer Eigenkapitalrentabilität (wirtschaftliches EK) (%)	-0,10%	4,43%	0,07%
Eigenkapitalumschlag (Faktor)	19,64	16,82	14,11
Betriebsergebnis/Betriebskapital (%)	2,08%	5,80%	1,89%
Fremdkapitalrentabilität (%)	2,60%	2,96%	2,25%

Du Pont Schema	2006	2007	2008
(Probe) Gesamtkapitalrentabilität I (%)	-0,04%	3,44%	0,08%
(Probe) Gesamtkapitalumschlag (Faktor)	1,93	2,27	1,68
(Probe) Umsatzrentabilität I (%)	-0,02%	1,52%	0,05%
(Probe) Eigenkapitalrentabilität I (%)	-0,40%	25,52%	0,66%
(Probe) Eigenkapitalumschlag (Faktor)	19,64	16,82	14,11
(Probe) Umsatzrentabilität I (%)	-0,02%	1,52%	0,05%

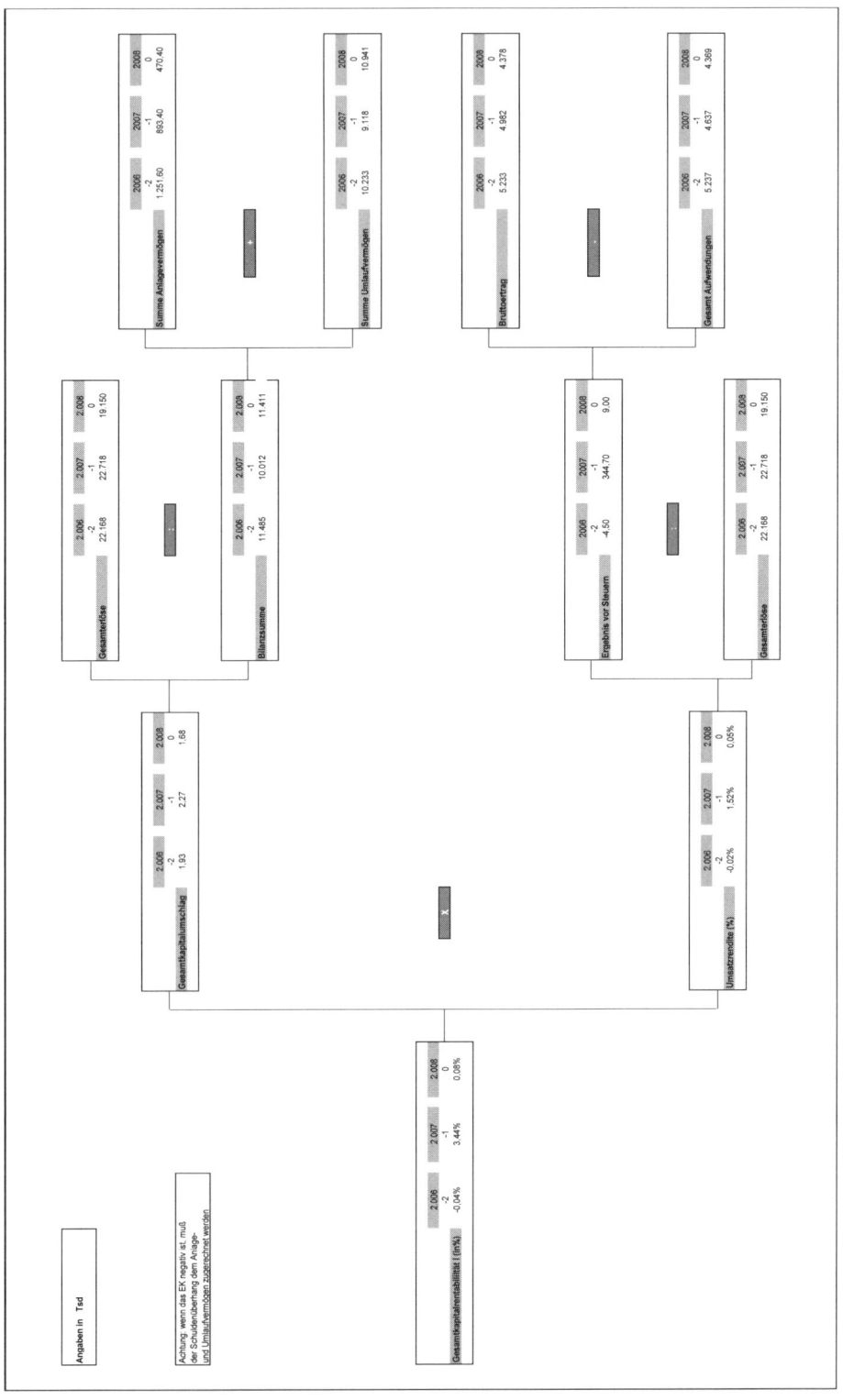

Du Pont Baum - Gesamtkapitalrentabilität I
"ROC - Return on Capital"

Angaben in Tsd

Achtung: wenn das EK negativ ist, muß
der Schuldenüberhang dem Anlage-
und Umlaufvermögen zugerechnet werden

Stichwortverzeichnis

fette Zahlen = Paragraph

andere Zahlen = Randnummer

Rechnungswesen|Controlling

Gottfried Bähr | Wolf F. Fischer-Winkelmann | Stephan List
Buchführung und Jahresabschluss
9., überarb. Aufl. 2006. XXXII, 622 S.
Br. EUR 39,90
ISBN 978-3-8349-0335-8

Walther Busse von Colbe |
Dieter Ordelheide | Günther
Gebhardt | Bernhard Pellens
Konzernabschlüsse
Rechnungslegung nach betriebswirtschaftlichen Grundsätzen sowie nach Vorschriften des HGB und der IAS/IFRS
Unter Mitarbeit von Jörn Schulte |
Anne Schurbohm
8., überarb. Aufl. 2006. XXXII,
749 S. Geb. EUR 61,90
ISBN 978-3-8349-0321-1

Walther Busse von Colbe |
Dieter Ordelheide
Konzernabschlüsse
Übungsaufgaben zur Bilanzierung
nach IAS/IFRS und HGB
Unter Mitarbeit von Günther Gebhardt |
Bernhard Pellens | Carsten Theile
10., vollst. überarb. Aufl. 2005.
VIII, 275 S. Br. EUR 34,90
ISBN 978-3-409-36757-8

Werner H. Engelhardt | Hans Raffée |
Babara Wischermann
Grundzüge der doppelten Buchhaltung
Mit Aufgaben und Lösungen
7., akt. Aufl. 2006. XVI, 292 S.
Br. EUR 28,90
ISBN 978-3-8349-0210-8

Carl-Christian Freidank | Stefan Müller |
Inge Wulf (Hrsg.)
Controlling und Rechnungslegung
Aktuelle Entwicklungen in Wissenschaft und Praxis
2008. XVIII, 530 S. Mit 58 Abb. u. 10 Tab.
Geb. EUR 59,90
ISBN 978-3-8349-0424-9

Wilfried Funk | Jonas Rossmanith (Hrsg.)
Internationale Rechnungslegung und Internationales Controlling
Herausforderungen - Handlungsfelder - Erfolgspotenziale
2008. VIII, 555 S. Mit 85 Abb. u. 16 Tab.
Geb. EUR 46,90
ISBN 978-3-8349-0251-1

Werner Gladen
Performance Measurement
Controlling mit Kennzahlen
4., überarb. Aufl. 2008.
XVI, 500 S.
Br. EUR 34,90
ISBN 978-3-8349-0827-8

Klaus Homann
Kommunales Rechnungswesen
Buchführung, Kostenrechnung
und Wirtschaftlichkeitsrechnung
6., überarb. Aufl. 2005. XIV, 372 S.
Br. EUR 29,90
ISBN 978-3-8349-0019-7

Klaus Homann
Verwaltungscontrolling
Grundlagen - Konzept - Anwendung
2005. XIV, 225 S.
Br. EUR 25,90
ISBN 978-3-409-14274-8

Änderungen vorbehalten. Stand: Februar 2009.
Gabler Verlag . Abraham-Lincoln-Str. 46 . 65189 Wiesbaden . www.gabler.de

GABLER

Rechnungswesen | Controlling

Thomas Joos-Sachse
**Controlling, Kostenrechnung
und Kostenmanagement**
Grundlagen – Instrumente –
Neue Ansätze
4., überarb. Aufl. 2006. XXIV, 404 S.
Br. EUR 32,90
ISBN 978-3-8349-0311-2

Friedrich Keun | Roswitha Prott
**Einführung in die Krankenhaus-
Kostenrechnung**
Anpassung an neue Rahmenbedingungen
7., überarb. Aufl. 2008. XXIV, 295 S.
Br. EUR 34,90
ISBN 978-3-8349-0746-2

Laurenz Lachnit | Stefan Müller
Unternehmenscontrolling
Managementunterstützung bei Erfolgs-, Fi-
nanz-, Risiko- und Erfolgspotenzialsteuerung
2006. X, 340 S.
Geb. EUR 36,90
ISBN 978-3-8349-0137-8

Jörn Littkemann | Michael Holtrup |
Klaus Schulte
Buchführung
Grundlagen – Übungen – Klausurvorberei-
tung. Mit Lern- und Übungs-CD-ROM
3., überarb. Aufl. 2008. XXII, 340 S.
Br. mit CD, EUR 29,90
ISBN 978-3-8349-0857-5

Jürgen Stauber
**Finanzinstrumente im IFRS-Abschluss
von Nicht-Banken**
Ein konkreter Leitfaden zur Bilanzierung
und Offenlegung
2009.
XXX, 578 S. Mit 33 Abb. u. 161 Tab.
Br. EUR 46,90
ISBN 978-3-8349-0767-7

Wolfgang G. Walter | Isabella Wünsche
**Einführung in die moderne Kosten-
rechnung**
Grundlagen – Methoden – Neue Ansätze.
Mit Aufgaben und Lösungen
3., überarb. Aufl. 2005. XXX, 437 S.
Br. EUR 29,90
ISBN 978-3-409-32246-1

Jürgen Weber | Urs Bramsemann |
Carsten Heineke | Bernhard Hirsch
**Wertorientierte
Unternehmenssteuerung**
Konzepte – Implementierung –
Praxisstatements
2004. XVI, 391 S. mit 83 Abb.
Geb. EUR 46,90
ISBN 978-3-409-12433-1

Klaus Wolf | Bodo Runzheimer
Risikomanagement und KonTraG
Konzeption und Implementierung
5., vollst. überarb. Aufl. 2009.
289 S. mit 109 Abb.
Br. EUR 39,90
ISBN 978-3-8349-1503-0

Michael Zell
Kosten- und Performance Management
Grundlagen - Instrumente - Fallstudie
2008. VIII, 233 S. Mit 53 Abb. u. 76 Tab.
Geb. Br. 24,90
ISBN 978-3-8349-0690-8

Änderungen vorbehalten. Stand: Februar 2009.
Erhältlich im Buchhandel oder beim Verlag
Gabler Verlag . Abraham-Lincoln-Str. 46 . 65189 Wiesbaden . www.gabler.de

GABLER